數值方法--使用 MATLAB 程式語言

Numerical Methods Using MATLAB 3/e

G.R.Lindfield//J.E.T Penny　原著

黃俊銘　　編譯

全華研究室　　編修

U0069022

Elsevier Taiwan LLC · 全華圖書股份有限公司　合作出版

Numerical Methods: Using MATLAB, 3rd Edition

George Lindfield

John Penny

ISBN: 978-0-12-386942-5

Authorized translation from English language edition published by the Proprietor.
ISBN: 978-957-21-9342-6

Elsevier Taiwan LLC.
Rm. N-818, 8F, Chia Hsin Building II
No. 96, Zhong Shan N. Road Sec 2,
Taipei 10449, Taiwan
Tel: 886 2 2522 5900
Fax: 886 2 2522 1885

First Published Feb. 2013

國家圖書館出版品預行編目資料

數值方法：使用 MATLAB 程式語言 / G.R.
Lindfield, J.E.T.Penny 原著；黃俊銘編譯 - -四版.
- -新北市：全華圖書, 2014.03
　　面 ； 公分
譯自：Numerical methods：using MATLAB, 3rd ed.
　ISBN 978-957-21-9342-6(平裝)
　1. 數值分析　2. Matlab(電腦程式)
318　　　　　　　　　　　103003061

數值方法--使用 MATLAB 程式語言

Numerical Methods Using MATLAB 3/e

原著 / G.R. Lindfield, J.E.T. Penny
編譯 / 黃俊銘
編修 / 全華研究室
執行編輯 / 廖福源・李慧茹
發行人 / 陳本源
出版者 / 全華圖書股份有限公司
郵政帳號 / 0100836-1 號
印刷者 / 宏懋打字印刷股份有限公司
圖書編號 / 0503302
四版一刷 / 2014 年 2 月
定價 / 新台幣 600 元
ISBN / 978-957-21-9342-6
全華圖書 / www.chwa.com.tw
全華網路書店 Open Tech / www.opentech.com.tw
若您對書籍內容、排版印刷有任何問題，歡迎來信指導 book@chwa.com.tw

臺北總公司(北區營業處)
地址：23671 新北市土城區忠義路 21 號
電話：(02) 2262-5666
傳真：(02) 6637-3695、6637-3696
中區營業處
地址：40256 臺中市南區樹義一巷 26 號
電話：(04) 2261-8485
傳真：(04) 3600-9806

南區營業處
地址：80769 高雄市三民區應安街 12 號
電話：(07) 381-1377
傳真：(07) 862-5562

有著作權・侵害必究

譯序

一群朋友相約看電影，螢幕上是一對細細私語的戀人，男的對女的說：「Are you kidding?」，女的回答：「No! I am serious!」。螢幕上竟是這樣的翻譯，「妳是凱蒂嗎？」，「不，我是喜瑞爾！」……。

在翻譯的過程中，殫精竭慮的將原書錯誤之處一一更正，偏偏再版的錯誤特別多，譯者亦詳加註明，希望不至於有凱蒂喜瑞爾之憾！目前，除了 C 語言之外，MATLAB 在各大專院校理工科系已算是相當普遍，幾乎可以說是工程師的共同語言了。雖然數值方法不是什麼了不起的大學問，但她卻是研究大學問必備的小技巧，尤其書末探討的數值最佳化，素有「不需增加設備，卻能提高產出」的美譽，近幾年來，譯者因工作需要的應用，不論在天線外型及增益的最佳化，數位濾波器係數的最佳化，甚至 RFIC 電感 Q 值及相位雜訊的最佳化等應用上，都有很好的效果。希望每位同學能以本書為入門基礎，磨練自己的思路，有朝一日，書到用時，文思泉湧，進入更深更廣的應用領域。

有些讀者嫌 MATLAB 繪圖時字體太小等等，這些都可以詳閱手冊得到改進。譯者習慣在 MATLAB 之 matlabrc.m 內加入下列敘述：

Set(0, 'defaultaxesfontsize' ,14, 'defaultaxeslinewidth' , .6, ...
'defaultlinelinewidth' ,.8, 'defaultpatchlinewidth' ,.7);

這樣會讓文字及線條稍大以利閱讀。

譯者要感謝中央大學數學系單維彰教授的指正，知無不言，獲益斐淺。亦感謝全華陳本源董事長及金花、楚英、柯姐及素華、麗麗小姐的幫忙及對本書延遲的容忍。本書出版雖已仔細校閱，然因譯者不敏及冗物繁瑣，恐有郭公夏五之處，尚祁讀者不吝指正。譯者 E-mail 位址是 jmhuangb@ms41.hinet.net，然而若是原版問題亦請直接寄給原作者 J.E.T.Penny@aston.ac.uk。

本書程式可在全華網站下載：

http://www.opentech.com.tw/search/bookinfo.asp?isbn=9789572193426

譯者　黃俊銘
於新竹

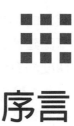

序言

　　數值方法－使用 MATLAB 語言的第三版是前兩個版本的延伸。所有的 MATLAB 指令碼 (script) 與函式都經過確認與修訂，以確保都可以在現行版本 MATLAB 7.13 中被執行。我們的主要目標仍沒有改變：介紹給讀者廣泛的數值演算法，解釋其基本原理及說明他們的用途。這些演算法是以 MATLAB 程式語言寫成，主要是因為 MATLAB 提供有力的工具軟體來協助研究這些數值方法。

　　本書介紹重要的理論結果，但不是要在每個領域提供嚴謹而完備的理論。我們想要說明數值程式如何用來解廣泛的問題，當應用至特定問題時，這些數值方法如何顯示預期的理論性能。

　　如果謹慎使用，MATLAB 提供自然而簡潔的方法來描述數值演算法，並提供這些演算法有力的程式試驗。MATLAB 通常可以直接將數值演算法轉成程式初稿的表示式。然而不管其威力如何，沒有任何一個軟體工具可以粗心或不加區別的使用。

　　本書讓讀者由許多數值分析中引人注意的問題來做程式試驗以研究數值方法。同時介紹讀者重要而有用的演算法並建立 MATLAB 函數來完成。鼓勵讀者使用這些函數來產生數值和圖形結果。整本書也給出一些特例來說明數值方法如何用在生物科學、混沌 (chaos)、神經網路和工程科學等應用領域。

　　值得一提的是 MATLAB 的引介是非常精簡的而且只是對讀者的一種輔助，不可期望本書可以取代標準的 MATLAB 使用手冊。我們提供廣泛的主題介紹，以 MATLAB 函式的形式發展演算法，並鼓勵讀者以這些簡潔明瞭的函式做試驗。這些函數及程式可以再改進，而且我們也鼓勵讀者去發展適合自己特別有興趣的程式。

　　本書提供 MATLAB 的一般簡介，線性方程式及特徵值問題的解，非線性方程式的解，數值積分及微分，初值及邊界值問題的解；曲線擬合，包括樣條 (spline)，最小平方法和傅立葉分析，與最佳化的主題，像是包括內點法，非線性規劃和基因演算法；最後將描述符號運算如何與數值演算法整合。特別地在這第三版中，第 1 章增加了近期 MATLAB 所新增之函式描述與範例，並包括了這些範例的圖形處理討論；第 4 章的章節囊括積分計算洛巴度方法 (Lobatto) 與克朗羅德延伸。第 8 章經過廣泛地修訂並包含連續遺傳演算法、莫勒 (Moller) 的共軛梯度演算法與解決約束最佳化問題的方法之探討。

　　本書包括許多範例，實際問題和解答，同時我們希望提供一有趣的問題範圍。這本書適合大學及研究生以及工業和教育業者。希望讀者分享這個研究領域的熱誠，對尚未熟悉 MATLAB 的讀者，本書提供許多數值演算法和有用的範例來引導。

　　所有在本書中提到的 .m 指令碼與函式這些額外材料，都在本書的網頁中供給讀者參考，網址如下：*www.elsevierdirect.com/9780123869425*。亦提供解答手冊給採用本書做為教材的教授們 (需註冊) 網址為：*www.textbooks.elsevier.com*。

　　感謝世界各地的讀者提供許多寶貴的建議，在這一版得以加強。特別要感謝來自教職同仁的幫助，David Wilson，指導我們重新建構章節 7.5、7.6 與 7.7。

　　我們樂於聽到讀者對錯誤的指正及改進的建議，同時感謝 Elsevier 的伙伴們，包　括：Patricia Osborn、Kathryn Morrissey、Joe Hayton、Fiona Geraghty、Kristen Davis、Marilyn Rash，謝謝他們在本書出版的幫忙及鼓勵。

George Lindfield and John Penny
Aston University
Birmingham

編輯部序

　　「系統編輯」是我們的編輯方針，我們所提供給您的，絕不只是一本書，而是關於這門學問的所有知識，它們由淺入深，循序漸進。

　　本書針對數值分析作一全面性深入淺出的介紹，除以理論說明基本原理之外，配合 MATLAB 程式提供讀者立即實驗，由做中學，並提供習題解答以檢驗理解及應用是否正確，更可擴充方法以解決實際工程科學的問題。適合大學「數值方法」課程及對MATLAB有興趣的讀者！本書涵蓋基本數值方法，包括線性方程式及特徵系統、方程式的解、微分、積分、微分方程及邊界值的問題、數據擬合及最佳化；並提供符號式運算以利演算及與數值方法比較驗證。本書將使您獲益具備數值分析及應用的能力！

　　同時，為了使您能有系統且循序漸進研習相關方面的叢書，我們以流程圖方式，列出各有關圖書的閱讀順序，以減少您研習此門學問的摸索時間，並能對這門學問有完整的知識。若您在這方面有任何問題，歡迎來函連繫，我們將竭誠為您服務。

相關叢書介紹

書號：06084
書名：應用數值分析－使用 MATLAB
　　　(精要版)(第二版)
英譯：管金談.吳邦彥.江大成
20K/432 頁/480 元

書號：05919027
書名：MATLAB 程式設計實務(第三版)
　　　(附範例光碟)
編著：莊鎮嘉.鄭錦聰
16K/720 頁/680 元

書號：1801901
書名：MATLAB 程式設計與應用
　　　(第四版)
英譯：沈志忠.張聖明
16K/624 頁/750 元

書號：03660037
書名：數值分析－用 C 語言(第四版)
　　　(附範例光碟)
編著：簡聰海
18K/392 頁/400 元

書號：03696037
書名：MATLAB 程式設計－基礎篇
　　　(第四版)(附範例光碟)
編著：鄭錦聰
20K/720 頁/520 元

書號：05870037
書名：MATLAB 程式設計－基礎篇(第
　　　四版)(附範例、程式光碟)
編著：葉倍宏
16K/544 頁/560 元

書號：03238077
書名：控制系統設計與模擬－使用
　　　MATLAB/SIMULINK(第八版)
　　　(附範例光碟)
編著：李宜達
20K/696 頁/600 元

◎上列書價若有變動，請以
最新定價為準。

流程圖

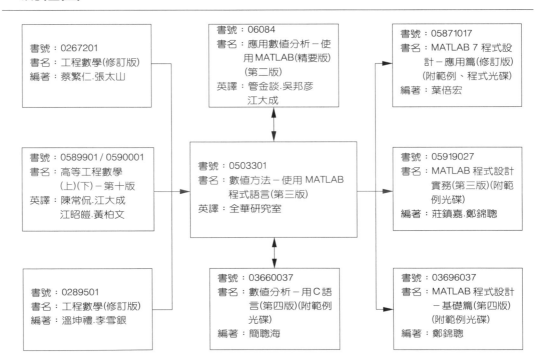

目錄

1

MATLAB® 簡介

　　MATLAB 是由 MathWorks 公司發行的套裝軟體 (www.mathworks.com)，從個人電腦至超級電腦（包括平行運算）皆可使用。本章主要是 MATLAB 有用的簡介，提供我們認為在數值方法內充分的背景知識。對於這一套裝軟體的詳細說明，讀者可參考 MATLAB 使用手冊。

1.1　MATLAB 套裝軟體

　　MATLAB 可以說是世界上最成功的商用數值分析軟體，其名稱來自「matrix laboratory」（矩陣實驗室）。它提供互動式學習環境以利解決科學及工程問題，更可用於重要的數值計算場合。MATLAB 在指令視窗內可以使用單一指令立即執行的模式或編輯一序列指令集成為指令碼 (scripts) 的模式。若將初稿命名後儲存，初稿即可像單一程式般的執行。這個軟體主要是依據在矩陣計算中代表當前「最先進」(state-of-the-art) 之軟體 LINPACK 及 EISPACK。MATLAB 提供給使用者下列優點：

1. 矩陣結構容易運算。
2. 大量強而有效的內建函數庫，目前仍持續增加發展中。
3. 靈巧有效的二維及立體繪圖設備。
4. 程式編寫系統方便使用者發展自己所需的軟體，甚至修改內建程式以供使用者自己特殊用途之需。
5. 函數集合成為工具箱，可以加入 MATLAB 軟體核心。這些函數具有特殊用途，例如神經網路、最佳化、數位信號處理和高階頻譜分析等等。

　　MATLAB 的使用並不難，雖然更有效率的使用來求解複雜的問題仍需一些經驗。MATLAB 基本上是使用方陣或矩形陣列的資料，其元素可以是實數或複數，純量就是僅含單一元素的矩陣。矩陣是較有效率及簡潔高雅的表示法，雖然一剛開始觀念可能有些混淆，因為學過像是 C++ 或 Phyton 語言的使用者熟悉如 A=B+C 的虛擬描述，並且可以立即地將儲存在 B 與 C 的數值相加後指定給 A 直譯成指令。而在 Matlab 裡，B 與 C 可以是代表一矩陣，而其每個 A 的各元素都會是相對應的 B 與 C 元素相加後的值。

有一些套裝軟體和 Matlab 類似，這些軟體包括：

APL　這字母代表 <u>A</u> <u>P</u>rogramming <u>L</u>anguage，這一程式語言主要是設計用於矩陣的運算，包括許多有效的裝置，但是使用非標準化的符號及不尋常的語法，按鍵對特殊字元仍須重新定義。APL 有來自其他的程式語言的重要影響，並且被 APL 2 所取代而仍沿用至今。

NAg 程式集 (The NAg Library)　這是非常昂貴，高品質的數值分析副程式的集合群，但是讀者將會發現它較 Matlab 還難使用。

Mathematica 和 Maple　這些軟體在符號式的數學運算較為人熟知，而且也可以進行高精準數值運算。比較之下 Matlab 在有效率的數值上運算與矩陣對應工具較為人熟知，然而 Matlab 包括一個以 Maple 為基礎的符號式工具箱，這在本書第九章將作討論。

其他套裝軟體　諸如 Scilab[1]、Octave[2]（僅限於 UNIX 平台）和 Freemat[3] 都與 Matlab 非常類似，因為他們也發展範圍廣泛的數值方法。Matlab 的商用替代選擇是 O-MATRIX[4]。

目前 Matlab 版本 7.13.0.564 (R2011b) 可用在很多工作平台 (platform) 上。通常 Mathworks 會每隔六個月發佈一版更新的 Matlab。Matlab 啟動後即開始在指令視窗 (Command Window)，若需要亦可同時開啟圖形繪製，編輯及輔助視窗。Matlab 程式及函數與工作平台無關且可由一系統引入另一系統。若對於特別之工作環境，則讀者須參考使用手冊來安裝及啟動 Matlab。

本書所有函數及指令碼皆經過 Matlab 版本 7.13.0.564 (R2011b) 測試無誤，較早的版本亦可使用但可能也需要一些修改。

本書其餘部分是簡介一些指令及 Matlab 語法，目的是精簡穩固的引導讀者至強力有效的 Matlab 環境，一些詳細的結構及語法可參考 Matlab 使用手冊，Matlab 較詳細解說可以參考 Higham 與 Higham (2005) 的著作。其他相關資訊可以在 Mathworks 網頁以及維基百科，但在參考維基百科時需要多留意。

---

[1]　www.scilab.org

[2]　www.gnu.orgsoftwareoctave

[3]　freemat.sourceforge.net

[4]　www.omatrix.com

1.2　MATLAB 的矩陣及其運算

矩陣是 MATLAB 的基本，附錄 A 提供矩陣廣泛而精簡的介紹。MATLAB 裡矩陣名稱必須以字母為首而後是數字與字母的組合，大小寫字母均可。本書以特別字型表示 MATLAB 之敘述與輸出，例如 disp。

MATLAB 裡加減乘除基本數學運算皆可用一般的純量運算或矩陣直接完成。要使用這些數學運算於矩陣上，首先必須先產生矩陣，在 MATLAB 裡有數種方法可以完成，對小矩陣而言最簡易之方法如下所示，首先開啟 **command**（指令）視窗且指定一序列數值至矩陣 A，鍵入

```
>> A = [1 3 5;1 0 1;5 0 9]
```

在 >> 之後。注意矩陣的元素是置於方括弧，每一列以一個空格或是逗號來分隔。分號 (;) 代表著一行的結束並且另一行的開始。當按下 **return** 鍵後，矩陣顯示如下：

```
A =
    1    3    5
    1    0    1
    5    0    9
```

所有指令均需按下 **return** 或 **enter** 鍵以完成動作。因此若鍵入 B=[1 3 51;2 6 12;10 7 28] 於 >> 之後並按下 **return** 鍵，則指定數值至 B。在 **command** 視窗中將兩矩陣相加並將結果存至 C 則鍵入 C=A+B，同樣，若鍵入 C=A-B 則矩陣將完成減法。兩種情形的結果均會逐列顯示於 **command** 視窗。若以分號 (;) 來結束敘述，則結果將不顯示出來。

對於簡單的問題我們可以用 **command** 視窗。簡單是指複雜度有限的 MATLAB 敘述，即便是複雜度有限的 MATLAB 敘述也可以提供強大的數值運算。然而，若我們要執行一串連續的 MATLAB 敘述，則利用 MATLAB 的 **Editor**（編輯器）視窗將這些敘述輸入後建立指令碼，並以適當的命名以供後續使用。如果這些指令是在編輯視窗下鍵入，則將成為程式檔而無法立即輸出或執行，必須直到編輯儲存後，再至 **command** 視窗鍵入程式檔名並按下 **return** 鍵才可執行。

僅有單一列或單一行的矩陣稱為向量 (vector)。列向量 (row vector) 可以含許多元素但只組成唯一的一列，同樣的，行向量 (column vector) 可以含許多元素但只組成唯一的一行。傳統上在數學，工程及科學領域是以粗體大寫字母表示矩陣，例如 **A**。粗體小寫字母表示行向量，例如 **x**。轉置運算元將列向量轉成行向量，反之亦然。所以我們可以表示列向量成行向量的轉置。使用上標 $^\top$ 表示轉置，則列向量可寫成 $\mathbf{x}^\top$。在 MATLAB 內部，可以很方便的忽略習慣上的向量初始型式為行向量，使用者可以自訂向量的初始型為列向量或行向量。

　　向量與矩陣乘法在 Matlab 中是直接完成的，以向量乘法為例，假設指定 d 及 p 列向量，具有相同元素，則兩者相乘可寫成 x=d*p'，注意符號'表示列向量 p 轉置成行向量以保證乘法是正確的。結果 x 是一純量。許多實作者使用 .' 來表示轉置，詳細的原因將於章節 1.4 進行說明。

　　對矩陣乘法而言，假設 A 及 B 矩陣已指定完成，則僅需鍵入 C=A*B，計算 A 被 B 後乘 (postmultiplied) 的結果，假如乘法是正確的，則將結果存入 C 並顯示，否則 Matlab 顯示適當的錯誤訊息。正確的矩陣乘法條件置於附錄 A，注意 * 符號代表乘法且乘法在 Matlab 內是不可以省略的。

　　Matlab 中一個非常有用的函數為 whos（類似的函數為 who），這些函數告訴我們當前工作環境中的內容，例如先前所提及的 A、B 和 C 還沒有從記憶體清除，則

```
>> whos
  Name      Size                 Bytes  Class
  A         3x3                     72  double array
  B         3x3                     72  double array
  C         3x3                     72  double array

Grand total is 27 elements using 216 bytes
```

　　這提示了我們 A、B 和 C 都是 3×3 矩陣，被儲存在倍精準的矩陣中，倍精準值需要用 8 個位元組的空間，因此每個矩陣的 9 個元素共需要 72 個位元組。現在來看下列運算：

```
>> clear A
>> B = [ ];
>> C = zeros(4,4);

>> whos
  Name      Size                 Bytes  Class
  B         0x0                      0  double array
  C         4x4                    128  double array

Grand total is 16 elements using 128 bytes
```

　　在這裡我們可以觀察到 A 已經從記憶體中清除（或刪除），且配置了一個空的矩陣給 B 和 4×4 的零矩陣給 C。注意容量的估計可以用 size 與 length 函數：

```
>> A = zeros(4,8);
>> B = ones(7,3);
>> [p q] = size(A)

p =
    4
```

```
q =
    8

>> length(A)

ans =
    8

>> L = length(B)

L =
    7
```

size 給出的是矩陣的大小而 length 給出的是矩陣中最大維度的元素數量。

1.3 矩陣元素之運算操作

在 MATLAB 裡，矩陣可以被個別或分區來運算，例如

```
>> X(1,3) = C(4,5)+V(9,1)
>> A(1) = B(1)+D(1)
>> C(i,j+1) = D(i,j+1)+E(i,j)
```

均是正確表示元素關係的指令，列與行都可以全部運算，所以 A(:,3) 表示第 3 行全部，B(5,:) 表示第 5 列全部。若 B 是 10×10 的矩陣，則 B(:,4:9) 表示矩陣 B 的第 4 至第 9 行全部，: 本身代表所有列而在此是指第 4 欄至第 9 欄所有的元素。在 MATLAB 裡，內定矩陣的最低階指標為 1。在應用一些演算法的時候可能會造成一些混淆。

以下的例子說明 MATLAB 裡小指令碼使用的方法，首先指定數據至一矩陣。

```
>> A = [2 3 4 5 6;-4 -5 -6 -7 -8; 3 5 7 9 1; ...
         4 6 8 10 12;-2 -3 -4 -5 -6]

A =
     2     3     4     5     6
    -4    -5    -6    -7    -8
     3     5     7     9     1
     4     6     8    10    12
    -2    -3    -4    -5    -6
```

注意刪節號 ... 用來表示 MATLAB 描述接續著下一行，執行下列敘述

```
>> v = [1 3 5];
>> b = A(v,2)
```

得到

```
b =
     3
     5
    -3
```

所以 b 是由 A 的第 2 行裡的第 1、第 3、第 5 列元素組成。

執行

```
>> C = A(v,:)
```

得到

```
C =
     2     3     4     5     6
     3     5     7     9     1
    -2    -3    -4    -5    -6
```

所以 C 是 A 的第 1、第 3、第 5 列所組成。

執行

```
>> D = zeros(3);
>> D(:,1) = A(v,2)
```

得到

```
D =
     3     0     0
     5     0     0
    -3     0     0
```

這裡 D 是個 3×3 的零矩陣，現在第 1 行被 A 矩陣第 2 行的第 1、3、5 列所取代。執行

```
>> E = A(1:2,4:5)
```

得到

```
E =
     5     6
    -7    -8
```

注意若我們用單一指標指向存在的方形或長方形矩陣，則矩陣的元素如下做識別，指標 1 從矩陣的左上方，指標依照行的順序遞增，並由左至右。例如參照矩陣 C 的處理

```
C1 = C;
C1(1:4:15) = 10

C1 =
    10     3     4     5    10
     3    10     7     9     1
    -2    -3    10    -5    -6
```

注意這例子中的指標是遞增 4。

當操作一個非常大的矩陣很容易地無法確認其大小，因此若我們要找出先前定義的矩陣 A 中，倒數第二行與最後一列之元素值，我們必須寫

```
>> size(A)

ans =
    5    5

>> A(4,5)

ans =
    12
```

但使用 **end** 會比較容易些：

```
>> A(end-1,end)

ans =
    12
```

　　reshape 函數可用來處理一個完整的矩陣，正如其名，函數 **reshape** 可將一已知矩陣整形成另一指定大小的新矩陣，假如其有相同元素。例如，一 3×4 矩陣可整形成 6×2 的矩陣，但是 3×3 矩陣無法整形成 5×2 的矩陣。很重要的是這一函數是輪流的取原矩陣之每一行直到新矩陣的行大小已達成，然後再替新的下一行重覆同樣的步驟。例如，考慮矩陣 P。

```
>> P = C(:,1:4)

P =
     2     3     4     5
     3     5     7     9
    -2    -3    -4    -5

>> reshape(P,6,2)

ans =
     2     4
     3     7
    -2    -4
     3     5
     5     9
    -3    -5

>> s = reshape(P,1,12);
>> s(1:10)

ans =
     2     3    -2     3     5    -3     4     7    -4     5
```

1.4　矩陣之轉置

轉置是將行列互換的一個簡單運算，已經在章節 1.2 簡單介紹過。在 Matlab 內以符號 ' 來表示。例如考慮矩陣 A，其中

```
>> A = [1 2 3;4 5 6;7 8 9]

A =
     1     2     3
     4     5     6
     7     8     9
```

指定 A 的轉置為 B，可以寫成

```
>> B = A'

B =
     1     4     7
     2     5     8
     3     6     9
```

使用 .' 也會的到相同的結果。然而若 A 是複數，則 Matlab 運算子 ' 給出共軛複數轉置。例如

```
>>    =    +    + ; +    +

A =
   1.0000 + 2.0000i   3.0000 + 5.0000i
   4.0000 + 2.0000i   3.0000 + 4.0000i

>> B = A'

B =
   1.0000 - 2.0000i   4.0000 - 2.0000i
   3.0000 - 5.0000i   3.0000 - 4.0000i
```

若要轉置而不共軛，則執行

```
>> C = A.'

C =
   1.0000 + 2.0000i   4.0000 + 2.0000i
   3.0000 + 5.0000i   3.0000 + 4.0000i
```

1.5　特殊矩陣

矩陣運算中常出現特定的矩陣，在 Matlab 裡也可輕易的產生。最常出現的是 ones(m,n)、zeros(m,n)、rand(m,n)、randn(m,n) 和 randi(p,m,n)。 上列 Matlab 敘述產生 $m \times n$ 的矩陣，分別是由元素 1、0、均勻分佈隨機亂數、常

態分佈隨機亂數和均勻分佈隨機整數所組成。在 `randi(p,m,n)` 中，`p` 是最大整數，若只給出單一向量參數，則會產生出大小由參數給定的方陣。MATLAB 函數 `eye(n)` 產生 $n \times n$ 的單位矩陣。函數 `eye(m,n)` 產生 m 列和 n 行的單位矩陣：

```
>> A = eye(3,4), B = eye(4,3)

A =
    1    0    0    0
    0    1    0    0
    0    0    1    0

B =
    1    0    0
    0    1    0
    0    0    1
    0    0    0
```

若要產生一個與現存的矩陣 A 相同大小的隨機矩陣 C，則可以使用 `C=rand(size(A))`。同樣的 `D=zeros(size(A))` 及 `E=ones(size(A))` 將產生與 A 同樣大的零矩陣 D 和單位矩陣 E。

一些具有更複雜特性的特殊矩陣，將在第 2 章介紹。

1.6　產生元素為指定值的矩陣

這裡只侷限在相對簡單的例子：

`x=-8:1:8`　（或 `x =-8:8`）設定 x 的元素為 $-8, -7, \cdots, 7, 8$ 的一個向量。

`y=-2:.2:2`　設定 y 的元素為 $-2, -1.8, -1.6, ..., 1.8, 2$ 的一個向量。

`z=[1:3 4:2:8 10:0.5:11]`　設定 z 是一個向量，其元素為

$$[1 \quad 2 \quad 3 \quad 4 \quad 6 \quad 8 \quad 10 \quad 10.5 \quad 11]$$

MATLAB 函數中的 `linspace` 也可以用來產生向量，使用者定義向量的起始值、終點值以及向量的元素數量。例如：

```
>> w = linspace(-2,2,5)

w =
    -2    -1    0    1    2
```

這是個簡單且可以用 `w = -2:1:2` 或是 `w = -2:2` 來建立。然而

```
>> w = linspace 0.2598,0.3024,5

w =
    0.2598    0.2704    0.2811    0.2918    0.3024
```

用其他方法產生如此數值序列會更加困難。若我們要對數的空間則可以使用

```
>> w = logspace 1,2,5

w =
   10.0000   17.7828   31.6228   56.2341  100.0000
```

注意這裡產生的值介於 10^1 和 10^2，而非 1 與 2。以其他的方式來產生這些值會需要多想一些。`logspace` 的使用者必須注意，若第二個參數是 `pi` 的話，值就會是 π 非 10^π。考慮下列：

```
>> w = logspace(1,pi,5)

w =
   10.0000    7.4866    5.6050    4.1963    3.1416
```

可以由合併其他矩陣來產生更多複雜的矩陣，例如，考慮下列兩個敘述

```
>> C = [2.3 4.9; 0.9 3.1];
>> D = [C ones(size(C)); eye(size(C)) zeros(size(C))]
```

這兩個敘述產生一個新矩陣 D，其大小是原矩陣 C 的 2 倍，形式如下：

```
D =
    2.3000    4.9000    1.0000    1.0000
    0.9000    3.1000    1.0000    1.0000
    1.0000         0         0         0
         0    1.0000         0         0
```

MATLAB 函數 `repmat` 依照所需的次數複製給定矩陣，例如，假設利用矩陣 C 來進行處理，則

```
>> E = repmat(C,2,3)
```

以區塊複製矩陣 C 給新矩陣之列的 2 倍和行的 3 倍，因此得到 4 列和 6 行的矩陣 E：

```
E =
    2.3000    4.9000    2.3000    4.9000    2.3000    4.9000
    0.9000    3.1000    0.9000    3.1000    0.9000    3.1000
    2.3000    4.9000    2.3000    4.9000    2.3000    4.9000
    0.9000    3.1000    0.9000    3.1000    0.9000    3.1000
```

MATLAB 函數 `diag` 允許從對角元素的特定向量來產生對角矩陣，因此

```
>> H = diag([2 3 4])
```

產生

```
H =
    2    0    0
    0    3    0
    0    0    4
```

函數 `diag` 還有第二個用法，就是擷取給定矩陣對角線的元素，考慮

```
>> P = rand(3,4)

P =
    0.3825    0.9379    0.2935    0.8548
    0.4658    0.8146    0.2502    0.3160
    0.1030    0.0296    0.5830    0.6325
```

則

```
>> diag(P)

ans =
    0.3825
    0.8146
    0.5830
```

更複雜的對角矩陣形式為主對角矩陣,這類的矩陣可以利用 MATLAB 函數 blkdiag 來產生。設定矩陣 A1 與 A2 如下:

```
>> A1 = [1 2 5;3 4 6;3 4 5];
>> A2 = [1.2 3.5,8;0.6 0.9,56];
```

則

```
>> blkdiag(A1,A2,78)

ans =
    1.0000    2.0000    5.0000         0         0         0         0
    3.0000    4.0000    6.0000         0         0         0         0
    3.0000    4.0000    5.0000         0         0         0         0
         0         0         0    1.2000    3.5000    8.0000         0
         0         0         0    0.6000    0.9000   56.0000         0
         0         0         0         0         0         0   78.0000
```

這個處理功能讓使用者可以很容易地建立結構複雜的矩陣而不需要詳細地編寫程式。

1.7　一些矩陣函數

某些代數運算對單一純量的執行很簡單,但是對矩陣卻是大量的運算。對大矩陣而言,這種運算要耗費許多時間。例如有一矩陣被提高其乘冪,我們在 MATLAB 裡可以寫成 A^p,p 是一純量正數,A 是一個矩陣。這樣就產生一個矩陣的乘冪,p 可以是任意值。若乘冪等於 0.5,使用 sqrtm(A) 較好,這可求矩陣 A 的平方根(參考附錄 A 的章節 A.13)。相似地,對於乘冪為 -1 則使用 inv(A) 為佳。另一個在 MATLAB 可直接得到的特別運算是 expm(A),計算矩陣 A 的指數。MATLAB 函數 logm(A) 提供了以 e 為底數之 A 的主要對數,若 B = logm(A),則主要對數 B 是唯一對數,其每個特徵值具有介於 $-\pi$ 和 π 之間的虛數部分。例如

```
>> A = [61 45;60 76]

A =
    61    45
    60    76

>> B = sqrtm(A)

B =
    7.0000    3.0000
    4.0000    8.0000

>> B^2

ans =
    61.0000    45.0000
    60.0000    76.0000
```

1.8　以 MATLAB 運算子 \ 作矩陣除法

我們將考慮解線性方程式系統作為 MATLAB 效能的範例。若 a 和 b 為簡單純量常數，x 為未知數，則解 $ax = b$ 是輕而易舉的，給定 a 和 b 則 $x = b/a$。然而，考慮矩陣方程式

$$\mathbf{Ax} = \mathbf{b} \tag{1.1}$$

其中 $\mathbf{A}$ 是方陣，$\mathbf{x}$ 和 $\mathbf{b}$ 皆是向量，欲求 $\mathbf{x}$。從計算觀點而言，這是較困難的，在 MATLAB 內可以執行下列指令來求解 $\mathbf{x}$

```
x = A\b
```

這一指令使用重要的 MATLAB 除法運算子 \ 來解線性聯立方程式 (1.1)。線性聯立方程式的求解是一重要問題，計算效率及其他相關問題將再第 2 章詳細說明。

1.9　元素逐一運算

元素逐一運算與標準矩陣運算不同但卻非常有用。這可由運算子前放置一句點 (.) 來達成。若 X 和 Y 為矩陣或向量，則 X.^Y 每個 X 的元素由 Y 與 X 相對應的元素來提升乘冪，相似地 X.*Y 及 Y.\X 由相對應的 Y 元素乘或除每個 X 的元素。除法 X./Y 與 Y.\X 得到相同結果。這些運算法的執行須要相同大小的向量和矩陣。注意句點運算元不可放在 + 和 − 之前，因為一般的矩陣加法和減法都是元素逐一運算的。元素逐一運算的例子如下：

```
>> A = [1 2;3 4]

A =
     1      2
     3      4

>> B = [5 6;7 8]

B =
     5      6
     7      8
```

首先我們使用一般矩陣乘法：

```
>> A*B

ans =
    19     22
    43     50
```

然而使用 (.) 運算元可得

```
>> A.*B

ans =
     5     12
    21     32
```

這是元素逐一相乘。接下來考慮此敘述

```
>> A.^B

ans =
          1           64
       2187        65536
```

上例中 A 的每個元素其乘冪是與其相對應之 B 內的元素。元素逐一運算有許多的應用，其中一個重要的運用是繪圖（參考章節 1.13）。例如

```
>> x = -1:0.1:1;
>> y = x.*cos(x);
>> y1 = x.^3.*(x.^2+3*x+sin(x));
```

注意這裡所使用的多值向量 x 允許其對應的 y 和 y1 在單一敘述中同時進行計算。元素逐一運算在效果上是同時執行純量的處理。

1.10　純量運算與函數

在 MATLAB 我們定義與對應了純量，如同其他眾多的程式語言，但是在矩陣與純量的命名上沒有任何差異。因此 A 可以表示一個純量或者是矩陣，則運算的程序才看到差異。

例如

```
>> x = 2;
>> y = x^2+3*x-7

y =
    3

>> x = [1 2;3 4]

x =
    1    2
    3    4

>> y = x.^2+3*x-7

y =
    -3    3
    11   21
```

　　注意在範例的程序中若是在向量使用點號則必須擺在運算子前，但是對於純量運算就不需要，即便使用也不會造成錯誤。若我們用一個方陣自己相乘，表示為 x^2，則我們得到整個對應就會如下述，而不是 x.^2 所給定的元素逐一相乘。

```
>> y = x^2+3*x-7

y =
    3    9
   17   27
```

　　Matlab 內建有非常大量的數學函數，可以純量、陣列或元素逐一向量為基礎，可以藉由呼叫函數與參數來決定；這些函數會回傳一或多個值。在表 1.1 列出的一小部分選出的 Matlab 函數，其列出了函數名稱、函數的功能和函數呼叫的範例。注意所有函數名稱都要是小寫。

　　前面為列出所有的 Matlab 函數，但 Matlab 提供了涵蓋範圍完整的函數，包括三角函數與反三角函數、雙曲函數與反雙曲函數，以及對數函數。下面將介紹前面所列之函數的例子。

```
>> x = [-4 3];
>> abs(x)

ans =
    4    3

>> x = 3+4i;
>> abs(x)

ans =
    5
```

表 1.1　MATLAB 數學函數

函數	函數提供	範例
sqrt(x)	square root of x	y = sqrt(x+2.5);
abs(x)	if x is real, gives positive value of x	
	If x is complex, gives scalar measure of x	d = abs(x)*y;
real(x)	real part of x when x is complex	d = real(x)*y;
imag(x)	imaginary part of x when x is complex	d = imag(x)*y;
conj(x)	complex conjugate of x	x = conj(y);
sin(x)	sine of x in radians	t = x+sin(x);
asin(x)	inverse sine of x returned in radians	t = x+sin(x);
sind(x)	sine of x in degrees	t = x+sind(x);
log(x)	log to base e of x	z = log(1+x);
log10(x)	log to base 10 of x	z = log10(1-2*x);
cosh(x)	hyperbolic cosine of x	u = cosh(pi*x);
exp(x)	exponential of x, i.e., e^x	p = .7*exp(x);
gamma(x)	gamma function of x	f = gamma(y);
bessel(n,x)	nth-order Bessel function of x	f = bessel(2,y);

```
>> imag(x)

ans =
     4

>> y = sin(pi/4)

y =
    0.7071

>> x = linspace(0,pi,5)

x =
         0    0.7854    1.5708    2.3562    3.1416

>> sin(x)

ans =
         0    0.7071    1.0000    0.7071    0.0000

>> x = [0 pi/2;pi 3*pi/2]

x =
         0    1.5708
    3.1416    4.7124

>> y = sin(x)

y =
         0    1.0000
    0.0000   -1.0000
```

一些函數提供了特別的運算給一些重要或是一般的數值程序，這些函數通常需要一個以上的輸入參數並且提供多個輸出。例如，bessel(n,x) 給出 x 的第 n 階貝所函數；敘述 y = fzero(fun,x0) 決定了函數 fun 接近 x0 的根，其中 fun 是個由使用者定義的函數，讓我們找出方程式的根。例如像是 fzero 的使用，參考章節 3.1。敘述 [Y,I] = sort(X) 是個回傳出兩個值的函數例子，Y 是個有序矩陣而 I 是個包含排序過的指數包含在矩陣中。

另外對於大多數的數值函數，MATLAB 提供許多工具函數以用來驗證指令碼的運算，如下：

- pause 讓指令碼的執行暫停直到使用者按下按鍵，注意滑鼠游標在此時會變成 P 符號，已經告目前指令碼是在暫停模式。這通常用於指令碼是運作在 echo on 的時候。
- echo on 是指令碼中每一行於被執行前在 **command** 視窗顯示，這對於展示很有幫助，如果要將它關閉則可以使用 echo off。
- who 列出當前工作空間的變數。
- whos 列出當前工作空間所有的變數，包含如大小與類別…等相關資訊。

MATLAB 也提供對於時間的相關函數：

- clock 以 <年 月 日 時 分 秒> 的格式回傳現在的日期與時間。
- etime(t2,t1) 計算介於 t1 與 t2 之間所經過的時間，注意 t1 和 t2 是以 clock 格式所輸出。
- tic ... toc 提供一個取得執行片段指令碼時間的方法，敘述 tic 啟動計時器而 toc 給出從前一個 tic 所經過的時間。
- cputime 回傳當 MATLAB 啟動至目前以秒計算的時間。

下列的指令碼是使用計時函數，用來估計執行 1000×1000 線性聯立方成組的執行時間。

```
% e3s107.m  Solves a 1000x1000 linear equation system
A = rand(1000); b = rand(1000,1);
T_before = clock;
tic
t0 = cputime;
y = A\b;
timetaken = etime(clock,T_before);
tend = toc;
t1 = cputime-t0;
disp('etime     tic-toc    cputime')
fprintf('%5.2f %10.2f %10.2f\n\n', timetaken,tend,t1);
```

在某一台電腦執行這個指令碼得到下列的結果：

```
etime      tic-toc     cputime
0.30        0.31        0.30
```

這個輸出顯示三種計時方法得到幾乎相同的時間。當量測計算時間時，顯示的時間每次執行都改變且執行時間愈短，百分比變異愈大。同時記錄的浮點運算次數也有少量變異。

1.11 字串變數

我們發現 MATLAB 對於矩陣與純量的命名上沒有差異，對於字串變數或是字串也一樣，例如：A = [1 2; 3 4]、A = 17.23 或 A = 'help'都是合法的敘述且指定 A 為陣列、純量、文字串。在 MATLAB 可以藉由將字串置於引號中並且指定其變數名稱，來將字符與字符的字串直接指定至變數。字串可用特殊的 MATLAB 字串函數來處理，將在此節列出。以下列出一些使用標準的 MATLAB 操作來進行字串處理的範例。

```
>> s1 = 'Matlab ', s2 = 'is ', s3 = 'useful'

s1 =
Matlab

s2 =
is

s3 =
useful
```

在 MATLAB 裡面字串是以相對應之 ASCII 碼的向量來表示，這是用來指定與存取這些字串的唯一方法。舉例來說，字串 'is ，實際上儲存為向量 [105 115 32]，在這裡可以看到對於字母 i 和 s 以及空白鍵的 ASCII 碼分別是 105、115 和 32。當我們要處理字串的時候，這個向量結構有很重要的影響。例如，因為向量的特性所以我們可以串接字串，如下使用用方括弧：

```
>> sc = [s1 s2 s3]

sc =
Matlab is useful
```

注意到這些空白都是被辨識的，要識別字串陣列中的任何一個項目則可以輸入

```
>> sc(2)

ans =
a
```

要區分字串的元素之子集合則可以輸入

```
>> sc(3:10)

ans =
tlab is
```

可以藉由轉置字串向量將字串以垂直方式顯示

```
>> sc(1:3)'

ans =
M
a
t
```

也可以將字串的子集合順序反向並指定至另一個字串，如下；

```
>>a = sc(6:-1:1)

a =
baltaM
```

而且也可以定義字串陣列，例如，沿用先前所定義的字串 sc 可以得到

```
>> sd = 'Numerical method'
>> s = [sc; sd]

s =
Matlab is useful
Numerical method
```

為了得到字串的第 12 行可以用

```
>> s(:,12)

ans =
s
e
```

注意在這裡為了建立一個 ASCII 碼的方形矩陣，字串的長度必須要相同。此例是 2×16 的矩陣。

現在介紹用 MATLAB 字串函數來進行字串處理，可用 strrep 將字串進行替換，如下：

```
>> strrep(sc,'useful','super')

ans =
Matlab is super
```

注意以此敘述是將 sc 裡面的 useful 以 super 取代。

我們也可以用 findstr 來找出在某一個字串中特定的字元或是字串，如下例：

```
>> findstr(sd,'e')

ans =
    4    12
```

這告訴了我們在字串中第 4 和第 12 個字元是 'e'；也可以用這個函數來找出字串中的某一段的子字串，如下：

```
>> findstr(sd, 'meth')

ans =
    11
```

'meth' 這個字串是起始於整個字串的第 11 個字元。若無法在原始搜尋的字串中找到子字串或是字元，得到的回應就會如同下面的例子：

```
>> findstr(sd,'E')

ans =
    [ ]
```

字串可以利用函數 double 或者是執行任何數學運算而轉換成相對應的 ASCII 碼，因此，用在現有的字串 sd 可以得到

```
>> p = double(sd(1:9))

p =
    78   117   109   101   114   105    99    97   108

>> q = 1*sd(1:9)

q =
    78   117   109   101   114   105    99    97   108
```

注意此例中我們將字串乘 1，MATLAB 將字串當成相對之 ASCII 碼的向量並且乘上 1。回顧 sd(1:9) = 'Numerical'，我們可以推論出 N 的 ASCII 碼是 78，u 則是 117，以此類推。

使用 MATLAB 的 char 函數可以將 ASCII 碼的向量轉換成字串，例如

```
>> char(q)

ans =
Numerical
```

將 ASCII 碼都遞增 3 並且轉換成字元會得到

```
>> char(q+3)

ans =
Qxphulfdo

>> char((q+3)/2)
```

```
ans =
(<84:6327

>> double(ans)

ans =
    40    60    56    52    58    54    51    50    55
```

如同先前所進行的，char(q) 將 ASCII 字串轉換回去字元，這裡介紹了可以將 ASCII 碼做數值運算，若有需要也可以轉換回字元。如果處理後的 ASCII 碼之值非整數，則會向下捨去。

注意觀察字串'123'非常重要且並非與數值 123 相同，因此

```
>> a = 123

a =
    123

>> s1 = '123'

s1 =
123
```

使用 whos 可以顯示出變數 a 和 s1 的類別如下：

```
>> whos
  Name       Size                    Bytes  Class
  a          1x1                         8  double array
  s1         1x3                         6  char array

  Grand total is 4 elements using 14 bytes
```

一個字元需佔用 2 個位元組，而倍精度浮點數需要 8 個位元組。可以用函數 str2num 與 str2double 轉換字串至相對應的數值，如下：

```
>> x=str2num('123.56')

x =
    123.5600
```

字串也可以轉換成複數，但使用者必須要注意，如下所介紹：

```
>> x = str2num('1+2j')

x =
1.0 + 2.0000i
```

但

```
>> x = str2num('1+2 j')

x =
    3.0000                0 + 1.0000i
```

注意可以用 `str2double` 來將字串轉換成複數並且容許空白。

```
>> x = str2double('1+2 j')

x =
1.0 + 2.0000i
```

還有許多 MATLAB 函數可以用來處理字串，更多的細節請參考 MATLAB 手冊。在這裡介紹一些函數的使用。

- `bin2dec('111001')` 或 `bin2dec('111 001')` 回傳 57
- `dec2bin(57)` 回傳字串 '111001'
- `int2str([3.9 6.2])` 回傳字串 '4 6'
- `num2str([3.9 6.2])` 回傳字串 '3.9 6.2'
- `str2num('3.9 6.2')` 回傳 3.9000 6.2000
- `strcat('how ','why ','when')` 回傳字串 'howwhywhen'
- `strcmp('whitehouse','whitepaint')` 回傳 0 因為字串不相同
- `strncmp('whitehouse','whitepaint',5)` 回傳 1 因為字串的第 5 個字元是相同的
- `date` 回傳現在日期，以 24-Aug-2011 此格式

函數 `num2str` 常被用在函數 `disp` 和函數 `title` 之中，分別參考章節 1.12 與 1.13。

1.12　MATLAB 之輸入及輸出

欲輸出變數的名稱及數值則每個敘述後的分號可以省略。然而這樣無法輸出清楚的文件或安排良好及整齊的輸出。實際上最好使用 `disp` 函數，因為這可以得到明瞭的輸出檔。`disp` 函數將文字及數值顯示在螢幕上。將矩陣 `A` 的內容輸出在螢幕上可以寫為 `disp(A)`，文字的輸出須置於單引號內，例如

```
>> disp('This will display this test')
This will display this test
```

字串組合可以使用方括弧 `[ ]` 列印，數值如果使用 `num2str` 函數轉成字串也可以置於文字中，例如

```
>> x = 2.678;
>> disp(['Value of iterate is ', num2str(x), ' at this stage'])
```

將在螢幕上顯示

```
Value of iterate is 2.678 at this stage
```

fprintf 是更具彈性的函數，可按一定的格式輸出至螢幕或檔案，其形式如下：

```
fprintf('filename','format_string',list);
```

這裡 list 是變數名稱的列表，各變數之間以逗號隔開。檔案名是可以省略的，如果省略則輸出至螢幕，格式字串是設定輸出的格式。可能使用的格式字串元素是：

- %P.Qe 設定指數的格式
- %P.Qf 設定定點的格式
- %P.Qg 變成 %P.Qe 或 %P.Qf 視何者較短而定
- \n 設定新一列

上述 P 及 Q 都是整數，這些整數字串字元和句點 (.) 必須在 % 符號之後及字母 e、f 或 g 之前。句點前的整數 (P) 設定字的寬度，句點後的整數 (Q) 設定小數點後的位數。例如，%8.4f 及 %10.3f 給出字寬度為 8，小數點後的位數有 4 位及字寬 10，小數點後有 3 位數字。注意小數點也佔一位的寬度。例如

```
>> x = 1007.461; y = 2.1278; k = 17;
>> fprintf('\n x = %8.2f y = %8.6f k = %2.0f \n',x,y,k)
```

輸出

```
x =  1007.46 y = 2.127800 k = 17
```

而

```
>> p = sprintf('\n x = %8.2f y = %8.6f k = %2.0f \n',x,y,k)
```

給出

```
p =

 x =  1007.46 y = 2.127800 k = 17
```

注意 p 是字串向量且若有需要可以進行處理。

MATLAB 用戶希望在某種程度上改進 MATLAB 輸出的風格，這需要視情況而定。輸出是否要給其他人閱讀，或許就需要清楚的輸出結構，或者只是給使用者，就只需要簡單的輸出？輸出是否要建檔以供後續使用，或者是很快地就會被忽略？在本書中給出非常簡單的範例而有時是相當複雜的輸出。

現在由鍵盤輸入文字及數據，互動式的方法來輸入是使用函數 input，形式如下

```
>> variable = input('Enter data: ');
Enter data: 67.3
```

input 函數顯示出文字並等待由鍵盤輸入數值 67.3。當 return 鍵按下後，數值就存在變數 variable 內。純量值或矩陣都可以用這方式輸入。輸入函數立即顯示文字說明並等待輸入。函數 input 的另一個形式是允許字串輸入。

```
>> variable = input('Enter text: ','s');
Enter text: Male
```

這裡指定字串 Male 至變數 variable。

對於較大量的數據，也許是來自先前的 MATLAB 運算儲存，函數 load 可以由磁碟載入檔案，使用

```
load filename
```

檔案名稱通常是以 .mat 或 .dat 結尾，太陽黑子的資料檔案已經存在於 MATLAB 封裝中，並且可以使用此命令載入至記憶體

```
>> load sunspot.dat
```

在下面的範例中，我們儲存 x、y 和 z 的值至檔案 test001 中，清除工作空間並且 z、y 和 z 將載入至工作空間：

```
>> x = 1:5; y = sin(x); z = cos(x);
>> whos
  Name      Size        Bytes  Class
  x         1x5            40  double array
  y         1x5            40  double array
  z         1x5            40  double array
>> save test001
>> clear all, whos      Nothing listed
>> load test001
>> whos
  Name      Size        Bytes  Class
  x         1x5            40  double array
  y         1x5            40  double array
  z         1x5            40  double array
>> x = 1:5; y = sin(x); z = cos(x);
```

這裡我們只儲存 x 及 y 至檔案 test002 並且清除工作空間以及重新載入 x 及 y：

```
>> save test002 x y
>> clear all,  whos  Nothing listed
>> load test002 x y, whos
  Name      Size          Bytes  Class
  x         1x5              40  double array
  y         1x5              40  double array
```

注意在這裡敘述 load test002 和 load test002 x y 具有相同的效果。最後清除工作空間並載入 x 至工作空間：

```
>> clear all, whos    Nothing listed
>> load test002 x, whos
  Name        Size               Bytes  Class
  x           1x5                   40  double array
```

在應用軟體間通常使用逗號分隔值 (Comma Separated Values, CSV) 來交換大型的表格式資料，資料是用純文字儲存且以逗號做分隔，這些檔案可以很容易地用一般的電子表格作編輯（例如微軟的 Excel）。若檔案是以其他軟體產生且以 CSV 檔案儲存，則可以用 csvread 匯入至 Matlab；也可以由 Matlab 使用 csvwrite 來產生 CSV 檔案。下列的 Matlab 敘述中，將向量 p 儲存，清除工作空間，並且重新載入 p，但是以向量 g 來呼叫：

```
>> p = 1:6;
>> whos
  Name        Size               Bytes  Class
  p           1x6                   48  double array

>> csvwrite('test003',p)
>> clear
>> g = csvread('test003')
g =
     1     2     3     4     5
```

1.13　Matlab 繪圖

Matlab 提供廣泛的繪圖功能，可以在程式中呼叫或者在指令視窗中直接執行。我們由 plot 函數開始。這函數有數種格式，例如

- plot(x,y) 繪出向量 x 對 y 的圖，如果 x 和 y 都是矩陣則繪 x 的第 1 行對 y 的第 1 行的圖，然後逐對 x 及 y 重覆。
- plot(x1,y1,'type1',x2,y2,'type2') 使用 type1 的線或點型繪出 x1 對 y1 的圖，然後使用 type2 的線或點型繪出 x2 對 y2 的圖。

表 1.2　繪圖所使用的符號及字元

線	符號	點	符號	顏色	文字
solid	−	point	.	yellow	y
dashed	− −	plus	+	red	r
dotted	:	star	*	green	g
dashdot	−.	circle	o	blue	b
		x mark	×	black	k

type 由表 1.2 規定的符號選出，符號之前可加上指定顏色的文字。

半對數圖或全對數圖可以用 semilog 或 loglog 把 plot 取代；有各種不同的函數來取代 plot，得出特殊的繪圖。在現有的圖形上可以用

xlabel,ylabel,title,grid 及 text 來加入標題，軸名稱及其他特徵。這些函數具有下列形式

- title('title') 顯示在引號內的標題於圖形上方。
- xlabel('x_axis_name') 在軸下顯示引號內的名稱。
- ylabel('y_axis_name') 在軸左側顯示引號內的名稱。
- grid 在圖形套上格狀網。
- text(x,y,'text-at-x,y') 在圖形視窗中的位置 (x,y) 處顯示文字資訊，x 及 y 的單位是以目前繪圖軸的單位量取的。文字可能顯示在一點或多點，視 x 和 y 是否為向量而定。
- gtext('text')，由滑鼠選定位置置放所要的文字，然後再按下滑鼠按鈕。
- ginput 允許從圖形視窗擷取資訊。

ginput 有兩種主要形式，最簡單的是

    [x,y] = ginput

藉由移動滑鼠十字中心至所要的點並且按下滑鼠按鈕，來決定這些數量無限的輸入點之向量 x 和 y，要離開 ginput 按下 return 按鍵即可；若需要特殊點 n 的數值，則可寫為 –

    [x,y] = ginput(n)

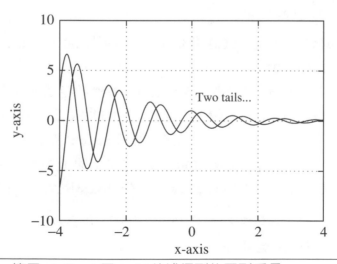

圖 1.1　使用 plot(x,y) 及 hold 敘述得到的圖形重疊。

另外，axis 函數讓使用者設定軸的界限來畫特別的圖形，形式為 axis(p)，其中 p 是包含 4 個元素的列向量，指定 x 軸和 y 軸方向的上下限，axis 敘述

必須置於 plot 敘述之後，注意函數 xlabel、ylabel、title、grid、text、gtext 及 axis 必須置於其所指定的 plot 函數之後。以下的指令碼繪出如圖 1.1 之圖形。函數 hold 是用來保證兩個圖形重疊。

```
% e3s101.m
x = -4:0.05:4;
y = exp(-0.5*x).*sin(5*x);
figure(1), plot(x,y)
xlabel('x-axis'), ylabel('y-axis')
hold on
y = exp(-0.5*x).*cos(5*x);
plot(x,y), grid
gtext('Two tails...')
hold off
```

指令碼 e3s101.m 用來介紹產生一個圖形需要多少的 MATLAB 敘述。

　　函數 fplot 允許使用者在給定的界限內繪出先前已定義的函數。fplot 與 plot 的重大差異是 fplot 可以在選定的範圍內選擇合適的繪圖點數。所以函數變化較快時選擇較多的點數。以下的 MATLAB 指令碼可以說明：

```
% e3s102.m
y = @(x) sin(x.^3);
x = 2:.04:4;
figure(1)
plot(x,y(x),'o-')
xlabel('x'), ylabel('y')
figure(2)
fplot(y,[2 4])
xlabel('x'), ylabel('y')
```

　　注意 figure(1) 及 figure(2) 將輸出繪至不同視窗。在章節 1.17 將會說明無名函數 @(x) sin(x.^3)。

　　執行以上程式得出圖 1.2 及圖 1.3，此例中我們故意選定不足的繪圖點且反映在圖 1.2 中，函數 fplot 產生較平滑及更精確的曲線圖。注意 fplot 僅允許函數或對於獨立變量的函數，參數繪圖是無法使用 fplot 來建立的。

　　指定繪圖功能而言 MATLAB 函數 ezplot 感覺上與 fplot 相似，但有個缺點是在於階的大小是固定的。然而 ezplot 卻允許參數繪圖與三維繪圖，例如

```
>> ezplot(@(t) (cos(3*t)), @(t) (sin(1.6*t)), [0 50])
```

是參數繪圖，但圖形相對較粗糙。

　　fplot 在繪製困難的函數相當有幫助，其他的函數 ylim 與 xlim，當待繪製的函數不清楚或不可預測的時候有助於釐清。函數 ylim 允許使用者容易地限制圖中 y 軸的範圍，而 xlim 則是相同功能用在 x 軸上；以下用一個例子來做介紹。

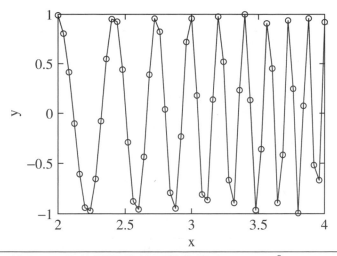

圖 1.2 使用 51 個等間隔的繪圖點來畫出 $y=\sin(x^3)$。

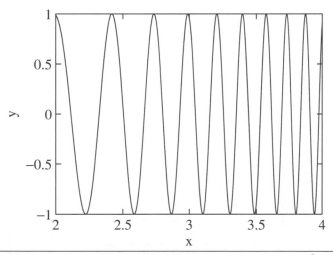

圖 1.3 使用 fplot 函數選定合適的點數來繪出 $y=\sin(x^3)$。

圖 1.4（無使用 xlim 與 ylim）是令人不滿意的，因為這僅在特殊的點 $x = -2.5$、$x=1$ 和 $x=3.5$ 給出些許的函數行為。

```
>> x = -4:0.0011:4;
>> y =1./(((x+2.5).^2).*((x-3.5).^2))+1./((x-1).^2);
>> plot(x,y)
>> ylim([0,10])
```

圖 1.5 表示的是 MATLAB 敘述 ylim([0,10]) 限制了 y 軸至最大值 10，這給出了清楚的圖形變化。

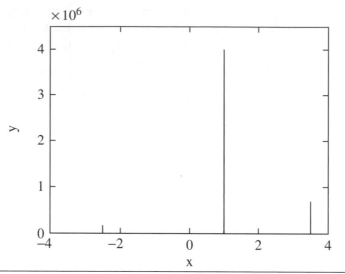

圖 1.4　函數於範圍 −4 至 4 之間所繪的圖，最大值為 4×10^6。

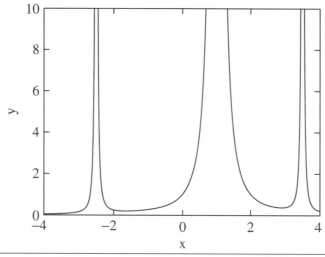

圖 1.5　與圖 1.4 相同的函數所繪出的圖，但 y 軸的範圍有所限制。

　　MATLAB 有許多特定功能來處理及繪製圖形，現在將討論這些功能。subplot 函數之使用形式為 subplot(p,q,r)，這裡 p 及 q 將圖形視窗分割成 $p \times q$ 個網格並將圖形放置在第 r 個格子，格子沿著列數編號。這可由以下程式說明，其產生 6 個不同的圖形，每個按編號置於 6 個格子中。繪圖於圖 1.6。

　　使用 hold 函數可以保留螢幕的現有圖形且隨後所繪的圖被繪在上面。函數 hold on 打開保留裝置而 hold off 則將之關閉。圖形視窗可用 clf 清除。

```
% e3s103.m
x = 0.1:.1:5;
subplot(2,3,1), plot(x,x)
title('plot of x'), xlabel('x'), ylabel('y')
subplot(2,3,2), plot(x,x.^2)
title('plot of x^2'), xlabel('x'), ylabel('y')
subplot(2,3,3), plot(x,x.^3)
title('plot of x^3'), xlabel('x'), ylabel('y')
subplot(2,3,4), plot(x,cos(x))
title('plot of cos(x)'), xlabel('x'), ylabel('y')
subplot(2,3,5), plot(x,cos(2*x))
title('plot of cos(2x)'), xlabel('x'), ylabel('y')
subplot(2,3,6), plot(x,cos(3*x))
title('plot of cos(3x)'), xlabel('x'), ylabel('y')
```

MATLAB 提供許多的繪圖函數與風格，爲介紹其中 polar 與 compass 兩個，引入 $x^5-1=0$ 的根，其中已經用 MATLAB 函數 roots 確定。此函數將會在章節 3.1 更進一步探討。我們用 polar 和 compass 來繪出這個方成確定的五個根，函數 polar 需要絕對值和根的相位角，函數 compass 繪出其虛數根的實數部分。

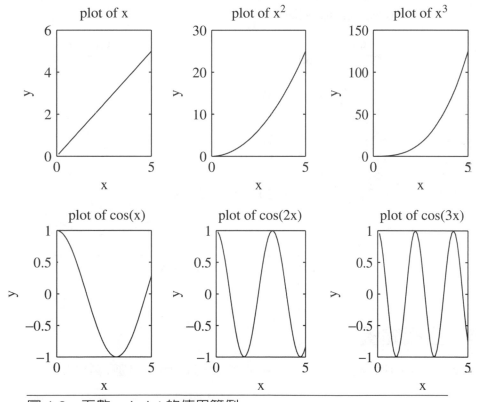

圖 1.6   函數 subplot 的使用範例。

```
>> p=roots([1 0 0 0 0 1])

p =
  -1.0000
  -0.3090 + 0.9511i
  -0.3090 - 0.9511i
   0.8090 + 0.5878i
   0.8090 - 0.5878i

>> pm = abs(p.')

pm =
    1.0000    1.0000    1.0000    1.0000    1.0000

>> pa = angle(p.')

pa =
    3.1416    1.8850    -1.8850    0.6283    -0.6283

>> subplot(1,2,1), polar(pa,pm,'ok')
>> subplot(1,2,2), compass(real(p),imag(p),'k')
```

圖 1.7 表示 subplots 這些例子

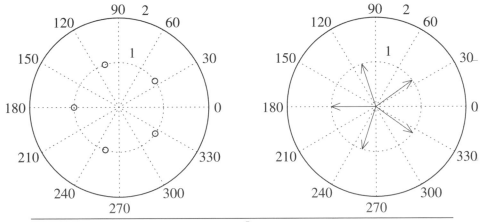

圖 1.7　polar 和 compass 繪出 $x^5-1=0$ 的根。

1.14 　立體繪圖

　　時常需要繪製函數或數據的三維立體圖形以利於對數據特性做深一步的洞察。Matlab 提供使用者方便有效力的繪製立體圖形。這裡僅介紹少部份的立體繪圖函數。這些函數是 meshgrid、mesh、surf1、contour 和 contour3，值得注意的是這類圖形愈複雜，螢幕上繪圖時間愈久，視函數的複雜度，所需仔細的程度及所使用電腦的計算速度而定。

通常函數的立體繪製被用來說明函數的特徵，例如最大或最小值所在的地區。繪圖來說明這些特徵有時是困難的，以至於函數在繪製之前須做詳細的分析。另外，即使注重的地區成功地被定位但繪製後可能被隱藏，所以須要選擇不同的觀測角度。也可能出現不連續而造成繪圖問題。

對於函數 $z=f(x,y)$，MATLAB 函數 meshgrid 產生完整的 $x-y$ 平面圖形點集以供立體繪圖函數所需。可先計算 z 值然後由函數 mesh、surf、surfl 或 sutfc 其中之一將圖形繪出。例如繪出函數

$$z = (-20x^2 + x)/2 + (-15y^2 + 5y)/2 \qquad x = -4:0.2:4 \qquad 及$$
$$y = -4:0.2:4$$

首先設立 $x-y$ 定義域內的數值，然後使用給定的函數以這些 x 和 y 數值計算 z。最後以函數 surfl 繪出立體圖形。這由以下程式達成，注意，函數 figure 是如何被使用以至輸出到圖形視窗時第一圖不會被第二圖覆蓋住。

```
% e3s105.m
[x,y] = meshgrid(-4.0:0.2:4.0,-4.0:0.2:4.0);
z = 0.5*(-20*x.^2+x)+0.5*(-15*y.^2+5*y);
figure(1)
surfl(x,y,z); axis([-4 4 -4 4 -400 0])
xlabel('x-axis'), ylabel('y-axis'), zlabel('z-axis')
figure(2)
contour3(x,y,z,15); axis([-4 4 -4 4 -400 0])
xlabel('x-axis'), ylabel('y-axis'), zlabel('z-axis')
figure(3)
contourf(x,y,z,10)
xlabel('x-axis')    label(' -axis')
```

執行此程式產生圖 1.8、圖 1.9 及圖 1.10。第一圖是由 surfl 函數繪製，顯示函數為一曲面；第二圖是以 contour3 繪製且顯示曲面的立體輪廓圍線圖形；第三圖是由 contourf 產生，提供二維填色的圍線圖。

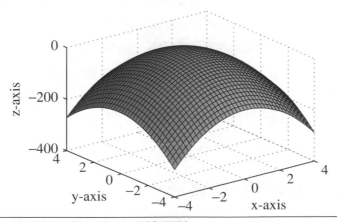

圖 1.8 使用預設觀測角的立體圖形。

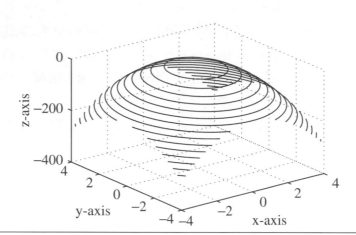

圖 1.9　立體輪廓圖線繪製。

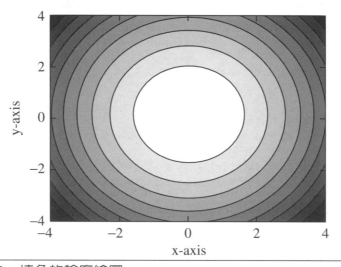

圖 1.10　填色的輪廓繪圖。

　　繪曲面時，一個非常有用的函數就是 `view`，這函數讓曲面或格狀線可以以不同位置來觀看。函數使用型式爲 `view(az,el)`，其中 `az` 是方位角，`el` 是觀測仰角，方位角可以解釋爲對軸旋轉的觀測點，仰角爲對 $x-y$ 平面旋轉的觀測點。正仰角指由物體上方看而負仰角指由物體下方看。相同的，正方位角指對 z 軸逆時針旋轉的觀測點，而負方位角指順時針旋轉的觀測點。若沒有使用 `view` 函數，則預設的觀測角是方位角 −37.5°，仰角 30°。

　　尚有很多繪圖裝備函數，但在此不做討論。

1.15　圖形操作 - 握把式圖形

　　握把式圖形 (Handle Graphics) 讓使用者選擇字型、線條粗細、符號型態及大小、軸型態以及其他對於繪圖的一些特徵，這些將增加 MATLAB 的一些複雜度但帶來許多好處。這裡給出一些主要特徵的非常簡易概論。get 和 set 是兩個關鍵的函數，get 函數讓使用者得到一些關於 plot、title、xlabel、ylabel 和其他函數的細節。函數 set 讓使用者修改一些特定的圖形元素，像是 xlabel 或 plot 之標準設定。另外，gca 可以和 set 一起使用來調正當前圖形的軸之握把，與 get 一起使用可得到圖形的軸之性質。

爲了介紹包含在簡單圖形敘述的細節，考慮下列敘述，其中握把 h 和 h1 已於 plot 和 title 函數部份介紹過了：

```
>> x = -4:.1:4;
>> y = cos(x);
>> h = plot(x,y);
>> h1 = title('cos graph')
```

爲了得到關於 plot 和 title 函數之結構細節的資訊，使用 get 與適當的握把如下，注意僅表示 get 所產生的部分選定性質。

```
>> get(h)
              Color: [0 0 1]
          EraseMode: 'normal'
          LineStyle: '-'
          LineWidth: 0.5000
             Marker: 'none'
         MarkerSize: 6
    MarkerEdgeColor: 'auto'
    .........................[etc]
```

對於 title 函數則是

```
>> get(h1)
FontName = Helvetica
FontSize = [10]
FontUnits = points
  HorizontalAlignment = center
LineStyle = -
LineWidth = [0.5]
Margin = [2]
Position = [-0.00921659 1.03801 1.00011]
Rotation = [0]
String = cos graph
.........................[etc]
```

注意 plot 和 title 有著不同的性質，下列的範例介紹握把圖形的使用：

```
% e3s121.m
% Example for Handle Graphics
x = -5:0.1:5;
subplot(1,3,1)
e1 = plot(x,sin(x)); title('sin x')
```

```
subplot(1,3,2)
e2 = plot(x,sin(2*round(x))); title('sin round x')
subplot(1,3,3)
e3 = plot(x,sin(sin(5*x))); title('sin sin 5x')
```

執行指令碼給出圖 1.11。

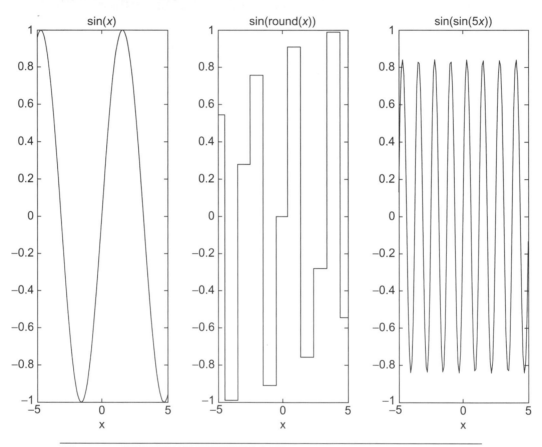

圖 1.11　握把圖形的圖形解說方面。

指令碼使用一連串的 **set** 敘述修改後如下：

```
% e3s122.m
% Example for Handle Graphics
x = -5:0.1:5;
s1 = subplot(1,3,1);
e1 = plot(x,sin(x)); t1 = title('sin(x)');
s2 = subplot(1,3,2);
e2 = plot(x,sin(2*round(x))); t2 = title('sin(round(x))');
s3 = subplot(1,3,3);
e3 = plot(x,sin(sin(5*x))); t3 = title('sin(sin(5x))');
% change dimensions of first subplot
set(s1,'Position',[0.1 0.1 0.2 0.5]);
%change thickness of line of first graph
set(e1,'LineWidth',6)
```

```
set(s1,'XTick',[-5 -2  0 2  5])
%Change all titles to italics
set(t1,'FontAngle','italic'), set(t1,'FontWeight','bold')
set(t1,'FontSize',16)
set(t2,'FontAngle','italic')
set(t3,'FontAngle','italic')
%change dimensions of last subplot
set(s3,'Position',[0.7 0.1 0.2 0.5]);
```

`Position` 敘述有下列的值

```
[shift from left, shift from bottom, width, height]
```

繪圖區域的大小是以單位平方來計算，因此

```
set(s3,'Position',[0.7 0.1 0.2 0.5]);
```

　由左移動圖片 0.7 且由下移動 0.1，其寬度為 0.2、高度為 0.5。會需要一些實驗來得到所需的效果，執行此指令碼得到如圖 1.12。注意這些框的大小差異，第一張圖的線條較粗、粗體標題、x 軸的刻度不同，並且所有標題都為斜體；其他部分也都可以改變。

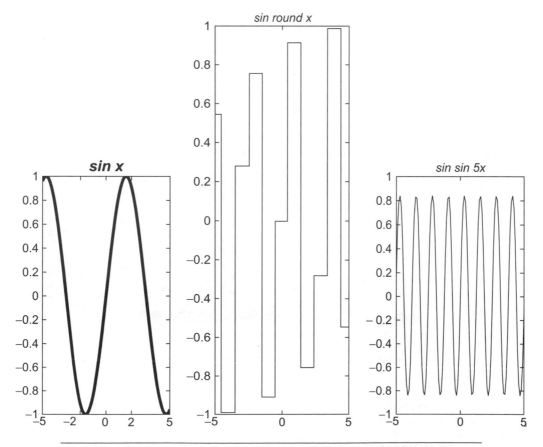

圖 1.12　在圖 1.11 中所介紹的握把圖形特徵的函數繪出的圖。

接下來的範例介紹如何用 gca 與 get 操作軸的各種屬性於圖 1.13，從當前的軸之屬性取得。下面範例表示使用 gca 在改變軸的這種屬性：

```
>> x = -1:0.1:2; h = plot(x,cos(2*x));
```

這些敘述產生圖 1.13 左邊的圖形

```
>> get(gca,'FontWeight')

ans =
normal

>> set(gca,'FontWeight','bold')
>> set(gca,'FontSize',16)
>> set(gca,'XTick',[-1 0 1 2])
```

這些額外的敘述提供了圖 1.13 右邊的圖，注意這產生了大的粗體字型與較少的 x 軸刻度。

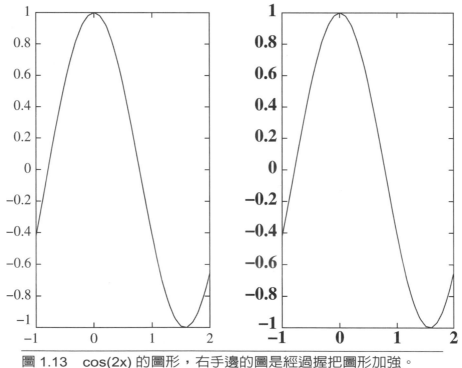

圖 1.13　cos(2x) 的圖形，右手邊的圖是經過握把圖形加強。

另外一個方法是如敘述中所介紹到操作字型與其他所介紹的特徵並顯示於圖 1.14。

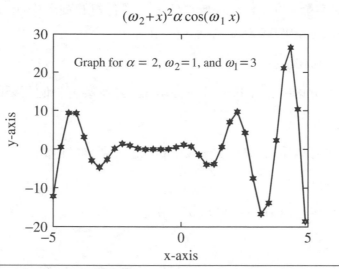

圖 1.14　$(\omega_2+x)^2\alpha\cos(\omega_1 x)$的圖。

```
% e3s104.m
% Example of the use of special graphics parameters in MATLAB
% illustrates the use of superscripts, subscripts,
% fontsize and special characters
x = -5:.3:5;
plot(x,(1+x).^2.*cos(3*x),...
'linewidth',1,'marker','hexagram','markersize',12)
title('(\omega_2+x)^2\alpha cos(\omega_1x)','fontsize',14)
xlabel('x-axis'), ylabel('y-axis','rotation',0)
gtext('graph for \alpha = 2,\omega_2 = 1, and \omega_1 = 3')
```

　　執行此指令碼所得到的圖表示在圖 1.14。現在討論此指令碼中所用到的特徵，我們可利用所介紹過的反斜線「\」來使用希臘字體的延伸符號，下面的範例給出如何引入這些字符：

- alpha 給出 α
- beta 給出 β
- gamma 給出 γ

　　任意希臘字母都可以藉由輸入反斜線後跟著該希臘字母的標準英文名稱，標題和軸的標示包含上標與下標利用「_」來表示下標且用「^」來表示上標。字型大小可以藉由加上額外的參數'fontsize'在 xlabel、ylabel 或 title 敘述中，與字體大小用逗號在前後分隔。如下

```
title('(\omega_2+x)^2\alpha*cos(\omega_1*x)','fontsize',14)
```

給出

$$(\omega_2 + x)^2 \alpha * \cos(\omega_1 * x)$$

以 14 點的字級。在 plot 函數本身，已經有對於圖形中額外的刻度，且可以用外加參數'marker'跟著刻度名稱，例如

　　'marker','hexagram'

刻度的大小可以用額外的參數'makersize'並接著一個需要的刻度大小：

　　'markersize',12

線條粗細也可以使用參數'linewidth'進行調整，例如

　　'linewidth',1

最後標示可用'rotation'做旋轉，例如

　　'rotation',0

這個外加的參數加上 0 的設定可將標示與 y 軸成水平而非垂直方向，這個參數值是以角度量來表示。

另一個在 MATLAB text 中更複雜的範例包含了偏微分方程式如下：

　　gtext('Solution of \partial^2V/\partialx^2+\partial^2V/\partialy^2 = 0')

這讓本文變成

$$\text{Solution of } \partial^2 V/\partial x^2 + \partial^2 V/\partial y^2 = 0$$

藉著使用滑鼠的十字游標與按壓按鍵來選定放置於當前的圖形視窗中。

額外地，特徵必須連接著 \ 後面並接上字型名稱參數，現有的任何字型都可使用，例如 \bf 給出粗體字型而 \it 給出斜體字型。一個在放置於圖形之操作的重要問題是位置與大小必須一貫並且易讀；所列出的圖形稿符合需求，但若將這些手稿直接匯入，不會有何所需的品質。其中一個範例示於圖 1.11。為了確保 MATLAB 指令碼所產生於圖中的大小與位置之一致性以及可讀性，下列敘述增加在所有產生圖形輸出的指令碼（除了圖 1.11、1.12 和 1.13 之外）。

```
set(0,'defaultaxesfontsize',16)
set(0,'defaultaxesfontname','Times New Roman')
set(0,'defaulttextfontsize',12)
set(0,'defaulttextfontname','Times New Roman')
axes('position',[0.30 0.30 0.50 0.50])
```

這些描述是握把圖形的範例，第一和第二行敘述是設定軸的字型為 16 號 Times New Roman，第三與第四行敘述將圖的字型設定為 12 號 Times New Roman，而第五行敘述控制圖形視窗中圖的大小。最後增加一行 print -deps Fig101.eps 敘述於各個產生圖形的指令碼，此行敘述將圖形納入的手稿以 eps 檔案格式做儲存。

這在本書中用來進行 Matlab 圖形的建立與安置，由於是相同的指令碼，這些就不會列在本文中。

1.16　在 Matlab 內編寫程式

前面的一些章節內已建立簡單的 Matlab 程式。允許這些指令集逐一執行。然而，Matlab 也提供一般程式語言裡可發現的特徵來允許讀者建立較變化性的程式。較重要的特徵將在本節內介紹。必須注意的是程式是在 **edit**（編輯）視窗內編寫而不是在 **command** 視窗中編輯，command 視窗只允許一次一個指令或同一行內的數個指令。

Matlab 不須要宣告變數種類，但為了清楚起見，主要變數的角色及特性可以由註解 (comments) 來做說明，符號 % 之後的任何文字皆視為註解。另外有一些變數名稱已先定義其數值以方便使用者，然而這也可以重新定義，這些變數是

pi	等同於 π
inf	除以 0 之後的結果
eps	設定成特別的機器精確度
realmax	最大正浮點數
realmin	最小正浮點數
NaN	「Not−a−Number」，由零除以零產生的非數目值
i,j	兩者皆為 $\sqrt{-1}$

在 Matlab 程式內，敘述的指定型式為

```
variable = <expression>;
```

計算表示式子然後數值存在左側的變數內，如果敘述後面的分號省略則變數名及內含數值會在螢幕上顯示。如果不明確的指定表示式子至一變數，則計算後的數值存放在變數 ans 同時顯示出來。

在前面的章節 Matlab 變數被設定為不同型式的矩陣，變數名需以字母為首然後是字母與數字的組合，最大允許 32 位字元，實際上最好使用有意義的變數名稱。變數名稱不應含空白及連字符，然而下標線是代替空白的好方法。例如 test_run 是可以的；test run 及 test-run 則不行。很重要的是避免使用 Matlab 指令，函數名稱甚至 Matlab 字串本身做為變數名。Matlab 無法禁止使用這些名稱，但若使用可能出現前後不一致的問題。數學表示式子是變數、常數、運算元和函數的有效組合，括弧可以因方便更改或指明運算先後次序而使用。簡單運算元的運算次序是第一 ^，第二是 *，第三為 /，最後是 + 和 −。

^   乘冪
*   乘號
/   除號
+   加號
-    減號

這些運算元的作用都已經談論過。除非特別說明不同的順序，程式中
MATLAB 敘述集都將循序被執行。以下例子即是

```
% e3s106.m
% Matrix calculations for two matrices A and B
A = [1 2 3;4 5 6;7 8 9];
B = [5 -6 -9;1 1 0;24 1 0];
% Addition. Result assigned to C
C = A+B; disp(C)
% Multiplication. Result assigned to D
D = A*B; disp(D)
% Division. Result assigned to E
E = A\B; disp(E)
```

為了能重覆執行某些敘述，for 迴圈可以使用，形式如下：

```
for <loop_variable> = <loop_expression>
    <statements>
end
```

迴圈變數 <loop_variable> 是一合適的名字，迴圈表示式 <loop_expression> 通常的形式為 n:m 或 n:i:m，其中 n、i 及 m 是初值，步距遞增量及終值，其可以是常數，變數或數學表示式，正值或負值皆可但必須是與程式邏輯一致的數值。當要重覆事先決定的次數，則這種型式結構須被使用到。例如，

```
or   =  :n
   for j = 1:m
       C(i,j) = A(i,j)+cos((i+j)*pi/(n+m))*B(i,j);
   end
end

for k = n+2:-1:n/2
    a(k) = sin(pi*k);
    b(k) = cos(pi*k);
end

p = ;
for a = [2 13 5 11 7 3]
    p = p*a;
end
p
```

```
p = 1;
prime_numbs = [2 13 5 11 7 3];
for a = prime_numbs
    p = p*a;
end
p
```

第一個例子說明 `for` 之巢狀使用，第二例說明上下限可以是數學表示式，步距值可以是負的。第三例說明迴圈並不一定要使用均勻步距值，第四例與第三例的結果相同，說明 `<loop-expression>` 可以是先前定義的向量。

在 `for` 迴圈內指定一值至向量時，讀者應注意產生的向量是一列向量，例如

```
for i = 1:4
    d(i) = i^3;
end
```

得列向量為 d = 1 8 27 64。

當滿足由迴圈內產生的數值所限制的條件時，重覆執行才能繼續，可以使用 `while` 敘述，形式為

```
while <while_expression>
    <statements>
end
```

`<while_expression>` 是一關係表示式，其型式為 e1∘e2，其中 e1 和 e2 是一般的代表式，。是如下定義的關係運算元：

==	等號
<=	小於或等於
>=	大於或等於
~=	不等於
<	小於
>	大於

下列邏輯運算元用來結合表示式子的關係

&	和 (and) 運算元
|	或許 (or) 運算元
~	非 (not) 運算元
&&	純量和 (and) 運算元（若第一個條件為假則第二個不評估）
||	或許 (or) 運算元（若第一個條件為真則第二個不評估）

注意，真為非零，假為零，關係運算元執行次序比邏輯運算元高。`while` 迴圈的例子如下

```
dif = 1;
x2 = 1;
while dif>0.0005
    x1 = x2-cos(x2)/(1+x2);
    dif = abs(x2-x1);
    x2 = x1;
end

x = [1 2 3];
y = [4 5 8];
while sum(x) ~= max(y)
    x = x.^2;
    y = y+x;
end
```

注意 break 允許跳開 while 或 for 迴圈。

　　所有程式語言的重要特性是程式內的指令被執行時，要有能力改變執行的順序。Matlab 內之 if 敘述就是為了達成此目的，其型式如下：

```
if < if_expression1>
    <statements>
elseif < if_expression2>
    <statements>
elseif < if_expression3>
    <statements>
...
...
else
    <statements>
end
```

　　這裡 <if_expression1> 是形式為 e1∘e2 的關係表示式，其中 e1 和 e2 是普通的代數表示式，而∘是前述的關係運算元。關係運算元可以由邏輯運算元組合。例如，

```
for k = 1:n
    for p = 1:m
        if k == p
            z(k,p) = 1;
            total = total+z(k,p);
        elseif k<p
            z(k,p) = -1;
            total = total+z(k,p);
        else
            z(k,p) = 0;
        end
    end
end

if (x~=0) & (x<y)
    b = sqrt(y-x)/x;
    disp(b)
end
```

MATLAB 函數 switch 是另一種 if 的結構，特別是在有很多選項考慮時候有用，如下的形式

```
switch <condition>
  case
    statements
  case ref2
    statements
  case ref3
    statements
  otherwise
    statements
end
```

下列片段程式碼讓使用者可以依照 n 的值選擇特定的繪圖。接下來的指令碼以 n=2 選定了第二個圖。

```
x = 1:.01:10; n = 2
switch n
    case 1
        plot(x,log(x));
    case 2
        plot(x,x.*log(x));
    case 3
        plot(x,x./(1+log(x)));
    otherwise
        disp('That was an invalid selection.')
end
```

另一個 switch 函數的範例，下列的程式碼片段藉由設定字串變數單位為 AU、LY 或 pc，讓使用者分別轉換天文距離 x 之單位為 AU（天文距離）、LY（光年）或 pc（秒差距）至公里。

```
x = 2;
units = 'LY'
switch units
    case {'AU' 'Astronomical  Units'}
        km = 149597871*x
    case  {'LY','lightyear'}
        km = 149597871*63241*x
    case  {'pc' 'parsec'}
        km = 149597871*63241*3.26156*x
    otherwise
        disp('That was an invalid selection.')
end
```

值得注意的是 MATLAB 程式內若有任何敘述超過一行，則可以在該行後面加上省略符號 (…) 表示連續到下一行。

menu 函數建立一個包含按鈕的選單視窗，提供使用者進行選擇，例如

```
frequency = 123;
units = menu('Select units for output data', 'rad/s','Hz', 'rev/min')
switch units
    case 1
        disp(frequency)
    case 2
        disp(frequency/(2*pi))
    case 3
        disp(frequency*60/(2*pi))
end
```

建立一個帶有三個按鈕標示著 'rad/s'、'Hz' 和 'rev/min' 的小視窗（稱為 **MENU**)。使用滑鼠「點擊」特定按鈕則會提供選定單位的轉換。

1.17　M<small>ATLAB</small> 中的使用者自訂函數

M<small>ATLAB</small> 允許用者定義自己所擁有的函數但特別的定義型式必須遵守。第一個函數形式是 m 檔函數，解說如下：

```
function <output_params> = func_name(<input_params>)
<func body>
```

`<input_params>` 是一組以逗號分隔的變數名稱，`<output_params>` 是單一變數或者是置於方括弧內以逗號分開的變數。函數本體包含定義使用者函數的敘述，這些敘述應包含指定數值至輸出參數的敘述，函數一旦被定義後，需以函數名相同的檔名儲存成 m 檔才可使用。在函數標題之後註解說明其特點是一好的習慣。這些註解可在 **command** 視窗由 help 指令顯示出來。

函數的呼叫型式為：

```
<specific_out_params> = <func_name>(<assigned_input_params>)
```

其中 `<specific_output_params>` 若不是一參數名稱，就是以中括弧圍住，內有不只一個參數名，以逗號分開。`<specific_input_params>` 項可以是一個參數名稱或以逗號隔開的多個參數名稱。`<specific_input_params>` 必需與函數定義內之 `<iutput_params>` 相匹配。以下提出函數的兩個範例。

■ ■ ■

範例 1.1

鋸齒波的傅利葉級數為

$$y(t) = \frac{1}{2} - \sum_{n=1}^{\infty} \sin\left(\frac{2\pi nt}{T}\right)$$

其中 T 為波形的週期。我們可以建立一個函數來評估給定的 t 和 T 值，雖然無法將無限做加總，可以將 m 項求總和，其中 m 為比較大的值。因此可以定義 MATLAB 函數 sawblade 如下，注意此函數具有三個輸入與一個輸出。

```
function y = sawblade(t,T,n_trms)
% Evaluates, at instant t, the Fourier approximation of a sawtooth wave of
% period T using the first n_trms terms in the infinte series.
y = 1/2;
for n = 1:n_trms
    y = y - (1/(n*pi))*sin(2*n*pi*t/T);
end
```

現在我們可以將這個函數作特殊用途，例如，若要將這個圖繪出至範圍 $t=0$ 至 4 和 $T=2$ 的週期，僅用到這個級數的 50 項，得到

```
c = 1;
for t = 0:0.01:4, y(c) = sawblade(t,2,50); c = c+1; end
plot([0:0.01:4],y)
```

有效的函數呼叫為

```
y = sawblade(0.2*period,period,terms)
```

其中 period 和 terms 為先前指定的值，則

```
y = sawblade(2,5.7,60)
```

或是使用函數 feval

```
y = feval('sawblade',2,5.7,60)
```

本書廣泛使用 feval，其更重要的應用是處理函數，而這些函數的輸入含有其他函數參數。由 feval 可以在呼叫函數內部處理這些 m 檔的函數。

■ ■ ■

■ ■ ■

範例 1.2

考慮一個進階的範例包含產生矩陣的函數。應用在結構的靜態且 / 或動態分析之有限元素方法的基本特徵，是以矩陣形式表示一小部分或元素的剛性和慣性特性。這些元素矩陣是被用來組合成描述全部的整體結構。知道作用在這些結構的力，我們可以得到結構的靜態或動態反應，一個這樣的元素是個均勻圓軸，對此元素，慣性矩陣與剛性矩陣，角加速度和位移，分別施加的力矩由下式給出

$$\mathbf{K} = \frac{GJ}{L} \begin{bmatrix} 1 & -1 \\ -1 & 1 \end{bmatrix}$$

及

$$\mathbf{M} = \frac{\rho JL}{6}\begin{bmatrix} 2 & 1 \\ 1 & 2 \end{bmatrix}$$

其中 L 是軸的長度，G 和 ρ 是材料性質，且 d 是軸的直徑。若我們欲在 Matlab 建立有限元素封裝，其中包含扭轉元素，則需要這些矩陣。下列的函數從軸的特性產生這些矩陣：

```
function [K,M] = tors_el(L,d,rho,G)
J = pi*d^4/32;
K = (G*J/L)*[1 -1;-1 1];
M = (rho*J*L/6)*[2 1;1 2];
```

注意這函數具有四個輸入參數與兩個輸出矩陣。

函數可以包含其他巢狀函數，巢狀函數僅在主要函數中有幫助，其中一個例子是在章節 3.11.1。在這裡函數 solveq 不是一般有用函數，但函數 bairstow 就需要用到，因此在 bairstow 中成巢狀，這樣的安排有個優點是 bairstow 為完整實體，不需要儲存與提供 solveq。它有一個小缺點在於並非分開儲存，無法單獨地使用 bairstow。

另外，Matlab 使用者定義函數的簡易形式是匿名函數。這函數並非儲存為 m 檔，可以從指令視窗或指令碼進入工作區。例如，假設我們要定義此函數

$$\left(\frac{x}{2.4}\right)^3 - \frac{2x}{2.4} + \cos\left(\frac{\pi x}{2.4}\right)$$

Matlab 定義的函數如下：

```
>> f = @(x) (x/2.4).^3-2*x/2.4+cos(pi*x/2.4);
```

函數呼叫的範例為 f([1 2])，其中產生兩個相對應於 $x=1$ 和 $x=2$ 的值。另一種函數的呼叫是將此函數當作另一函數的輸入參數，例如，

```
>> solution = fzero(f,2.9)
solution =
    3.4825
```

這將求函數 f 靠近 2.9 的零點。另一個使用此函數的範例為

```
x = 0:0.1:5; plot(x,f(x))
```

這裡必須呼叫 f(x)，由於 plot 函數需要 x 範圍的函數值，另一個格式為

```
>> solution = fzero(@(x) (x/2.4).^3-2*x/2.4+cos(pi*x/2.4), 2.9)
```

在此我們使用匿名函數來直接定義，而不是指定握把而再使用握把。

若 m 檔函數其中的一個輸入參數是匿名函數，則匿名函數可以不必使用

MATLAB 函數 feval 而直接估算出來。然而函數在參數中可能需要多重的敘述定義，必須用到 m 檔並且此例也需要用到 feval。此例中為了彈性，用 feval 定義 m 檔函數，因此使用者可以輸入 m 檔函數或是匿名函數作為一個函數。

```
function y = sp_cubic(x)
y = x.^3-2*x.^2-6;
```

```
function [minimum maximum] = minandmax(f,v)
% v is a vector with the start, increment and end value
y = feval(f,v); minimum = min(y); maximum = max(y);
```

使用 minandmax 的定義是指 f 可為匿名函數或是 m 檔函數，因此先前給出的 f 使用匿名函數的定義，可得到

```
>> [lo hi] = minandmax(f,[-5:0.1:5]);
>> fprintf('lo = %8.4f hi = %8.4f\n',lo,hi)

lo = -181.0000 hi =  69.0000
```

另外，使用函數的其他形式為

```
>> [lo hi] = minandmax('sp_cubic',[-5:0.1:5]);
>> fprintf('lo = %8.4f hi = %8.4f\n',lo,hi)

lo = -181.0000 hi =  69.0000
```

給出相同的答案。然而，假設我們不使用 feval 定義 m 檔函數 minandmax，如下：

```
function [minimum maximum] = minandmax(f,v)
% v is a vector with the start, increment and end value
y = f(v); minimum = min(y); maximum = max(y);
```

則若 f 為匿名函數，可得到處理結果；但是若 f 為 m 檔函數 sp_cubic，函數 minandmax 就會出現如下的錯誤：

```
>> [lo hi] = minandmax('sp_cubic',[-5:0.1:5]);
>> fprintf('lo = %8.4f hi = %8.4f\n',lo,hi)
??? Subscript indices must either be real positive integers or logicals.

Error in ==> minandmax at 4
y = f(v);
```

還有另外一個 MATLAB 的使用者自訂函數，稱為行內函數 (in−line function)，然而，匿名函數已經使對此函數的需求變得很有限了，在這裡不做進一步的討論。

1.18　Matlab 之資料結構

　　先前的章節已經討論過數值與非數值的資料，現在我們介紹單元陣列 (cell array) 結構，可允許比較複雜的資料結構。單元陣列之資料結構是由大括弧 { } 所定義，例如，

```
>> A = cell(4,1);
>> A = {'maths'; 'physics'; 'history'; 'IT'}

A =
    'maths'
    'physics'
    'history'
    'IT'
```

可以如下方式得到個別之分量，

```
>> p = A(2)

p =
    'physics'

>> A(3:4)

ans =
    'history'
    'IT'
```

可以使用大括弧取得單元陣列之內容如下：

```
>> cont = A{3}

cont =
history
```

注意 history 已不在括弧內，所以可取出個別字元如下：

```
>> cont(4)

ans =
t
```

　　單元陣列可含數值及字串數據，同時也能由函數 cell 產生。例如，產生一個 2 列及 2 行之單元如下：

```
>> F = cell(2,2)

F =
    [ ]     [ ]
    [ ]     [ ]
```

指定一個純量，陣列或字串至一單元可寫成

```
>> F{1,1} = 2;
>> F{1,2} = 'test';
>> F{2,1} = ones(3);
>> F

F =
    [          2]    'test'
    [3x3 double]       [ ]
```

另一產生 F 之等效方法是

```
>> F = {[2] 'test'; [ones(3)] [ ]}
```

因爲在上例中無法看出 F{2,1} 之詳細內含，可以使用 celldisp 如下：

```
>> celldisp(F)

F{1,1} =
     2

F{2,1} =
     1     1     1
     1     1     1
     1     1     1

F{1,2} =
test

F{2,2} =
     [ ]
```

單元陣列可將不同大小及種類之數據群集成陣列之型式並使用指標來取得其個別元素。

最後考慮之數據型式是結構，在 MATLAB 是以 struct 實現，其類似於單元陣列但個別之單元可用名稱來指定。一個結構 (structure) 包含許多欄位 (fields)，每個欄位可能都是不同類型。欄位有一個一般名稱，例如 'name' 或 'phone number'。每一欄位可有一個特定值，例如 'George Brown' 或 '12719'。以下例子說明這些特點，其設定一個稱爲 StudentRecords 的結構，包含三個欄位：NameField、FeesFied 及 SubjectField。

注意，由設定三個學生之資料在單元陣列：names，fees 及 subjects 中作爲特定值開始。

```
>> names = {'A Best', 'D Good', 'S Green', 'J Jones'}

names =
    'A Best'    'D Good'    'S Green'    'J Jones'

>> fees = {333 450 200 800}

fees =
    [333]    [450]    [200]    [800]
```

```
>> subjects = {'cs','cs','maths','eng'}

subjects =
    'cs'     'cs'     'maths'     'eng'

>> StudentRecords = struct('NameField',names,'FeesField',fees,...
                           'SubjectField',subjects)

StudentRecords =
1x4 struct array with fields:
    NameField
    FeesField
    SubjectField
```

現在已設定好結構，可以使用程式來取得個別記錄：

```
>> StudentRecords(1)

ans =
        NameField: 'A Best'
        FeesField: 333
     SubjectField: 'cs'
```

更進一步檢查每一記錄分量的內容如下：

```
>> StudentRecords(1).NameField

ans =
A Best

>> StudentRecords(2).SubjectField

ans =
cs
```

記錄可以改變或添加最新數據如下：

```
>> StudentRecords(3).FeeField = 1000;
```

現在檢查學生的 **FeesField** 內含

```
>> StudentRecords(3).FeeField

ans =
        1000
```

Matlab 提供一些函數讓我們在數據結構之間轉換，以下列出其中之一部分

```
cell2struct
struct2cell
num2cell
str2num
num2str
int2str
double
single
```

　　大部份之轉換都是不言自明的，例如 num2str 轉換雙倍精確度之數值成為等效字串。函數 double 轉換成雙倍精確度，使用範例置於第 9 章。

　　單元陣列及結構雖然可以加強演算法利於使用，但其並非數值演算法開發之中所必需的。第 9 章中有結構使用的範例。

1.19　編寫 MATLAB 指令碼

　　為幫助使用者開發指令碼，MATLAB 提供除錯工具的全面選擇，可使用指令 help debug 列出。

　　在使用 MATLAB 編輯器進行指令碼編寫的時候，必須注意到一個小的有色方形，顯示在文字視窗的右上方。若指令碼內有一個或多個的致命語法錯誤，這個方形為紅色；橘色則代表非致命問題的警告，並且綠色是沒有語法錯誤。每一個錯誤或是警告都會由適當的顏色之破折號在方形之下。點選這些破折號降會提供該行出現的錯誤或警告之描述。

　　可以使用 checkcode 來找出錯誤，而 mlint 函數雖然也可以用，但已經被廢除並由 checkcode 所取代。下面的指令碼包含了許多的錯誤，用來介紹 checkcode 的使用：

```
% e3s125.m A script full of errors!!!
A = [1 2 3; 4 5 6
B = [2 3; 7 6 5]
c(1) = 1; c(1) = 2;
for k = 3:9
    c(k) = c(k-1)+c(k-2)
    if k = 3
        displ('k = 3, working well)
end
c
```

執行並且檢查指令碼得到以下的輸出：

```
>> e3s125
Error: File: e3s125.m Line: 3 Column: 3
The expression to the left of the equals sign is not a valid target
                                        for an assignment.
```

使用 checkcode 來檢查指令碼 e3s125

```
>> checkcode e3s125
L 3 (C 3): Invalid syntax at '='. Possibly, a ), }, or ] is missing.
L 3 (C 16): Parse error at ']': usage might be invalid MATLAB syntax.
L 5 (C 1-3): Invalid use of a reserved word.
L 7 (C 5-6): IF might not be aligned with its matching END (line 9).
L 7 (C 10): Parse error at '=': usage might be invalid MATLAB syntax.
L 8 (C 15-35): A quoted string is unterminated.
L 11 (C 0): Program might end prematurely (or an earlier error
                                        confused Code Analyzer).
```

　　注意行 (L)、字符位置 (C) 與給出的錯誤之性質，因此錯誤清楚地被辨識。當然地有些錯誤在這個階段是不會被偵測到，例如下列指令碼是前面的指令碼之部分正確版本。

```
% e3s125c.m A script less full of errors!!!
A = [1 2 3; 4 5 6];
B = [2 3; 7 6];
c(1) = 1; c(1) = 2;
for k = 3:9
    c(k) = c(k-1)+c(k-2)
    if k == 3
        disp('k = 3, working well')
    end
end
c
```

執行此指令碼

```
>> e3s125c
Attempted to access c(2); index out of bounds because numel(c)=1.

Error in e3s125c (line 6)
    c(k) = c(k-1)+c(k-2)

>> checkcode e3s125c
L 6 (C 5): The variable 'c' appears to change size on every loop
           iteration (within a script). Consider preallocating for speed.
L 6 (C 10): Terminate statement with semicolon to suppress output
                                               (within a script).
L 11 (C 1): Terminate statement with semicolon to suppress output
                                               (within a script).
```

現在此指令碼可以被執行到第六行，偵測到其他可能的錯誤。

　　另外，選單項目「Debug」也提供於 MATLAB 文字編輯器。

1.20　MATLAB 中一些不明顯的陷阱

　　現在列出 5 個重點，假如仔細詳讀可以讓使用者避免一些重大困難。這個列表並不是全部的。

- 檔案和函數的命名須小心，檔案和函數的命名規則和變數命名的規則一樣，必須以字母開頭後加字母與數字的組合且現存的函數名不可使用。
- 不可使用 MATLAB 的函數名或指令當作是變數名稱。例如，若我們愚昧的指定一數值至一個稱為 sin 之變數，則正弦函數的使用將會失效，例如

```
>> sin = 4

sin =
     4

>> 3*sin

ans =
    12

>> sin(1)

ans =
     4

>> sin(2)
??? Index exceeds matrix dimensions.

>> sin(1.1)
??? Subscript indices must either be real positive integers or logicals.
```

- 矩陣大小是由指派設定，所以確認矩陣大小的共容是重要的，有一個好想法是在一開始就將矩陣設定爲適當大小的零矩陣，這也讓執行更有效率。例如下面簡單程式

```
for i = 1:2
    b(i) = i*i;
end
A = [4 5; 6 7];
A*b'
```

在 for 迴圈內指派 2 個元素給 b 且讓 a 成爲 2×2 矩陣，所以預期程式是成功的，然而若 b 在前面程式區段內已設定爲不同大小的矩陣，則程式是失敗的。爲確保正確運作可以指定 b 爲零向量，b=[]，或由指令 b=zeros(2,1) 設定 b 爲 2 元素的行向量，或由 clear 敘述由系統中清除所有變數。

- 注意點積。例如當建立自訂函數而任一輸入參數有可能爲向量時，必須使用點積。同時注意 2.^x 和 2.^x 是不一樣的，因爲空格是重要的。前者是點乘冪而後者是 2.0 的 x 次方，而不是點乘冪。使用複數時同樣須小心空格。例如，A=[1 2-4i] 指定兩個數值：1 和複數 $2-i4$。相反的，B=[1 2 -4i] 指定 3 個元素：1、2 和虛數 $-4i$。

- 在程式一開始就清除所有變數及設定陣列成空矩陣，如 A=[ ]，是一個好習慣。這避免矩陣運算的不相容。

1.21　在 Matlab 裡加快計算速度

計算使用向量運算可以大大加速而不是使用迴圈重覆計算，考慮以下簡例來說明：

■ ■ ■ ────────────────────────────────

範例 1.3

使用 for 迴圈來寫入 **b** 向量的元素

```
% e3s108.m
% Fill b with square roots of 1 to 100000 using a for loop
tic;
for i = 1:100000
    b(i) = sqrt(i);
end

t = toc;
disp(['Time taken for loop method is ', num2str(t)]);
```

──────────────────────────────── ■ ■ ■

■ ■ ■ ────────────────────────────────

範例 1.4

使用向量運算來寫入 **b** 向量的元素

```
% e3s109.m
% Fill b with square roots of 1 to 100000 using a vector
tic
a = 1:100000; b = sqrt(a);
t = toc;
disp(['Time taken for vector method is ',num2str(t)]);
```

──────────────────────────────── ■ ■ ■

若讀者執行這兩個程式並比較所需時間，可以發現向量法遠快於迴圈法。我們實驗之一產生時間比為 400 比 1。必須仔細思考在 Matlab 內演算法完成的方式，特別是使用向量及陣列。

本章習題

1.1 **(a)** 啓動 MATLAB，在 **command** 視窗鍵入 x=-1:0.1:1 然後輸入以下敘述並執行

```
sqrt(x)              cos(x)
sin(x)               2./x
x.\ 3                plot(x, sin(x.^3))
plot(x, cos(x.^4))
```

仔細檢查每個敘述的結果。

(b) 執行下列敘述並說明其結果：

```
x = [2 3 4 5]
y = -1:1:2
x.^y
x.*y
x./y
```

1.2 **(a)** 在 **command** 視窗中建立矩陣 A=[1 5 8;84 81 7;12 34 71] 同時檢查 A(1,1)、A(2,1)、A(1,2)、A(3,3)、A(1:2,:)、A(:,1)、A(3,:) 及 A(:,2:3) 的內容。

(b) 以下的 MATLAB 敘述會產生什麼？

```
x = 1:1:10
z = rand(10)
y = [z;x]
c = rand(4)
e = [c eye(size(c)); eye(size(c)) ones(size(c))]
d = sqrt(c)
t1 = d*d
t2 = d.*d
```

1.3 建立一個 4×4 矩陣，函數 sum(x) 會給出向量 x 的元素和，使用函數 sum 求矩陣第 1 列和第 2 行的和。

1.4 使用 MATLAB 函數 inv 在 **command** 視窗內解下列方程式系統且同時使用運算元 \ 和 / ：

$$2x + y + 5z = 5$$

$$2x + 2y + 3z = 7$$

$$x + 3y + 3z = 6$$

使用矩陣乘法驗證解答的正確性。

1.5 寫一簡單程式來輸入 2 個方陣 **A** 和 **B**，然後加、減和乘，在程式中註解並使用 disp 輸出適當的標題。

1.6 寫一 MATLAB 程式來建立 4×4 的亂數矩陣 **A** 和一個 4 元素的行向量 **b**，計算 x=A\b 且顯示結果，計算 A*x 並與 b 值相比。

1.7 寫一簡單程式在同一張圖上繪製兩函數 $y_1 = x^2\cos x$ 及 $y_2 = x^2\sin x$，在程式中使用註解並取 $x = -2:0.1:2$。

1.8 寫一 MATLAB 程式在相同的座標軸上，範圍 $x = -4:0.02:4$，繪製函數 $y = \cos x$ 和 $y = \cos(x^3)$，使用 MATLAB 函數 xlabel、ylabel 和 title 來清楚地註解圖形。

1.9 在範圍 $x = -2:0.1:2$ 中，繪出函數 $y = \exp(-x^2)\cos(20x)$，所有軸須註解且包括標題，比較使用函數 fplot 和 plot 來繪製這個函數的結果。

1.10 寫一 MATLAB 程式，在同一張圖上繪製 $y = 3\sin(\pi x)$ 及 $y = \exp(-0.2x)$，範圍 $x = 0:0.02:4$，所有軸須註解，使用 gtext 在圖中任一函數交點上做標記。

1.11 用函數 mesh 和 meshgrid 來繪製下列函數的立體圖。

$$z = 2xy/(x^2 + y^2) \qquad x = 1:0.1:3 \quad 及 \quad y = 1:0.1:3$$

使用函數 surf、surfl 和 contour 重新繪製曲面。

1.12 解方程式 $x^2 - x - 1 = 0$ 的一個迭代方程式為

$$x_{r+1} = 1 + (1/x_r) \qquad r = 0,1,2,\ldots$$

x_0 為 2，寫一 MATLAB 程式解此方程式，當 $|x_{r+1} - x_r| < 0.0005$ 時可得到足夠的精確度，答案須包括一檢驗。

1.13 給任一 4×5 矩陣 **A**，寫一程式求每一行的和，使用
(a) for…end 敘述
(b) 函數 sum

1.14 已知 n 個元素的向量 **x**，寫一 MATLAB 程式來得乘積為

$$p_k = x_1 x_2 \ldots x_{k-1} x_{k+1} \ldots x_n$$

對於 $k = 1, 2, \ldots, n$。也就是 p_k 含所有向量元素的乘積，除了第 k 元素以外，給定指定的 x 值和 n 值，執行你的程式。

1.15 $\log_e(1+x)$ 的級數表示式為

$$\log_e(1+x) = x - x^2/2 + x^3/3 - \cdots + (-1)^{k+1}x^k/k \cdots$$

寫一程式來輸入 x 值且當現在項大於或等於 tol 時求級數和。使用 x 值為 0.5 和 0.82，tol=0.005 和 0.0005 這結果應以 MATLAB 函數 log 來確認。程式應顯示 x 和 tol 及所得的 $\log_e(1+x)$，使用 input 及 disp 函數來得到清晰的輸出和立即顯示。

1.16 寫一 MATLAB 程式來產生矩陣，使其主對角線之值為 d，對角線上下之值為 c，其餘為 0，程式必須允許讀者輸入任一 c 和 d 且對任何矩陣大小 n 皆可。程式應對輸入有清楚的提示且顯示標題合適的結果。

1.17 寫一 MATLAB 函數解二次方程式

$$ax^2 + bx + c = 0$$

函數使用三個輸入值 a, b, c 且輸出為兩方程式的根。必須考慮三種情況
(a) 無實根
(b) 實數及不同的根
(c) 等根

1.18 修改習題 1.17 的函數來處理 a=0，也就是當方程式不是 2 次式時。這種情形時需包括第 3 輸出變數，若方程式為 2 次式，其值為 1，否則為 0。

1.19 寫一簡單函數來定義 $f(x)=x^2-\cos(x)-x$ 且在 0 到 2 的範圍內繪出此函數圖。使用此圖求根的初始近似值，同時使用函數 fzero 求根，容忍誤差為 0.0005。

1.20 寫一程式來產生由下式給定的數值序列

$$x_{r+1} = \begin{cases} x_r/2 & \text{若 } xr \text{ 是偶數} \\ 3x_r+1 & \text{若 } xr \text{ 是奇數} \end{cases} \text{，其中 } r=0,1,2,\ldots$$

x_0 是任意正整數。當 x_r=1 時，序列終止。證明對選定任意 x_0 值，在足夠的步驟數後，序列將會終止。繪出 x_r 對 r 之圖形，結果相當有趣。

1.21 寫一個 MATLAB 程式 $z = f(x,y)$ 範圍在 x=−4:0.1:4 與 y=−4:0.1:4，其中 z 由下列給出

$$z=f(x,y) = (1-x^2)e^{-p} - pe^{-p} - e^{-(x+1)^2-y^2}$$

和 p=x^2+y^2。此指令碼提供 mesh、contour 和 surf 繪圖並使用函數 subplot 來作為基礎輸出。

1.22 下列三個函數以參數形式表示

$$x = a(t - \sin(t)) \quad 及 \quad y = a(1 - \cos(t))$$

$$x = 2at \quad 及 \quad y = 2a/(1 + t^2)$$

$$x = a\cos(t) - b\cos(at/b) \quad 及 \quad y = a\sin(t) - b\sin(at/b)$$

寫一個 Matlab 指令碼，給定 $a=2$ 和 $b=3$，使用 `subplot` 函數繪出這三個圖，t 的範圍為 $-10{:}0.1{:}10$。

1.23 黎曼函數 ζ 可以用下列無限數列之和來表示：

$$\zeta(s) = 1 + \frac{1}{2^s} + \frac{1}{3^s} + \frac{1}{4^s} + \cdots + \frac{1}{n^s} \cdots$$

寫一個 Matlab 指令碼 `zetainf(s,acc)` 來進行數列加總，直到項次小於 `acc`，其中 `s` 為整數。

1.24 寫一個 Matlab 函數將下面的數列進行加總至 n 項

$$s = 1 + 2^2/2! + 3^2/3! + \cdots + n^2/n!$$

函數需用 `sumfac(n)` 的格式，其中 `n` 是所使用的項次。讀者可以使用 Matlab 函數 `factorial` 來估計階乘項目，使用此函數撰寫 Matlab 敘述加總 5 至 10 項。

注意到第 $k+1$ 項 T_{k+1} 為 $T_k \times (k+1)/k$，然後修改指令碼，不要使用函數 `factorial`。

1.25 給定一個矩陣 D=[1 -1; 3 2]，藉由執行下列 Matlab 敘述來求出 A、B、C 和 E

(a) `A=D*(D*inv(D))`

(b) `B=D.*D`

(c) `C=[D, ones(2);eye(2),zeros(2)]`

(d) `E-D'*ones(2)*eye(2)`

1.26 下列矩陣稱為狄拉克 (Dirac) 矩陣，定義如下

$$\mathbf{P}_1 = \begin{bmatrix} \mathbf{0} & \mathbf{I}_2 \\ \mathbf{I}_2 & \mathbf{0} \end{bmatrix}, \mathbf{P}_2 = \begin{bmatrix} \mathbf{0} & -i\mathbf{I}_2 \\ i\mathbf{I}_2 & \mathbf{0} \end{bmatrix}, \mathbf{P}_3 = \begin{bmatrix} \mathbf{I}_2 & \mathbf{0} \\ \mathbf{0} & -\mathbf{I}_2 \end{bmatrix}$$

其中 $\mathbf{0}$ 代表 2×2 的零矩陣，$\mathbf{I}_2$ 代表 2×2 的單位矩陣，以及 $i = \sqrt{(-1)}$。相關的矩陣集合如下面所給出的

$$\mathbf{Q}_k = \begin{bmatrix} \mathbf{0} & \mathbf{P}_k \\ -\mathbf{P}_k & \mathbf{0} \end{bmatrix} \qquad k = 1, 2, 3$$

試寫出 MATLAB 程式，來產生矩陣 $\mathbf{P}_1$、$\mathbf{P}_2$、$\mathbf{P}_3$ 以及矩陣 $\mathbf{Q}_k$ 對於 $k=1, 2, 3$。注意在 $\mathbf{Q}_k$ 裡 $\mathbf{0}$ 表示 4×4 的 0 矩陣。

1.27　繪出此函數

$$y = \frac{1}{((x+2.5)^2)((x-3.5)^2)}$$

對 於 $x=-4{:}0.001{:}4$。 然 後 使 用 MATLAB 函 數 xlim 和 ylim， 形 式 為 ylim([0,20]) 及 xlim([-3,-2])，並說明這樣為何能清楚呈現函數本質。

1.28　寫出下列函數的使用者定義函數

(a)　$y = x^2 \cos(1 + x^2)$

(b)　$y = \dfrac{1 + e^x}{\cos(x) + \sin(x)}$

(c)　$z = \cos(x^2 + y^2)$

以匿名函數編寫上列的函數，並利用 MATLAB 函數 subplot，在範圍 $x=0$ 至 2 來繪出函數 (a) 和 (b) 的圖形，以介紹這些匿名函數的使用。

1.29　考 慮 下 列 MATLAB 指 令 碼， 其 中 包 含 部 分 的 錯 誤。 試 用 MATLAB 函 數 checkcode 來找出這些錯誤。

```
function sol = solvepoly(x0, acc)
%poly solver
d = 1+acc;
whil abs(d)>acc
    x1 = (2*x0^2-1))/x0^2;
    d = x1-x0;
    x0 = x1/x2
end
sol = x0;
```

1.30　對稱雙曲線費氏正弦和餘弦函數如下所定義：

$$\mathrm{sFs}(x) = \frac{\gamma^x - \gamma^{-x}}{\sqrt{5}} \quad \text{及} \quad \mathrm{cFs}(x) = \frac{\gamma^x + \gamma^{-x}}{\sqrt{5}}$$

其中 $\gamma = (1 + \sqrt{5})/2$，並且複類正弦費氏函數定義如下

$$\mathrm{cqsF}(x, n) = \frac{\gamma^x - \cos(n\pi x)\gamma^{-x}}{\sqrt{5}} + i\frac{\sin(n\pi x)\gamma^{-x}}{\sqrt{5}}$$

其中 r 定義如先前。

試寫出 MATLAB 指令碼定義這三個函數爲匿名函數，使用這些匿名函數，以指令碼進行下列運算：

(a) 在單一圖片，繪出 sFs(x) 和 cFs(x) 在 x 的範圍爲 −5 至 5。

(b) 在立體空間繪出函數 cqsF(x,5) 的實數與虛數部分。在 y 方向繪出函數的實數部分，在 z 方向繪出虛數的部分。範圍是 −5 至 5，使用 MATLAB 函數 plot3。

Stakhov 及 Rozin (2005, 2007) 提供更多關於這些函數的資訊。

線性方程式及特徵系統

物理系統的數學模式化通常是以線性方程式或特徵系統來描述。本章將探討如何求解方程式系統。線性方程式系統（或線性聯立方程組）可以矩陣和向量來表示，附錄 A 中將介紹更多向量及矩陣的一些重要特性。

MATLAB 是研究線性方程式系統的理想作業環境，因為 MATLAB 函數及運算元可以直接對矩陣及向量運作。充足的函數及運算元加速矩陣的執行。MATLAB 是源自於 LINPACK(Dongarra 等人所提出，1979) 及 EISPACK(Smith 等人，1976，Garbow 等人，1977) 的方便性所完成的運算環境。這些程式是特別設計來解決線性方程式及特徵值問題。2000 年 MATLAB 開始用線性代數子程序的 LAPACK 函式庫，這是 LINPACK 和 EISPACK 的現代替代方案。

2.1 導論

本章首先討論線性方程式系統且將特徵系統的研究移至 2.15 節。實際物理問題如何以線性方程式來將其模式化，我們以一簡單電子電路中迴路電流的計算為例。所需的方程式可由很多技巧求得，我們以迴路電流法配合歐姆定律及科希荷夫電壓律來完成。迴路電流是假設在電子電路中每一環路流動的電流因此如圖 2.1 所示，迴路電流 I_1 是在環路 $abcd$ 中流動。注意連接 b 及 c 的分支，其電流為 $I_1 - I_2$。歐姆定律說明理想電阻器兩端的電壓正比於流過該電阻的電流。例如，連接 b，c 節點的電壓為

$$V_{bc} = R_2(I_1 - I_2)$$

R_2 是連接 b，c 節點的電阻值。科希荷夫電壓律說明在每一環路中電壓的代數和為零。應用此一定律至圖 2.1 之 $abcd$ 則

$$V_{ab} + V_{bc} + V_{cd} = V$$

將電壓以電阻及電流的乘積代入，可得

$$R_1I_1 + R_2(I_1 - I_2) + R_4I_1 = V^z$$

對每一迴路重覆這一步驟，可得以下四個方程式

$$(R_1 + R_2 + R_4)I_1 - R_2I_2 = V$$

$$(R_1 + 2R_2 + R_4)I_2 - R_2I_1 - R_2I_3 = 0$$

$$(R_1 + 2R_2 + R_4)I_3 - R_2I_2 - R_2I_4 = 0 \qquad (2.1)$$

$$(R_1 + R_2 + R_3 + R_4)I_4 - R_2I_3 = 0$$

令 $R_1 = R_4 = 1\Omega$, $R_2 = 2\Omega$, $R_3 = 4\Omega$, 及 $V = 5\,\mathrm{V}$，(2.1) 變成

$$4I_1 - 2I_2 = 5$$

$$-2I_1 + 6I_2 - 2I_3 = 0$$

$$-2I_2 + 6I_3 - 2I_4 = 0$$

$$-2I_3 + 8I_4 = 0$$

這是四個變數的線性方程式系統，I_1，$\cdots$，I_4，以矩陣的符號表示

$$\begin{bmatrix} 4 & -2 & 0 & 0 \\ -2 & 6 & -2 & 0 \\ 0 & -2 & 6 & -2 \\ 0 & 0 & -2 & 8 \end{bmatrix} \begin{bmatrix} I_1 \\ I_2 \\ I_3 \\ I_4 \end{bmatrix} = \begin{bmatrix} 5 \\ 0 \\ 0 \\ 0 \end{bmatrix} \qquad (2.2)$$

　　這方程式的型為 $\mathbf{Ax=b}$，$\mathbf{A}$ 是係數已知的方陣，係數與電路中的電阻值有關。$\mathbf{b}$ 是係數已知的向量，其係數與每個電流迴路的電壓有關。$\mathbf{x}$ 是未知及待求解的電流值。雖然此一聯立方程可以手算出 $\mathbf{x}$ 值，但卻耗時且易錯，若以 MATLAB 則僅需輸入 A 及 b 並用指令 A\b 如下示：

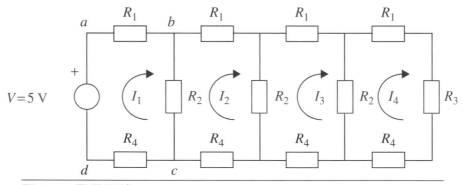

圖 2.1　電子電路。

```
>> A = [4 -2 0 0;-2 6 -2 0;0 -2 6 -2;0 0 -2 8];
>> b = [5 0 0 0].';
>> A\b

ans =
    1.5426
    0.5851
    0.2128
    0.0532
```

這一運算系列及呼叫到的簡易指令將在 2.3 節中討論。

　　許多電子電路中，圖 2.1 的理想電阻是以阻抗來精確的表示。當諧和的交流電加至網路時，電機工程師是以複數量來表示阻抗值，這必須包含電容和電感的影響。為說明此情形，我們將圖 2.1 的網路 5V 直流換成 5V 交流，理想電阻 $R_1, \cdots R_4$ 以阻抗 $Z, \cdots Z_4$ 取代，所以 (2.1) 成為

$$(Z_1 + Z_2 + Z_4)I_1 - Z_2 I_2 = V$$
$$(Z_1 + 2Z_2 + Z_4)I_2 - Z_2 I_1 - Z_2 I_3 = 0$$
$$(Z_1 + 2Z_2 + Z_4)I_3 - Z_2 I_2 - Z_2 I_4 = 0$$
$$(Z_1 + Z_2 + Z_3 + Z_4)I_4 - Z_2 I_3 = 0$$

(2.3)

　　在外加 5V AC 之頻率下，假設 $Z_1 = Z_4 = (1+0.5j)$，$Z_2 = (2+0.5j)$ 與 $Z_3 = (4+1j)$，此處 $j = \sqrt{-1}$，電機工程師較喜歡用 j 來代表 $\sqrt{-1}$ 而非使用 i，因為可避免與電路中的電流 I 或 i 混淆。所以 (2.3) 變成

$$(4+1.5j)I_1 - (2+0.5j)I_2 = 5$$
$$-(2+0.5j)I_1 + (6+2.0j)I_2 - (2+0.5j)I_3 = 0$$
$$-(2+0.5j)I_2 + (6+2.0j)I_3 - (2+0.5j)I_4 = 0$$
$$-(2+0.5j)I_3 + (8+2.5j)I_4 = 0$$

這一線性方程式系統以矩陣來表示則為

$$\begin{bmatrix} (4+1.5j) & -(2+0.5j) & 0 & 0 \\ -(2+0.5j) & (6+2.0j) & -(2+0.5j) & 0 \\ 0 & -(2+0.5j) & (6+2.0j) & -(2+0.5j) \\ 0 & 0 & -(2+0.5j) & (8+2.5j) \end{bmatrix} \begin{bmatrix} I_1 \\ I_2 \\ I_3 \\ I_4 \end{bmatrix} = \begin{bmatrix} 5 \\ 0 \\ 0 \\ 0 \end{bmatrix}$$

(2.4)

　　注意係數矩陣已變成複數，但對 MATLAB 來說，這並不會造成任何困難，因為運算元 A\b 對實數及複數皆可成立。所以

```
>> p = 4+1.5i; q = -2-0.5i;
>> r = 6+2i; s = 8+2.5i;
>> A = [p q 0 0;q r q 0;0 q r q;0 0 q s];
>> b = [5 0 0 0].';
>> A\b

ans =
   1.3008 - 0.5560i
   0.4560 - 0.2504i
   0.1530 - 0.1026i
   0.0361 - 0.0274i
```

注意假如我們尚未清除記憶體或重新指定 b 的值或是離開 MATLAB，則無須重新輸入向量 b 的值。答案顯示流過網路的電流是複數的，這意謂著外加諧和電壓及流過的迴路電流之間存在著相位差，以下將更仔細地說明線性方程式系統。

2.2　線性方程式系統

通常一個線性方程式可以寫成如下的矩陣形式

$$\mathbf{Ax} = \mathbf{b} \tag{2.5}$$

$\mathbf{A}$ 是係數已知，$n{\times}n$ 階的矩陣，$\mathbf{b}$ 是 n 個已知係數的行向量，$\mathbf{x}$ 是 n 個未知數的行向量。我們已在 2.1 節中看到這一型式的方程式系統，在該節中 (2.2) 就是線性方程式 (2.1) 的矩陣等效型式。

若 $\mathbf{b}=\mathbf{0}$，則 (2.5) 式稱為齊次式，若 $\mathbf{b} \neq \mathbf{0}$ 則稱為非齊次式。在求解一個方程式之前，總是會合理的懷疑是否有解，若有解，其是否唯一解？一個線性非齊次系統可能是相容（或一致；consistent）的或矛盾（或不一致；inconsistent）的，前者有一解或無限多解，後者則無解。這可由圖 2.2 說明，三個變數 x_1，x_2 和 x_3 的線性方程式系統的三個方程式解的圖示。其中每一方程式代表 x_1，x_2，x_3 空間上的一個平面。在 2.2 (a) 圖中，三平面有一共同交點。交點座標就是三個方程式的唯一解。在圖 2.2 (b) 中三個平面共線，線上任何一點都代表一解，所以此方程式系統沒有唯一解但卻有無限多解。圖 2.2 (c) 中兩平面彼此平行永不相交而圖 2.2 (d) 中每一對平面交會在不同的直線上，這兩種情形都是無解且這些平面方程式就是表示不一致性。

(2.5) 式的非齊次方程式，其代數解是在方程式兩端乘上 $\mathbf{A}$ 的反矩陣，以 $\mathbf{A}^{-1}$ 表示，所以

$$\mathbf{A}^{-1}\mathbf{Ax} = \mathbf{A}^{-1}\mathbf{b} \tag{2.6}$$

這裡 $\mathbf{A}^{-1}$ 定義為

$$\mathbf{A}^{-1}\mathbf{A} = \mathbf{A}\mathbf{A}^{-1} = \mathbf{I} \tag{2.7}$$

並且 I 爲單位矩陣，因此可得到

$$\mathbf{x} = \mathbf{A}^{-1}\mathbf{b} \tag{2.8}$$

反矩陣 **A** 的標準代數公式爲

$$\mathbf{A}^{-1} = \text{adj}(\mathbf{A})/|\mathbf{A}| \tag{2.9}$$

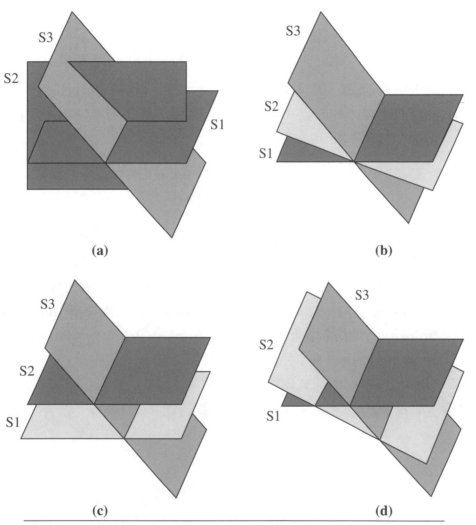

圖 2.2 三變數之三個平面方程式的交會情形。

　此處 $|\mathbf{A}|$ 代表 A 的行列式，**adj(A)** 是 **A** 的伴隨矩陣 (adjoint)，附錄 A 中定義一矩陣的行列式及其伴隨矩陣。式 (2.8) 及 (2.9) 是代數方程式，其可用以求解 x 但無法有效率地求解系統 $\mathbf{A}^{-1}$，因爲以 (2.9) 來求是非常沒有效率的，這需要 $(n + 1)!$ 的乘法次數，n 爲方程式的數目。然而 (2.9) 是很重要的理論因爲它說明了在 $|\mathbf{A}| = 0$ 的條件下，**A** 沒有反矩陣。這時矩陣 **A** 稱爲奇異矩陣 (singular) 且 **x** 的

唯一解不存在。所以讓 |**A**| 不為零是證明非齊次方程式系統是一致性具有唯一解的方法。在 2.6 節及 2.7 節中將說明 (2.5) 式可以解而無須正式求出 **A** 的反矩陣。

線性代數裡的一個重要觀念是矩陣的位階 (rank)，對一方陣而言，位階是矩陣中獨立的列數或行數。獨立的解釋如下，矩陣的列數或行數可以視為一向量集合，若無一向量可以用其他向量的合成來表示，則稱為線性獨立。例如矩陣

$$\begin{bmatrix} 1 & 2 & 3 \\ -2 & 1 & 4 \\ -1 & 3 & 4 \end{bmatrix} \text{ 或 } \begin{bmatrix} [1 & 2 & 3] \\ [-2 & 1 & 4] \\ [-1 & 3 & 7] \end{bmatrix} \text{ 或 } \begin{bmatrix} \begin{bmatrix} 1 \\ 2 \\ 3 \end{bmatrix} & \begin{bmatrix} -2 \\ 1 \\ 4 \end{bmatrix} & \begin{bmatrix} -1 \\ 3 \\ 7 \end{bmatrix} \end{bmatrix}$$

具有行列的線性相關，因為第 3 列 − 第 1 列 − 第 2 列 =0，第 3 行 −2*（第 2 行）+ 第 1 行 =0，僅有唯一的方程式將列 (或行) 相關，所以有 2 個獨立列 (或行)，因此這一矩陣的位階為 2，現在考慮矩陣

$$\begin{bmatrix} 1 & 2 & 3 \\ 2 & 4 & 6 \\ 3 & 6 & 9 \end{bmatrix}$$

因為第 2 列 =2（第 1 列）且第 3 列 =3（第 1 列），有兩個方程式將列相關連在一起，所以僅有一獨立列，故矩陣的位階為 1。值得注意的是方陣中獨立列數及行數是一樣的。即是說列位階等於行位階。矩陣通常不為方陣，$m{\times}n$ 階矩陣 **A** 的位階記為 rank(A)，若 rank(**A**) = min(m,n) 則稱為滿位階 (full rank)，若 rank(**A**) < min(m,n) 則矩陣 **A** 稱為位階不足 (rank deficient)。MATLAB 是由矩陣的奇異值 (singular values) 來求矩陣的位階，見 2.10 節。

例如，以下之 MATLAB 程式敘述

```
>> D = [1 2 3;3 4 7;4 -3 1;-2 5 3;1 -7 6]

D =
     1     2     3
     3     4     7
     4    -3     1
    -2     5     3
     1    -7     6

>> rank(D)

ans =
     3
```

可見 D 是滿位階，因為根據定義位階等於矩陣的最小尺度 (size)。線性代數中的一個有效運算是將矩陣轉化成矩陣的梯式簡化列 (reduced row echelon form;RREF)。在附錄 A 中定義 RREF。在 MATLAB 中，我們以函數 rref 來計算矩陣的 RREF 如下：

```
>> rref(D)

ans =
     1     0     0
     0     1     0
     0     0     1
     0     0     0
     0     0     0
```

矩陣的 RREF 的特性是非零的列數等於矩陣的位階，在這一例子中我們發現只有 3 個非零的列數，更再次確認矩陣的位階為 3。RREF 同時也用以求一系統是否具有唯一解。

我們已討論許多線性方程式及其解的一些重要觀念。現在將這些重要觀念摘要如下，令 A 是 $n \times n$ 階的矩陣，若 $Ax=b$ 是一致的且有唯一解，則：

$Ax=0$ 有唯一的無關緊要解 (trivial solution) $x=0$

A 是非奇異性 (non−singular) 且 $\det(A) \neq 0$

A 的 RREF 是單位矩陣

A 具有 n 個獨立列及行

A 為滿位階 (full rank)，即 $\text{rank}(A) = n$

相反的，若 $Ax = b$ 不是一致性的就是非一致性的但不僅只有一解，則：

$Ax = 0$ 有不只一解

A 是奇異的且 $\det(A) = 0$

A 的 RREF 最少有一列為零

A 有線性相關的列及行

A 是位階不足 (rank deficient)，即 $\text{rank}(A) < n$

直到目前為止我們僅考慮方程式與未知數一樣多的情形，現在我們將考慮方程式與未知數不等時的情形。

若方程式數目較未知數少，則此系統稱為低於所求型 (underdetermined)，該方程組沒有唯一解，若非屬於相容而有無限組解，即是不相容而無解。這些情形由圖 2.3 說明，此圖顯示三度空間內的 2 個平面，代表有 3 個變數的 2 個平面方程式。可見平面若非相交於一線以致方程組是相容具有無限多解，此解由交線表示，否則即是平面不相交，代表這些方程式不相容。

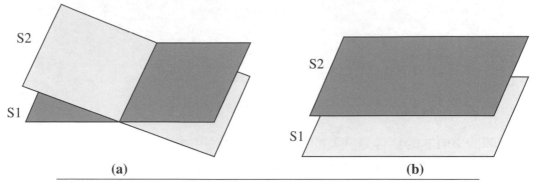

圖 2.3 表示低於所求型方程組的平面 (a) 兩平面相交於一線 (b) 兩平面無相交。

考慮以下方程式系統:

$$\begin{bmatrix} 1 & 2 & 3 & 4 \\ -4 & 2 & -3 & 7 \end{bmatrix} \begin{bmatrix} x_1 \\ x_2 \\ x_3 \\ x_4 \end{bmatrix} = \begin{bmatrix} 1 \\ 3 \end{bmatrix}$$

這系統屬於低於所求型,重新排列如下:

$$\begin{bmatrix} 1 & 2 \\ -4 & 2 \end{bmatrix} \begin{bmatrix} x_1 \\ x_2 \end{bmatrix} + \begin{bmatrix} 3 & 4 \\ -3 & 7 \end{bmatrix} \begin{bmatrix} x_3 \\ x_4 \end{bmatrix} = \begin{bmatrix} 1 \\ 3 \end{bmatrix}$$

或

$$\begin{bmatrix} 1 & 2 \\ -4 & 2 \end{bmatrix} \begin{bmatrix} x_1 \\ x_2 \end{bmatrix} = \begin{bmatrix} 1 \\ 3 \end{bmatrix} - \begin{bmatrix} 3 & 4 \\ -3 & 7 \end{bmatrix} \begin{bmatrix} x_3 \\ x_4 \end{bmatrix}$$

這樣重排則原式成為二個方程式及二個未知數,假設先給定 x_3 與 x_4,因 x_3 與 x_4 有無限多已知情形,所以問題有無限多解。

若系統的方程式較未知數多,則此系統稱為高於所求型或供過於求型 (over-determined)。圖 2.4 表示 3 度空間內的 4 個平面,代表有 3 個變數的 4 個平面方程式。圖 2.4 (a) 顯示所有 4 個平面交於單一點,所以方程組是相容的且有唯一解。圖 2.4 (b) 顯示所有 4 個平面相交於一線,這代表一有無限多解的相容系統。圖 2.4(d) 顯示平面代表無解的不相容系統。圖 2.4 (c) 中,平面並不相交於單一點,所以系統是不相容的。然而此例中,三個平面群的交叉點,即 (S1,S2,S3)、(S1,S2,S4)、(S1,S3,S4) 及 (S2,S3,S4) 彼此甚為接近,故可求出一個平均交叉點當作近似解。這種邊際不相容 (marginal inconsistency) 的例子時常出現,因為方程式的係數由實驗求出。若正確無誤的知道係數值,則可能此方程組是相容的且有唯一解。若不接受系統是不相容的,我們或許會問什麼是近似滿足方程組的最佳解。

在 2.11 節及 2.12 節內，我們將更仔細地處理高於所求型及低於所求型系統的解。

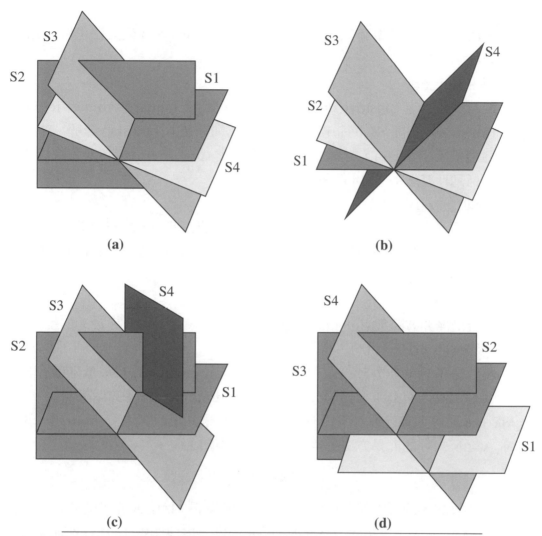

(a)　　　　　　　　　**(b)**

(c)　　　　　　　　　**(d)**

圖 2.4 表示高於所求型方程組的平面 (a) 四個平面相交於一個點 (b) 四個平面相交於一線 (c) 四個平面未相交於一點，只可看到 (S1, S2, S3) 和 (S1, S2, S4) 的相交點 (d) 四個平面表示不相容方程式。

2.3 解 Ax=b 之 MATLAB 運算元 \ 及 /

本節之目的是要引導讀者瞭解 MATLAB 運算元 \，這運算元之演算法 (Algorithms) 將在隨後幾節中詳論。這一運算元是非常強大有效的，可用來求解許多線性方程式系統，運算元 / 和 \ 完成矩陣除法且有同樣效果，所以求解 **Ax = b** 我們可以寫 x=A\b 或 x'=b'/A'。以後的例子中，解 **x** 被表示為列向量而非行向量。解 $\mathbf{Ax} = \mathbf{b}$ 時,運算元 / 或 \ 依矩陣 $\mathbf{A}$ 之特性選擇適當的演算法。這些情形摘要如下:

- 若 (<u>if</u>)
  $\mathbf{A}$ 是三角矩陣則單獨以後向 (back) 或前向 (forward) 代入法求解,2.6 節做說明。

- 否則 (<u>elseif</u>)
  $\mathbf{A}$ 若是正定 (positive definite),方陣對稱 (square symmetric) 或是 Hermitian 矩陣,2.8 節中將說明使用柯列斯基 (Cholesky) 分解。若 $\mathbf{A}$ 是稀疏矩陣 (sparse),對稱性最低階數預排 (preordering) 必須先完成再配合柯列斯基分解 (2.14 節將做說明)。

- 否則 (<u>elseif</u>)
  $\mathbf{A}$ 若是方陣,使用一般的 LU 分解 (2.7 節說明),$\mathbf{A}$ 若是稀疏矩陣,則須先完成非對稱性最低階數預排 (non−symmetric minimum degree preordering)。

- 否則 (<u>elseif</u>)
  $\mathbf{A}$ 若是滿非方陣型 (full non−square) 矩陣,應用 QR 分解 (2.9 節說明)。

- 否則 (<u>elseif</u>)
  $\mathbf{A}$ 若是稀疏的非方陣型,則以擴大矩陣 (augmented) 及最低階數預排配合稀疏高斯消去法 (sparse Gaussian elimination,2,14 節做說明)。

MATLAB 之 \ 運算元亦可用以解 $\mathbf{AX=B}$,$\mathbf{B}$ 及未知矩陣 $\mathbf{X}$ 都是 $m \times n$ 階。這提供了求 $\mathbf{A}$ 之反矩陣的簡易方法。若使 $\mathbf{B}$ 為單位矩陣 I 則

$$\mathbf{AX = I}$$

且 $\mathbf{X}$ 必須是 $\mathbf{A}$ 的反矩陣,因為 $\mathbf{AA}^{-1} = \mathbf{I}$,所以在 MATLAB 裡我們可以敘述 A\eye(size(A)) 求 A 之反矩陣。然而 MATLAB 提供一內建函數 inv(A) 來求取矩陣的反矩陣。必須強調的是如果有特別指定,反矩陣可以被求出,如果是要求一組線性方程式的解,使用運算元 \ 或 / 較有效。

我們開始以一系統矩陣為三角矩陣的求解來說明 \ 運算元的運作情形。這一實驗程式是檢驗運算元 \ 對滿矩陣的運算時間及浮點運算次數 (flops) 並與該矩陣經適當補零為三角矩陣的結果相比較。這程式如下

```
% e3s201.m
disp('   n     full-time   full-time/n^3   tri-time   tri-time/n^2');
A = [ ]; b = [ ];
for n = 2000:500:6000
    A = 100*rand(n); b = [1:n].';
    tic, x = A\b; t1 = toc;
    t1n = 5e9*t1/n^3;
    for i = 1:n
        for j = i+1:n
            A(i,j) = 0;
        end
    end
    tic, x = A\b; t2 = toc;
    t2n = 1e9*t2/n^2;
    fprintf('%6.0f %9.4f %12.4f %12.4f %11.4f\n',n,t1,t1n,t2,t2n)
end
```

對一序列任意產生的 $n \times n$ 矩陣，其結果比較如下：

n	full-time	full-time/n^3	tri-time	tri-time/n^2
2000	1.7552	1.0970	0.0101	2.5203
2500	3.3604	1.0753	0.0151	2.4151
3000	5.4936	1.0173	0.0209	2.3275
3500	8.5735	0.9998	0.0282	2.3001
4000	12.6882	0.9913	0.0358	2.2393
4500	17.5680	0.9639	0.0453	2.2392
5000	24.8408	0.9936	0.0718	2.8703

第 1 行是方形矩陣 n 的大小。說明運算元 \ 做成三角矩陣的過程，在第 2，3 行包括對滿矩陣的運算次數及運算次數除以 n³ 以及乘以比例因子 5×10^9。第 4 及 5 行給出對三角矩陣的運算次數及運算次數除以 n^2 以及乘以比例因子 1×10^9。有趣的是，對滿矩陣而言，\ 的運算次數正比於於 n^3，而對三角矩陣而言，\ 的運算次數正比於 n^2。對簡單的後向代入法 (back substitution)，這是預期的結果。另外也可發現當算子 \ 與三角系統結合使用時，節省可觀的浮點運算數目。

現在完成實驗來檢驗運算元 \ 對於正定對稱系統 (positive definite symmetric systems) 的影響。這比前面討論的問題複雜，以下的程式完成這個檢驗，基本上是比較應用運算元 \ 至正定系統及非正定方程式系統。正定系統以 A=M*M' 矩陣為例，其中 M 為任意矩陣，而在此例中為隨機亂數，A 則為正定矩陣。以一亂數矩陣加至矩陣形成非正定系統，然後比較求解二種矩陣形式的運算次數。程式如下：

```
% e3s202.m
disp(' n        time-pos    time-pos/n^3  time-npos    time-b/n^3');
for n = 100:100:1000
    A = [ ]; M = 100*randn(n,n);
    A = M*M'; b = [1:n].';
    tic, x = A\b; t1 = toc*1000;
    t1d = t1/n^3;
    A = A+rand(size(A));
    tic, x = A\b; t2 = toc*1000;
    t2d = t2/n^3;
    fprintf('%4.0f %10.4f %14.4e %11.4f %13.4e\n',n,t1,t1d,t2,t2d)
end
```

程式執行結果如下：

n	time-pos	time-pos/n^3	time-npos	time-b/n^3
100	0.9881	9.8811e-007	1.2085	1.2085e-006
200	3.5946	4.4932e-007	3.0903	3.8629e-007
300	5.0646	1.8758e-007	9.7878	3.6251e-007
400	10.3890	1.6233e-007	20.4892	3.2014e-007
500	18.0235	1.4419e-007	36.5653	2.9252e-007
600	18.1892	8.4209e-008	37.7766	1.7489e-007
700	26.5483	7.7400e-008	58.3854	1.7022e-007
800	39.6402	7.7422e-008	79.4285	1.5513e-007
900	58.5519	8.0318e-008	110.5409	1.5163e-007
1000	67.9078	6.7908e-008	130.2029	1.3020e-007

　　第 1 行是矩陣 n 的大小。第 2 行是對正定矩陣運算所需的次數及運算次數乘上 1000，第 4 行是對非正定矩陣運算所需的次數及運算次數乘上 1000。這一結果顯示正定矩陣條件數遠劣於非正定矩陣條件數，但是以浮點運算的觀點而言，\ 運算元對正定矩陣的性能顯然較好。這是因為運算元 \ 先檢驗矩陣是否為正定，若是則用較有效率的柯列斯基 (Cholesky) 分解。第 3 和 5 行是除以矩陣立方的大小之次數來介紹處理次數約略正比於 n^3。

　　下一個範例更嚴謹的檢驗運算元 \ 對條件數惡劣的 Hilbert 矩陣仍能成功的運用。這一檢驗給出了解此一系統的浮點運算次數及由殘餘歐基里得範數 (Euclidean norm) 的大小 (即是 norm(**Ax-b**)) 來看解的精確度。範數 norm 的定義參閱附錄 A，A1.10 節。另外也檢驗由運算元 \ 與反矩陣 (即) 的結果相比較，也就是 **x=A^{-1}b**。程式如下：

```
% e3s203.m
disp(' n  time-slash acc-slash  time-inv   acc-inv   condition');
for n = 4:2:20
    A = hilb(n); b = [1:n].';
    tic, x = A\b; t1 = toc; t1 = t1*10000;
    nm1 = norm(b-A*x);
    tic, x = inv(A)*b; t2 = toc; t2 = t2*10000;
    nm2 = norm(b-A*x);
    c = cond(A);
    fprintf('%2.0f %10.4f %10.2e %8.4f %11.2e %11.2e \n',n,t1,nm1,t2,nm2,c)
end
```

以下是執行結果的列表：

```
 n  time-slash acc-slash  time-inv   acc-inv    condition
 4    1.6427   1.39e-013   0.8549   9.85e-014   1.55e+004
 6    0.9415   5.22e-012   0.7710   2.02e-009   1.50e+007
 8    1.1454   5.35e-010   0.8465   3.19e-006   1.53e+010
10    1.2627   3.53e-008   1.5477   2.47e-004   1.60e+013
12    1.9332   1.40e-006   1.5589   9.39e-001   1.74e+016
14    2.1958   3.36e-005   1.5924   3.39e+002   5.13e+017
16    2.3187   5.76e-006   1.6650   1.02e+002   4.52e+017
18    2.4836   5.25e-005   2.0589   2.31e+002   1.57e+018
20    2.4417   1.11e-005   2.0869   3.72e+002   2.57e+018
```

這一輸出結果對於 $n>=10$ 已先排除矩陣病態條件的預警訊息。第 1 行是矩陣的大小，第 2 及 3 行給出當使用運算元 \ 時乘以 10000 的運算次數及精確度。第 4 及 5 行給出相同訊息但是使用 inv 函數。第 6 行給出了系統矩陣的條件數。當條件數很大時，矩陣幾乎是奇異且方程式為病態條件，這在 2.4 節中將詳細討論。

上表結果非常有說服力的說明 \ 運算元解線性方程式系統時遠優於 inv 函數，比矩陣反置所需的浮點運算次數更少及結果更精確。然而，值得注意的是當矩陣更加病態時，精確度也隨之退色。

MATLAB 運算元 \ 也可以來解低於所求型及高於所求型系統，運算元 \ 使用最小平方近似，詳細在 2.12 節討論。

2.4　解的精確度及病態條件

現在我們將研究影響 **Ax=b** 的解的精確度及這些不精確性如何被偵測出。更進一步討論方程式系統之解的精確度可參閱附錄 B，第 B.3 節。我們由下列例子開始：

■ ■ ■ ──────────────────────────────

範例 2.1

考慮下列 MATLAB 敘述

```
>> A =  3.021 2.714 6.913;1.031 -4.273 1.121;5.084 -5.832 9.155

A =
    3.0210     2.7140     6.9130
    1.0310    -4.2730     1.1210
    5.0840    -5.8320     9.1550

>> b = [12.648 -2.121 8.407].'

b =
   12.6480
   -2.1210
    8.4070

>> A\b

ans =
    1.0000
    1.0000
    1.0000
```

這結果是正確的，代回原問題可以很容易檢驗。

────────────────────────────── ■ ■ ■

■ ■ ■ ──────────────────────────────

範例 2.2

考慮例 2.1 中將 A（2,2）由 -4.2730 改爲 -4.2750

```
>> A(2,2) = -4.2750

A =
    3.0210     2.7140     6.9130
    1.0310    -4.2750     1.1210
    5.0840    -5.8320     9.1550

>> A\b

ans =
   -1.7403
    0.6851
    2.3212
```

雖然在例 2.1 中 A(2,2) 係數的變化率小於 0.1%，但結果與例 2.1 卻差異甚大。

────────────────────────────── ■ ■ ■

　　上兩例子的差異甚大是因為係數矩陣 **A** 為病態。病態的解釋可以三平面方程式系統的圖示如 2.2 來說明。在一病態系統裡最少有 2 平面幾乎平行以致於平面的交點對斜率變化非常敏感，斜率的變化是因係數值的變化引起。

　　一個方程式系統被稱為是病態，假如係數矩陣 A 的細微變化造成差異甚大的解答。相反的，如係數矩陣 A 的細微變化與其結果也是細微變化則稱為良態矩陣。很清楚地，我們需要先衡量一個方程式系統的狀態。我們已知在最壞情形下方程式系統無解，其係數矩陣的行列式為零。由此嘗試去思考以行列式 **A** 的大小來衡量矩陣狀態。然而，若 **Ax=b** 且 **A** 為 $n \times n$ 階對角矩陣，對角線上的每個元素其值為 s，則 **A** 為完全狀態矩陣 (perfectly conditioned)，與 s 值無關，但行列式 **A** 值為 s^n。所以 **A** 的行列式大小並不適合做為條件的衡量，因為此例中，其隨 s 而改變，即使系統狀態是常數。

　　MATLAB 提供 2 個內建函數 cond 與 rcond 來估測矩陣狀態。cond 是一個細緻高級的函數，建立在奇異值分解 (singular value decomposition)，在 2.10 節中將會討論 SVD，對完美狀態矩陣 cond 是 1 但若是病態矩陣則為一個大數值，函數 rcond 較不可靠但卻較快，此函數給出 0 與 1 間的數值，數值愈小，矩陣愈是病態。rcond 的倒數通常大小與 cond 差不多。以 2 個例子來說明。

■ ■ ■ ────────────────────────────

範例 2.3

　　完美狀態矩陣的說明：

```
>> A = diag([20 20 20])
A =
    20     0     0
     0    20     0
     0     0    20

>> [det(A) rcond(A) cond(A)]

ans =
      8000           1           1
```

────────────────────────────── ■ ■ ■

■ ■ ■

範例 2.4

病態矩陣的說明

```
>> A = [1 2 3;4 5 6;7 8 9.000001];
>> format short e
>> [det(A) rcond(A) 1/rcond(A) cond(A)]

ans =
  -3.0000e-006   6.9444e-009   1.4400e+008   1.0109e+008
```

■ ■ ■

rcond 的倒數與 cond 之數值很接近。以 MATLAB 函數 cond 及 rcond 來研究 Hilbert 矩陣的條件數（定義於問題 2.1），程式如下：

```
% e3s204.m Hilbert matrix test.
disp('   n            cond           rcond        log10(cond)')
for n = 4:2:20
    A = hilb(n);
    fprintf('%5.0f %16.4e',n,cond(A));
    fprintf('%16.4e %10.2f\n',rcond(A),log10(cond(A)));
end
```

執行結果為

n	cond	rcond	log10(cond)
4	1.5514e+004	3.5242e-005	4.19
6	1.4951e+007	3.4399e-008	7.17
8	1.5258e+010	2.9522e-011	10.18
10	1.6025e+013	2.8286e-014	13.20
12	1.7352e+016	2.6328e-017	16.24
14	5.1317e+017	1.7082e-019	17.71
16	4.5175e+017	4.6391e-019	17.65
18	1.5745e+018	5.8371e-020	18.20
20	2.5710e+018	1.9953e-019	18.41

這說明了當矩陣大小 n 很大時，Hilbert 矩陣是一病態矩陣。上表最後一行給出 Hilbert 矩陣條件數的 $\log_{10}$ 對數值，這是說明以此矩陣或反矩陣求解一方程式系統時失去有效位數的一個經驗預估式。

上列程式中，n 階 Hilbert 矩陣是用 MATLAB 函數 hilb(n) 產生的。其他重要矩陣的有趣結構和性質，例如，Hadamard 矩陣與 Wilkinson 矩陣可以使用，在這些情況下的 MATLAB 函數為 hadamard(n) 和 wilkinson(n)，其中 n 是矩陣所需要的大小。另一可用的語法是 gallery，這是可由 gallery 函數得到的許多有趣矩陣之一。幾乎每一種情況都可選擇矩陣的大小，同時在很多情況也可以選擇矩陣內的其它參數。函數呼叫的範例如下：

```
gallery('hanowa',6,4)
gallery('cauchy',6)
gallery('forsythe',6,8)
```

下節詳細說明運算元 \ 使用的演算法。

2.5 基本列運算

現在檢驗對一方程式系統內的每個方程式都有效的運算,此一系統具有如下形式

$$a_{11}x_1 + a_{12}x_2 + \cdots + a_{1n}x_n = b_1$$
$$a_{21}x_2 + a_{22}x_2 + \cdots + a_{2n}x_n = b_2$$
$$\cdots\cdots\cdots\cdots\cdots$$
$$a_{n1}x_n + a_{n2}x_2 + \cdots + a_{nn}x_n = b_n$$

或者矩陣型式

$$\mathbf{Ax} = \mathbf{b}$$

此處

$$\mathbf{A} = \begin{bmatrix} a_{11} & a_{12}\ldots & a_{1n} \\ a_{21} & a_{22}\ldots & a_{2n} \\ \vdots & \vdots & \vdots \\ a_{n1} & a_{n2}\ldots & a_{nn} \end{bmatrix} \quad \mathbf{b} = \begin{bmatrix} b_1 \\ b_2 \\ \vdots \\ b_n \end{bmatrix} \quad \mathbf{x} = \begin{bmatrix} x_1 \\ x_2 \\ \vdots \\ x_n \end{bmatrix}$$

$\mathbf{A}$ 稱為係數矩陣,任一方程式的運算必須同時應用至方程式左邊及右邊,將係數矩陣 $\mathbf{A}$ 與右側向量 $\mathbf{b}$ 合併,可得

$$\mathbf{A} = \begin{bmatrix} a_{11} & a_{12}\ldots & a_{1n} & b_1 \\ a_{21} & a_{22}\ldots & a_{2n} & b_2 \\ \vdots & \vdots & \vdots & \vdots \\ a_{n1} & a_{n2}\ldots & a_{nn} & b_n \end{bmatrix}$$

新矩陣稱為擴大矩陣,記為 [$\mathbf{A}$ $\mathbf{b}$],採用此符號是因為與 MATLAB 合併兩向量 $\mathbf{A}$ 及 $\mathbf{b}$ 的符號一致。若 $\mathbf{A}$ 是 $n{\times}n$ 階矩陣,則擴大矩陣是 $n{\times}(n{+}1)$ 階矩陣。擴大矩陣的每一列保有方程式的所有係數,所以運算必須對列中的每一元素。以下三個基本列運算應用至系統的每一方程式而不會改變方程式系統的解。分別是:

1. 任兩列互換位置。(亦即相等)
2. 將任一列(亦即相等)乘上非零的純量。
3. 將任一列換以該列與純量乘以該列的和。

這些基本列運算可用以解線性代數中的重要問題,現在我們將探討如何應用這些列運算。

2.6　高斯消去法解 Ax=b

　　高斯消去法是解聯立方程式的有效方法，特別是針對少數元素為零的非對稱係數矩陣。這一方法完全使用 2.5 節介紹的三個基本列運算。基本上是形成系統的擴大矩陣，然後將係數矩陣轉化成上三角形矩陣。為了有系統的介紹基本列運算起見，我們應用高斯消去法解下列方程式系統：

$$\begin{bmatrix} 3 & 6 & 9 \\ 2 & (4+p) & 2 \\ -3 & -4 & -11 \end{bmatrix} \begin{bmatrix} x_1 \\ x_2 \\ x_3 \end{bmatrix} = \begin{bmatrix} 3 \\ 4 \\ -5 \end{bmatrix} \tag{2.10}$$

　　其中 p 的值是已知。表 2.1 顯示操作序列，第 1 步以擴大矩陣開始，第 1 列第 1 行的元素 (在表中以方形框住) 為基準點。首先想讓第 1 行中的第二列及第三列元素為零。為了達到這步，先將第 1 列元素除以基準點元素，修正過後的第一列乘上適當的倍數，再加上或減去第 2 列，第 3 列的元素，這一結果顯示在表中的第 2 步。其次選定新的第 2 列第 2 行的元素為基準點，在第 2 步中這一元素等於 p，若 p 很大則不成問題但若很小則會引起數值問題，因為我們須將第 2 列的所有元素除以這個數值很小的值。若 p 為零，則無法除以零。

　　這一困難與病態矩陣無關，實際上當 p 為零時，這一特別的方程式系統仍相當良態 (well–conditioned)，為克服此一問題，常用的步驟是將問題列與低於基準點的列，含較大係數的列互換。這樣就會得到較大且新的基準點，這一步驟稱為部份基準 (partial pivoting)。假設此例中 $p<2$，則必需如表中第 3 步驟所示互換 2，3 列，把 p 換為 2 當作基準點。由第 3 列減去第 2 列除以基準點的值後再乘上適當的係數以令第 2 行第 3 列為零。由表中第 4 步可知原係數矩陣已被化為上三角矩陣。例如，若 $p=0$ 則可得

$$3x_1 + 6x_2 + 9x_3 = 3 \tag{2.11}$$

$$2x_2 - 2x_3 = -2 \tag{2.12}$$

$$-4x_3 = 2 \tag{2.13}$$

表 2.1　高斯消去法轉換擴大矩陣為上三角形矩陣

A1	$\boxed{3}$	6	9	3
A2	2	$(4+p)$	2	4	第一步:初始矩陣
A3	−3	−4	−11	−5
A1	3	6	9	3	第二步:第1行之
B2 = A2 − 2(A1)/3	0	p	−4	2	第2列及第3列化
B3 = A3 + 3(A1)/3	0	2	−2	−2	為零
A1	3	6	9	3	第三步:第2列及
B3	0	$\boxed{2}$	−2	−2	第3列互換
B2	0	p	−4	2
A1	3	6	9	3	第四步:將第3列
B3	0	2	−2	−2	第2行化為零
C3 = B2 − p(B3)/2	0	0	$\boxed{(-4+p)}$	$(2+p)$

經由後向代入法可求出未知數 x_1，x_2 及 x_3。解這些方程式，以逆向方式由 (2.13) 求出 x_3=−0.5，已知 x_3，由 (2.12) 求出 x_2=−1.5，已知 x_2，x_3 再由 (2.11) 式求出 x_1=5.5。

可以証明矩陣的行列式可由表 2.1 中第 3 步主對角線元素的乘積得出。這一乘積仍須乘上 $(-1)^m$，其中 m 是列互換的次數。例如，上例中 p=0 時，列互換次數為 1 所以 m=1，係數矩陣的行列式為 $3 \times 2 \times (-4) \times (-1)^1 = 24$。

在解線性方程式系統時有一方法與高斯消去法非常密切相關，稱為高斯－喬丹消去法 (Gauss–Jordan elimination)。此方法使用相同的列運算但與高斯消去法不同的是，主對角線上下的元素均為零。這意謂著不用後向代入法。例如解系統 (2.10)。當 p=0 時得到下列擴大矩陣

$$\begin{bmatrix} 3 & 0 & 0 & 16.5 \\ 0 & 2 & 0 & -3.0 \\ 0 & 0 & -4 & 2.0 \end{bmatrix}$$

所以 x_1=16.5/3=5.5、x_2=−3/2=−1.5 和 x_3=2/−4=−0.5。

高斯消去法需要 $n^3/3$ 次乘法再加上 n^2 次的乘法來處理後向代入法。高斯－喬丹消去法大約需要 $n^3/2$ 次乘法所以對大型方程式系統，高斯－喬丹消去法較高斯消去法所需的運算次數約多 50%。

2.7　LU 分解

LU 分解類似高斯消去法，且等效於基本列運算。矩陣 A 可以被分解，所以

$$\mathbf{A} = \mathbf{LU} \tag{2.14}$$

L 是下三角形矩陣，主對角線為 1，U 為上三角形矩陣，A 矩陣可以是實數或複數。與高斯消去法相形之下，LU 分解有一特別的優點是，當欲求解的方程式系

統 **Ax=b** 有不止一個右側值 b 或事先未知右側；這是因爲因子 **L** 和 **U** 可以明確地求出，且可以使用在不同的右側條件而無須重新計算和 **U**。高斯消去法並不求出 **L** 而是 **L**$^{-1}$**b**，所以方程式求解前必須先知道右側。

由 LU 分解來解方程式系統的主要步驟如下，因爲 **A=LU**，則 **Ax=B** 成爲

$$\mathbf{LUx = b}$$

b 不限於單一行，令 **y=Ux**，則

$$\mathbf{Ly = b}$$

因爲 **L** 是下三角形矩陣，這一方程式可以前向代入法有效求解。求 **x** 則現在解

$$\mathbf{Ux = y}$$

因爲 **U** 是上三角形矩陣，這一方程式也可以由後向代入法有效求解。

現在以 $p=1$ 解 (2.10) 來說明 LU 分解程序。此法不考慮 **b** 也不用形成擴大矩陣。進行程序如表 2.1 之高斯消去法，除了在第 i 步將基本列運算記錄於 **T**$^{(i)}$ 且將運算結果置於矩陣 **U**$^{(i)}$ 而非覆蓋寫上 **A**。以矩陣開始

$$\mathbf{A} = \begin{bmatrix} 3 & 6 & 9 \\ 2 & 5 & 2 \\ -3 & -4 & -11 \end{bmatrix}$$

如表 2.1 相同的運算操作，由下列基本列運算 生第 1 行主對角線下的元素爲 0 的矩陣 **U**$^{(1)}$：

$$\mathbf{U}^{(1)} \text{ 列 } 2 = \mathbf{A} \text{ 的列 } 2 - 2(\mathbf{A} \text{ 的列 } 1)/3 \tag{2.15}$$

與

$$\mathbf{U}^{(1)} \text{ 列 } 3 = \mathbf{A} \text{ 的列 } 3 + (3\mathbf{A} \text{ 的列 } 1)/3 \tag{2.16}$$

現在 **A** 可表示成 **T**$^{(1)}$**U**$^{(1)}$ 的乘積如下：

$$\begin{bmatrix} 3 & 6 & 9 \\ 2 & 5 & 2 \\ -3 & -4 & -11 \end{bmatrix} = \begin{bmatrix} 1 & 0 & 0 \\ 2/3 & 1 & 0 \\ -1 & 0 & 1 \end{bmatrix} \begin{bmatrix} 3 & 6 & 9 \\ 0 & 1 & -4 \\ 0 & 2 & -2 \end{bmatrix}$$

注意 **A** 的第 1 列與 **U**$^{(1)}$ 的第 1 列相同。所以 **T**$^{(1)}$ 的第 1 列只有第 1 行爲 1 其餘爲 0，**T**$^{(1)}$ 的其餘列由 (2.15) 和 (2.16) 求出。例如，**T**$^{(1)}$ 的列 2 是重新排列 (2.15) 式求出，所以

$$\mathbf{A} \text{ 的列 } 2 = \mathbf{U}^{(1)} \text{ 的列 } 2 + 2(\mathbf{A} \text{ 的列 } 1)/3 \tag{2.17}$$

或

$$\mathbf{A} \text{ 的列 } 2=2(\mathbf{U}^{(1)} \text{ 的列 } 1)/3+\mathbf{U}^{(1)} \text{ 的列 } 2 \qquad (2.18)$$

因為 $\mathbf{U}^{(1)}$ 的第 1 列與 A 的第 1 列相同，所以 $\mathbf{T}^{(1)}$ 的列 2 是 [2/3 1 0]。

下一分解步驟，為了將 $\mathbf{U}^{(1)}$ 的第 2 行的最大元素移至主對角線，將列 2 和列 3 對調，所以 $\mathbf{U}^{(1)}$ 變成 $\mathbf{T}^{(2)}\mathbf{U}^{(2)}$ 乘積如下：

$$\begin{bmatrix} 3 & 6 & 9 \\ 0 & 1 & -4 \\ 0 & 2 & -2 \end{bmatrix} = \begin{bmatrix} 1 & 0 & 0 \\ 0 & 0 & 1 \\ 0 & 1 & 0 \end{bmatrix} \begin{bmatrix} 3 & 6 & 9 \\ 0 & 2 & -2 \\ 0 & 1 & -4 \end{bmatrix}$$

最後完成分解程序得到上三角矩陣，需令

$$\mathbf{U} \text{ 的列 } 3=\mathbf{U}^{(2)} \text{ 的列 } 3-(\mathbf{U}^{(2)} \text{ 的列 } 2)/2$$

所以 $\mathbf{U}^{(2)}$ 變成 $\mathbf{T}^{(3)}\mathbf{U}$ 的乘積如下：

$$\begin{bmatrix} 3 & 6 & 9 \\ 0 & 2 & -2 \\ 0 & 1 & -4 \end{bmatrix} = \begin{bmatrix} 1 & 0 & 0 \\ 0 & 1 & 0 \\ 0 & 1/2 & 1 \end{bmatrix} \begin{bmatrix} 3 & 6 & 9 \\ 0 & 2 & -2 \\ 0 & 0 & -3 \end{bmatrix}$$

因此 $\mathbf{A} = \mathbf{T}^{(1)} \mathbf{T}^{(2)} \mathbf{T}^{(3)} \mathbf{U}$，意指 $\mathbf{L}=\mathbf{T}^{(1)}\mathbf{T}^{(2)}\mathbf{T}^{(3)}$ 如下：

$$\begin{bmatrix} 1 & 0 & 0 \\ 2/3 & 1 & 0 \\ -1 & 0 & 1 \end{bmatrix} \begin{bmatrix} 1 & 0 & 0 \\ 0 & 0 & 1 \\ 0 & 1 & 0 \end{bmatrix} \begin{bmatrix} 1 & 0 & 0 \\ 0 & 1 & 0 \\ 0 & 1/2 & 1 \end{bmatrix} = \begin{bmatrix} 1 & 0 & 0 \\ 2/3 & 1/2 & 1 \\ -1 & 1 & 0 \end{bmatrix}$$

由於過程中用到列互換，所以 $\mathbf{L}$ 不是下三角矩陣但可以由列互換成下三角矩陣。

MATLAB 使用函數 lu 完成 LU 分解，產生一矩陣但不是一定下三角矩陣。然而若需要，可產生排列矩陣 $\mathbf{P}$，使得 $\mathbf{LU}=\mathbf{PA}$ 其中 $\mathbf{L}$ 是下三角矩陣。

現在以 MATLAB 函數 lu 處理上例：

```
>> A = [3 6 9;2 5 2;-3 -4 -11]

A =
    3    6    9
    2    5    2
   -3   -4  -11
```

為得到 $\mathbf{L}$ 與 $\mathbf{U}$ 矩陣，須同時指定兩輸出變數如下：

```
>> [L1 U] = lu(A)

L1 =
    1.0000         0         0
    0.6667    0.5000    1.0000
   -1.0000    1.0000         0

U =
    3    6    9
    0    2   -2
    0    0   -3
```

注意 L1 不是下三角矩陣，雖然眞正的下三角形可以輕易地由列 2 和列 3 互換得到。要得到眞正的下三角矩陣，必須指定 3 個輸出變數如下：

```
>> [L U P] = lu(A)

L =
    1.0000         0         0
   -1.0000    1.0000         0
    0.6667    0.5000    1.0000

U =
    3    6    9
    0    2   -2
    0    0   -3

P =
    1    0    0
    0    0    1
    0    1    0
```

上面 P 是排列矩陣，使得 L*U = P*A or P'*L*U = A，所以 P'*L 等於 L1。

MATLAB 運算元 \ 用 LU 分解求 **Ax=b** 的解。一方程式有多重右側式的系統，我們解 **AX=B**

$$\mathbf{A} = \begin{bmatrix} 3 & 4 & -5 \\ 6 & -3 & 4 \\ 8 & 9 & -2 \end{bmatrix} \quad 及 \quad \mathbf{B} = \begin{bmatrix} 1 & 3 \\ 9 & 5 \\ 9 & 4 \end{bmatrix}$$

完成 LU 分解，使 **LU=A**，得到

$$\mathbf{L} = \begin{bmatrix} 0.375 & -0.064 & 1 \\ 0.750 & 1 & 0 \\ 1 & 0 & 0 \end{bmatrix} \quad 及 \quad \mathbf{U} = \begin{bmatrix} 8 & 9 & -2 \\ 0 & -9.75 & 5.5 \\ 0 & 0 & -3.897 \end{bmatrix}$$

所以 **LY=B** 由此給出

$$\begin{bmatrix} 0.375 & -0.064 & 1 \\ 0.750 & 1 & 0 \\ 1 & 0 & 0 \end{bmatrix} \begin{bmatrix} y_{11} & y_{12} \\ y_{21} & y_{22} \\ y_{31} & y_{32} \end{bmatrix} = \begin{bmatrix} 1 & 3 \\ 9 & 5 \\ 9 & 4 \end{bmatrix}$$

這意味著有 2 方程式系統，若分開寫則是

$$\mathbf{L}\begin{bmatrix} y_{11} \\ y_{21} \\ y_{31} \end{bmatrix} = \begin{bmatrix} 1 \\ 9 \\ 9 \end{bmatrix} \quad \text{及} \quad \mathbf{L}\begin{bmatrix} y_{12} \\ y_{22} \\ y_{32} \end{bmatrix} = \begin{bmatrix} 3 \\ 5 \\ 4 \end{bmatrix}$$

此例 L 不是下三角矩陣，因為列互換的關係。然而解仍可由前向代入法求得。例如 $1y_{11}=b_{31}=9$ 所以 $y_{11}=9$，然後 $0.75y_{11}+y_{21}=b_{21}=9$，所以 $y_{21}=2.25$，依此類推。完全的 $\mathbf{Y}$ 矩陣是

$$\mathbf{Y} = \begin{bmatrix} 9.000 & 4.000 \\ 2.250 & 2.000 \\ -2.231 & 1.628 \end{bmatrix}$$

最後由後向代入法解 UX＝Y 得到

$$\mathbf{X} = \begin{bmatrix} 1.165 & 0.891 \\ 0.092 & -0.441 \\ 0.572 & -0.418 \end{bmatrix}$$

MATLAB 函數 det 求矩陣行列式，使用 LU 分解如下，因為 $\mathbf{A=LU}$ 所以 $|\mathbf{A}| = |\mathbf{L}||\mathbf{U}|$，$\mathbf{L}$ 的主對角元素全是 1 所以 $|\mathbf{L}|=1$，因為 $\mathbf{U}$ 是上三角矩陣，所以其行列式也是對角線元素的乘積。所以，考慮到列互換時適當 $\mathbf{U}$ 的符號必須算入就求出行列式值。

2.8　柯列斯基 (Cholesky) 分解

柯列斯基分解是三角分解的一種，只用於正定對稱 (positive definite symmetric) 或正定 Hermition 矩陣。若 $\mathbf{x}^\top \mathbf{Ax} > 0$，對任一非零矩陣 $\mathbf{x}$，則對稱或 Hermition 矩陣 A 稱為正定。正定矩陣更有用的定義是所有特徵值都大於 0。特徵值問題在 2.15 節討論。若 A 是對稱或 Hermitian 則可寫成

$$\mathbf{A=P}^\top\mathbf{P} \quad (\text{或} \mathbf{A=P}^\mathrm{H}\mathbf{P}，\text{當 A 是 Hermitian 時}) \tag{2.19}$$

$\mathbf{P}$ 是上三角矩陣，這演算法由比較 (2.19) 之係數來逐列計算 $\mathbf{P}$。所以 $p_{11}, p_{12}, p_{13}, \ldots, p_{22}, p_{23}, \ldots$ 被逐列順序求出，以 p_{nn} 結尾。$\mathbf{P}$ 的主對角線元素由包括求平方根得出，例如：

$$p_{22} = \sqrt{a_{22} - p_{12}^2}$$

正定矩陣的一個特性是平方根內的項都是正的，所以平方根是實數。再者不須列互換，因為主元素都在主對角線上。全部過程所需乘法次數約為 LU 分解之

半。柯列斯基分解在 MATLAB 是以函數 chol 完成對正定對稱矩陣分解。例如，考慮下列正定 Hermitian 矩陣的柯列斯基分解：

```
>> A = [2 -i 0;i 2 0;0 0 3]

A =
   2.0000                 0 - 1.0000i        0
        0 + 1.0000i   2.0000                 0
        0                  0                  3.0000

>> P = chol(A)

P =
   1.4142                 0 - 0.7071i        0
        0            1.2247                 0
        0                  0                  1.7321
```

當運算元 \ 偵測到一個對稱正定或是 Hermitian 正定矩陣，則由下列運算解 **Ax=b**。**A** 被分解成 $\mathbf{P}^\top\mathbf{P}$，**y** 設定成 **Px**，則 $\mathbf{P}^\top\mathbf{y}=\mathbf{b}$，因為 $\mathbf{P}^\top$ 是下三角矩陣，所以演算法由前向代入法解 **y**，**P** 是上三角矩陣所以可由 **y** 以後向代入法求 **x**，以下例子說明這些步驟：

$$\mathbf{A}=\begin{bmatrix}2 & 3 & 4\\ 3 & 6 & 7\\ 4 & 7 & 10\end{bmatrix} \quad 及 \quad \mathbf{b}=\begin{bmatrix}2\\ 4\\ 8\end{bmatrix}$$

由柯列斯基分解得

$$\mathbf{P}=\begin{bmatrix}1.414 & 2.121 & 2.828\\ 0 & 1.225 & 0.817\\ 0 & 0 & 1.155\end{bmatrix}$$

因為 $\mathbf{P}^\top\mathbf{y}=\mathbf{b}$，由前向代入法求 y 得出

$$\mathbf{y}=\begin{bmatrix}1.414\\ 0.817\\ 2.887\end{bmatrix}$$

最後由後向代入法解 **Px = y** 得

$$\mathbf{x}=\begin{bmatrix}-2.5\\ -1.0\\ 2.5\end{bmatrix}$$

現在比較運算元 \ 和函數 chol 之性能，很明顯的，對正定矩陣而言其性能應該類似。下列程式產生對稱正定矩陣，以其轉置矩陣相乘：

```
% e3s205.m
disp('  n        time-backslash  time-chol');
for n = 300:100:1300
    A = [ ]; M = 100*randn(n,n);
    A = M*M'; b = [1:n].';
    tic, x = A\b; t1 = toc;
    tic, R = chol(A);
    v = R.'\b; x = R\b;
    t2 = toc;
    fprintf('%4.0f %14.4f %13.4f \n',n,t1,t2)
end
```
執行此程式得出

n	time-backslash	time-chol
300	0.0053	0.0073
400	0.0105	0.0115
500	0.0182	0.0216
600	0.0176	0.0197
700	0.0263	0.0281
800	0.0368	0.0385
900	0.0510	0.0519
1000	0.0666	0.0668
1100	0.0862	0.0869
1200	0.1113	0.1065
1300	0.1449	0.1438

由上表得出函數 chol 與運算元 \ 在性能上的相似性。此表中，第 1 行是矩陣的大小，2 行是使用運算元 \ 所需的運算次數，第 3 行是使用柯列斯基分解來解同一問題的結果。

柯列斯基分解可以用在非正定對稱矩陣但這過程不具正定時的數值穩定度。再者，$\mathbf{P}$ 內一或多列可能是虛數，例如：

$$\text{若 } \mathbf{A} = \begin{bmatrix} 1 & 2 & 3 \\ 2 & -5 & 9 \\ 3 & 9 & 4 \end{bmatrix} \quad \text{則 } \mathbf{P} = \begin{bmatrix} 1 & 2 & 3 \\ 0 & 3i & -i \\ 0 & 0 & 2i \end{bmatrix}$$

這沒有寫在 MATLAB 裡。

2.9 QR 分解

我們已知由基本列運算將一方陣分解成上三角形與下三角矩陣的乘積，另一種是當 $\mathbf{A}$ 為實矩陣時分解成上三角與正交矩陣 (orthogonal matrix) 的乘積，$\mathbf{A}$ 為複數矩陣時分解成上三角矩陣與單式矩陣 (unitary matrix) 的乘積。這稱為 QR 分解，所以

$$\mathbf{A} = \mathbf{Q}\,\mathbf{R}$$

其中 $\mathbf{R}$ 是上三角矩陣，$\mathbf{Q}$ 是正交或單式矩陣，如果 $\mathbf{Q}$ 是正交則$\mathbf{Q}^{-1} = \mathbf{Q}^{\top}$，若 $\mathbf{Q}$ 是單式矩陣則$\mathbf{Q}^{-1} = \mathbf{Q}^{H}$，這是非常有用的性質。

有數種程序提供 QR 分解，這裡提出 Householder 法 (Householder's method)，分解一實矩陣，Householder 法由定義矩陣 $\mathbf{P}$ 開始

$$\mathbf{P} = \mathbf{I} - 2\mathbf{w}\mathbf{w}^{\top} \tag{2.20}$$

假如 $\mathbf{W}^{\top}\mathbf{W} = 1$，則 $\mathbf{P}$ 是對稱且正交。正交性可以藉由展開乘積 $\mathbf{P}^{\top}\mathbf{P} = \mathbf{P}\mathbf{P}$ 輕易驗證如下：

$$\mathbf{P}\mathbf{P} = \left(\mathbf{I} - 2\mathbf{w}\mathbf{w}^{\top}\right)\left(\mathbf{I} - 2\mathbf{w}\mathbf{w}^{\top}\right)$$
$$= \mathbf{I} - 4\mathbf{w}\mathbf{w}^{\top} + 4\mathbf{w}\mathbf{w}^{\top}\left(\mathbf{w}\mathbf{w}^{\top}\right) = \mathbf{I}$$

將 $\mathbf{A}$ 分解成 $\mathbf{QR}$，首先由 $\mathbf{A}$ 的第 1 行係數形成向量 $\mathbf{w}_1$ 如下：

$$\mathbf{w}_1^{\top} = \mu_1\left[(a_{11} - s_1)\ a_{21}\ a_{31}\ldots a_{n1}\right]$$

這裡

$$\mu_1 = \frac{1}{\sqrt{2s_1(s_1 - a_{11})}} \quad \text{及} \quad s_1 = \pm\left(\sum_{j=1}^{n} a_{j1}^2\right)^{1/2}$$

將 u_1 及 s_1 代入 $\mathbf{w}_1$ 後，可以驗證需要的正交條件，滿足$\mathbf{w}_1^{\top}\mathbf{w}_1 = 1$，將 $\mathbf{w}_1$ 代入 (2.20) 產生正交矩陣 $\mathbf{P}^{(1)}$。

由 $\mathbf{P}^{(1)}\mathbf{A}$ 乘積產生矩陣 $\mathbf{A}^{(1)}$，可以輕易證明 $\mathbf{A}^{(1)}$ 第 1 行除主對角線元素等於 s_1 外其餘均為零。

$$\mathbf{A}^{(1)} = \mathbf{P}^{(1)}\mathbf{A} = \begin{bmatrix} s_1 & + & \cdots & + \\ 0 & + & \cdots & + \\ \vdots & \vdots & & \vdots \\ 0 & + & \cdots & + \\ 0 & + & \cdots & + \end{bmatrix}$$

在矩陣 $\mathbf{A}^{(1)}$ 內 + 號表示非零元素。

現在由 $\mathbf{A}^{(1)}$ 第 2 行係數形成 $\mathbf{w}_2$，做第 2 階段的正交化程序。所以：

$$\mathbf{w}_2^{\top} = \mu_2\left[0\ \left(a_{22}^{(1)} - s_2\right)\ a_{32}^{(1)}\ a_{42}^{(1)}\cdots a_{n2}^{(1)}\right]$$

這裡 a_{ij} 是 $\mathbf{A}$ 的係數

$$\mu_2 = \frac{1}{\sqrt{2s_2(s_2 - a_{22}^{(1)})}} \quad \text{及} \quad s_2 = \pm\left(\sum_{j=2}^{n}(a_{j2}^{(1)})^2\right)^{1/2}$$

則正交矩陣 $\mathbf{P}^{(2)}$ 由下式產生

$$\mathbf{P}^{(2)} = \mathbf{I} - 2\mathbf{w}_2\mathbf{w}_2^\top$$

矩陣 $\mathbf{A}^{(2)}$ 由乘積 $\mathbf{P}^{(2)}\mathbf{A}^{(1)}$ 產生如下：

$$\mathbf{A}^{(2)} = \mathbf{P}^{(2)}\mathbf{A}^{(1)} = \mathbf{P}^{(2)}\mathbf{P}^{(1)}\mathbf{A} = \begin{bmatrix} s_1 & + & \cdots & + \\ 0 & s_2 & \cdots & + \\ \vdots & \vdots & & \vdots \\ 0 & 0 & \cdots & + \\ 0 & 0 & \cdots & + \end{bmatrix}$$

注意 $\mathbf{A}^{(2)}$ 的前 2 行元素除位於主對角線及以上的元素不爲零外，其餘皆爲零。繼續此步驟 $n-1$ 次直到得到上三角矩陣 $\mathbf{R}$，所以

$$\mathbf{R} = \mathbf{P}^{(n-1)}\ldots\mathbf{P}^{(2)}\mathbf{P}^{(1)}\mathbf{A} \tag{2.21}$$

因爲 $\mathbf{P}^{(i)}$ 是正交的，乘積 $\mathbf{P}^{(n-1)}\ldots\mathbf{P}^{(2)}\mathbf{P}^{(1)}$ 也是正交的。

現在求取正交矩陣 $\mathbf{Q}$ 使得 $\mathbf{A}=\mathbf{QR}$，所以 $\mathbf{R}=\mathbf{Q}^{-1}\mathbf{A}$ 或 $\mathbf{R}=\mathbf{Q}^\top\mathbf{A}$，所以由 (2.21)

$$\mathbf{Q}^\top = \mathbf{P}^{(n-1)}\ldots\mathbf{P}^{(2)}\mathbf{P}^{(1)}$$

除了 $\mathbf{Q}$ 行及 $\mathbf{R}$ 的列符號外，分解是唯一的，這些符號由求 $s_1, s_2\cdots$ 等的正或負平方根而定。矩陣的全部分解需要 $2n^3/3$ 乘法及 n 個平方根。爲了說明這個程序，考慮下列矩陣的分解

$$\mathbf{A} = \begin{bmatrix} 4 & -2 & 7 \\ 6 & 2 & -3 \\ 3 & 4 & 4 \end{bmatrix}$$

所以

$$s_1 = \sqrt{\left(4^2 + 6^2 + 3^2\right)} = 7.8102$$

$$\mu_1 = 1/\sqrt{[2 \times 7.8102 \times (7.8102 - 4)]} = 0.1296$$

$$\mathbf{w}_1^\top = 0.1296[(4 - 7.8102)\ 6\ 3] = [-0.4939\ 0.7777\ 0.3889]$$

使用 (2.20) 產生 $\mathbf{P}^{(1)}$，再產生 $\mathbf{A}^{(1)}$，所以

$$\mathbf{P}^{(1)} = \begin{bmatrix} 0.5121 & 0.7682 & 0.3841 \\ 0.7682 & -0.2097 & -0.6049 \\ 0.3841 & -0.6049 & 0.6976 \end{bmatrix}$$

$$\mathbf{A}^{(1)} = \mathbf{P}^{(1)}\mathbf{A} = \begin{bmatrix} 7.8102 & 2.0486 & 2.8168 \\ 0 & -4.3753 & 3.5873 \\ 0 & 0.8123 & 7.2936 \end{bmatrix}$$

　　注意我們已將 $\mathbf{A}^{(1)}$ 第 1 行的元素在低於主對角線下的元素都化爲零，再繼續第 2 步驟：

$$s_2 = \sqrt{\left\{(-4.3753)^2 + 0.8123^2\right\}} = 4.4501$$

$$\mu_2 = 1/\sqrt{\{2 \times 4.4501 \times (4.4501 + 4.3753)\}} = 0.1128$$

$$\mathbf{w}_2^\top = 0.1128\,[0 \;\; (-4.3753 - 4.4501) \;\; 0.8123] = [0 \; -0.9958 \; 0.0917]$$

$$\mathbf{P}^{(2)} = \begin{bmatrix} 1 & 0 & 0 \\ 0 & -0.9832 & 0.1825 \\ 0 & 0.1825 & 0.9832 \end{bmatrix}$$

$$\mathbf{R} = \mathbf{A}^{(2)} = \mathbf{P}^{(2)}\mathbf{A}^{(1)} = \begin{bmatrix} 7.8102 & 2.0486 & 2.8168 \\ 0 & 4.4501 & -2.1956 \\ 0 & 0 & 7.8259 \end{bmatrix}$$

　　注意現在已將 $\mathbf{A}^{(2)}$ 前 2 行在低於主對角線下的元素化爲 0。這完成求上三角矩陣 $\mathbf{R}$ 的程序，最後求正交矩陣 $\mathbf{Q}$ 如下：

$$\mathbf{Q} = \left(\mathbf{P}^{(2)}\mathbf{P}^{(1)}\right)^\top = \begin{bmatrix} 0.5121 & -0.6852 & 0.5179 \\ 0.7682 & 0.0958 & -0.6330 \\ 0.3841 & 0.7220 & 0.5754 \end{bmatrix}$$

　　讀者並不須要自行完成上述計算，因爲 MATLAB 提供函數 qr 來完成分解。例如

```
>> A = [4 -2 7;6 2 -3;3 4 4]

A =
    4    -2     7
    6     2    -3
    3     4     4

>> [Q R] = qr(A)

Q =
  -0.5121    0.6852    0.5179
  -0.7682   -0.0958   -0.6330
  -0.3841   -0.7220    0.5754

R =
  -7.8102   -2.0486   -2.8168
        0   -4.4501    2.1956
        0        0    7.8259
```

　　QR 分解的一個優點是其可應用至非方陣，分解一個 $m \times n$ 矩陣爲 $m \times m$ 的正交矩陣和一個 $m \times n$ 的上三角矩陣。注意，若 $m > n$ 則分解不是唯一的。

2.10 奇異值分解 (Singular Value Decomposition： SVD)

$m \times n$ 矩陣 A 的奇異值分解如下

$$\mathbf{A} = \mathbf{USV}^{\mathsf{T}} \text{ (若 A 是複數則為 } \mathbf{A} = \mathbf{USV}^{\mathsf{H}})$$

U 是 $m \times m$ 正交矩陣，V 是 $n \times n$ 正交矩陣。若 A 是複數則 U 和 V 是單式矩陣 (unitary matrix)。在所有情形 S 是 $m \times n$ 實數對角矩陣。矩陣主對角線上的元素稱為 A 的奇異值。通常安排為 $s_1 > s_2 > s_3 \cdots > s_n$ 降階方式，所以

$$\mathbf{S} = \begin{bmatrix} s_1 & 0 & \ldots & 0 \\ 0 & s_2 & \ldots & 0 \\ \vdots & \vdots & & \vdots \\ 0 & 0 & \ldots & s_n \\ 0 & 0 & \ldots & 0 \\ \vdots & \vdots & & \vdots \\ 0 & 0 & \ldots & 0 \end{bmatrix}$$

奇異值是 $\mathbf{A}^{\mathsf{T}}\mathbf{A}$ 之特徵值的非負平方根。因為 $\mathbf{A}^{\mathsf{T}}\mathbf{A}$ 是對稱或 Hermitian，這些特徵值是實數及非負數，所以奇異值也是實數或非負數。計算矩陣的 SVD 演算法可參考 Golub 及 Van Loan(1989) 之矩陣計算一書。

矩陣 SVD 有數個重要用途。在 2.2 節我們介紹過矩陣的梯式簡化列 (reduced row echelon form) 同時解釋 MATLAB 函數 rref 如何給出矩陣位階 (rank) 的訊息。然而位階可以由矩陣的 SVD 更有效的求出，因為位階等於是非零奇異值的數目。所以位階為 3 的 5×5 矩陣中，s_4 和 s_5 為 0。實際上並非計數非零的數目，MATLAB 是以計算奇異值大於容忍值的數目來求位階。這是求位階較實際的作法，而不是求非零組的數目，即使是很小的非零值。為了說明奇異值分解如何協助我們檢查矩陣的性質，我們使用 MATLAB 函數 SVD 來求奇異值分解並與函數 rref 比較。考慮以下例子，使用 MATLAB 函數 vander 產生 Vandermonde 矩陣。Vandermonde 矩陣已知是病態矩陣。SVD 讓我們檢查病態矩陣的特質。特別是零或非常小的奇異值將指示位階不足 (rank deficiency)，這個例子證明奇異值非常靠近這種條件。另外 SVD 允許我們求矩陣的條件數。事實上 MATLAB cond 函數使用 SVD 計算條件數，這個值與最大奇異值除以最小奇異值相等。甚至矩陣的歐基里德範數 (norm) 也是由第一個奇異值給出。下面程式比較 SVD 與 RREF 處理，可以發現使用 MATLAB 函數 rref 及 rank 得出特殊 Vandrmonde 矩陣的位階為 5，除此之外，甚麼也不知，並沒有任何警示說這矩陣是非常病態的。

```
>> c = [1 1.01 1.02 1.03 1.04];
>> V = vander(c)

V =
    1.0000    1.0000    1.0000    1.0000    1.0000
    1.0406    1.0303    1.0201    1.0100    1.0000
    1.0824    1.0612    1.0404    1.0200    1.0000
    1.1255    1.0927    1.0609    1.0300    1.0000
    1.1699    1.1249    1.0816    1.0400    1.0000

>> format long
>> s = svd(V)

s =
   5.210367051037899
   0.101918335876689
   0.000699698839445
   0.000002352380295
   0.000000003294983

>> norm(V)

ans =
   5.210367051037899

>> cond(V)

ans =
    1.581303246763933e+009

>> s(1)/s(5)

ans =
    1.581303246763933e+009

>> rank(V)

ans =
     5

>> rref(V)

ans =
     1     0     0     0     0
     0     1     0     0     0
     0     0     1     0     0
     0     0     0     1     0
     0     0     0     0     1
```

　　以下例子與上一例很類似但是 Vandermonde 矩陣現在是變成位階不足。最小奇異值雖然不為 0，但零到與電腦機器的準確度相同大小，rank 函數傳回的位階數是 4。

```
>> c = [1 1.01 1.02 1.03 1.03];
>> V = vander(c)

V =
    1.0000    1.0000    1.0000    1.0000    1.0000
    1.0406    1.0303    1.0201    1.0100    1.0000
    1.0824    1.0612    1.0404    1.0200    1.0000
    1.1255    1.0927    1.0609    1.0300    1.0000
    1.1255    1.0927    1.0609    1.0300    1.0000

>> format long e
>> s = svd(V)

s =
    5.187797954424026e+000
    8.336322098941414e-002
    3.997349250042135e-004
    8.462129966456217e-007
                         0

>> format short
>> rank(V)

ans =
     4

>> rref(V)

ans =
    1.0000         0         0         0   -0.9424
         0    1.0000         0         0    3.8262
         0         0    1.0000         0   -5.8251
         0         0         0    1.0000    3.9414
         0         0         0         0         0

>> cond(V)

ans =
   Inf
```

　　rank 函數允許使用者改變容忍度，然而容忍度需要小心使用。因為函數 rank 計算奇異值大於容忍度的數目然後求出矩陣的位階。若容忍度太小，也就是小於電腦機器的精度，則位階可能計算錯誤。

2.11　假反置 (pseudo-inverse)

本節討論假反置且在 2.12 節將其用來解高於所求型及低於所求型系統。

　　若 $\mathbf{A}$ 是 $m \times n$ 型長方形矩陣，則下列系統

$$\mathbf{Ax} = \mathbf{b} \qquad\qquad (2.22)$$

無法由反置 **A** 來求解，因為 **A** 並非方陣。假設一方程式系統其方程式比變數多，即 $m>n$，則以 $\mathbf{A}^\top$ 預乘 (2.22) 可轉系統矩陣為方陣如下：

$$\mathbf{A}^\top \mathbf{A}\mathbf{x} = \mathbf{A}^\top \mathbf{b}$$

乘積 $\mathbf{A}^\top \mathbf{A}$ 是方陣，假設也非奇異矩陣，則可被反置來求得 (2.22) 的解如下：

$$\mathbf{x} = \left(\mathbf{A}^\top \mathbf{A}\right)^{-1} \mathbf{A}^\top \mathbf{b} \tag{2.23}$$

令

$$\mathbf{A}^+ = \left(\mathbf{A}^\top \mathbf{A}\right)^{-1} \mathbf{A}^\top \tag{2.24}$$

矩陣 $\mathbf{A}^+$ 稱為 **A** 的假反置，故 (2.22) 的解是

$$\mathbf{x} = (\mathbf{A}^+)\,\mathbf{b} \tag{2.25}$$

假反置 $\mathbf{A}^+$ 的定義需要 **A** 是全位階 (full rank) 才可。若 **A** 是全位階且 $m>n$，則 $\mathrm{rank}(\mathbf{A})=n$。現在 $\mathrm{rank}(\mathbf{A}^\top \mathbf{A})=\mathrm{rank}(\mathbf{A})$ 且 $\mathrm{rank}(\mathbf{A}^\top \mathbf{A})=n$。因為 $\mathbf{A}^\top \mathbf{A}$ 是一 $n \times n$ 陣列，則 $\mathbf{A}^\top \mathbf{A}$ 自動地是全位階且 $\mathbf{A}^+$ 是一唯一的 $m \times n$ 陣列。若 **A** 是位階不足 (rank deficient)，則 $\mathbf{A}^\top \mathbf{A}$ 也是位階不足且不能反置。

若 A 是方陣和非奇異的，則 $\mathbf{A}^+ = \mathbf{A}^{-1}$。若 A 是複數則

$$\mathbf{A}^+ = \left(\mathbf{A}^\mathrm{H} \mathbf{A}\right)^{-1} \mathbf{A}^\mathrm{H} \tag{2.26}$$

其中 $\mathbf{A}^\mathrm{H}$ 是轉置共軛，在附錄 A 的章節 A.6 有說明。$\mathbf{A}^\top \mathbf{A}$ 乘積的條件數是 **A** 的條件數的平方。這在 $\mathbf{A}^+$ 的計算中有提示作用。

可以證明假反置具有下列性質：

1. $\mathbf{A}(\mathbf{A}^+)\mathbf{A}=\mathbf{A}$

2. $(\mathbf{A}^+)\mathbf{A}(\mathbf{A}^+)=\mathbf{A}^+$

3. $(\mathbf{A}^+)\mathbf{A}$ 和 $\mathbf{A}(\mathbf{A}^+)$ 是對稱矩陣。

現在需考慮 (2.22) 式，**A** 是一 $m \times n$ 矩陣，且 $m<n$ 的附屬情況，即方程式系統其變數數目大於方程式數。若 **A** 是全位階，則 $\mathrm{rank}(\mathbf{A}) = m$，現在因 $\mathrm{rank}(\mathbf{A}^\top \mathbf{A})=\mathrm{rank}(\mathbf{A})$，故 $\mathrm{rank}(\mathbf{A}^\top \mathbf{A}) = m$，因為 $\mathbf{A}^\top \mathbf{A}$ 是一 $n \times n$ 矩陣，$\mathbf{A}^\top \mathbf{A}$ 是位階不足且不能反置，即使 **A** 是全位階亦然。我們可重寫 (2.22) 式如下來避開此一問題：

$$\mathbf{A}\mathbf{x} = \left(\mathbf{A}\mathbf{A}^\top\right)\left(\mathbf{A}\mathbf{A}^\top\right)^{-1} \mathbf{b}$$

所以

$$\mathbf{x} = \mathbf{A}^\top \left(\mathbf{A}\mathbf{A}^\top\right)^{-1} \mathbf{b}$$

故

$$\mathbf{x} = (\mathbf{A}^+)\mathbf{b}$$

其中 $\mathbf{A}^+ = \mathbf{A}^\mathsf{T}(\mathbf{AA}^\mathsf{T})^{-1}$ 是假反置。注意 $\mathbf{AA}^\mathsf{T}$ 是一個 $m \times m$ 陣列，位階為 m 且可被反置。

已證明若 $\mathbf{A}$ 是位階不足，則 (2.24) 式不能用來求 $\mathbf{A}$ 的假反置。但這並不意味著假反置不存在，它永遠存在只是我們必須用另一不同方法來計算它。當 $\mathbf{A}$ 是位階不足或近乎位階不足時，$\mathbf{A}^+$ 最好由 $\mathbf{A}$ 的奇異值分解 (singular value decompostion；SVD) 來求出。若 $\mathbf{A}$ 是實數，則 $\mathbf{A}$ 的 SVD 是 $\mathbf{USV}^\mathsf{T}$，其中 $\mathbf{U}$ 是一正交 $m \times m$ 矩陣且 $\mathbf{V}$ 是一正交 $n \times n$ 矩陣，$\mathbf{S}$ 是一 $n \times m$ 的奇異值矩陣。故 $\mathbf{A}^\mathsf{T}$ 的 SVD 是 $\mathbf{VS}^\mathsf{T}\mathbf{U}^\mathsf{T}$，所以

$$\mathbf{A}^\mathsf{T}\mathbf{A} = (\mathbf{VS}^\mathsf{T}\mathbf{U}^\mathsf{T})(\mathbf{USV}^\mathsf{T}) = \mathbf{VS}^\mathsf{T}\mathbf{SV}^\mathsf{T} \text{ 因為 } \mathbf{U}^\mathsf{T}\mathbf{U} = \mathbf{I}$$

於是

$$\begin{aligned} \mathbf{A}^+ &= (\mathbf{VS}^\mathsf{T}\mathbf{SV}^\mathsf{T})^{-1}\mathbf{VS}^\mathsf{T}\mathbf{U}^\mathsf{T} = \mathbf{V}^{-\mathsf{T}}(\mathbf{S}^\mathsf{T}\mathbf{S})^{-1}\mathbf{V}^{-1}\mathbf{VS}^\mathsf{T}\mathbf{U}^\mathsf{T} \\ &= \mathbf{V}(\mathbf{S}^\mathsf{T}\mathbf{S})^{-1}\mathbf{S}^\mathsf{T}\mathbf{U}^\mathsf{T} \end{aligned} \tag{2.27}$$

由正交性 $\mathbf{VV}^\mathsf{T} = \mathbf{I}$ 知 $\mathbf{V}^{-\mathsf{T}} = (\mathbf{V}^\mathsf{T})^{-1} = (\mathbf{V}^\mathsf{T})^\mathsf{T} = \mathbf{V}$。因為 $\mathbf{V}$ 是一 $m \times m$ 矩陣，$\mathbf{U}$ 是 $n \times n$ 矩陣且 $\mathbf{S}$ 是一 $n \times m$ 矩陣，故 (2.27) 式是共容的 (conformable)，也就是說，矩陣相乘是可能的，見附錄 A，章節 A.5。

現在考慮當 $\mathbf{A}$ 是位階不足之情形，此時 $\mathbf{S}^\mathsf{T}\mathbf{S}$ 無法反置，因為奇異值甚小或為零。處理這一問題，我們只取矩陣的 r 個非零奇異值以致於 $\mathbf{S}$ 是一 $r \times r$ 矩陣，其中 r 是 $\mathbf{A}$ 的位階。欲令 (2.27) 式的乘法是共容的，我們取 $\mathbf{V}$ 的前 r 行 (columns) 及 $\mathbf{U}^\mathsf{T}$ 的前 r 列 (rows)，即 $\mathbf{U}$ 的前 r 行。這由以下第二例來說明，其中 $\mathbf{A}$ 的假反置被求出來。

■ ■ ■ ━━━━━━━━━━━━━━━━━━━━━━

範例 2.5

考慮下列矩陣

$$\mathbf{A} = \begin{bmatrix} 1 & 2 & 3 \\ 4 & 5 & 9 \\ 5 & 6 & 7 \\ -2 & 3 & 1 \end{bmatrix}$$

使用 (2.24) 的 MATLAB 寫法計算 $\mathbf{A}$ 的假反置可得

```
>> A = [1 2 3;4 5 9;5 6 7;-2 3 1];
>> rank(A)

ans =
     3
```

注意 A 是全位階 (full rank)，故

```
>> A_cross = inv(A.'*A)*A.'

A_cross =
   -0.0747   -0.1467    0.2500   -0.2057
   -0.0378   -0.2039    0.2500    0.1983
    0.0858    0.2795   -0.2500   -0.0231
```

MATLAB 函數 pinv 直接求出這一結果且有較高精確度。

```
    A*A_cross*A

ans =
    1.0000    2.0000    3.0000
    4.0000    5.0000    9.0000
    5.0000    6.0000    7.0000
   -2.0000    3.0000    1.0000

>> A*A_cross

ans =
    0.1070    0.2841    0.0000    0.1218
    0.2841    0.9096    0.0000   -0.0387
    0.0000    0.0000    1.0000   -0.0000
    0.1218   -0.0387   -0.0000    0.9834

>> A_cross*A

ans =
    1.0000    0.0000    0.0000
    0.0000    1.0000    0.0000
   -0.0000   -0.0000    1.0000
```

　　注意這些計算驗證 A*A_cross*A 等於 A 且 A*A_cross 及 A_cross*A 兩者皆為對稱性。

■ ■ ■

範例 2.6

考慮下列位階不足矩陣

$$G = \begin{bmatrix} 1 & 2 & 3 \\ 4 & 5 & 9 \\ 7 & 11 & 18 \\ -2 & 3 & 1 \\ 7 & 1 & 8 \end{bmatrix}$$

使用 MATLAB 可得

```
>> G = [1 2 3;4 5 9;7 11 18;-2 3 1;7 1 8]

G =
     1     2     3
     4     5     9
     7    11    18
    -2     3     1
     7     1     8

>> rank(G)

ans =
     2
```

注意 G 的位階為 2，即是位階不足，故無法由 (2.24) 式求其假反置。現在求 G 的 SVD 如下：

```
>> [U S V] = svd(G)

U =
   -0.1381    0.0839    0.9724   -0.0044   -0.1681
   -0.4115    0.0215    0.0539   -0.6081    0.6764
   -0.8258    0.2732   -0.2165    0.0607   -0.4392
   -0.0524    0.5650    0.0366    0.6373    0.5201
   -0.3563   -0.7737    0.0572    0.4695    0.2253

S =
   26.8394         0         0
         0    6.1358         0
         0         0    0.0000
         0         0         0
         0         0         0

V =
   -0.3709   -0.7274   -0.5774
   -0.4445    0.6849   -0.5774
   -0.8154   -0.0425    0.5774
```

現在選擇兩個重要的奇異值作隨後計算之用：

```
>> SS = S(1:2,1:2)

SS =
   26.8394         0
        0    6.1358
```

爲了讓矩陣乘法是共容的，我們只取 U 和 V 的前 2 行如下：

```
>> G_cross = V(:,1:2)*inv(SS.'*SS)*SS.'*U(:,1:2).'

G_cross =
   -0.0080    0.0031   -0.0210   -0.0663    0.0966
    0.0117    0.0092    0.0442    0.0639   -0.0805
    0.0036    0.0124    0.0232   -0.0023    0.0162
```

這結果可直接由 pinv 函數直接求得，其是基於 A 的奇異值分解。

```
>> G*G_cross

ans =
    0.0261    0.0586    0.1369    0.0546   -0.0157
    0.0586    0.1698    0.3457    0.0337    0.1300
    0.1369    0.3457    0.7565    0.1977    0.0829
    0.0546    0.0337    0.1977    0.3220   -0.4185
   -0.0157    0.1300    0.0829   -0.4185    0.7256

>> G_cross*G

ans =
    0.6667   -0.3333    0.3333
   -0.3333    0.6667    0.3333
    0.3333    0.3333    0.6667
```

注意 G*G_cross 及 G_cross*G 兩者皆是對稱的。

下節將應用這些方法解高於所求型及低於所求型系統並討論解之意義。

2.12　過定與欠定系統

我們以檢驗過定系統範例開始，也就是聯立方程式系統其方程式比未知變數多之情況。

雖然高於所求型系統可能有唯一解，經常我們所研究的是由實驗數據產生的方程式系統，其導致方程式間有少量的不相容。例如，考慮以下高於所求型線性方程式系統：

$$x_1 + x_2 = 1.98$$
$$2.05x_1 - x_2 = 0.95$$
$$3.06x_1 + x_2 = 3.98 \tag{2.28}$$
$$-1.02x_1 + 2x_2 = 0.92$$
$$4.08x_1 - x_2 = 2.90$$

圖 2.5 顯示 (2.28) 就是高於所求型系統,直線方程式並不相交於一點,雖然有一點幾乎滿足所有的方程式。

我們想要在交會區中選擇一個最佳值,其中一個準則是希望選定的解能讓殘值 (residuals) 的平方和最小。例如,考慮方程式系統 (2.28),令 $r_1, \cdots, r_5$ 是殘值餘數,則

$$x_1 + x_2 - 1.98 = r_1$$
$$2.05x_1 - x_2 - 0.95 = r_2$$
$$3.06x_1 + x_2 - 3.98 = r_3$$
$$-1.02x_1 + 2x_2 - 0.92 = r_4$$
$$4.08x_1 - x_2 - 2.90 = r_5$$

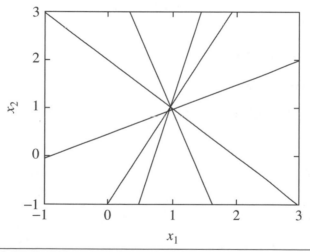

圖 2.5 方程式系統 (2.28) 的不一致性 (inconsistents) 繪圖。

此例中,殘數平方和給定為

$$S = \sum_{i=1}^{5} r_i^2 \tag{2.29}$$

欲將 S 最小化可經由

$$\frac{\partial S}{\partial x_k} = 0, \quad k = 1, 2$$

於是

$$\frac{\partial S}{\partial x_k} = \sum_{i=1}^{5} 2r_i \frac{\partial r_i}{\partial x_k}, \quad k = 1, 2$$

故

$$\sum_{i=1}^{5} r_i \frac{\partial r_i}{\partial x_k} = 0, \quad k = 1, 2 \tag{2.30}$$

可以證明使用 (2.30) 式最小化方程式殘數平方和與使用假反置法解此系統得到相同的解。

當解一組高於所求型方程式時，求系統矩陣的假反置只是過程的一部份，通常並不需要這中間的結果，MATLAB 運算子 \ 自動解高於所求型系統，故此運算子可被用來解任意線性方程式系統。

以下例子比較解 (2.28) 式時，使用運算子 \ 及假反置法所得的結果。MATLAB 程式為

```
% e3s206.m
A = [1 1;2.05 -1;3.06 1;-1.02 2;4.08 -1];
b = [1.98;0.95;3.98;0.92;2.90];
x = pinv(A)*b
norm_pinv = norm(A*x-b)
x = A\b
norm_op = norm(A*x-b)
```

執行這程式得到下列數值輸出：

```
x =
    0.9631
    0.9885

norm_pinv =
    0.1064

x =
    0.9631
    0.9885

norm_op =
    0.1064
```

這裡 MATLAB 運算元 \ 及函數 pinv 兩者皆給出不一致系統的最佳適合解。圖 2.6 比圖 2.5 更仔細的顯示這些方程式交點的情形。符號 "+" 指出 MATLAB 解的位置，可見位於此區內。$\mathbf{Ax} - \mathbf{b}$ 的範數為殘數的方均根，並提供滿足方程式的測量。

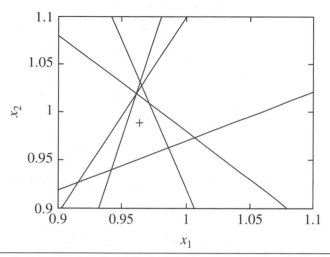

圖 2.6 (2.28) 式不相容方程式系統的繪圖，顯示直線方程式的交點區，其中 "+" 表示 "最佳" 解。

MATLAB 運算元 \ 並不是由 (2.24) 式所示之假反置法解高於所求型之系統，而是由 QR 分解 (2.22)，QR 分解可被用於方陣或列數大於行數之矩形矩陣。例如，應用 MATLAB 函數 qr 解 (2.28) 式之高於所求型系統可得：

```
>> A = [1 1;2.05 -1;3.06 1;-1.02 2;4.08 -1];
>> b = [1.98 0.95 3.98 0.92 2.90].';
>> [Q R] = qr(A)

Q =
   -0.1761    0.4123   -0.7157   -0.2339   -0.4818
   -0.3610   -0.2702    0.0998    0.6751   -0.5753
   -0.5388    0.5083    0.5991   -0.2780   -0.1230
    0.1796    0.6839   -0.0615    0.6363    0.3021
   -0.7184   -0.1756   -0.3394    0.0857    0.5749

R =
   -5.6792    0.7237
        0    2.7343
        0         0
        0         0
        0         0
```

在方程式 **Ax=b**，已將 **A** 由 **QR** 取代以致 **QRx=b**。令 **Rx=y**，因為 **Q** 是正交的，因此 $y = Q^{-1}b = Q^{\top}b$。因為 **R** 是上三角矩陣，一旦 **y** 求出可以由後向代入法有效求出 **X**。所以繼續上面的例子

```
>> y = Q.'*b

y =
   -4.7542
    2.7029
    0.0212
   -0.0942
   -0.0446
```

使用 **R** 的第 2 列和 **y** 的第 2 列可求出 x_2，由 **R** 第 1 列及 **y** 的第 1 列可求出 x_1，因為 x_2 已知，所以

$$-5.6792x_1 + 0.7237x_2 = -4.7542$$

$$2.7343x_2 = 2.7029$$

求出 $x_1 = 0.9631$ 和 $x_2 = 0.9885$，如先述，MATLAB 運算元 \ 完成操作序列。

現在考慮高於所求型系統之係數矩陣是位階不足的情形。以下例子是位階不足且表示平行線系統。

$$x_1 + 2x_2 = 1.00$$
$$x_1 + 2x_2 = 1.03$$
$$x_1 + 2x_2 = 0.97$$
$$x_1 + 2x_2 = 1.01$$

在 MATLAB 內，此式變成

```
>> A = [1 2;1 2;1 2;1 2]

A =
     1     2
     1     2
     1     2
     1     2

>> b = [1 1.03 0.97 1.01].'

b =
    1.0000
    1.0300
    0.9700
    1.0100

>> y = A\b
Warning: Rank deficient, rank = 1,  tol =   3.552714e-015.
```

```
y =
         0
    0.5012

>> norm(y)

ans =
    0.5012
```

使用者被告知此方程式系統是位階不足。我們已用運算元 \ 解此系統,現在使用 pinv 函數求解如下:

```
>> x = pinv(A)*b

x =
    0.2005
    0.4010

>> norm(x)

ans =
    0.4483
```

可見當函數 pinv 及 \ 運算元應用至位階不足系統時,pinv 函數得出的解有最小的歐基里德範數,參閱附錄 A,A1.10 節。很清楚地,此系統沒有唯一解因其代表一組平行線。

現在回到低於所求型系統,這裡求唯一解時有資訊不足之情形。例如,考慮方程式系統

$$x_1 + 2x_2 + 3x_3 + 4x_4 = 1$$
$$-5x_1 + 3x_2 + 2x_3 + 7x_4 = 2$$

將這些方程式在 MATLAB 內寫成

```
>> A = [1 2 3 4;-5 3 2 7];
>> b = [1 2].';
>> x1 = A\b

x1 =
   -0.0370
         0
         0
    0.2593

>> x2 = pinv(A)*b

x2 =
   -0.0780
    0.0787
    0.0729
    0.1755
```

計算其範數為：

```
>> norm(x1)

ans =
    0.2619

>> norm(x2)

ans =
    0.2199
```

第一個解 x1 是滿足系統的一個解，第二個解 x2 也滿足方程式系統但同時給出最小範數之解。

向量之元素平方和後取平方根定義為歐基里德範數或 2− 範數，參閱附錄 A，A1.10 節，空間中任一點與原點的最短距離，可由畢氏定理將該點座標平方和取平方根求出。所以一直線，表面或多維曲面 (hypersurface) 上的任一點向量之歐基里德範數可以幾何上地解釋為該點與原點的距離。具有最小範數之向量一定是直線，表面或多維曲面上最接近原點的點。連接這一點向量至原點的直線一定垂直這一直線，表面或多維曲面，其中已求出表面的最小範數解且繪出至原點之直線。雖然可能不易立即的由立體圖形明顯看出，此一直線事實上是垂直表面的。

求出最小範數解的優點是其提供一致的結果，雖然低於所求型問題有無限多解，但僅有一最小範數解。

為結束高於所求型及低於所求型系統的討論，我們考慮以 lsqnonneg 函數解非負最小平方問題。這是解線性方程式系統之解 **x** 的問題，方程式為

$$\mathbf{Ax} = \mathbf{b} \quad 受限於 \quad \mathbf{x} \geq \mathbf{0}$$

其中 **A** 及 **b** 必須是實數。這問題等效於求向量 **x**。向量 **x** 最小化 norm(**Ax−b**)，受限於 **x≥0**。

使用下列敘述呼叫 MATLAB 函數 lsqnonneg

```
x = lsqnonneg(A,b)
```

其中 A 相當於 **A** 及 b 相當於 **b**。解由 x 給出。考慮下列問題，解

$$\begin{bmatrix} 1 & 1 & 1 & 1 & 0 \\ 1 & 2 & 3 & 0 & 1 \end{bmatrix} \begin{bmatrix} x_1 \\ x_2 \\ x_3 \\ x_4 \\ x_5 \end{bmatrix} = \begin{bmatrix} 7 \\ 12 \end{bmatrix}$$

受制於 $x_i \geq 0, i = 1, 2, \cdots, 5$。在 MATLAB 內這問題變成

```
>> A = [1 1 1 1 0;1 2 3 0 1];
>> b = [7 12].';
```

解此系統得

```
>> x = lsqnonneg(A,b)

x =
     0
     0
     4
     3
     0
```

可以使用 \ 求解但不確保 x 是非負值。

```
>> x2 = A\b

x2 =
          0
          0
     4.0000
     3.0000
          0
```

此例我們確實得到非負值解，但這是幸運的。

以下例子說明 lsqnonneg 函數如何令非負值解最佳的滿足方程式：

$$\begin{bmatrix} 3.0501 & 4.8913 \\ 3.2311 & -3.2379 \\ 1.6068 & 7.4565 \\ 2.4860 & -0.9815 \end{bmatrix} \begin{bmatrix} x_1 \\ x_2 \end{bmatrix} = \begin{bmatrix} 2.5 \\ 2.5 \\ 0.5 \\ 2.5 \end{bmatrix} \tag{2.31}$$

```
>> A = [3.0501 4.8913;3.2311 -3.2379; 1.6068 7.4565;2.4860 -0.9815];
>> b = [2.5 2.5 0.5 2.5].';
```

可使用 \ 或 lsqnonneg 函數計算求解：

```
>> x1 = A\b

x1 =
     0.8307
    -0.0684
```

```
>> x2 = lsqnonneg(A,b)

x2 =
    0.7971
         0

>> norm(A*x1-b)

ans =
    0.7040

>> norm(A*x2-b)

ans =
    0.9428
```

所以最合適的值是由運算子 \ 求得，但如果需要解的所有分量都是非負值，則使用 lsqnonneg 函數。

2.13 迭代法

除了特殊情形以外，不太可能使用者發展出的程式或函數會性能勝過 Matlab 內的函數或運算元。所以不能預期去發展一個求 **Ax=b** 之解的函數比 Matlab 運算 A\b 還有效，然而為了完整起見。這裡說明迭代法。

函數的迭代解發展如下，以線性方程式系統開始

$$
\begin{array}{llll}
a_{11}x_1+ & a_{12}x_2+ & \ldots & +a_{1n}x_n & = b_1 \\
a_{21}x_1+ & a_{22}x_2+ & \ldots & +a_{2n}x_n & = b_2 \\
\vdots & \vdots & & \vdots & \vdots \\
a_{n1}x_1+ & a_{n2}x_2+ & \ldots & +a_{nn}x_n & = b_n
\end{array}
$$

重新排列成

$$
\begin{array}{l}
x_1 = \left(b_1 - a_{12}x_2 - a_{13}x_3 - \ldots - a_{1n}x_n\right)/a_{11} \\
x_2 = \left(b_2 - a_{21}x_1 - a_{23}x_3 - \ldots - a_{2n}x_n/a_{22}\right. \\
\vdots \quad\quad \vdots \quad\quad \vdots \quad\quad \vdots \\
x_n = \left(b_n - a_{n1}x_1 - a_{n2}x_2 - \ldots - a_{n,n-1}x_{n-1}\right)/a_{nn}
\end{array}
\tag{2.32}
$$

如果假設 x_i 初值，其中 $i=1,\cdots,n$，然後代入上式右側則由 (2.32) 式可得出新的 x_i 值，迭代解由這些 x_i 代入方程式右側……等等。這個過程有數種變形，例如，在方程式右側使用舊的 x_i 值求左側全部新的 x_i 值。這稱為 Jacobi 或同時迭代 (Simultaneous iteration)，另外，一旦 x_i 值被求出，立即由新 x_i 再代入右側得到新的 x_i 值。例如，一旦由 (2.32) 式第一方程式求出新的 x_1 值，則與舊的 $x_3,\cdots,x_n$ 值用在第二方程式求出 x_2。這稱為 Gauss–Seidel 或循環迭代。

這種型式的迭代，收斂條件為

$$|a_{ii}| >> \sum_{j=1,\, j\neq i}^{n} |a_{ij}| \qquad i = 1,\, 2, \ldots, n$$

所以迭代法只當矩陣對角線元素較其它元素大時才有效。另一種基於共軛梯度法的迭代解求線性方程式系統的解在第 8 章將會討論到。

2.14　稀疏矩陣

稀疏矩陣出現在很多科學及工程問題。例如在線性規劃及結構分析中，實際上絕大多數出現在物理系統分析的大矩陣都是稀疏矩陣，認知這一事實所以百萬係數矩陣的解是可實現的。本節的目的是簡介 MATLAB 之中可用的廣泛稀疏矩陣設備，同時經由範例說明其價值。對於 MATLAB 如何完成稀疏矩陣的觀念之背景文獻請參閱 Gilbert 等人 (1992) 的文章。這裡介紹的概念其理論證明超出本書範圍。

何時矩陣為稀疏？這個問題很難給出一個簡單的定量答案。一矩陣如果包含大量的零元素稱為稀疏矩陣。然而這是實際上非常重要的，如果稀疏度可讓我們使用這一特性來降低計算時間及儲存設備的需求。處理稀疏矩陣可節省執行時間的一個主要方法是對零元素避免不必要的運算，所以簡單定量的回答何時矩陣是稀疏的是困難的。

MATLAB 不自動將矩陣視為稀疏，MATLAB 稀疏度的特徵要直到被呼叫才會引入。所以用者決定一矩陣是稀疏的或是滿的 (full class)。如果用者視一矩陣為稀疏且想使用這優點則首先須轉成稀疏形式。這由函數 sparse 達成。所以 b=sparse(a) 將矩陣 a 轉成稀疏矩陣，隨後的 MATLAB 運算就會計算這稀疏性。若想要將矩陣還原成滿的，則只需使用 c = full(b)，然而 sparse 函數也可直接產生稀疏矩陣。

值得注意的是，如果兩運算元都是稀疏的，則二元運算 *,+,-,/ 和 \ 也產生稀疏結果，所以稀疏度的特性經歷一串長的矩陣運算後仍繼續存在。另外若矩陣 A 是稀疏的則函數 chol(A) 和 lu(A) 產生稀疏結果。然而在混合情形，一矩陣是稀疏而另一矩陣是滿的則結果也是滿的。所以稀疏性也許就不注意的失去。注意 eye(n) 在 MATLAB 內並非稀疏矩陣但單位稀疏矩陣可用 speye(n) 產生。後者與稀疏矩陣運算合用。

現在介紹處理稀疏矩陣的一些主要 MATLAB 函數，說明其用法並給出適當應用。最簡單的 MATLAB 函數處理稀疏度是函數 nnz(a)，提供矩陣 a 中非零的數目，不管是稀疏矩陣或滿矩陣。檢查一已定義好的矩陣或一運算傳播後的矩陣是否為稀疏矩陣，可用函數 issparse(a)，若矩陣是稀疏矩陣則傳回 1，若不是則傳回

0，函數 spy(a) 檢視一已知矩陣 a 的結構，符號性地示出非零元素，如本章後面例子中的圖 2.7。

在說明這些和其它函數的執行前，先產生一些稀疏矩陣是有用的，由不同形式的 sparse 函數可以輕易產生，這次這一函數須提供矩陣內非零元素，這些元素值，稀疏矩陣大小及非零元素的空間大小，這函數以形式 sparse(i,j,nzvals,m,n,nzmax) 呼叫，產生 m×n 矩陣與非零值向量為 nzvals，其位置在 i,j，列位置為 i 和行位置為 j，非零元素空間為 nzmax。因為全部只有一個參數不是可省略的，所以有很多形式。無法給出所有形式的例子但下列情況說明其用法

```
>> colpos = [1 2 1 2 5 3 4 3 4 5];
>> rowpos = [1 1 2 2 2 4 4 5 5 5];
>> value = [12 -4 7 3 -8 -13 11 2 7 -4];
>> A = sparse(rowpos,colpos,value,5,5)
```

這些敘述得到下列輸出

```
A =
   (1,1)       12
   (2,1)        7
   (1,2)       -4
   (2,2)        3

   (4,3)      -13
   (5,3)        2
   (4,4)       11
   (5,4)        7
   (2,5)       -8
   (5,5)       -4
```

我們可見一 5×5 矩陣有 10 個非零元素，產生須要的元素在指定的位置上。稀疏矩陣轉成滿形矩陣如下：

```
>> B = full(A)

B =
   12   -4    0    0    0
    7    3    0    0   -8
    0    0    0    0    0
    0    0  -13   11    0
    0    0    2    7   -4
```

這是等效的滿矩陣，以下敘述測試矩陣 A 及 B 是否為稀疏矩陣同時給出非零元素的數目。

```
>> [issparse(A) issparse(B) nnz(A) nnz(B)]

ans =
     1     0    10    10
```

這些函數給出預期的結果，因為 A 是一種稀疏矩陣。所以 issparse(a) 是 1，然而，雖然 B 看起來是稀疏矩陣，它不是以稀疏矩陣方式儲存，所以不屬於 MATLAB 內的稀疏矩陣種類。下一例子說明如何產生大的 5000×5000 稀疏矩陣，並比較包括這些矩陣在內的線性聯立方程式系統求解所需的浮點運算次數，與等效滿矩陣所需的浮點運算次數。程式如下：

```
% e3s207.m Generates a sparse triple diagonal matrix
n = 5000;
rowpos = 2:n; colpos = 1:n-1;
values = 2*ones(1,n-1);
Offdiag = sparse(rowpos,colpos,values,n,n);
A = sparse(1:n,1:n,4*ones(1,n),n,n);
A = A+Offdiag+Offdiag.';
%generate full matrix
B = full(A);

%generate arbitrary right hand side for system of equations
rhs = [1:n].';
tic, x = A\rhs; f1 = toc;
tic, x = B\rhs; f2 = toc;
fprintf('Time to solve sparse matrix = %8.5f\n',f1);
fprintf('Time to solve  full  matrix = %8.5f\n',f2);
```

得到下列結果

```
Time to solve sparse matrix =   0.00051
Time to solve  full  matrix =   5.74781
```

此例中使用稀疏矩陣類型大大地降低所需的浮點運算次數。相同問題以 lu 分解 5000×5000 矩陣如下：

```
% e3s208.m
n = 5000;
offdiag = sparse(2:n,1:n-1,2*ones(1,n-1),n,n);
A = sparse(1:n,1:n,4*ones(1,n),n,n);
A = A+offdiag+offdiag';
%generate full matrix
B = full(A);
%generate arbitrary right hand side for system of equations
rhs = [1:n]';
tic, lu1 = lu(A); f1 = toc;
tic, lu2 = lu(B); f2 = toc;
fprintf('Time for sparse LU = %8.4f\n',f1);
fprintf('Time for  full  LU = %8.4f\n',f2);
```

所需的浮點運算次數是

```
Time for sparse LU =    0.0056
Time for  full  LU =    9.6355
```

再一次可觀的減少浮點運算次數。

　　另一產生稀疏矩陣的方式是使用函數 **sprandn** 及 **sprandsym**，這產生亂數稀疏矩陣及亂數稀疏對稱矩陣。呼叫

```
A = sprandn(m,n,d)
```

　　產生 $m \times n$ 亂數矩陣，非零元素是常態分佈，密度為 d，密度是非零元素數目與全部元素數目之比。所以 d 的範圍在 0 到 1 之間，產生一對稱亂數矩陣，非零元素常態分布，密度為 d 則使用

```
A = sprandsys(n,d)
```

　　呼叫這些函數的例子如下：

```
>> A = sprandn(5,5,0.25)

A =
   (2,1)       -0.4326
   (3,3)       -1.6656
   (5,3)       -1.1465
   (4,4)        0.1253
   (5,4)        1.1909
   (4,5)        0.2877

>> B = full(A)

B =
        0         0         0         0         0
  -0.4326         0         0         0         0
        0         0   -1.6656         0         0
        0         0         0    0.1253    0.2877
        0         0   -1.1465    1.1909         0

>> As = sprandsym(5,0.25)

As =
   (3,1)        0.3273
   (1,3)        0.3273
   (5,3)        0.1746
   (5,4)       -0.0376
   (3,5)        0.1746
   (4,5)       -0.0376
   (5,5)        1.1892

>> Bs = full(As)
```

```
Bs =
             0          0     0.3273          0          0
             0          0          0          0          0
        0.3273          0          0          0     0.1746
             0          0          0          0    -0.0376
             0          0     0.1746    -0.0376     1.1892
```

sprandsym 另一種呼叫如下：

```
A = sprandsym(n,density,r)
```

若 r 是純量，則產生一條件數為 $1/r$ 的亂數稀疏對稱矩陣。若 r 是長度 n 的向量則產生一特徵值是 r 的元素的亂數稀疏矩陣。特徵值在 2.15 節討論。正定矩陣的所有特徵值皆為正，所以選 r 的每 n 元素皆為正即產生這樣的矩陣。這種呼叫型式如下：

```
>> Apd = sprandsym(6,0.4,[1 2.5 6 9 2 4.3])

Apd =
    (1,1)        1.0058
    (2,1)       -0.0294
    (4,1)       -0.0879
    (1,2)       -0.0294
    (2,2)        8.3477
    (4,2)       -1.9540
    (3,3)        5.4937
    (5,3)       -1.3300
    (1,4)       -0.0879
    (2,4)       -1.9540
    (4,4)        3.1465
    (3,5)       -1.3300
    (5,5)        2.5063
    (6,6)        4.3000

>> Bpd = full(Apd)

Bpd =
    1.0058    -0.0294         0    -0.0879         0         0
   -0.0294     8.3477         0    -1.9540         0         0
         0          0    5.4937         0    -1.3300         0
   -0.0879    -1.9540         0     3.1465         0         0
         0          0   -1.3300         0     2.5063         0
         0          0         0         0         0    4.3000
```

這是產生具有特定所需性質之測試矩陣的重要方法，由提供一範圍的特徵值列，可產生非常劣條件的正定矩陣。

　　現在回過頭來檢定使用稀疏性的價值，如同本節一開始的例子，使用 \ 運算元在計算效率上非常大的改進理由是複雜的，這過程包括矩陣的行的特殊預排，這個使用在 \ 運算元特殊預排稱為最低階數排序 (minimum degree ordering)，預排視矩陣為對稱或非對稱而有不同型式。預排的目的是降低隨後矩陣運算的填入量 (amount of fill-in)，填入是指額外的非零元素之引入。

　　可以使用 **spy** 函數檢查預排程序，函數 **symand** 在 MATLAB 裡完成對稱最低階數排序 (*symmetric minimum degree ordering*)，標準的 MATLAB 函數和運算元當運算到這類稀疏矩陣時會自動包含這函數。然而在非標準應用的預排則需使用 **symmmd** 函數。以下的例子說明這函數的使用。

　　首先研究簡單的乘法過程至滿矩陣與稀疏矩陣。稀疏乘法使用最低階數排序，以下例子產生稀疏矩陣，得到其最低階數排序，然後檢查與其本身的反置相乘的結果。與相同運算的滿型矩陣比較，同時比較其浮點運算數。

```
% e3s209.m
% generate a sparse matrix
n = 3000;
offdiag = sparse(2:n,1:n-1,2*ones(1,n-1),n,n);
offdiag2 = sparse(4:n,1:n-3,3*ones(1,n-3),n,n);
offdiag3 = sparse(n-5:n,1:6,7*ones(1,6),n,n);
A = sparse(1:n,1:n,4*ones(1,n),n,n);
A = A+offdiag+offdiag'+offdiag2+offdiag2'+offdiag3+offdiag3';
A = A*A.';
% generate full matrix
B = full(A);
m_order = symamd(A);
tic
spmult = A(m_order,m_order)*A(m_order,m_order).';
flsp = toc;
tic, fulmult = B*B.'; flful = toc;
fprintf('Time for sparse mult = %6.4f\n',flsp)
fprintf('Time for  full  mult = %6.4f\n',flful)
```

執行這一程式得到以下輸出：

```
Time for sparse mult = 0.0184
Time for  full  mult = 3.8359
```

　　現在做一類似上例的程式試驗但是比乘法更複雜的程序，下列程式檢查 LU 分解。由比較有預排和無預排的 **lu** 函數性能來研究在 LU 分解上最低階數排序的結果。程式如下：

```
% e3s210.m
% generate a sparse matrix
n = 100;
offdiag = sparse(2:n,1:n-1,2*ones(1,n-1),n,n);
offdiag2 = sparse(4:n,1:n-3,3*ones(1,n-3),n,n);
offdiag3 = sparse(n-5:n,1:6,7*ones(1,6),n,n);
A = sparse(1:n,1:n,4*ones(1,n),n,n);
A = A+offdiag+offdiag'+offdiag2+offdiag2'+offdiag3+offdiag3';
A = A*A.';
A1 = flipud(A);
A = A+A1;
n1 = nnz(A)
B = full(A); %generate full matrix
m_order = symamd(A);
tic, lud = lu(A(m_order,m_order)); flsp = toc;
n2 = nnz(lud)
tic, fullu = lu(B); flful = toc;
n3 = nnz(fullu)
subplot(2,2,1), spy(A,'k');
title('Original matrix')
subplot(2,2,2), spy(A(m_order,m_order),'k')
title('Ordered matrix')
subplot(2,2,3), spy(fullu,'k')
title('LU decomposition,unordered matrix')
subplot(2,2,4), spy(lud,'k')
title('LU decomposition, ordered matrix')
fprintf('Time for sparse lu = %6.4f\n',flsp)
fprintf('Time for  full  lu = %6.4f\n',flful)
```

執行這程式得到

```
n1 =
     2096

n2 =
     1307

n3 =
     4465


Time for sparse lu = 0.0013
Time for  full  lu = 0.0047
```

如同預估的達到浮點運算次數大量降低。圖 2.7 顯示原來的矩陣,重排矩陣 (具有相同數目的非零元素),有最低階數排序和無最低階數排序的 LU 分解結構。注意有排序的 LU 矩陣,非零元素是 1307,無排序的是 4465。所以在沒有預排的 LU 矩陣有大量的非零元素。。相反的,預排矩陣的 LU 分解產生較原矩陣 LU 分解少的非零元素。填入量的降低是稀疏型數值程序的重要特徵,且最終大量的節省計算。注意若矩陣的大小從 100×100 增加到 3000×3000,則從程式稿的輸出是

```
n1 =
      65896

n2 =
      34657

n3 =
      526810


Time for sparse lu = 0.0708
Time for  full  lu = 2.3564
```

這裡使用稀疏運算來得到更大幅的縮減。

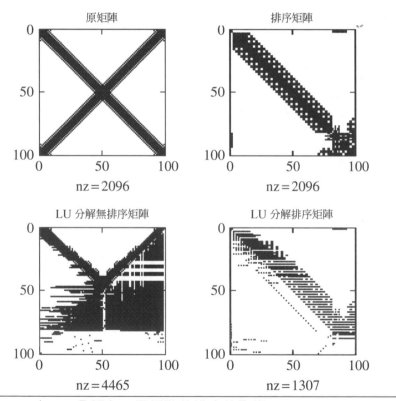

圖 2.7　在 LU 分解上，最低階數排序的影響。

MATLAB 函數 symand 提供對稱矩陣的最低階數排序。對於非對稱矩陣 MATLAB 提供函數 colmmd，得到非對稱矩陣的行最低階排序。另一個用以降低帶寬 (bandwidth) 的排序是逆 Cuthill MacGee 排序。這一排序在 MATLAB 中以函數 symrcm 完成。敘述 p=symrcm(A) 的執行得到排列向量 p 去產生需要的預排，A(p,p) 是重排後的矩陣。

一般採用稀疏性計算可以節省浮點運算次數，然而當運算的矩陣開始變得較不稀疏時，浮點運算的節省就逐漸式微了，如下列程式說明。

```
% e3s211.m
n = 1000;  b = 1:n;
disp('   density   time_sparse   time_full');
for density = 0.004:0.003:0.039
    A = sprandsym(n,density)+0.1*speye(n);
    density = density+1/n;
    tic, x = A\b'; f1 = toc;
    B = full(A);
    tic, y = B\b'; f2 = toc;
    fprintf('%10.4f %12.4f %12.4f\n',density,f1,f2);
end
```

上面程式將一非零的對角線元素加至任意產生的稀疏矩陣。這樣做是為了讓矩陣每一列都含有非零元素，否則矩陣變成奇異性。加入這一對角線元素後改變了矩陣的密度。如果原 $n \times n$ 矩陣密度為 d，則假設原來對角線是零產生的修改密度為 $d+1/n$。

density	time_sparse	time_full
0.0050	0.0204	0.1907
0.0080	0.0329	0.1318
0.0110	0.0508	0.1332
0.0140	0.0744	0.1399
0.0170	0.0892	0.1351
0.0200	0.1064	0.1372
0.0230	0.1179	0.1348
0.0260	0.1317	0.1381
0.0290	0.1444	0.1372
0.0320	0.1516	0.1369
0.0350	0.1789	0.1404
0.0380	0.1627	0.1450

這輸出說明使用稀疏矩陣的優點隨著密度增加而降低。

稀疏矩陣另一重要應用是解最小平方 (least squares) 問題。這問題已知是病態，所以節省計算力是特別有益的。這由 A\b 直接完成，A 是稀疏，非方陣。說明運算元 \ 和稀疏矩陣運算並比較沒有用到稀疏性的運算性能，使用下列程式：

```
% e3s212.m
% generate a sparse triple diagonal matrix
n = 1000;
rowpos = 2:n;   colpos = 1:n-1;
values = ones(1,n-1);
offdiag = sparse(rowpos,colpos,values,n,n);
A = sparse(1:n,1:n,4*ones(1,n),n,n);
A = A+offdiag+offdiag';
%Now generate a sparse least squares system
Als = A(:,1:n/2);
%generate full matrix
Cfl = full(Als);
rhs = 1:n;
tic, x = Als\rhs'; f1 = toc;
tic, x = Cfl\rhs'; f2 = toc;
fprintf('Time for sparse least squares solve = %8.4f\n',f1)
fprintf('Time for  full  least squares solve = %8.4f\n',f2)
```

得到下列結果

```
Time for sparse least squares solve =    0.0023
Time for  full  least squares solve =    0.2734
```

再一次看到使用稀疏性的優點。

　　我們並沒有含蓋全部的稀疏性外貌，也沒有說明全部相關函數，然而我們希望本節提供這一困難但重要和有價值的 MATLAB 發展做有幫助的簡介。

2.15　特徵值問題

　　特徵值問題出現在很多科學及工程學科。例如，結構的振動特性由代數特徵值問題求解。這裡研究圖 2.8 所示的質量和彈簧系統的特例。這系統的移動方程式為

$$\begin{aligned}
m_1\ddot{q}_1 + (k_1+k_2+k_4)\,q_1 - k_2 q_2 - k_4 q_3 &= 0 \\
m_2\ddot{q}_2 - k_2 q_1 + (k_2+k_3)\,q_2 - k_3 q_3 &= 0 \\
m_3\ddot{q}_3 - k_4 q_1 - k_3 q_2 + (k_3+k_4)\,q_3 &= 0
\end{aligned} \tag{2.33}$$

m_1，m_2，m_3 是系統質量，$k_1,\cdots,k_4$ 是彈簧黏滯性 (stiffnesses)。

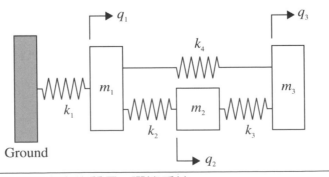

圖 2.8　三個自由度的質量 - 彈簧系統。

假設每一座標有一時諧解 (harmonic solution)，則 $q_i(t)=u_i\exp(j\omega t)$，其中 $j=\sqrt{-1}$ 對於 $i=1,2$ 和 3。所以 $d^2q_i/d^2t=-\omega^2u_i\exp(j\omega t)$，代入 (2.33) 且消去共同項 $\exp(j\omega t)$ 得到

$$
\begin{aligned}
-\omega^2 m_1 u_1 + (k_1+k_2+k_4)\,u_1 - k_2 u_2 - k_4 u_3 &= 0 \\
-\omega^2 m_2 u_2 - k_2 u_1 + (k_2+k_3)\,u_2 - k_3 u_3 &= 0 \\
-\omega^2 m_3 u_3 - k_4 u_1 - k_3 u_2 + (k_3+k_4)\,u_3 &= 0
\end{aligned}
\tag{2.34}
$$

若 $m_1=10\text{kg}$，$m_2=20\text{kg}$，$m_3=30\text{kg}$，$k_1=10\text{kN}/\text{m}$，$k_2=20\text{kN}/\text{m}$，$k_3=25\text{kN}/\text{m}$ 和 $k_4=15\text{kN}/\text{m}$，則 (2.34) 變成

$$
\begin{aligned}
-\omega^2 10 u_1 + 45000 u_1 - 20000 u_2 - 15000 u_3 &= 0 \\
-\omega^2 20 u_1 - 20000 u_1 + 45000 u_2 - 25000 u_3 &= 0 \\
-\omega^2 30 u_1 - 15000 u_1 - 25000 u_2 + 40000 u_3 &= 0
\end{aligned}
$$

表示成矩陣形式為

$$
-\omega^2 \mathbf{M}u + \mathbf{K}u = 0
\tag{2.35}
$$

這裡

$$
\mathbf{M}=\begin{bmatrix} 10 & 0 & 0 \\ 0 & 20 & 0 \\ 0 & 0 & 30 \end{bmatrix}\text{kg} \quad 及 \quad \mathbf{K}=\begin{bmatrix} 45 & -20 & -15 \\ -20 & 45 & -25 \\ -15 & -25 & 40 \end{bmatrix}\text{kN/m}
$$

方程式 (2.35) 可以用不同方法重排，例如可改寫成

$$
\mathbf{M}u = \lambda \mathbf{K}u \quad 其中 \quad \lambda = \frac{1}{\omega^2}
\tag{2.36}
$$

這是求解 $\mathbf{u}$ 和 λ 值的代數特徵值問題。MATLAB 可用提供函數 eig 解特徵值問題，應用它來解 (2.35) 以說明其用途。

```
>> M = [10 0 0;0 20 0;0 0 30];
>> K = 1000*[45 -20 -15;-20 45 -25;-15 -25 40];
>> lambda = eig(M,K).'

lambda =
    0.0002    0.0004    0.0073

>> omega = sqrt(1./lambda)

omega =
   72.2165   52.2551   11.7268
```

這一結果告訴我們圖 2.8 之振動自然頻率是 11.72、52.25 及 72.21 弳度／秒。此例我們選擇不求 u。在 2.17 中將更深入討論函數 eig。

提出一特徵值問題的例子後，我們思考這一問題的標準形式：

$$
\mathbf{A}x = \lambda x
\tag{2.37}
$$

這方程式是代數特徵值問題，$\mathbf{A}$ 是一已知的 $n \times n$ 係數矩陣，向量 $\mathbf{x}$ 是 n 元素的未知向量，λ 是未知純量。方程式 (2.37) 可寫成

$$(\mathbf{A} - \lambda \mathbf{I})\mathbf{x} = \mathbf{0} \tag{2.38}$$

我們的目的是求 $\mathbf{x}$ 值，稱為特性向量或特徵向量，相對應的 λ 稱為特性值或特徵值。滿足 (2.38) 的值是下列方程式的根

$$|\mathbf{A} - \lambda \mathbf{I}| = 0 \tag{2.39}$$

這些 λ 值使 $(\mathbf{A}-\lambda\mathbf{I})$ 是奇異的 (singular)。 因為 (2.38) 是齊性方程式 (homogeneous equation)，這些 λ 值之非微解 (nontrival solution) 存在。行列式 (2.39) 式的演算導至一 n 階的多項式 λ，稱為特性多項式。這一特性多項式提供 n 個 λ 值，有 n 個根，其中一些可能有重根。在 MATLAB 內可以使用函數 poly 產生特性多項式的係數，隨後的多項式可以使用函數 roots 求所有根，例如，

$$\mathbf{A} = \begin{bmatrix} 1 & 2 & 3 \\ 4 & 5 & -6 \\ 7 & -8 & 9 \end{bmatrix}$$

可得

```
>> A = [1 2 3;4 5 -6;7 -8 9];
>> p = poly(A)

p =
    1.0000   -15.0000   -18.0000   360.0000
```

所以特性多項式為 $\lambda^3 - 15\lambda^2 - 18\lambda + 360 = 0$，使用下列敘述求根

```
>> roots(p).'

ans =
    14.5343   -4.7494    5.2152
```

使用函數 eig 驗證這一結果為：

```
>> eig(A).'

ans =
    -4.7494    5.2152   14.5343
```

得到這些值後代回 (2.38) 式得到特徵向量的線性方程式：

$$(\mathbf{A} - \lambda_i \mathbf{I})\mathbf{x} = \mathbf{0} \quad i = 1, 2, \ldots, n \tag{2.40}$$

這一齊性方程式提供 $\mathbf{x}$ 的 n 個非微解，然而 (2.39) 式和 (2.40) 式並不是解特徵值問題的實際方法。

現在考慮系統矩陣是實數的特徵解的性質。至於複數具有對稱實部與斜對稱 (skew-symmetric) 虛部的性質。

若 $\mathbf{A}$ 是實數對稱矩陣則 $\mathbf{A}$ 的特徵值是實數，但不必要是正數，相對地特徵向量也是實數。另外，若 $\lambda_i, \mathbf{x}_i$ 及 $\lambda_j, \mathbf{x}_j$ 滿足特徵值問題 (2.37) 且 λ_i, λ_j 是互異之特徵值，則

$$\mathbf{x}_i^\top \mathbf{x}_j = 0 \quad i \neq j \tag{2.41}$$

及

$$\mathbf{x}_i^\top \mathbf{A} \mathbf{x}_j = 0 \quad i \neq j \tag{2.42}$$

方程式 (2.41) 和 (2.42) 式稱為正交關係式。注意，若 $i=j$ 則一般 $\mathbf{x}_i^\top \mathbf{x}_i$ 及 $\mathbf{x}_i^\top \mathbf{A}_i$ 並不為零。向量 $\mathbf{x}_i$ 包括一任意的純量乘數，因為向量乘上 (2.37) 式兩邊。於是乘積 $\mathbf{x}_i^\top \mathbf{x}_i$ 是任意的。然而，若調整任意的純量乘數以致於

$$\mathbf{x}_i^\top \mathbf{x}_i = 1 \tag{2.43}$$

則

$$\mathbf{x}_i^\top \mathbf{A} \mathbf{x}_i = \lambda_i \tag{2.44}$$

特徵向量稱為規一化 (normalized)。有時特徵值並不是互異且伴隨這些相等或重複特徵值的特徵向量並不必要正交。若是 $\lambda_i = \lambda_j$ 與其它特徵值 λ_k 互異，則

$$\left. \begin{array}{l} \mathbf{x}_i^\top \mathbf{x}_k = 0 \\ \mathbf{x}_j^\top \mathbf{x}_k = 0 \end{array} \right\} \quad k = 1, 2, \ldots, n, \quad k \neq i, \quad k \neq j \tag{2.45}$$

為相一致起見，我們可選擇令 $\mathbf{x}_i^\top \mathbf{x}_j = 0$。當 $\lambda_i = \lambda_j$，特徵向量 $\mathbf{x}_i$ 和 $\mathbf{x}_j$ 並不是唯一的，其線性組合 (即 $\alpha \mathbf{x}_i + \gamma \mathbf{x}_j$，其中 α 及 γ 是任意常數) 也是滿足特徵值問題。

現在考慮 $\mathbf{A}$ 是實數但不對稱，一對相關的特徵值問題出現如下：

$$\mathbf{A} \mathbf{x} = \lambda \mathbf{x} \tag{2.46}$$

$$\mathbf{A}^\top \mathbf{y} = \beta \mathbf{y} \tag{2.47}$$

(2.47) 式可轉置成

$$\mathbf{y}^\top \mathbf{A} = \beta \mathbf{y}^\top \tag{2.48}$$

向 量 $\mathbf{x}$ 和 $\mathbf{y}$ 分 別 稱 為 的 右 手 及 左 手 向 量。 這 方 程 式 $|\mathbf{A} - \lambda \mathbf{I}| = 0$ 及 $|\mathbf{A}^\top - \beta \mathbf{I}| = 0$ 須有相同的 λ 和 β 解，因為矩陣的行列式與其轉置矩陣的行列式相等。所以 $\mathbf{A}$ 及 $\mathbf{A}^\top$ 的特徵值是一樣的但向量和一般彼此不同。非對稱實數矩陣的特徵值和特徵向量若不是實數就是共軛複數對。若 $\lambda_i, \mathbf{x}_i, \mathbf{y}_i$ 及 $\lambda_j, \mathbf{x}_j, \mathbf{y}_j$ 是滿足 (2.46) 及 (2.47) 式的解且 λ_i 和 λ_j 互異，則

$$\mathbf{x}_i^\top \mathbf{x}_j = 0 \quad i \neq j \tag{2.49}$$

和

$$\mathbf{x}_i^\top \mathbf{A} \mathbf{x}_j = 0 \quad i \neq j \tag{2.50}$$

方程式 (2.49) 式及 (2.50) 式稱爲雙正交 (bi–orthogonal) 關係。如同 (2.43) 及 (2.44) 式，若在這方程式中 $i=j$，則一般 $\mathbf{y}_i^\top \mathbf{y}_i$ 和 $\mathbf{y}_i^\top \mathbf{A} \mathbf{x}_i$ 並不爲零。特徵向量 $\mathbf{x}_i$ 和 $\mathbf{y}_i$ 包括任意的尺度調整因子 (scaling factors)，所以這些向量的乘積也是任意的。然而，若調整向量使得

$$\mathbf{y}_i^\top \mathbf{x}_i = 1 \tag{2.51}$$

則

$$\mathbf{y}_i^\top \mathbf{A} \mathbf{x}_i = \lambda_i \tag{2.52}$$

這些情況仍然不能說 $\mathbf{x}_i$ 或 $\mathbf{y}_i$ 是規一化。向量仍包含任意的尺度調整因子，只有其乘積是唯一選定的。

2.16　迭代法解特徵值問題

本節闡述兩個簡單迭代法，第一個方法求主要的或最大的特徵值。此法稱爲乘方法 (power method) 或矩陣迭代，其可用在對稱及非對稱矩陣。然而，對於非對稱矩陣，讀者必須警覺到一種可能性，那就是沒有單一的實數主要特徵值，而是一共軛複數對，這種情形，簡單地迭代法將不收斂。

考慮 (2.37) 式所定義的特徵值問題，並令向量 $\mathbf{u}_0$ 是一初始嘗試解。假設系統的所有特徵向量都是線性獨立的，向量 $\mathbf{u}_0$ 是所有特徵向量的線性組合如下：

$$\mathbf{u}_0 = \sum_{i=1}^{n} \alpha_i \mathbf{x}_i \tag{2.53}$$

其中 α_i 是未知係數且 $\mathbf{x}_i$ 是未知的特徵向量。令迭代法是

$$\mathbf{u}_1 = \mathbf{A}\mathbf{u}_0, \ \mathbf{u}_2 = \mathbf{A}\mathbf{u}_1, \ldots, \mathbf{u}_p = \mathbf{A}\mathbf{u}_{p-1} \tag{2.54}$$

(2.53) 式代入 (2.54) 式可得

$$\mathbf{u}_1 = \sum_{i=1}^{n} \alpha_i \mathbf{A}\mathbf{x}_i = \sum_{i=1}^{n} \alpha_i \lambda_i \mathbf{x}_i \quad \text{因} \quad \mathbf{A}\mathbf{x}_i = \lambda_i \mathbf{x}_i$$

$$\mathbf{u}_2 = \sum_{i=1}^{n} \alpha_i \lambda_i \mathbf{A}\mathbf{x}_i = \sum_{i=1}^{n} \alpha_i \lambda_i^2 \mathbf{x}_i$$

$$\cdots\cdots\cdots\cdots\cdots\cdots\cdots\cdots\cdots\cdots \tag{2.55}$$

$$\mathbf{u}_p = \sum_{i=1}^{n} \alpha_i \lambda_i^{p-1} \mathbf{A}\mathbf{x}_i = \sum_{i=1}^{n} \alpha_i \lambda_i^p \mathbf{x}_i$$

最後的方程式可排列成

$$\mathbf{u}_p = \lambda_1^p \left[\alpha_1 \mathbf{x}_1 + \sum_{i=2}^{n} \alpha_i \left(\frac{\lambda_i}{\lambda_1} \right)^p \mathbf{x}_i \right] \tag{2.56}$$

一般已接受的習慣是將矩陣的 n 個特徵值排序成

$$|\lambda_1| > |\lambda_2| > \cdots > |\lambda_n|$$

所以

$$\left[\frac{\lambda_i}{\lambda_1} \right]^p$$

趨近於零,當 p 趨近於無窮大時,其中 $i=2,3,\cdots,n$,當 p 較大時,由 (2.56) 式可得

$$\mathbf{u}_p \Rightarrow \lambda_1^p \alpha_1 \mathbf{x}_1$$

於是 $\mathbf{u}_p$ 變成正比於 $\mathbf{x}_1$ 且相對的 $\mathbf{u}_p$ 及 $\mathbf{u}_{p-1}$ 之比值趨近 λ_1。

因為數值溢流 (numeric overflow) 造成的問題,演算法並不是完全由上述理論程序完成的。通常每次迭代後,產生的嘗試向量除以其最大元素而將之規一化,於是將向量內的最大元素化減為一。數學表示為

$$\left. \begin{aligned} \mathbf{v}_p &= \mathbf{A}\mathbf{u}_p \\ \mathbf{u}_{p+1} &= \left(\frac{1}{\max(\mathbf{v}_p)} \right) \mathbf{v}_p \end{aligned} \right\} \quad p = 0, 1, 2, \ldots \tag{2.57}$$

其中 $\max(\mathbf{v}_p)$ 是 $\mathbf{v}_p$ 最大係數元素。(2.57) 式迭代至收斂完成為止。這種演算法的修正並不會影響迭代的收斂速率。除了避免大數目的累積之外,上述的修改有一些額外的優點,那就是更容易決定在迭代的那一步驟可以終止迭代程序。將係數矩陣 $\mathbf{A}$ 後乘其特徵向量得到特徵向量乘其相對應的特徵值。所以,當因為 $\mathbf{u}_{p+1}$ 非常靠近 $\mathbf{u}_p$ 時,終止迭代程序確保收斂,則 $\max(\mathbf{v}_p)$ 將是特徵值的預估值。

迭代的收斂速率主要取決於特徵值的分布,比值 $|\lambda_i/\lambda_1|$ 愈小,$i=2,3,\cdots,n$,則收斂愈快。

以下的 MATLAB 函數 eigit 完成迭代法求主要特徵值及相關的特徵向量。

```
function [lam u iter] = eigit(A,tol)
% Solves EVP to determine dominant eigenvalue and associated vector
% Sample call: [lam u iter] = eigit(A,tol)
% A is a square matrix, tol is the accuracy
% lam is the dominant eigenvalue, u is the associated vector
% iter is the number of iterations required
[n n] = size(A);
err = 100*tol;
u0 = ones(n,1);   iter = 0;
while err>tol
    v = A*u0;
    u1 = (1/max(v))*v;
    err = max(abs(u1-u0));
    u0 = u1;   iter = iter+1;
end
u = u0;   lam = max(v);
```

現在應用此法求下列特徵值問題的主要特徵值及其特徵向量。

$$\begin{bmatrix} 1 & 2 & 3 \\ 2 & 5 & -6 \\ 3 & -6 & 9 \end{bmatrix} \begin{bmatrix} x_1 \\ x_2 \\ x_3 \end{bmatrix} = \lambda \begin{bmatrix} x_1 \\ x_2 \\ x_3 \end{bmatrix} \qquad (2.58)$$

```
>> A = [1 2 3;2 5 -6;3 -6 9];
>> [lam u iterations] = eigit(A,1e-8)

lam =
   13.4627

u =
    0.1319
   -0.6778
    1.0000

iterations =
    18
```

主要特徵值精確到小數後八位是 13.46269899。

迭代法也可以用來求系統的最小特徵值，特徵值問題 $\mathbf{Ax} = \lambda\mathbf{x}$ 重新排列成

$$\mathbf{A}^{-1}\mathbf{x} = (1/\lambda)\,\mathbf{x}$$

如此則迭代收斂至 $1/\lambda$ 的最大值，也就是 λ 的最小值。然而可當成一般準則的就是要避免使用矩陣反置，尤其在大型系統時。

上面討論已看到 $\mathbf{Ax} = \lambda\mathbf{x}$ 直接迭代導致最大的或主要的特徵值。第二種迭代

程序，稱爲逆迭代，是求次要特徵解 (subdominant eigensolutions) 的有效方法。再次考慮 (2.37) 式的特徵值問題，將方程式兩邊減去 $\mu\mathbf{x}$ 可得

$$(\mathbf{A} - \mu\mathbf{I})\mathbf{x} = (\lambda - \mu)\mathbf{x} \tag{2.59}$$

$$(\mathbf{A} - \mu\mathbf{I})^{-1}\mathbf{x} = \left(\frac{1}{\lambda - \mu}\right)\mathbf{x} \tag{2.60}$$

考慮這一迭代方法以嘗試向量 $\mathbf{u}_0$ 開始，然後使用等效於 (2.57) 式的方式可得

$$\left.\begin{array}{l} \mathbf{v}_s = (\mathbf{A} - \mu\mathbf{I})^{-1}\mathbf{u}_s \\[2mm] \mathbf{u}_{s+1} = \left(\dfrac{1}{\max(\mathbf{v}_s)}\right)\mathbf{v}_s \end{array}\right\} \quad s = 0, 1, 2, \ldots \tag{2.61}$$

迭代將導至 $1/(\lambda - \mu)$ 之最大值，即 $(\lambda - \mu)$ 之最小值。$(\lambda - \mu)$ 之最小值意指 λ 是最靠近 μ 和 $\mathbf{u}$ 之特徵值，且將收斂至此一特徵值之特徵向量 $\mathbf{x}$。故經由合適的選擇 μ 值，可得求次要特徵解的程序。

當 $\mathbf{u}_{s+1}$ 非常靠近 $\mathbf{u}_s$ 時，迭代終止。收斂完成時

$$\frac{1}{\lambda - \mu} = \max(\mathbf{v}_s)$$

所以最靠近 λ 之 μ 值是

$$\lambda = \mu + \frac{1}{\max(\mathbf{v}_s)} \tag{2.62}$$

假如 μ 值的選擇靠近特徵值，則收斂速率甚快。若 μ 值等於特徵值，則 $(\mathbf{A} - \mu\mathbf{I})$ 是奇異的。實際上這是不可能發生的，因爲 μ 值的選定不可能恰巧正確的全等於特徵值。然而若 $(\mathbf{A} - \mu\mathbf{I})$ 眞的是奇異的，則我們確定特徵值具有非常高的精確度。相對的特徵向量可由少量改變 μ 值並迭代求出特徵向量。

雖然逆迭代法可以用來求一事先未知系統之特徵解，若用它來將別的方法所得之近似特徵解作更進一步精緻化更好。

實際上 $(\mathbf{A} - \mu\mathbf{I})^{-1}$ 並不是明顯的形成，$(\mathbf{A} - \mu\mathbf{I})$ 通常是分解成上三角矩陣與下三角矩陣的乘積。明顯的矩陣反置被避免，而改以兩個有效的代換程序完成。以下顯示以簡單的 MATLAB 程式完成此一程序，運算子 \ 被用來避免矩陣反置。

```
function [lam u iter] = eiginv(A,mu,tol)
% Determines eigenvalue of A closest to mu with a tolerance tol.
% Sample call: [lam u] = eiginv(A,mu,tol)
% lam is the eigenvalue and u the corresponding eigenvector.
[n,n] = size(A);
err = 100*tol;
B = A-mu*eye(n,n);
u0 = ones(n,1);
iter = 0;
while err>tol
    v = B\u0; f = 1/max(v);
    u1 = f*v;
    err = max(abs(u1-u0));
    u0 = u1; iter = iter+1;
end
u = u0; lam = mu+f;
```

現在應用此程式來求 (2.58) 式之最接近 4 的特徵值及相對的特徵向量。

```
>> A = [1 2 3;2 5 -6;3 -6 9];
>> [lam u iterations] = eiginv(A,4,1e-8)

lam =
    4.1283

u =
    1.0000
    0.8737
    0.4603

iterations =
     6
```

特徵值最靠近 4 的是 4.12827017，精度至小數後 8 位。當解大型特徵值問題時，函數 eigit 及 eiginv 必須謹慎使用，因為並不永遠保證收斂且較壞情況時收斂速度較慢。

下節更仔細討論 MATLAB 函數 eig。

2.17　MATLAB 函數 eig

解特徵值問題有許多演算法。這方法受很多因素影響，諸如特徵值問題的形式和大小，是否對稱，是實數或複數，是否只需要特徵值，是否只需全部或部份的特徵值與特徵向量。

現在說明 MATLAB 函數 eig 使用的演算法。MATLAB 函數以許多型式使用，同時在這程序使用不同的演算法如下：

1. lambda=eig(a)

2. `[u,lambda]=eig(a)`

3. `lambda=eig(a,b)`

4. `[u,lambda]=eig(a,b)`

(1)、(3) 中的 `lambda` 是特徵值向量，(2)、(4) 中對角線矩陣其特徵值在對角線上，`u` 是一矩陣，其行 (column) 為特徵向量。

實 數 矩 陣 MATLAB 函 數 `eig(a)` 如 下 處 理，若 **A** 是 一 般 矩 陣，首 先由 Householder 轉 換 (Householder's transformation) 化 成 海 森 伯 格 矩 陣 (Hessenberg matrix)。海森伯格矩陣在對角線下除第 1 子對角線 (sub−diagonal) 外其餘元素為 0。若 **A** 是對稱矩陣，這一轉換產生一三對角線矩陣 (tridiagonal matrix)。由 QR 程序的迭代應用求出實數上半海森伯格矩陣 (real upper Hessenberg matrix) 的特徵值與特徵向量。QR 程序包括分解海森伯格矩陣成上三角矩陣與單式矩陣 (unitary matrix)，方法如下：

1. $k=0$

2. 分解 $\mathbf{H}_k$ 成 $\mathbf{Q}_k$ 和 $\mathbf{R}_k$ 使得 $\mathbf{H}_k=\mathbf{Q}_k\mathbf{R}_k$，這裡 $\mathbf{H}_k$ 是一海森伯格或三對角線 (tridiagonal) 矩陣。

3. 計算 $\mathbf{H}_{k+1}=\mathbf{Q}_k\mathbf{R}_k$，特徵值的估側等於 $\mathrm{diag}(\mathbf{H}_{k+1})$

4. 檢查特徵值的精確度。若這程序尚未收斂，$k=k+1$ 然後重覆 (2)。

$\mathbf{H}_k$ 的主對角線上的值轉向特徵值，以下的程式使用 MATLAB 函數 `hess` 轉換原矩陣為海森伯格型，隨後由 `qr` 函數迭代應用求對稱矩陣的特徵值，此程式迭代 10 次而非使用正式的收斂測試因為程式的目的是說明 QR 程式的迭代應用功能。

```
% e3s213.m
A = [5 4 1 1;4 5 1 1; 1 1 4 2;1 1 2 4];
H1 = hess(A);
for i = 1:10
    [Q R] = qr(H1);
    H2 = R*Q;  H1 = H2;
    p = diag(H1)';
    fprintf('%2.0f %8.4f %8.4f',i,p(1),p(2))
    fprintf('%8.4f %8.4f\n',p(3),p(4))
end
```

執行這一程式得到

```
1    1.0000     8.3636     6.2420     2.3944
2    1.0000     9.4940     5.4433     2.0627
3    1.0000     9.8646     5.1255     2.0099
4    1.0000     9.9655     5.0329     2.0016
5    1.0000     9.9913     5.0084     2.0003
6    1.0000     9.9978     5.0021     2.0000
7    1.0000     9.9995     5.0005     2.0000
8    1.0000     9.9999     5.0001     2.0000
9    1.0000    10.0000     5.0000     2.0000
10   1.0000    10.0000     5.0000     2.0000
```

迭代收斂至數值 1，10，5，2，這些是正確值。QR 迭代可以直接應用至滿矩陣 **A** 但通常缺乏效率。我們沒有給出如何計算特徵向量。

當有 2 實數或複數自變數 (arguments) 在 MATLAB 函數 eig 內時，使用 QZ 演算法而非 QR 演算法。QZ 演算法 (Golub and Van Loan,1989) 被修改成處理複數情形。當使用一複數矩陣 a 呼叫 eig 則由應用 QZ 演算法成 eig(a,eye(size(A)))。QZ 演算法由注意存在一單式矩陣 **Q** 和 **Z** 使 $\mathbf{Q^H AZ=T}$ 和 $\mathbf{Q^H BZ=S}$ 皆為上三角矩陣開始。這稱為廣義舒爾分解 (generalized Schur decomposition)。假如 s_{kk} 不為 0，則特徵值由 t_{kk}/s_{kk} 計算出，其中 $k=1,2,\cdots n$。以上程式說明 **T** 和 **S** 矩陣的對角線元素比值得出需要的特徵值。

```
% e3s214.m
A = [10+2i 1 2;1-3i 2 -1;1 1 2];
b = [1 2-2i -2;4 5 6;7+3i 9 9];
[T S Q V] = qz(A,b);
r1 = diag(T)./diag(S)
r2 = eig(A,b)
```

執行這一程式得出

```
r1 =
    1.6154 + 2.7252i
   -0.4882 - 1.3680i
    0.1518 + 0.0193i

r2 =
    1.6154 + 2.7252i
   -0.4882 - 1.3680i
    0.1518 + 0.0193i
```

舒爾分解與特徵值問題密切相關。MATLAB 函數 schur(a) 產生對角線上是實數特徵值的上三角矩陣 **T** 及複數特徵值在對角線上 2×2 的區塊。所以 **A** 可寫成

$$\mathbf{A = UTU^H}$$

U 是單式矩陣 $\mathbf{U^H U=I}$，以上程式說明舒爾分解與一已知矩陣特徵間的相似性。

```
% e3s215.m
A = [4 -5 0 3;0 4 -3 -5;5 -3 4 0;3 0 5 4];
T = schur(A), lam = eig(A)
```

執行這程式得出

```
T =
    12.0000     0.0000    -0.0000    -0.0000
          0     1.0000    -5.0000    -0.0000
          0     5.0000     1.0000    -0.0000
          0          0          0     2.0000


lam =
    12.0000
     1.0000 + 5.0000i
     1.0000 - 5.0000i
     2.0000
```

很容易由矩陣 T 指出 4 個特徵值。以下程式比較 eig 函數解不同問題種類的性能。

```
% e3s216.m
disp('        real1     realsym1      real2     realsym2      comp1        comp2')
for n = 100:50:500
    A = rand(n); C = rand(n);
    S = A+C*i;
    T = rand(n)+i*rand(n);
    tic, [U,V] = eig(A); f1 = toc;
    B = A+A.'; D = C+C.';
    tic, [U,V] = eig(B); f2 = toc;
    tic, [U,V] = eig(A,C); f3 = toc;
    tic, [U,V] = eig(B,D); f4 = toc;
    tic, [U,V] = eig(S); f5 = toc;
    tic, [U,V] = eig(S,T); f6 = toc;
    fprintf('%12.3f %10.3f %10.3f %10.3f %10.3f %10.3f\n',f1,f2,f3,f4,f5,f6);
end
```

程式計算各種運算所需的時間（以秒為單位），輸出如下：

real1	realsym1	real2	realsym2	comp1	comp2
0.042	0.009	0.063	0.061	0.039	0.037
0.067	0.014	0.086	0.090	0.067	0.106
0.129	0.028	0.228	0.184	0.116	0.200
0.182	0.046	0.430	0.425	0.186	0.432
0.270	0.073	0.729	0.724	0.279	0.782
0.371	0.104	1.277	1.257	0.373	1.232
0.514	0.154	2.006	2.103	0.538	2.104
0.708	0.205	3.055	3.097	0.698	2.919
0.946	0.278	4.403	4.187	0.901	4.344

　　某些情形並不需要全部特徵值與特徵向量，例如，在複雜的工程結構，以好幾百個自由度模型化後，我們可能只需要前 15 個特徵值，其給出該模型的自然頻率，及相應的特徵向量。MATLAB 提供一函數 eigs，可求選擇的特徵值，但目

前完成版本並不是非常有效率。特徵值減化演算法用來減小特徵值問題的尺度 (
例如，Guyan,1965)，但仍然允許選定的特徵值以可接受的精確度計算。

　　Matlab 也包括求稀疏矩陣特徵值的設備。以下程式比較求稀疏矩陣特徵值
與相應滿型矩陣特徵值所需的時間。

```
% e3s217.m
% generate a sparse triple diagonal matrix
n = 2000;
rowpos = 2:n; colpos = 1:n-1;
values = ones(1,n-1);
offdiag = sparse(rowpos,colpos,values,n,n);
A = sparse(1:n,1:n,4*ones(1,n),n,n);
A = A+offdiag+offdiag.';
% generate full matrix
B = full(A);
tic, eig(A); sptim = toc;
tic, eig(B); futim = toc;
fprintf('Time for sparse eigen solve = %8.6f\n',sptim)
fprintf('Time for  full  eigen solve = %8.6f\n',futim)
```

執行結果爲

```
Time for sparse eigen solve = 0.349619
Time for  full  eigen solve = 3.000229
```

很清楚地節省計算時間

2.18　總結

　　我們已闡述很多與計算矩陣代數相關的重要演算法，同時以明顯方式說明如
何由 Matlab 的能力來解說這些演算法的應用。我們已經說明如何解高於所求型
及低於所求型系統和特徵值問題。同時引導讀者注意線性系統稀疏度的重要性並
說明其意義。所提供的程式應能幫助讀者發展自己的應用。

　　在第 9 章中將說明符號式工具箱如何有用的解線性代數的一些問題。

本章習題

2.1　一個 $n{\times}n$ 的 Hilbert 矩陣 $\mathbf{A}$ 定義爲

$$a_{ij} = 1/(i+j-1) \qquad i,j = 1,2,\ldots, n$$

求 $\mathbf{A}$ 的反矩陣及 $\mathbf{A}^{\mathsf{T}}\mathbf{A}$ 的反矩陣，對於 $n{=}5$，注意

$$(\mathbf{A}^{\mathsf{T}}\mathbf{A})^{-1} = \mathbf{A}^{-1}(\mathbf{A}^{-1})^{\mathsf{T}}$$

對 n 值爲 3,4,5,6 使用上式求 $\mathbf{A}^{\mathsf{T}}\mathbf{A}$ 的反矩陣。由 $(\mathbf{A}^{\mathsf{T}}\mathbf{A})^{-1}{=}\mathbf{A}^{-1}(\mathbf{A}^{-1})^{\mathsf{T}}$ 使用反 Hilbert 函數 invhilb 求正確反矩陣，利用等式，來比較上兩結果的精確度。提示：計算 norm($\mathbf{P}{-}\mathbf{R}$) 及 norm($\mathbf{Q}{-}\mathbf{R}$)，這裡 $\mathbf{P}{=}(\mathbf{A}^{\mathsf{T}}\mathbf{A})^{-1}$ 和 $\mathbf{Q}{=}\mathbf{A}^{-1}(\mathbf{A}^{-1})^{\mathsf{T}}$，$\mathbf{R}$ 是使用 invhilb 函數的正確 $\mathbf{Q}$ 的反矩陣。

2.2　$\mathbf{A}$ 是如習題 2.1 所定義的 $n{\times}n$ 的 Hilbert 矩陣，對於 $n{=}3,4,\cdots,6$，求 $\mathbf{A}^{\mathsf{T}}\mathbf{A}$ 的條件數。這一結果如何與習題 2.1 的結果相關連？

2.3　$\mathbf{A}$ 是 $n{\times}n$ 矩陣，如果 A 的所有特徵值皆小於 1，可以證明級數 $(\mathbf{I}{-}\mathbf{A}^{-1}){=}\mathbf{I}{+}\mathbf{A}{+}\mathbf{A}^2{+}\mathbf{A}^3{+}\cdots$ 收斂。如果 $a{+}2b{<}1$ 並且 a 和 b 爲正，以下 $n{\times}n$ 矩陣滿足這一條件：

$$\begin{bmatrix} a & b & 0 & \ldots & 0 & 0 & 0 \\ b & a & b & \ldots & 0 & 0 & 0 \\ \vdots & \vdots & \vdots & & \vdots & \vdots & \vdots \\ 0 & 0 & 0 & \ldots & b & a & b \\ 0 & 0 & 0 & \ldots & 0 & b & a \end{bmatrix}$$

以這矩陣做程式試驗，對不同的 n，a 和 b 值說明在條件滿足下，這級數收斂。

2.4　使用函數 eig 求下列矩陣的特徵值：

$$\begin{bmatrix} 2 & 3 & 6 \\ 2 & 3 & -4 \\ 6 & 11 & 4 \end{bmatrix}$$

然後用函數 rref 於矩陣 $(\mathbf{A}{-}\lambda\mathbf{I})$ 上，取任一 λ 特徵值，手算得出的方程式來求解矩陣的特徵向量。提示：注意特徵向量是 $(\mathbf{A}{-}\lambda\mathbf{I})\mathbf{x}{=}\mathbf{0}$ 的解，λ 等於特徵值，假設 x_3 爲任意值。

2.5 解問題 2.3 的系統，$n=10:10:30$，把它當作滿矩陣與稀疏矩陣來處理，找出特徵值。將計算出的結果與下列所給出之正確解比較

$$\lambda_k = a + 2b\cos\{k\pi/(n+1)\}, \quad k = 1, 2, \ldots$$

2.6 求下列高於所求型系統的解，使用 `pinv`，`qr` 和 `\` 運算元

$$\begin{bmatrix} 2.0 & -3.0 & 2.0 \\ 1.9 & -3.0 & 2.2 \\ 2.1 & -2.9 & 2.0 \\ 6.1 & 2.1 & -3.0 \\ -3.0 & 5.0 & 2.1 \end{bmatrix} \begin{bmatrix} x_1 \\ x_2 \\ x_3 \end{bmatrix} = \begin{bmatrix} 1.01 \\ 1.01 \\ 0.98 \\ 4.94 \\ 4.10 \end{bmatrix}$$

2.7 寫一程式產生 $\mathbf{E} = \{1/(n+1)\}\mathbf{C}$，其中

$$\begin{aligned} c_{ij} &= i(n-i+1) && \text{若 } i = j \\ &= c_{i,j-1} - i && \text{若 } j > i \\ &= c_{ji} && \text{若 } j < i \end{aligned}$$

產生 $\mathbf{E}$ 後，對於 $n=5$，解 $\mathbf{Ex}=\mathbf{b}$，其中 $\mathbf{b} = [1:n]^\mathsf{T}$，由下列方法解
(a) 使用 `\` 運算元
(b) 使用函數 `lu` 和解 $\mathbf{Ux}=\mathbf{y}$ 和 $\mathbf{Ly}=\mathbf{b}$

2.8 求問題 2.7，$n=20$ 和 50 時 $\mathbf{E}$ 的反矩陣，與正確反置解比較，正確解為主對角線元素為 2，上下子對角線為 -1，其餘元素為零。

2.9 求問題 2.7，$n=20$ 和 50 時 $\mathbf{E}$ 的特徵值，系統的正確特徵值為 $\lambda_k = 1/[2 - 2\cos\{k\pi/(n+1)\}]$ 其中 $k = 1, \cdots, n$。

2.10 求問題 2.7，$n=20$ 和 50 時，以 MATLAB 函數 `cond` 求 $\mathbf{E}$ 的條件數，並將結果與理論解之條件數 $4n^2/\pi^2$ 比較。

2.11 使用 MATLAB 函數 `eig` 求矩陣之特徵值與左，右特徵向量。

$$\mathbf{A} = \begin{bmatrix} 8 & -1 & -5 \\ -4 & 4 & -2 \\ 18 & -5 & -7 \end{bmatrix}$$

2.12 對於下列矩陣 $\mathbf{A}$，使用 `eigit`，`eigingv` 求
(a) 最大的特徵值
(b) 最接近 100 之特徵值
(c) 最小的特徵值

$$\mathbf{A} = \begin{bmatrix} 122 & 41 & 40 & 26 & 25 \\ 40 & 170 & 25 & 14 & 24 \\ 27 & 26 & 172 & 7 & 3 \\ 32 & 22 & 9 & 106 & 6 \\ 31 & 28 & -2 & -1 & 165 \end{bmatrix}$$

2.13 已知

$$\mathbf{A} = \begin{bmatrix} 1 & 2 & 2 \\ 5 & 6 & -2 \\ 1 & -1 & 0 \end{bmatrix} \quad 及 \quad \mathbf{B} = \begin{bmatrix} 2 & 0 & 1 \\ 4 & -5 & 1 \\ 1 & 0 & 0 \end{bmatrix}$$

定義 **C** 為

$$\mathbf{C} = \begin{bmatrix} \mathbf{A} & \mathbf{B} \\ \mathbf{B} & \mathbf{A} \end{bmatrix}$$

使用 eig 驗證 **C** 的特徵值是由 **A+B** 及 **A−B** 的特徵值組合而得。

2.14 寫一 MATLAB 程式產生矩陣

$$\mathbf{A} = \begin{bmatrix} n & n-1 & n-2 & \dots & 2 & 1 \\ n-1 & n-1 & n-2 & \dots & 2 & 1 \\ n-2 & n-2 & n-2 & \dots & 2 & 1 \\ \vdots & \vdots & \vdots & \vdots & \vdots & \vdots \\ 2 & 2 & 2 & \dots & 2 & 1 \\ 1 & 1 & 1 & \dots & 1 & 1 \end{bmatrix}$$

此矩陣的特徵值由下列公式求出

$$\lambda_i = \frac{1}{2}\left[1 - \cos\frac{(2i-1)\pi}{2n+1}\right], \quad i = 1, 2 \dots, n$$

取 $n=5$ 及 $n=50$ 並使用 MATLAB 函數 eig，求最大及最小特徵值。使用上面公式驗證您的結果之正確性。

2.15 取 $n=10$，使用 eig 函數求矩陣之特徵值

$$\mathbf{A} = \begin{bmatrix} 1 & 0 & 0 & \dots & 0 & 1 \\ 0 & 1 & 0 & \dots & 0 & 2 \\ 0 & 0 & 1 & \dots & 0 & 3 \\ \vdots & \vdots & \vdots & \dots & \vdots & \vdots \\ 0 & 0 & 0 & \dots & 1 & n-1 \\ 1 & 2 & 3 & \dots & n-1 & n \end{bmatrix}$$

求 **A** 的特徵值之另一方法是首先使用 poly 函數產生 **A** 的特性多項式，然

後使用 roots 函數求此多項式的根。由這些結果您可得出什麼結論？

2.16 問題 2.12 的矩陣，使用 eig 函數求其特徵值。隨後首先使用 poly 函數產生 **A** 的特性多項式並使用 roots 函數求多項式的根來解出 **A** 的特徵值。使用 sort 函數比較這兩種方法的結果。由這些結果您可得出什麼結論？

2.17 問題 2.14 的矩陣取 $n=10$，證明矩陣的 trace 等於特徵值的和，行列式等於特徵值的乘積。使用 MATLAB 函數 det，trace 及 eig 來求解。

2.18 **A** 矩陣定義如下：

$$\mathbf{A} = \begin{bmatrix} 2 & -1 & 0 & 0 & \dots & 0 \\ -1 & 2 & -1 & 0 & \dots & 0 \\ 0 & -1 & 2 & -1 & \dots & 0 \\ \vdots & \vdots & \vdots & \vdots & & \vdots \\ 0 & 0 & \dots & -1 & 2 & -1 \\ 0 & 0 & \dots & 0 & -1 & 2 \end{bmatrix}$$

此矩陣的條件數型式是 $c=pn^q$，其中 n 是矩陣的大小，c 是條件數，p 及 q 是常數。使用 MATLAB 函數 cond 計算 $n=5:5:50$ 時，矩陣 **A** 的條件數，擬合 (fit) 這一函數 pn^q 到您所產生的結果。

提示：方程式 c 兩端取對數並使用 \ 運算元解高於所求型系統。

2.19 $(\mathbf{I}-\mathbf{A})$ 的反矩陣近似（其中 **I** 為 $n \times n$ 單位矩陣）且 **A** 為由下給出之 $n \times n$ 矩陣

$$(\mathbf{I}-\mathbf{A})^{-1} = \mathbf{I} + \mathbf{A} + \mathbf{A}^2 + \mathbf{A}^3 + \cdots$$

若 **A** 的最大特徵值小於 1，則此級數為收斂且存在近似值。用 MATLAB 函數 invapprox(A,k) 得到以級數 k 項的近似值，必須用 MATLAB 此函數 eig 找出此函數 **A** 的所有特徵值，如果最大的特徵值大於 1，則會輸出錯誤訊息指出方法失敗。另外，函數將會算出 k 項級數展開的 $(\mathbf{I}-\mathbf{A})^{-1}$ 之近似值，取 $k=4$，以下列矩陣驗證函數：

$$\begin{bmatrix} 0.2 & 0.3 & 0 \\ 0.3 & 0.2 & 0.3 \\ 0 & 0.3 & 0.2 \end{bmatrix} \quad 及 \quad \begin{bmatrix} 1.0 & 0.3 & 0 \\ 0.3 & 1.0 & 0.3 \\ 0 & 0.3 & 1.0 \end{bmatrix}$$

使用函數 norm 比較使用 MATLAB 的 inv 函數得到之 $(\mathbf{I}-\mathbf{A})$ 的反矩陣，與函數 invapprox(A,k)，對於 $k=4,8,16$。

2.20 聯立方程組為 **Ax=b**，其中 **A** 為 $m \times n$ 矩陣，**x** 是 n 個元素的列向量，**b** 為 m 個元素的列向量，若 $n>m$ 則為低於所求 (underdetermined)。若矩陣 **A** 不是方陣，則使用 MATLAB 函數 inv 來解此聯立方程組會出現錯誤。將等號兩邊同乘以 $\mathbf{A}^\top$ 給出

$$\mathbf{A}^\top \mathbf{A} \mathbf{x} = \mathbf{A}^\top \mathbf{b}$$

$\mathbf{A}^\top \mathbf{A}$ 為方陣且 MATLAB 函數 inv 現在可以用來解聯立方程組。試寫 MATLAB 函數來求此低於所求之聯立方程組，函數允許 **b** 向量與 **A** 矩陣輸入，形成必要矩陣乘積並用 AMTLAB 函數 inv 求解。為了加快運算可用 MATLAB 的 norm 函數，找出 **Ax** 與 **b** 的差異，同時必須使用 \ 來解相同的線性方程組，再次為精確地求解，使用 norm 來找出 **Ax** 和 **b** 的差異。函數需用 udsys(A,b) 形式並以不同的方法回傳解，且用兩種方法產生。驗證程式並用它來求線性方程式 **Ax=b** 如下

$$\mathbf{A} = \begin{bmatrix} 1 & -2 & -5 & 3 \\ 3 & 4 & 2 & -7 \end{bmatrix} \quad \text{及} \quad \mathbf{b} = \begin{bmatrix} -10 \\ 20 \end{bmatrix}$$

藉由比較兩種方法產生的規範，試提出結論。

2.21 正交矩陣 **A** 定義為方陣，因此矩陣乘以其轉置矩陣等於單位矩陣或

$$\mathbf{A}\mathbf{A}^\top = \mathbf{I}$$

使用 MATLAB 來驗證下列矩陣是否為正交：

$$\mathbf{B} = \begin{bmatrix} \frac{1}{\sqrt{3}} & \frac{1}{\sqrt{6}} & -\frac{1}{\sqrt{2}} \\ \frac{1}{\sqrt{3}} & \frac{-2}{\sqrt{6}} & 0 \\ \frac{1}{\sqrt{3}} & \frac{1}{\sqrt{6}} & \frac{1}{\sqrt{2}} \end{bmatrix}$$

$$\mathbf{C} = \begin{bmatrix} \cos(\pi/3) & \sin(\pi/3) \\ -\sin(\pi/3) & \cos(\pi/3) \end{bmatrix}$$

2.22 寫一 MATLAB 程式完成 Gauss−Seidel 及 Jacobi 方法並使用該程式解方程式系統 **Ax=b**，精確度為 0.000005，**A** 的元素為

$$a_{ii} = -4$$
$$a_{ij} = 2 \text{ if } |i-j| = 1$$
$$a_{ij} = 0 \text{ if } |i-j| \geq 2 \quad \text{其中} \quad i,j = 1,2,\ldots,10$$

且

$$\mathbf{b}^{\mathsf{T}} = [2\ 3\ 4\ \ldots\ 11]$$

使用 $x_i = 0$，$i = 1, 2, \cdots 10$ 的初始值。（讀者也可使用其他初始值做實驗）

使用運算元 \ 解這一系統來檢查你的結果。

3

非線性方程式的解

廣泛研究實際問題時，常常自然的要求解非線性方程式，問題可能包含一個多變數的非線性系統或是有一未知數的方程式。一開始應侷限自己去思考單一未知數的方程式的解法。問題的一般型式可能簡單地被描述為求變數 x 的值使得

$$f(x) = 0$$

這裡 f 是 x 的任何非線性函數。x 的值因此被稱為這方程式的解或根，而且可能只是很多解中的一個。

3.1　導論

為了說明我們的討論與提供實際了解非線性方程式的求解，我們研究一個由 Armstrong 和 Kulesza(1981) 描述的方程式。這些作者報告了一個起源於電阻性混波電路的研究問題，給予外加電壓與電流去求流過其它電路部份的電流。這導致一個簡單的非線性方程式，經一些運算後改寫為

$$x - \exp(-x/c) = 0 \qquad \text{或等效為} \qquad x = \exp(-x/c) \tag{3.1}$$

c 是給定的常數，x 是欲求的變數。這種方程式的解並不明顯，但 Armstrong 和 Kulesza 提供一近似解。對於大範圍的 c 值。這方程式以級數展開得到合理的精確解。以 c 的項數表示近似解為

$$x = cu[1 - \log_e\{(1+c)u\}/(1+u)] \tag{3.2}$$

其中 $u = \log_e(1 + 1/c)$，這是一有趣又有用的結果，因為在 c 的 5 個十倍範圍 $[10^{-3}, 100]$ 給出相當正確的結果，而且給予一個相當容易的方法去求由變化 c 值而產生的一整組方程式的解。儘管結果對這特別方程式是有用的，當我們嘗試用這型的特定目的近似法去解非線性方程式的一般解，有些重大缺點如下：

1. 特定目的近似法解方程式的解很少如此例成功的能找到一公式給方程式求解；通常是不可能得到如此的公式。

2. 即使存在如此公式也需要可觀的時間與巧妙才能去發展。

3. 我們可能需要比特定目的公式所能提供的更大準確性。

考慮圖 3.1 說明第 3 點，由以下 MATLAB 程式所產生。這個圖形顯示由式 (3.2) 及用 MATLAB 工具箱函數 **fzero** 解非線性方程式 (3.1) 的結果。

```
% e3s301.m
ro = [ ]; ve = [ ]; x = [ ];
c = 0.5:0.1:1.1; u = log(1+1./c);
x = c.*u.*(1-log((1+c).*u)./(1+u));
% solve equation using MATLAB function fzero
i = 0;
for c1 = 0.5:0.1:1.1
    i = i+1;
    ro(i) = fzero(@(x) x-exp(-x/c1),1,0.00005);
end
plot(x,c,'+')
axis([0.4 0.6 0.5 1.2])
hold on
plot(ro,c,'o')
xlabel('Root x value'),  ylabel('c value')
hold off
```

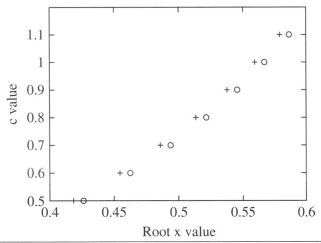

圖 3.1　$x=\exp(-x/c)$ 的解，由 MATLAB 函數 **fzero** 的結果以 "o" 表示，Armstrong 和 Kulesza 公式用 "+" 表示。

函數 **fzero** 在 3.10 節詳細討論。**fzero** 的呼叫型式為 **fzero(@(x) x-exp(-x/c1),1,0.00005)**，這對於根有 0.00005 的準確性，初始近似為 1。函數 **fzero** 提供根至小數 16 位的準確性，然而 Armstrong 及 Kulesza 公式 (3.2) 雖較快卻提供解至小數 1 或 2 位的結果。事實上 Armstrong 及 Kulesza 的方法對大 c 值變得較準確。

　　由上討論可結論出儘管有時另一種創意法可能有用，絕大多數情形須使用演算法。能夠在合理的計算力下得到一般問題至特定準確性的解。在詳細說明這些演算法特性之前，思考不同形態的方程式及解的一般性。

3.2　非線性方程式解的特性

藉由下列二例求解變數 x 來說明非線性方程式的求解特質。

1. $(x-1)^3(x+2)^2(x-3)=0$

　　即 $x^6-2x^5-8x^4+14x^3+11x^2-28x+12=0$

2. $\exp(-x/10)\sin(10x)=0$

例 (1) 是非線性方程式的特別形式，即多項式，只包含變數 x 的整數次方而沒有其它函數。此多項式方程式有一重要特徵，有 n 個根而 n 是多項式的次數。例 (1) 中 x 的最高次方，即多項式的次數是 6。解可能是複數或實數，異根或重根，圖 3.2 說明例 1 解的特質。儘管必有 6 個根，$x=1$ 有三重根，$x=-2$ 有二重根，單一根在 $x=3$。重根對某些演算法可能出現困難，如同非常靠近的根一樣，所以辨別它們的存在是重要的。讀者也許需要一特別的根或全部根。多項式方程式的情形有特殊的演算法求所有解。

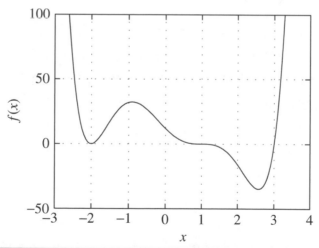

圖 3.2　函數 $f(x)=(x-1)^3(x+2)^2(x-3)$ 的圖。

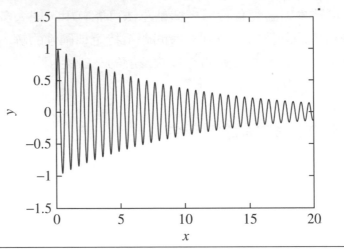

圖 3.3　　函數 $f(x) = \exp(-x/10)\sin(10x)$的圖。

　　對於包含超越函數在內的非線性方程式，求其所有根的工作是一件令人畏怯的事，因爲根的數目可能未知或無窮。這由圖 3.3 說明在例 (2)，x 在 [0，20] 範圍的情形，如果擴大 x 的範圍將有更多根被顯露出來。

　　現在應考慮對一給定的非線性方程式尋找特定根的一些簡單演算法。

3.3　二分法演算法則

　　這一簡單演算法假設 $f(x) = 0$ 的根存在一已知的初始區間，然後進行區間縮減直到對根要求的準確性達到爲止。只簡單述及此演算法因爲它本身並不實際被使用而是與其它演算法結合以增進其可靠性。演算法被敘述爲：

input 根所在的區間

while 區間太大

　　1.　二分化根所在的現在區間

　　2.　決定根在區根的那一半

end

display 根

　　這演算法所依據的原理是簡單的。給予特定根所在的起始區間，演算法將對根提供改進的近似。無論如此，知道已知區間的要求有時很難達成，儘管演算法可靠卻相當慢。

　　替代的演算法已被發展，收斂更快且本章涉及描述一些重要的方法。我們研究的演算法是適合迭代的，也即它們進行重覆相同的一串步驟，直到根的近似值足夠準確至使用者滿意。現在研究迭代法的一般形式，收斂特性及它們所面臨的一些問題。

3.4　迭代解或定點法

我們需要解一般方程式 $f(x) = 0$，但為了清楚地說明迭代法，思考一簡單例子，假設欲求解二次式

$$x^2 - x - 1 = 0 \qquad (3.3)$$

此方程式可用解二次式的標準公式求解但我們採用不同的方法，重新改寫 (3.3) 如下：

$$x = 1 + 1/x$$

然後以下標重寫為迭代形式如下：

$$x_{r+1} = 1 + 1/x_r \qquad r = 0, 1, 2, \ldots \qquad (3.4)$$

對於我們所求的根假設有一起始近似值 x_0，可利用此公式由一近似值推求另一近似值。以此種方式得到迭代解可能或者不可能的收斂至原方程式的解。這不是解 (3.3) 的唯一迭代程序，可從 (3.3) 式產生另二種迭代型式如下：

$$x_{r+1} = x_r^2 - 1 \qquad r = 0, 1, 2, \ldots \qquad (3.5)$$

及

$$x_{r+1} = \sqrt{x_r + 1} \qquad r = 0, 1, 2, \ldots \qquad (3.6)$$

由相同的起始近似值開始，這些迭代程式有可能或不可能的收斂至相同根。表 3.1 說明以起始近似值 $x_0 = 2$ 及不同迭代程序 (3.4)，(3.5) 及 (3.6) 所發生的情形。顯然 (3.4) 及 (3.6) 收斂而 (3.5) 則不然。

注意當根已達無法再改進時則該點成為固定點，因此方程式的根是迭代程序的固定點。排除此法的不可預料性須找出一條件決定何時迭代程序收斂，何時不收斂及收斂的性質。

表 3.1　$x^2 - x - 1 = 0$ 的正確根與迭代解的差

迭代 (3.4)	迭代 (3.5)	迭代 (3.6)
−0.1180	1.3820	0.1140
0.0486	6.3820	0.0349
−0.0180	61.3820	0.0107
0.0070	3966.3820	0.0033
−0.0026	15745021.3820	0.0010

3.5　迭代解之收斂性

3.4 節敘述的程序可應用至任何 $f(x) = 0$ 的程式及一般形式如下：

$$x_{r+1} = g(x_r) \qquad r = 0, 1, 2, \ldots \qquad (3.7)$$

　　此種迭代形式其詳細的收斂條件推導並非我們的目的，而是指出當條件滿足時使用它們所引起的某些困難。推導細節可在許多書上發現，例如 Lindfield 及 Penny(1989)。可以證明在第 $(r+1)$ 次迭代。現在誤差 ε_{r+1} 與前次誤差 ε_r 的近似關係可表示為

$$\varepsilon_{r+1} = \varepsilon_r g'(t_r)$$

　　其中 t_r 是介於正確根與根的現在近似間的一點。假如這些點的導數之絕對值小於 1，誤差將遞減。然而，這並不保證所有起始點均收斂且起始近似值必須足夠接近收斂發生的根值

　　在 (3.4) 和 (3.5) 特定的迭代程序中，表 3.2 顯示相對的 $g(x)$ 導數值如何隨 x_r 的近似值而變。此表提供迭代式 (3.4) 及 (3.5) 理論確認的數值證據。

表 3.2　由 (3.4) 及 (3.5) 迭代式給出的導數值

迭代 **(3.4)**	導數值	迭代 **(3.5)**	導數值
−0.1180	−0.44	1.3820	6.00
0.0486	−0.36	6.3820	16.00
−0.0180	−0.39	61.3820	126.00
0.0070	−0.38	3966.3820	7936.00

　　然而收斂的觀念遠較此複雜，必須對此重要問題給一些答案：若迭代程序收斂，如何區分收斂速率？我們將不推導此一結果而由讀者參考 Lindfield 及 Penny(1989) 的著作去解答。假設在正確根 a，函數 $g(x)$ 1 階到 $p-1$ 階的所有導數為零，則介於第 $(r+1)$ 次迭代的現在誤差 ε_{r+1} 與前次誤差 ε_r 的關係為

$$\varepsilon_{r+1} = (\varepsilon_r)^p g^{(p)}(t_r)/p! \tag{3.8}$$

　　其中 t_r 是介於正確根及現在根的近似之間的值，而 $g^{(p)}$ 表示 g 的 p 階導數。此結果的重要性意味著現在誤差正比於前一次誤差的 p 次方。基於合理假設，誤差遠小於 1，p 的值愈高收斂愈快。此種方法稱為具有 p 階收斂。一般而言，推導二階三階以上的迭代法是有點煩瑣，二階方法已被證實非常適合解大部份非線性方程式。現在誤差正比於前次誤差的平方稱為二次收斂，如果誤差正比於前次誤差則稱為線性收斂。這提供迭代方法收斂的簡易區分而避免困難問題：什麼範圍的起始值程序收斂和改變起始值則收斂的敏感性如何？

3.6　收斂範圍及混沌情況

　　藉由思考某些強調困難的特例來說明收斂的一些問題。Short(1992) 檢查下列迭代程序的行為

$$x_{r+1} = -0.5(x_r^3 - 6x_r^2 + 9x_r - 6) \qquad r = 0, 1, 2, \ldots$$

以解方程式 $(x-1)(x-2)(x-3)=0$，此迭代程序明顯的有以下形式

$$x_{r+1} = g(x_r), \quad r = 0,1,2,\dots$$

容易證明有下列特性：

$$g'(1) = 0 \quad \text{及} \quad g''(1) \neq 0$$
$$g'(2) \neq 0$$
$$g'(3) = 0 \quad \text{及} \quad g''(3) \neq 0$$

在結果 (3.8) 中取 $p=2$，對合適的初始值可以預期根在 $x=1$ 和 $x=3$ 是二次收斂，但根在 $x=2$ 最多是線性收斂。然而主要問題在於求收斂至不同根的起始值範圍。這不是件容易的工作但有一簡單方法就是繪 $y=x$ 和 $y=g(x)$ 的圖形，交點就是根。線 $y=x$ 的斜率為 1 且 $g(x)$ 斜率小於 1 的點提供收斂至 1 或其它根的初始近似值範圍。

圖形分析顯示在點 1 到 1.43(近似) 範圍之間，收斂到根 1，點在範圍 2.57(近似) 到 3 之間收斂至根 3，這是分析的明顯部份。然而 Short 說明此迭代程序有很多其它收斂範圍，有些確實很窄，其在迭代程序中將導致混沌行為，例如取 $x_0 = 4.236067968$ 將收斂至根 $x=3$，然而取 $x_0 = 4.236067970$ 收斂至 $x=1$。初始近似值的微小變動導致巨大的改變。這應是給讀者一個警示，收斂性的研究一般而言不是一件容易的工作。

圖 3.4 非常顯著地說明此點，它顯示出 x 的圖和 $g(x)$ 的圖，其中

$$g(x) = -0.5(x^3 - 6x^2 + 9x - 6)$$

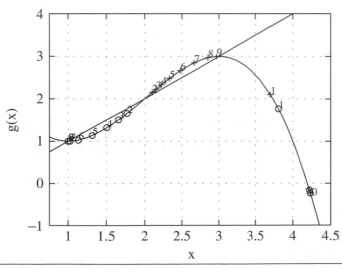

圖 3.4   從不同但靠近的初始點解 $(x-1)(x-2)(x-3)=0$ 的迭代項。

　　x 線和 $g(x)$ 交叉點就是原方程式的根，圖亦顯示從 $x_0 = 4.236067968$ 開始的迭代項以 "o" 表示，從 $x=4.236067970$ 開始的迭代項以 "+" 表示，初始點如此靠近當然會在圖上重疊。然而迭代項很快地走它們不同的路徑而收斂至方程式的不同根上。"o" 表示的路徑收斂至根 $x=1$ 而 "+" 表示的路徑收斂至根 $x=3$，圖中的數目順序表示最後 9 個迭代項。標示零的點事實上是起始非常靠近的所有點。這是一個明顯的例子，讀者應自己執行以上的 MATLAB 程序來證實這些現象。

```
% e3s302.m
x = 0.75:0.1:4.5;
g = -0.5*(x.^3-6*x.^2+9*x-6);
plot(x,g)
axis([.75,4.5,-1,4])
hold on, plot(x,x)
xlabel('x'), ylabel('g(x)'), grid on
ch = ['o','+'];
num = [ '0','1','2','3','4','5','6','7','8','9'];
ty = 0;
for x1 = [4.236067970 4.236067968]
    ty = ty+1;
    for i = 1:19
        x2 = -0.5*(x1^3-6*x1^2+9*x1-6);
        % First ten points very close, so represent by '0'
        if i==10
            text(4.25,-0.2,'0')
        elseif i>10
            text(x1,x2+0.1,num(i-9))
        end
        plot(x1,x2,ch(ty))
        x1 = x2;
    end
end
hold off
```

值得注意的是下列迭代式

$$x_{r+1} = x_r^2 + c \qquad r = 0,1,2,\ldots$$

當迭代項被繪在複數平面和複數範圍的值 c 時，顯著的說明混沌行為。

　　現在回到發展一般解非線性方程式演算法的現實工作，下節將思考二階的簡單方法。

3.7　牛頓法

　　解方程式 $f(x)=0$ 的方法是基於曲線 $f(x)$ 之切線的簡單幾何性質。此法需要根的一些初始近似值和在感興趣的範圍內 $f(x)$ 之導數值。圖 3.5 說明此法的運作。圖形示出在現在近似值 x_0 處曲線的切線。切線交 x 軸於 x_1 且提供根的改進近似值。同理 x_1 的切線得出改進近似值 x_2。這種程序重覆直到滿足一些收斂準則爲止。很容易轉換幾何程序爲求根的數值方法,因爲 x 軸和切線夾角的切線值等於

$$f(x_0)/(x_1 - x_0)$$

且切線斜率等於 $f'(x_0)$,表示 $f(x)$ 在 x_0 的導數。所以有方程式

$$f'(x_0) = f(x_0)/(x_1 - x_0)$$

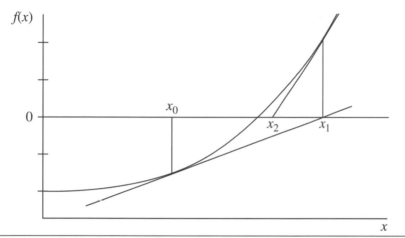

圖 3.5 牛頓法的幾何解釋。

所以 x_1 的改進近似爲

$$x_1 = x_0 - f(x_0)/f'(x_0)$$

寫成迭代形式如下

$$x_{r+1} = x_r - f(x_r)/f'(x_r) \quad 其中 \quad r = 0, 1, 2, \ldots \tag{3.9}$$

此法是一般迭代形式

$$x_{r+1} = g(x_r) \quad 其中 \quad r = 0, 1, 2, \ldots$$

所以 3.5 節的討論可以應用上。當計算 $g'(a)$, a 是正確解,我們發現它等於零,然而 $g''(a)$ 通常不爲零,所以此法爲 2 階且預期收斂爲二次式。對相當靠近的初始近似值將很快收斂到根。

提供牛頓法的 MATLAB 函數 fnewton 如下。這函數形成欲求解的方程式的左邊。導致須由使用者提供函數程式。這些是函數的第 1 參數和第 2 參數,第 3 參數是根的初始近似值。收斂準則是根的逐次近似值之差小於一個小的預設值。這值由使用者提供且當做函數的第 4 參數。

```
function [res, it] = fnewton(func,dfunc,x,tol)
% Finds a root of f(x) = 0 using Newton's method.
% Example call: [res, it] = fnewton(func,dfunc,x,tol)
% The user defined function func is the function f(x).
% The user defined function dfunc is df/dx.
% x is an initial starting value, tol is required accuracy.
it = 0; x0 = x;
d = feval(func,x0)/feval(dfunc,x0);
while abs(d) > tol
    x1 = x0-d;   it = it+1;   x0 = x1;
    d = feval(func,x0)/feval(dfunc,x0);
end
res = x0;
```

現在求方程式的根

$$x^3 - 10x^2 + 29x - 20 = 0$$

使用牛頓法需定義函數及其導數：

```
>> f = @(x) x.^3-10*x.^2+29*x-20;
>> df = @(x) 3*x.^2-20*x+29;
```

如下呼叫函數 fnewton：

```
>> [x,it] = fnewton(f,df,7,0.00005)

x =
   5.0000

it =
   6
```

由牛頓法解 $x^3 - 10x^2 + 29x - 20 = 0$ 的迭代過程如圖 3.6。

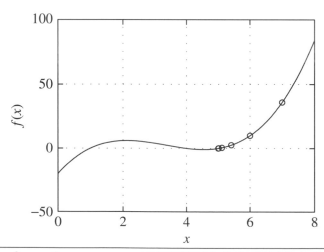

圖 3.6　$x^3 - 10x^2 + 29x - 20 = 0$ 之圖形及以 "o" 表示的牛頓法之迭代項。

表 3.3 給出此一問題以 −2 開始迭代的牛頓法數值結果，表的第 2 行給出以正確解減現在迭代的現在誤差 ε_r。第三行為 $2\varepsilon_{r+1}/\varepsilon_r^2$ 的值。程序進行最終此值為常數。從理論考慮這值應該接近牛頓迭代式右側的二階導數，這來自 (3.8) 式 $p=2$，最後一行如下計算 $g(x)$ 二階導數值。由 (3.9) 我們有 $g(x)=x-f(x)/f'(x)$，所以由此得

$$g'(x) = 1 - [\{f'(x)\}^2 - f''(x)f(x)]/[f'(x)]^2 = f''(x)f(x)/[f'(x)]^2$$

再微分一次得

$$g''(x) = [\{f'(x)\}^2\{f'''(x)f(x) + f''(x)f'(x)\} - 2f'(x)\{f''(x)\}^2 f(x)]/[f'(x)]^4$$

令 $x=a$，a 為正確解，由 $f(a)=0$ 得

$$g''(a) = f''(a)/f'(a) \tag{3.10}$$

所以當 $x=a$ 我們有 $g(x)$ 的二階導數值，我們注意當 x 接近根時，表 3.3 用此公式的最後一行得到 $g(x)$ 二次導數的逐漸精確近似。所以此表證實我們的理論預估。

表 3.3　牛頓法解 $x^3 - 10x^2 + 29x - 20 = 0$，初始近似值為 −2

x 值	誤差 ε_r	$2\varepsilon_{r+1}/\varepsilon_r^2$	g 的二階導數近似值
−2.000000	3.000000	−0.320988	−0.395062
−0.444444	1.444444	−0.513956	−0.589028
0.463836	0.536164	−0.792621	−0.845260
0.886072	0.113928	−1.060275	−1.076987
0.993119	0.006881	−1.159637	−1.160775
0.999973	0.000027	−1.166639	−1.166643
1.000000	0.000000	−1.166639	−1.166667

假如初始近似是複數，可用牛頓法求複數根。假如，考慮

$$\cos x - x = 0 \tag{3.11}$$

此方程式只有 $x=0.7391$ 的一個實根，但卻有無限多個複數根。圖 3.7 顯示在複平面 $-30 < \mathrm{Re}(x) < 30$ 的範圍內，(3.11) 式根的分佈情形。在 MATLAB 環境內，複數值的運算並沒有額外的困難，因爲 MATLAB 是實現複數算術，所以可使用函數 fnewton 而不需修改來處理這些複數情形。

圖 3.8 說明一個事實，那就是由一給定的起始值，很難預估將求出那一個根。此圖顯示出 5 個起始值 15+j10，15.2+j10，15.4+j10，15.8+j10 及 16+j10，彼此非常靠近，但卻導致一系列迭代，收斂到非常不同的根。其中有一例其完整的軌跡並未顯現出來，因爲中間迭代過程的複數部份超出圖形的範圍。

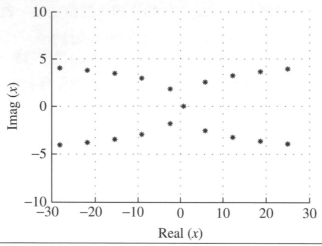

圖 3.7 繪圖顯示 cos$x$−x=0 的複數根。

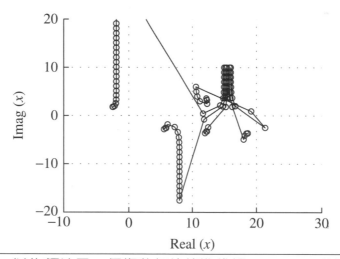

圖 3.8 以牛頓法及 5 個複數初始值迭代解 cos$x$−x=0 的圖示，每一迭代以 "o" 表示。

牛頓法需由使用者提供 $f(x)$ 的一階導數，使用以下一階導數的標準近似讓程序更完備。

$$f'(x_r) = \{f(x_r) - f(x_{r-1})\}/(x_r - x_{r-1}) \tag{3.12}$$

代入 (3.9) 得到計算 x 改進值的新程序如下：

$$x_{r+1} = [x_{r-1}f(x_r) - x_r f(x_{r-1})]/[f(x_r) - f(x_{r-1})] \tag{3.13}$$

此法不需計算 $f(x)$ 的一階導數而需要根的兩個初始近似值 x_0 和 x_1。幾何上來說，我們簡單的以正割 (*secant*) 近似曲線的切線斜率。因此理由這方法稱為正割法。此法的收斂慢於牛頓法。另一類似正割法的程序稱為 *regula falsi*。此法包圍根的兩 x 值被選為下一迭代項的開始，而非如正割法中的 x 的最近一對值。

牛頓法與正割法適用於大部份問題，然而若方程式的根非常接近或相等則收斂很慢。現在研究簡單的修正牛頓法，即使重根也能提供好的收斂。

3.8 　司洛德 (Schroder) 法

在 3.2 節提到重根對大多數演算法造成很大的問題。求重根在牛頓法的例子是其收斂性能不再是二次的，如欲保留之特性則需修正演算程序。除了包括乘數之外，司洛德法求重根的迭代式與牛頓法 (3.9) 類似。

$$x_{r+1} = x_r - mf(x_r)/f'(x_r) \qquad 其中 \qquad r = 0,1,2,\ldots \tag{3.14}$$

m 是一整數其等於根的重覆數，這是我們設法去讓其收斂的。因為讀者也許不知 m 值，須由實驗法求得。

由簡單但較冗長乏味的代數運算可證實 $f(x)$ 有重根，在 $x=a$, $g'(a)=0$。這裡的 $g(x)$ 是指方程式 (3.14) 的右手邊，a 是正確根，這個修正足以保留牛頓法的二次收斂性。

司洛德法的 MATLAB 函數，schroder 提供如下：

```
function [res, it] = schroder(func,dfunc,m,x,tol)
% Finds a multiple root of f(x) = 0 using Schroder's method.
% Example call: [res, it] = schroder(func,dfunc,m,x,tol)
% The user defined function func is the function f(x).
% The user defined function dfunc is df/dx.
% x is an initial starting value, tol is required accuracy.
% function has a root of multiplicity m.
% x is a starting value, tol is required accuracy.
it = 0; x0 = x;
d = feval(func,x0)/feval(dfunc,x0);
while abs(d)>tol
    x1 = x0-m*d; it = it+1; x0 = x1;
    d = feval(func,x0)/feval(dfunc,x0);
end
res = x0;
```

現在由函數 schroder 解 $(e^{-x}-x)^2=0$，此例須令乘數 m 為 2，以函數 f 及其微分 df 並使用函數 schroder 的呼叫如下：

```
>> f = @(x) (exp(-x)-x).^2;
>> df = @(x) 2*(exp(-x)-x).*(-exp(-x)-1);
>> [x, it] = schroder(f,df,2,-2,0.00005)

x =
    0.5671

it =
    5
```

值得注意的是牛頓法以 17 次迭代解此問題，相形之下司洛德法需 5 次迭代。

當已知函數 $f(x)$ 有重根時，另一可行的司洛德研究是應用牛頓法至函數 $f(x)/f'(x)$ 而非 $f(x)$ 本身。很容易經由直接微分顯示假使 $f(x)$ 有任何重根，那應 $f(x)/f'(x)$ 將有相同根但重覆性為 1。所以演算法有 (3.9) 的迭代形式但修正為將 $f(x)$ 以 $f(x)/f'(x)$ 取代。此法的優點是使用者不須知道待求之根的重覆性。重要的缺點是需由使用者提供 1 階及 2 階導數。

3.9　數值問題

接下來思考以下解單變數非線性方程式所引起的問題。

1. 求良好的初值近似。
2. 病態 (ill–conditioned) 函數。
3. 決定最適合的收斂法則。
4. 待解方程式的斷點 (discontinuities)。

這些問題以下詳細檢驗。

1. 對某些非線性方程式來說，求初值近似可能很困難，而圖形是提供此初值的重要幫助。在 MATLAB 環境運作的優點是，函數的圖形程式很容易產生，且可以直接輸入。這裡定義的函數 plotapp 求使用者所提供的函數之近似根，範圍參數為 rangelow 及 rangeup，使用步距參數為 interval。

```
function approx = plotapp(func,rangelow,interval,rangeup)
% Plots a function and allows the user to approximate a
% particular root using the cursor.
% Example call: approx = plotapp(func,rangelow,interval,rangeup)
% Plots the user defined function func in the range rangelow to
% rangeup using a step given by interval. Returns approx to root.
approx = [ ];
x = rangelow:interval:rangeup;
plot(x,feval(func,x))
hold on, xlabel('x'), ylabel('f(x)')
title(' ** Place cursor close to root and click mouse ** ')
grid on
% Use ginput to get approximation from graph using mouse
approx = ginput(1);
fprintf('Approximate root is %8.2f\n',approx(1)), hold off
```

以下程式說明這函數如何與 Matlab 函數 `fzero` 合用來求 $x-\cos x=0$ 的根

```
% e3s303.m
g = @(x) x-cos(x);
approx = plotapp(g,-2,0.1,2);

% Use this approximation and fzero to find exact root
root = fzero(g,approx(1),0.00005);
fprintf('Exact root is %8.5f\n',root)
```

圖 3.9 給出由 `plotapp` 產生的函數 $x-\cos x=0$ 的圖形，同時顯示由 `ginput` 產生靠近根的交叉點十字游標。呼叫 `ginput(1)` 意即只取一點，游標可以放在曲線與 $f(x)=0$ 軸的交點，這提供一有用的初值近似。精確度由圖形的尺度 (scale) 決定。此例初值近似為 0.74，由 `fzero` 求出的正確值是 0.73909。

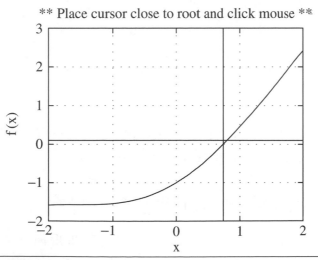

圖 3.9 游標顯示接近根的位置。

2. 非線性方程式的病態條件，是說方程式的係數細微變動造成解有無法預期的誤差。非常病態的多項式之有趣例子是威爾京森多項式 (Wilkinsons's polynomial)。MATLAB 函數 poly(v) 產生多項式係數，由最高階開始，多項式的根爲向量 v 的元素。Poly(1:n) 是 $n-1$ 階威爾京森多項式，其產生根爲 1,2,…,n 的多項式之係數。

3. 在設計非線性方程式的任何數值演算法中，終止法則是特別重要的。收斂有 2 個主要指標：逐次迭代間的差異及現在迭代的函數值。分別取這些指標可能造成誤導。例如，某些非線性方程式是自變數的小變動造成函數值的大變動。這種情形可能監視兩指標較好。

4. 函數 $f(x)=\sin(1/x)$ 特別難以繪圖，且方程式 $\sin(1/x)=0$ 非常難解因爲其有無窮根，全部叢聚在 1 和 −1 之間。函數在 $x=0$ 有一不連續斷點。圖 3.10 試圖說明這函數的行爲。事實上，顯示出的圖並不能眞正代表此函數，且繪圖問題將於第 4 章中詳細說明。靠近不連續處，自變數小變化而函數變化甚快，一些演算法對此會有問題。

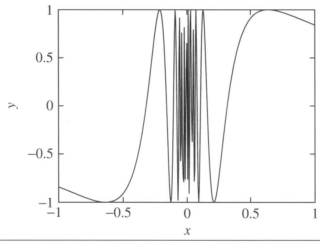

圖 3.10　$f(x)=\sin(1/x)$ 的繪圖。此圖在範圍 ±0.2 內是假的 (spurious)。

所有以上各點強調非線性方程的需求不僅快，有效且是穩健的。以下的演算法結合這些特性且對使用者較不過份要求。

3.10　MATLAB 函數 fzero 及比較性探討

有些問題對一般運作良好的演算法可能出現特別的困難。例如，快速最後收斂的演算法最初可能發散。改進演算法可靠度的一種方法是確保每一步驟，根都被限制在一已知區間，3.3 節介紹的二分法可提供根所在的區間。所以結合二分法與快速收斂程序能提供快速可靠的收斂。

Brent 方法結合反二次內插 (inverse quadratic interpolation) 與二分法提供一成功用於廣泛困難問題的有力方法。此法易於實現，演算法的細節可於 Brent(1971) 的文獻中發現。同等效能的類似演算法已由 Dekker(1969) 發展。

Brent 演算法的經驗證實其對廣泛問題為可靠有效的，此法的一種變形可直接由 MATLAB 工具箱獲得，此函數稱為 fzero，可以如下使用：

```
x = fzero('funcname',x0,tol,trace);
```

其中 funcname 可被任何系統函數取代，如 cos,sin 等等，或者由使用者事先定義。初值近似是 x_0，解的精確度由 tol 設定，若 trace 值大於 1 則給出迭代程序的追蹤，只有前兩個參數須給定則此函數的另一種呼叫為

```
x = fzero('funcname',x0);
```

不須迭代追蹤，容忍誤差為 0.0005，初值近似 1.65 與 −3 時，以 fzero 解 $(e^x-\cos x)^3=0$ 的部分根並繪出函數 $(e^x-\cos x)^3$ 的 MATLAB 敘述如下

```
% e3s304.m
f = @(x) (exp(x)-cos(x)).^3;
x = -4:0.02:0.5;
plot(x,f(x)), grid on
xlabel('x'), ylabel('f(x)');
title('f(x) = (exp(x)-cos(x)).^3')
root = fzero(f,1.65,0.00005);
fprintf('A root of this equation is %6.4f\n',root)
root = fzero(f,-3,0.00005);
fprintf('A root of this equation is %6.4f\n',root)
```

程式輸出與繪圖此處並不顯示，然而此程式提供讀者試驗。

在轉向處理多項式方程式同時解多根之前，我們提出 MATLAB 工具箱函數 fzero 與函數 fnewton 之比較性研究。下列函數被研究：

1. $\sin(1/x)=0$
2. $(x-1)^5=0$
3. $x-\tan x=0$
4. $\cos\{(x^2+5)/(x^4+1)\}=0$

比較研究結果置於表 3.4，可見 fnewton 比 fzero 速度慢而不可靠。

表 3.4　解方程式 1 到 4 需時秒數，相同起點 $x=-2$ 和精確度 =0.00005

函數	1	2	3	4
fnewton	Fail	0.999795831	Fail	−1.352673831
fzero	−0.318309886	1.000000000	−1.570796327	−1.352678708

3-18 第 3 章　非線性方程式的解

3.11　求多項式所有根的方法

解多項式方程式問題是一特例，因爲這些方程式只包含 x 的整數次方的組合而無其他函數。由於他們的特殊結構，演算法被發展爲同時求多項式方程式的所有根。MATLAB 提供函數 roots，這函數爲多項式設置伴隨矩陣 (companion matrix) 及求其特徵值。特徵值可證明爲多項式的根。伴隨矩陣的說明參見附錄 A。

以下幾節中描述貝爾斯托 (Bairstow) 法與拉格爾 (Laguerre) 法，但不提供詳細理論證明。我們提供貝爾斯托法一個 MATLAB 函數。

3.11.1　貝爾斯托 (Bairstow) 法

研究下列多項式

$$a_0 x^n + a_1 x^{n-1} + a_2 x^{n-2} + \cdots + a_n = 0 \tag{3.15}$$

因這是 n 階多項式，其具有 n 個根。多項式定位根的一般方法是求其所有二次因子，具有下列形式

$$x^2 + ux + v \tag{3.16}$$

其中 u，v 是待定常數。一旦求出所有二次因子，很容易解二次式求方程式的所有根。現在描述貝爾斯托法解這些二次式的主要步驟。

若 $R(x)$ 是多項式 (3.15) 除二次式 (3.16) 之餘式，則存在有常數 $b_0, b_1, b_2, \cdots$ 使下列等式成立

$$(x^2 + ux + v)(b_0 x^{n-2} + b_1 x^{n-3} + b_2 x^{n-4} + \cdots + b_{n-2}) + R(x) = x^n + a_1 x^{n-1} + a_2 x^{n-2} + \cdots + a_n \tag{3.17}$$

這裡 a_0 已設爲 1，$R(x)$ 形式爲 $rx+s$，爲確保 x^2+ux+v 是多項式 (3.15) 的正確因式。餘式 $R(x)$ 須爲零。此式成眞則 r 和 s 皆需爲零，所以需調整 u 及 v 直到此式成立。因爲 r，s 兩者與 u，v 相依，問題簡化爲解方程式

$$r(u, v) = 0$$
$$s(u, v) = 0$$

使用初值近似 u_0，v_0 的迭代解解這些方程式。則需要改進 u_1 和 v_1 的近似值，其中 $u_1 = u_0 + \Delta u_0$ 與 $v_1 = v_0 + \Delta v_0$，使得

$$r(u_1, v_1) = 0$$
$$s(u_1, v_1) = 0$$

或 r 與 s 儘可能接近 0。

現在求造成改進近似解的變動量 Δu_0 及 Δv_0，結果需展開下列二方程式

$$r(u_0 + \Delta u_0, v_0 + \Delta v_0) = 0$$
$$s(u_0 + \Delta u_0, v_0 + \Delta v_0) = 0$$

使用泰勒級數展開並忽略 Δu_0 和 Δv_0 之高次項。這導致 Δu_0 和 Δv_0 的 2 個近似線性方程式

$$r(u_0, v_0) + (\partial r/\partial u)_0 \Delta u_0 + (\partial r/\partial v)_0 \Delta v_0 = 0$$
$$s(u_0, v_0) + (\partial s/\partial u)_0 \Delta u_0 + (\partial s/\partial v)_0 \Delta v_0 = 0 \tag{3.18}$$

下標 0 代表在 v_0, u_0 點計算的偏導數。一旦求出此變動修正量則迭代程式可以重覆直到 r 和 s 足夠接近零。這裡使用的方法稱為 2 變數牛頓法，在本章 3.12 節將會敘述。

很明顯地此法需要 r 和 s 對 u,v 的一次偏導數。這些型式並不明顯；然而其可由 (3.17) 中係數比較得出遞回關係 (recurrence relations) 再微分求得。此處不提供詳細推導但過程的仔細解說可參考 Froberg(1969) 之文獻。一旦求出二次因式則相同步驟再用至係數為 b_i 之殘餘多項式以得到剩餘的二次因式。這裡不說明詳細推導但是以下提供 MATLAB 函數 `bairstow`。

```
function [rts,it] = bairstow(a,n,tol)
% Bairstow's method for finding the roots of a polynomial of degree n.
% Example call: [rts,it] = bairstow(a,n,tol)
% a is a row vector of REAL coefficients so that the
% polynomial is x^n+a(1)*x^(n-1)+a(2)*x^(n-2)+...+a(n).
% The accuracy to which the polynomial is satisfied is given by tol.
% The output is produced as an (n x 2) matrix rts.
% Cols 1 & 2 of rts contain the real & imag part of root respectively.
% The number of iterations taken is given by it.
it = 1;

while n>2
    %Initialise for this loop
    u = 1; v = 1; st = 1;
    while st>tol
        b(1) = a(1)-u; b(2) = a(2)-b(1)*u-v;
        for k = 3:n
            b(k) = a(k)-b(k-1)*u-b(k-2)*v;
        end
        c(1) = b(1)-u; c(2) = b(2)-c(1)*u-v;
        for k = 3:n-1
            c(k) = b(k)-c(k-1)*u-c(k-2)*v;
        end
```

```
            %calculate change in u and v
            c1 = c(n-1); b1 = b(n); cb = c(n-1)*b(n-1);
            c2 = c(n-2)*c(n-2); bc = b(n-1)*c(n-2);
            if n>3, c1 = c1*c(n-3); b1 = b1*c(n-3); end
            dn = c1-c2;
            du = (b1-bc)/dn; dv = (cb-c(n-2)*b(n))/dn;
            u = u+du; v = v+dv;
            st = norm([du dv]); it = it+1;
        end
        [r1,r2,im1,im2] = solveq(u,v,n,a);
        rts(n,1:2) = [r1 im1]; rts(n-1,1:2) = [r2 im2];
        n = n-2;
        a(1:n) = b(1:n);
    end
% Solve last quadratic or linear equation
u = a(1); v = a(2);
[r1,r2,im1,im2] = solveq(u,v,n,a);
rts(n,1:2) = [r1 im1];
if n==2
    rts(n-1,1:2) = [r2 im2];
end
% ----------------------------------------------------------
function [r1,r2,im1,im2] = solveq(u,v,n,a);
% Solves x^2 + ux + v = 0 (n ~= 1) or x + a(1) = 0 (n = 1).
% Example call: [r1,r2,im1,im2] = solveq(u,v,n,a)
% r1, r2 are real parts of the roots,
% im1, im2 are the imaginary parts of the roots.
% Called by function bairstow.
if n==1
    r1 = -a(1); im1 = 0; r2 = 0; im2 = 0;

else
    d = u*u-4*v;
    if d<0
        d = -d;
        im1 = sqrt(d)/2; r1 = -u/2; r2 = r1; im2 = -im1;
    elseif d>0
        r1 = (-u+sqrt(d))/2; im1 = 0; r2 = (-u-sqrt(d))/2; im2 = 0;
    else
        r1 = -u/2; im1 = 0; r2 = -u/2; im2 = 0;
    end
end
```

注意此函數 bairstow 巢狀呼叫到 Matlab 另一函數 solveq，函數並非分開儲存且只能由 bairstow 存取。我們現在可以使用解特殊多項式

$$x^5 - 3x^4 - 10x^3 + 10x^2 + 44x + 48 = 0$$

此例中取係數為向量 c，c=[−3 −10 10 44 48]，若需精確度至小數點後四位則取 tol 為 0.00005，以下程式使用 bairstow 解已知的多項式

```
% e3s305.m
c = [-3 -10 10 44 48];
[rts, it] = bairstow(c,5,0.00005);
for i = 1:5
    fprintf('\nroot%3.0f Real part=%7.4f',i,rts(i,1))
    fprintf(' Imag part=%7.4f',rts(i,2))
end
fprintf('\n')
```

注意 fprintf 如何由矩陣 rts 提供清楚的輸出

```
root  1 Real part= 4.0000 Imag part= 0.0000
root  2 Real part=-1.0000 Imag part=-1.0000
root  3 Real part=-1.0000 Imag part= 1.0000
root  4 Real part=-2.0000 Imag part= 0.0000
root  5 Real part= 3.0000 Imag part= 0.0000
```

如同先前所指出的，MATLAB 提供函數 root 來解多項式。比較 roots 與貝爾斯托法是有趣的。表 3.5 得出應用至特定多項式時的比較輸出。問題 p1 至 p5 是多項式：

$$p1: \quad x^5 - 3x^4 - 10x^3 + 10x^2 + 44x + 48 = 0$$
$$p2: \quad x^3 - 3.001x^2 + 3.002x - 1.001 = 0$$
$$p3: \quad x^4 - 6x^3 + 11x^2 + 2x - 28 = 0$$
$$p4: \quad x^7 + 1 = 0$$
$$p5: \quad x^8 + x^7 + x^6 + x^5 + x^4 + x^3 + x^2 + x + 1 = 0$$

雖然函數 roots 較有效，兩方法皆求出所有問題的正確根。

表 3.5 得出所有根所需時間 (秒)

	roots	bairstow
p1	7	33
p2	6	19
p3	6	14
p4	10	103
p5	11	37

3.11.2 拉格爾 (Laguerre) 法

拉格爾法提供一個快速收斂程序來定位多項式的根，此法被用在 MATLAB 函數 roots1。然而此演算法是有趣的因此在本節描述。

此法被應用至下列型式的多項式

$$p(x) = x^n + a_1x^{n-1} + a_2x^{n-2} + \cdots + a_n$$

以初值近似 x_1 開始，應用下列迭代式至多項式 $p(x)$

$$x_{i+1} = x_i - np(x_i)/[p'(x_i) \pm \sqrt{\{h(x_i)\}}] \qquad i = 1, 2, \dots \qquad (3.19)$$

其中

$$h(x_i) = (n-1)[(n-1)\{p'(x_i)\}^2 - np(x_i)p''(x_i)]$$

n 是多項式階數。(3.19) 之符號取法與 $p'(x_i)$ 符號一樣。

使用如此複雜結構的公式前給予一些理由解說是很重要的。讀者可以發現在 (3.19) 中如果根號項不存在則迭代形式與牛頓法 (3.9) 和司洛德法 (3.14) 是一樣的。所以我們將有一求多項式根的二次收斂法。事實上，(3.19) 較複雜的結構提供三階收斂所以比牛頓法之收斂還快。誤差與前次誤差的立方成比例。所以給予一初值近似則此法將快速收斂至 r 表示為之多項式的根。

為得到多項式的其它根，將多項式 $p(x)$ 除以因式 $(x-r)$ 得另一 $n-1$ 階多項式。我們可以對此多項式應用 (3.19) 迭代然後再次重覆整個程序。直到求出所有所需精確度的根為止。除以因式 $(x-r)$ 之過程稱為緊縮 (deflation)，其可以如下之簡潔有效方法完成。

因為有已知因式 $(x-r)$ 則

$$a_0x^n + a_1x^{n-1} + a_2x^{n-2} + \cdots + a_n = (x-r)(b_0x^{n-1} + b_1x^{n-2} + b_2x^{n-3} + \cdots + b_{n-1})$$
$$(3.20)$$

兩邊比較 x 次冪之係數得出

$$b_0 = a_0$$
$$b_i = a_i + rb_{i-1} \qquad i = 1, 2, \dots, n-1 \qquad (3.21)$$

這程序稱為綜合除法。在此須小心，特別是若根只求低精確度，因為病態條件會放大緊縮多項式係數之微小誤差效應。

這就完成此法的說明但是須注意一些重點。假設計算中可維持足夠的精確度，拉格爾對任何初值近似都將收斂。複數根及重根可達收斂但速度較慢因為收斂率是線性的。複數根的情況時函數 $h(x_i)$ 變成負值，所以須調整演算法來處理此種情形，應考慮的主要特徵是多項式的導數可以由綜合除法有效求出。

摘要這演算法的重要特徵：

1. 此演算法是 3 階的所以快速的收斂至各別根。

2. 所有多項式的根皆可由綜合除法求出。

3. 導數可由綜合除法有效求出。

3.12 解非線性方程組系統

至目前為止，皆是求單一自變數非線性代數方程式的一根或所有根。現在研究解非線性代數方程組系統的方法，其每一方程式是特定數目變數的函數。我們可以下式寫此系統

$$f_i(x_1, x_2, \ldots, x_n) = 0 \qquad i = 1, 2, 3, \ldots, n \tag{3.22}$$

解此非線性方程組的一簡單方法是基於單一方程式的牛頓法。為說明此一程序，我們先以二變數二方程式系統開始。

$$f_1(x_1, x_2) = 0$$
$$f_2(x_1, x_2) = 0 \tag{3.23}$$

對 x_1^0 和 x_2^0 給予初值近似 x_1 和 x_2，求新的近似值 x_1^1 和 x_2^1 如下：

$$x_1^1 = x_1^0 + \Delta x_1^0$$
$$x_2^1 = x_2^0 + \Delta x_2^0 \tag{3.24}$$

這些近似值應使函數值更靠近零，所以

$$f_1(x_1^1, x_2^1) \approx 0$$
$$f_2(x_1^1, x_2^1) \approx 0$$

或

$$f_1(x_1^0 + \Delta x_1^0, \, x_2^0 + \Delta x_2^0) \approx 0$$
$$f_2(x_1^0 + \Delta x_1^0, \, x_2^0 + \Delta x_2^0) \approx 0 \tag{3.25}$$

對 (3.25) 應用二維泰勒級數展開得到

$$f_1(x_1^0, x_2^0) + \{\partial f_1/\partial x_1\}^0 \Delta x_1^0 + \{\partial f_1/\partial x_2\}^0 \Delta x_2^0 + \cdots \approx 0$$
$$f_2(x_1^0, x_2^0) + \{\partial f_2/\partial x_1\}^0 \Delta x_1^0 + \{\partial f_2/\partial x_2\}^0 \Delta x_2^0 + \cdots \approx 0 \tag{3.26}$$

若忽略高於 1 次方的 Δx_1^0 和 Δx_2^0 則 (3.26) 表示二未知數的二線性方程組系統。上標 0 表示函數在初始近似值的計算值且 Δx_1^0 和 Δx_2^0 是欲求的未知數。解出 (3.26) 可得到改進的近似值然後重覆此程序直到已得到所需的精確度。一個普遍的收斂準則是繼續迭代直到

$$\sqrt{(\Delta x_1^r)^2 + (\Delta x_2^r)^2} < \varepsilon$$

其中 r 是迭代數，ε 是讀者預設的小正數。

推廣此一程序至任何數目的變數和方程式是一簡單的步驟。可以寫這一般方程式系統如下：

$$\mathbf{f}(\mathbf{x}) = \mathbf{0}$$

這裡 f 是指 n 個分量 $(f_1, f_2, \cdots, f_n)^\top$ 的行向量，$\mathbf{x}$ 是 n 個分量 $(x_1, x_2, \cdots, x_n)^\top$ 的行向量。令 $\mathbf{x}^{r+1}$ 是 $\mathbf{x}$ 在第 $(r+1)$ 次的迭代值，則

$$\mathbf{x}^{r+1} = \mathbf{x}^r + \Delta\mathbf{x}^r \qquad r = 0, 1, 2, \ldots$$

若 $\mathbf{x}^{r+1}$ 是 $\mathbf{x}$ 的改進近似，則

$$\mathbf{f}(\mathbf{x}^{r+1}) \approx \mathbf{0}$$

或

$$\mathbf{f}(\mathbf{x}^r + \Delta\mathbf{x}^r) \approx \mathbf{0} \tag{3.27}$$

以 n 維泰勒級數展開 (3.27) 示得出

$$\mathbf{f}(\mathbf{x}^r + \Delta\mathbf{x}^r) = \mathbf{f}(\mathbf{x}^r) + \nabla\mathbf{f}(\mathbf{x}^r)\Delta\mathbf{x}^r + \cdots \tag{3.28}$$

這裡 ∇ 是對 $\mathbf{x}$ 的每 n 分量之偏導數的向量運算元，若忽略在 $(\Delta\mathbf{x}^r)^2$ 中的高次項，藉著 (3.27)

$$\mathbf{f}(\mathbf{x}^r) + \mathbf{J}_r\Delta\mathbf{x}^r \approx \mathbf{0} \tag{3.29}$$

其中 $\mathbf{J}_r = \nabla\mathbf{f}(\mathbf{x}^r)$，$\mathbf{J}_r$ 稱為雅各賓矩陣 (Jacobian Matrix)。下標 r 表示矩陣在點 x^r 的計算值，可寫成各分量的形式為

$$\mathbf{J}_r = [\partial f_i(\mathbf{x}^r)/\partial x_j] \qquad i = 1,2,\ldots,n \quad 及 \quad j = 1,2,\ldots,n$$

解 (3.29) 有下列改進的近似式

$$\mathbf{x}^{r+1} = \mathbf{x}^r - \mathbf{J}_r^{-1}\mathbf{f}(\mathbf{x}^r) \qquad r = 1,2,\ldots$$

矩陣 $\mathbf{J}_r$ 可能是奇異的 (singular)，此時反矩陣 $\mathbf{J}_r^{-1}$ 無法計算。

這是牛頓法的一般形式，然而此法有兩個主要缺點。
1. 除非有好的初值近似否則此法可能不收斂。
2. 此法需使用者提供每一函數對每一變數之導數，因此使用者必須提供 n^2 個導數且任何電腦完成此法必須在每一迭代計算 n 函數及 n^2 導數。

以下 MATLAB 程式完成此法。

```
function [xv,it] = newtonmv(x,f,jf,n,tol)
% Newton's method for solving a system of n nonlinear equations
% in n variables.
% Example call: [xv,it] = newtonmv(x,f,jf,n,tol)
% Requires an initial approximation column vector x. tol is
% required accuracy. User must define functions f (system equations)
% and jf (partial derivatives). xv is the solution vector, the it
% parameter is number of iterations taken.
% WARNING. The method may fail, for example if initial estimates are poor.
it = 0; xv = x;
fr = feval(f,xv);
while norm(fr) > tol
    Jr = feval(jf,xv);  xv = xv-Jr\fr;
    fr = feval(f,xv);  it = it+1;
end
```

圖 3.11 說明以下兩變數兩方程式系統：

$$x^2 + y^2 = 4$$
$$xy = 1$$

(3.30)

定義函數 f 及雅各賓 (Jacobian) 為 Jf，以根的初值近似 $x=3$ 和 $y=-1.5$，容忍誤差為 0.00005 呼叫 newtonmv 解系統 (3.30) 如下：

```
>> f = @(v) [v(1)^2+v(2)^2-4; v(1)*v(2)-1];
>> Jf = @(v) [2*v(1) 2*v(2); v(2) v(1)];
>> [rootvals,iter] = newtonmv([3 -1.5]',f,Jf,2,0.00005)
```

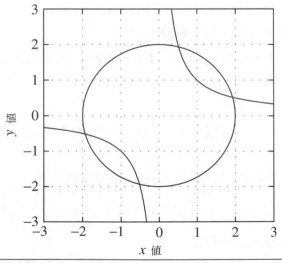

圖 3.11 系統 (3.30) 之圖形，交點顯示根的位置。

得到下列 MATLAB 輸出：

```
rootvals =
    1.9319
    0.5176


iter =
    5
```

解是 $x=1.9319$ 和 $y=0.5176$，很明顯地，使用者必須提供大量的資訊給這一函數。下節嘗試處理這一問題。

3.13　布洛依登 (Broyden) 法解非線性方程式

3.12 節描述的牛頓法只能提供實際過程解非線性方程式的最小系統。正如我們所見。此法需由使用者提供不僅只有函數定義而且尚有函數的偏導數 n^2。所以對一 10 個未知數的 10 個方程式系統，使用者必須提供 110 個函數定義！

許多方法被用來處理這一問題，在這些方法裡最成功的稱為半牛頓法 (quasi–Newton methods)。半牛頓法由只包含函數近似的導數值來避免偏導數的計算，在 $\mathbf{x}^r$ 點計算的函數導數組可以雅各賓矩陣寫成如下式：

$$\mathbf{J}_r = [\partial f_i(\mathbf{x}^r)/\partial x_j] \qquad i = 1, 2, \ldots, n \quad \text{及} \quad j = 1, 2, \ldots, n \tag{3.31}$$

半牛頓法在每次迭代由雅各賓 (Jacobian) 的逐次近似提供一更新公式。布洛伊登及其它人已證實在特定情況下這些更新公式對反雅各賓 (inverse Jacobian) 提供滿意的近似值。布洛伊登建議的演算法如下：

1. 輸入一個解的初值近似，計數器 r 設為零。
2. 對反雅各賓 B^r 計算或假設一個初值近似。
3. 計算 $\mathbf{p}^r = -\mathbf{B}^r\mathbf{f}^r$，其中 $\mathbf{f}^r = \mathbf{f}(\mathbf{x}^r)$。
4. 求純量 t 使得$\|\mathbf{f}(\mathbf{x}^r + t_r\mathbf{p}^r)\| < \|\mathbf{f}^r\|$，符號 $\|\ \|$ 表示被取的向量範數或模數 (norm)。
5. 計算 $\mathbf{x}^{r+1} = \mathbf{x}^r + t_r\mathbf{p}^r$。
6. 計算 $\mathbf{f}^{r+1} = \mathbf{f}(\mathbf{x}^{r+1})$，若$\|\mathbf{f}^{r+1}\| < \varepsilon$ (ε 是預設的小正數)，然後跳出演算程序，否則繼續步驟 7。
7. 使用下列更新公式得到所需的雅各賓近似值。

$$\mathbf{B}^{r+1} = \mathbf{B}^r - (\mathbf{B}^r\mathbf{y}^r - \mathbf{p}^r)(\mathbf{p}^r)^\top\mathbf{B}^r/\{(\mathbf{p}^r)^\top\mathbf{B}^r\mathbf{y}^r\} \quad \text{其中} \quad \mathbf{y}^r = \mathbf{f}^{r+1} - \mathbf{f}^r$$

8. 令 $i = i+1$ 然後回到步驟 3

反雅各賓矩陣 $\mathbf{B}$ 的初值近似常取為單位矩陣的純量倍數。演算法的成功與否視待解函數的特性及初值與解的接近度而定。尤其步驟 4 可能出現主要問題，可能非常耗時，為避免這一 t_r，常將之設為 1 或更小的常數。這可加速運算但可能降低穩定度。

應注意的是已被建議的其它更新公式且在上列演算法中很容易以其他公式取代布洛伊登公式。一般而言解非線性方程式系統的問題是非常困難的。無一演算法保證對所有方程式系統有效。對大的方程式系統，有用的演算法偏向需要大量的計算時間去得到正確解。

MATLAB 函數 broyden 完成布洛伊登法，值得注意的是其已將 t_r 設為 1，以避免步驟 4 的困難性。

```
function [xv,it] = broyden(x,f,n,tol)
% Broyden's method for solving a system of n nonlinear equations
% in n variables.
% Example call: [xv,it] = broyden(x,f,n,tol)
% Requires an initial approximation column vector x. tol is required
% accuracy. User must define function f.
% xv is the solution vector, parameter it is number of iterations
% taken. WARNING. Method may fail, for example, if initial estimates
% are poor.
fr = zeros(n,1); it = 0; xv = x;
Br = eye(n); %Set initial Br
fr = feval(f, xv);
while norm(fr)>tol
    it = it+1; pr = -Br*fr; tau = 1;
    xv = xv+tau*pr;
    oldfr = fr; fr = feval(f,xv);
    % Update approximation to Jacobian using Broyden's formula
    y = fr - oldfr; oldBr = Br;
    oyp = oldBr*y-pr; pB = pr'*oldBr;
    for i = 1:n
        for j = 1:n
            M(i,j) = oyp(i)*pB(j);
        end
    end
    Br = oldBr-M./(pr'*oldBr*y);
end
```

使用布洛伊登法解系統 (3.30)，如下呼叫 broyden

```
>> f = @(v) [v(1)^2+v(2)^2-4; v(1)*v(2)-1];
>> [x, iter] = broyden([3 -1.5]',f,2,0.00005)
```

執行結果是

```
x =
    0.5176
    1.9319

iter =
    36
```

這是系統 (3.30) 的正確根。雖然與牛頓法的迭代初值相同但得到不同的根。

第二例取自 MATLAB 使用者指引 (1989) 的下列方程組。

$$\sin x + y^2 + \log_e z = 7$$
$$3x + 2y - z^3 = -1 \qquad (3.32)$$
$$x + y + z = 5$$

完成 (3.32) 之函數 g 如下：

```
>> g = @(p) [sin(p(1))+p(2)^2+log(p(3))-7; 3*p(1)+2^p(2)-p(3)^3+1;
            p(1)+p(2)+p(3)-5];
```

解 (3.32) 的結果如下，使用的初值爲 $x=0, y=2$ 和 $z=2$

```
>> x = broyden([0 2 2]',g,3,0.00005)

x =
    0.5991
    2.3959
    2.0050
```

這表示此兩問題這方法是成功的且不須要計算偏導數，讀者可能有興趣應用函數 newtonmv 至這問題。9 個 1 階偏導數是需要的。

3.14　比較牛頓法與布洛依登法

我們由比較在 3.12 節與 3.13 節解系統 (3.30) 所發展的函數 broyden 與 newtonmv 的性能來結束解非線性方程組的討論。下列程式呼叫到此兩函數，量測所需時間及收斂所需的迭代次數。

```
>> f = @(v) [v(1)^2+v(2)^2-4; v(1)*v(2)-1];
>> [x,it] = broyden([3 -1.5]',f,2,0.00005)

x =
    0.5176
    1.9319

it =
    36

>> J = @(v) [2*v(1) 2*v(2);v(2) v(1)];
>> [x,it] = newtonmv([3,-1.5]',f,J,2,0.00005)

x =
    1.9319
    0.5176

it =
     5
```

應注意的是雖然在每一例子中求得正確解，它是不同的根。

　　1 階偏導數是牛頓法所需但對使用者部份較費力氣。解上面問題說明函數 broyden 形式簡易是吸引人的原因，因為它不須使用者費力。

　　3.12 和 3.13 兩節提供兩個非常簡單的演算法解非常困難的問題，不能確保總是有效同時對大問題其收斂較慢。

3.15　總結

　　讀者欲解非解性方程式時將會發現這是一個有特殊困難的領域，特別的演算法若不是不能求解就是耗時甚久，但總有可能想出或順應問題。例如，對一明顯的小問題 $x^{20}=0$，要非常精確地求其所有根對很多演算法而言是不可能的，然而如果謹慎使用，本章所敘述的演算法提供解廣泛問題的方法。MATLAB 非常適合這一研究，因為它提供交互式的程式試驗環境和圖形顯示來洞察方法及函數的運作行為。讀者可參閱第 9 章，9.6 節應用符號式工具箱解非線性方程式。此節內演算法 solve，fnewtsym，newtmvsym 將被說明及應用。

本章習題

3.1 Omar Khyyam(生於 12 世紀) 用幾何方法解如下的立方方程式

$$x^3 - cx^2 + b^2x + a^3 = 0$$

方程式正根是圓和拋物線在第一象限交點其 x 座標如下：

$$x^2 + y^2 - (c - a^3/b^2)x + 2by + b^2 - ca^3/b^2 = 0$$
$$xy = a^3/b$$

對 $a=1$，$b=2$，$c=3$，用 MATLAB 畫這兩函數並注意交點的 x 座標。以 MATLAB 函數 fzero 解這立方方程式且因此證實 Omar Khyyam 的方法。提示：你將會發現使用 MATLAB 函數 ginput 非常有幫助。

3.2 以 MATLAB 函數 fnewton 求

$$x^{1.4} - \sqrt{x} + 1/x - 100 = 0$$

的一根，初值近似給為 50，準確度為 10^{-4}。

3.3 以 MATLAB 函數 fnewton 求 $|x^3| + x - 6 = 0$ 的 2 實根。使用初值近似為 -1 和 1，準確度為 10^{-4}。使用 MATLAB 繪函數圖形以驗證方程式只有兩個實根。

提示：求函數導數需小心！

3.4 當 c 是一大數值時，解釋為何求 $\tan x - c = 0$ 的根是非常困難的。當 $c=5$ 和 $c=10$ 時，用 MATLAB 函數 fnewton 求此方程式的根，初值近似為 1.3 和 1.4，準確度是 10^{-4}。比較兩種情形時的迭代次數。

提示：一 MATLAB 圖形將會是有用的。

3.5 用 MATLAB 函數 schroder 配合 $n=5$，初值 $x_0=2$ 求多項式 $x^5 - 5x^4 + 10x^3 - 10x^2 + 5x - 1 = 0$ 的根。準確度至小數 4 位。以 MATLAB 函數 fnewton 解相同問題。比較兩種方法的結果和迭代次數，使用準確度 5×10^{-7}。

3.6 以簡單迭代法解方程式 $x^{10} = e^x$，用不同方法表示方程式為 $x = f(x)$ 型式且用初值近似 $x=1$ 開始迭代。比較你設計出的公式效率並以 MATLAB 函數 fnewton 檢查你的答案。

3.7 歷史上克卜勒 (Kepler) 方程形式為 $E - e\sin E = M$。對哈雷慧星的離心率 $e = 0.96727464$ 解此方程式，$M = 4.527594 \times 10^{-3}$。使用 MATLAB 函數 fnewton，精確度 0.00005 和初始值 1。

3.8 以初值 -1.5 和 1，準確度 1×10^{-5}，檢查 MATLAB 函數 `fzero` 解 $x^{11}=0$ 的性能。

3.9 底下方程式的最小正根爲 1.4458。

$$1-x+x^2/(2!)^2-x^3/(3!)^2+x^4/(4!)^2-\cdots=0$$

依序考慮只用級數的前四、五、六項證明被截短的級數之根接近這一結果。初值爲 1，準確度 10^{-4}，使用 MATLAB 函數 `fzero` 推導這些結果。

3.10 化簡下列方程組成爲只含 x 項的一個方程式並以 MATLAB 函數 `fnewton` 解此一化簡後的方程式。

$$e^{x/10}-y=0$$
$$2\log_e y-\cos x=2$$

以 MATLAB 函數 `newtonmv` 直接解原方程組並比較你的結果。對 `fnewton` 使用初值近似 $x=1$，對 `newtonmv` 使用初值近似 $x=1$ 和 $y=-10$，兩者準確度皆爲 10^{-4}。

3.11 使用 MATLAB 函數 `broyden` 解下列一對方程式，初值起點爲 $x=10$, $y=-10$，和準確度 10^{-4}。

$$2x=\sin\{(x+y)/2\}$$
$$2y=\cos\{(x-y)/2\}$$

3.12 以 MATLAB 函數 `newtonmv` 和 `broyden`，初值起點爲 $x=1$ 和 $y=2$ 準確度爲 10^{-4}，解下列兩方程式。

$$x^3-3xy^2=1/2$$
$$3x^2y-y^3=\sqrt{3}/2$$

3.13 多項式方程式

$$x^4-(13+\varepsilon)x^3+(57+8\varepsilon)x^2-(95+17\varepsilon)x+50+10\varepsilon=0$$

有根爲 1，2，5，$5+\varepsilon$。使用函數 `bairstow` 和 `roots` 求多項式所有根。針對 $\varepsilon=0.1,0.01$ 和 0.001。當 ε 變小時會發生什麼情形？使用的準確度爲 10^{-5}。

3.14 精確度爲 10^{-4}，以 MATLAB 函數 `bairstow` 求下列多項式的所有根。

$$x^5-x^4-x^3+x^2-2x+2=0$$

3.15 以 MATLAB 函數 `roots` 解方程式所有根

$$t^3-0.5-\sqrt{(3/2)}i=0 \quad 其中 \quad i=\sqrt{-1}$$

與正確解比較，

$$\cos\{(\pi/3 + 2\pi k)/3\} + i\sin\{(\pi/3 + 2\pi k)/3\} \qquad k = 0, 1, 2$$

使用的準確度為 10^{-4}。

3.16 伊利諾法 (Illinois method) 求 $f(x)=0$ 的根 (Dowell and Jarrett,1971) 之演算法概要如下：

> 對於 $k = 0, 1, 2, \ldots$
> $x_{k+1} = x_k - f_k/f[x_{k-1}, x_k]$
> 如果 $f_k f_{k+1} > 0$ 設 $x_k = x_{k-1}$ 及 $f_k = gf_{k-1}$
> 式中 $f_k = f(x_k)$, $f[x_{k-1}, x_k] = (f_k - f_{k-1})/(x_k - x_{k-1})$
> 及 $g = 0.5$

寫一 MATLAB 函數來完成這一演算法。

注意：*regula falsi* 法與此類似但不同因為 g 取為 1。

3.17 以下迭代公式可被用來解方程式 $x^2 - a = 0$

$$x_{k+1} = (x_{k+1} + a/x_k)/2, \quad k = 0, 1, 2, \ldots$$

及

$$x_{k+1} = (x_{k+1} + a/x_k)/2 - (x_k - a/x_k)^2/(8x_k), \quad k = 0, 1, 2, \ldots$$

這是解這方程式的 2 階和 3 階迭代公式。寫一 MATLAB 程式完成這些方法並比較得到 100.112 的平方根至小數 5 位所需的迭代數目。為了說明起見，使用初值近似為 1000。

3.18 研究迭代式

$$x_{k+1} = g(x_k) \qquad k = 0, 1, 2, \ldots$$

其中

$$g(x) = cx(1 - x)$$

對不同常數 c。說明 MATLAB 如何被用來研究混沌行為 (chaotic behavior)。這一簡單迭代式是來自嘗試去解一簡單二次方程式時所得。然而它的行為是複雜的且對一些 c 值時是混沌的。寫一 MATLAB 程式來繪製迭代值對這函數的迭代次數圖並研究當 $c = 2.8$, 3.25, 3.5, 和 3.8 時的迭代行為。使用初值為 $x_0 = 0.7$。

3.19 在問題 3.2，3.3，3.7 中的被求解函數，使用 3.9 節中的 MATLAB 函數 `plotapp` 來求這些函數的近似解。

3.20 三次多項方程式

$$x^3 - px - q = 0$$

若滿足不等式 $p^3/q^2 > 27/4$ 則將會有實根。找出 5 對滿足不等式的 p 和 q，並使用 MATLAB 函數 `roots`，來驗證對應至此方程式之跟是否為實數。

3.21 十六世紀的一位數學家 Ioannes Colla 提出下列一個問題：將 10 分成 3 個連續互相成等比例部分，且第一個乘積為 6。三個部分分別是 x, y, z，問題如下

$$x + y + z = 10, \ x/y = y/z, \ xy = 6$$

將這些等式化為同一個變數 y 如下

$$y^4 + 6y^2 - 60y + 36 = 0$$

若我們可以解方程式得到 y 的值，則其他在原始方程式中的 x 與 z 都可以求出。使用 MATLAB 函數 `roots` 求出 y 並解此 Colla 問題。

3.22 簡支樑的自然頻率可以由下列方程式的根得到

$$c_1^2 - x^4 c_3^2 = 0$$

其中

$$c_1 = (\sinh(x) + \sin(x))/(2x)$$

與

$$c_3 = (\sinh(x) - \sin(x))/(2x^3)$$

置換 c_1 和 c_3 得到

$$((\sinh(x) + \sin(x))/(2x))^2 - x^4((\sinh(x) - \sin(x))/(2x^3))^2 = 0$$

當 x 的值很小的時候（$x < 10$），從這個方程式求解並不困難；對於 $x > 25$ 則變得不確定。此方程式的解圍 $x = k\pi$，其中 k 為正整數。使用 MATLAB 函數 `fzero` 並以初始近似值 $x=5$ 以及 $x=30$ 得到的解，趨近於此方程式的初始近似值。此練習的目的不是簡化此方程式。

　　為何結果並不好？若簡化此方程式，則會得到什麼樣的方程式，並且解為何？

4 ::::

微分與積分

　　微分與積分是微積分學中的基本運算，也出現於數學、科學與工程的大部份領域。求一函數導數的解析解有可能過程繁瑣但是方法簡單。反過來，若要得到一函數積分的解析解卻常是非常困難，甚至無法得到。

　　求某些函數解析積分所遇到的困難，激勵許多數值程序的發展來求定積分的近似值。在很多情形這些程序都會得到很好的結果，因為積分是一個調整平滑的過程 (smoothing process)，誤差約略上能互相抵消。然而，普通的程序在遇到一些特定函數時會發生一些困難，我們會討論一些特殊的數值程序以能近似求出某些特定函數的定積分值。

4.1　導論

　　本章下一節將說明如何估計一個函數中某個獨立變數的導數。導數的數值近似僅需函數值。當程式中需求導數時，這些近似法是很方便的，由這些方法，我們就免去了求解析解的麻煩。4.3 節以後，介紹給讀者一些數值積分方法，包括適合於無限大範圍的積分方法 (或瑕積分)。一般的數值積分運作良好，但有一些病態上的積分 (pathological integrals) 將會令最佳的數值演算法失效。

4.2　數值微分

　　本節中我們會說明一些一階及高階微分近似法。在仔細研究這些演算法之前，先看一例子，它告訴我們若疏忽或無知地使用這些近似法所引起的危險。一個函數 $f(x)$ 最簡單的 1 階導數近似可由微分的正式定義而來：

$$\frac{df}{dx} = \lim_{h \to 0} \left(\frac{f(x+h) - f(x)}{h} \right) \tag{4.1}$$

　　上式 (4.1) 可解釋為函數 $f(x)$ 的導函數就是在 x 點的切線斜率。對於小的 h，我們可得導數的近似為

$$\frac{df}{dx} \approx \left(\frac{f(x+h)-f(x)}{h}\right) \tag{4.2}$$

這似乎意謂著 h 值愈小，(4.2) 式的值近似的愈好。以下的 MATLAB 程式繪出圖 4.1，其顯示誤差與不同 h 值之間的關係。

```
% e3s401.m
g = @(x) x.^9;
x = 1; h(1) = 0.5;
hvals = [ ]; dfbydx = [ ];
for i = 1:17
    h = h/10;
    b = g(x); a = g(x+h);
    hvals = [hvals h];
    dfbydx(i) = (a-b)/h;
end;
exact = 9;
loglog(hvals,abs(dfbydx-exact),'*')
axis([1e-18 1 1e-8 1e4])
xlabel('h value'), ylabel('Error in approximation')
```

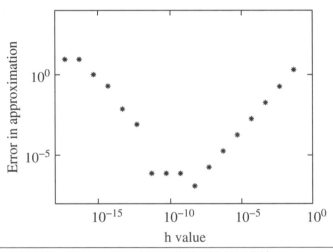

圖 4.1　以對數 - 對數圖顯示簡單導數近似的誤差。

由圖 4.1 可知當 h 值較大時誤差也大，當 h 減小時誤差也迅速減小。然而當 h 小於 10^{-9} 後，捨入誤差便佔主要部份並使近似結果變得很差。很明顯地須慎選 h 的大小。將這一慎選警示牢記於心，我們將發展不同精確度之任意階導數。

我們已知一階微分的一個簡單近似式可輕易的由導數的正式定義而得。可是要由此得到更高階的微分及推演出更準確的公式卻是困難的。因此我們採用 $y=f(x)$ 的泰勒級數展開式。求函數在點 x_i 的導數之中央差分近似，展開 $f(x_i+h)$ 得到。

$$f(x_i + h) = f(x_i) + hf'(x_i) + (h^2/2!)f''(x_i) + (h^3/3!)f'''(x_i) + (h^4/4!)f^{(iv)}(x_i) + \cdots \tag{4.3}$$

我們把 $f(x)$ 以 h 的間隔取樣並將 x_i+h 寫成 x_{i+1}，寫 $f(x_i)$ 為 f_i 和寫 $f(x_{i+1})$ 為 fx_{i+1}，則

$$f_{i+1} = f_i + hf'(x_i) + (h^2/2!)f''(x_i) + (h^3/3!)f'''(x_i) + (h^4/4!)f^{(iv)}(x_i) + \cdots \quad (4.4)$$

同理

$$f_{i-1} = f_i - hf'(x_i) + (h^2/2!)f''(x_i) - (h^3/3!)f'''(x_i) + (h^4/4!)f^{(iv)}(x_i) - \cdots \quad (4.5)$$

(4.5) 減 (4.4)，求一次導數的近似如下：

$$f_{i+1} - f_{i-1} = 2hf'(x_i) + 2\left(h^3/3!\right)f'''(x_i) + \cdots$$

忽略 h^3 及更高次數項可得

$$f'(x_i) = \left(f_{i+1} - f_{i-1}\right)/2h \quad \text{具誤差階數為} \quad O\left(h^2\right) \quad (4.6)$$

這就是中央差分近似而不同於 (4.2) 的前向差分近似。(4.6) 比 (4.2) 更準確但當 h 趨近零之極限值時則兩者相同。

將 (4.4) 和 (4.5) 相加得出二次導數的近似值

$$f_{i+1} + f_{i-1} = 2f_i + 2\left(h^2/2!\right)f'(x_i) + 2\left(h^4/4!\right)f^{(iv)}(x_i) + \cdots$$

略去 h^4 及更高次項後可得

$$f''(x_i) = \left(f_{i+1} - 2f_i + f_{i-1}\right)/h^2 \quad \text{具誤差階數為} \quad O\left(h^2\right) \quad (4.7)$$

若要更高次的微分及更準確的近似，可對泰勒級數展開取更多項再加上 $f(x+2h)$ 及 $f(x-2h)$ 等等然後做類似運算。表 4.1 給出這些公式的例子

表 4.1 導數近似

	f_{i-3}	f_{i-2}	f_{i-1}	f_i	f_{i+1}	f_{i+2}	f_{i+3}	誤差階數
				$f_{i-3}\cdots f_{i+3}$ 的倍數				
$2hf'(x_i)$	0	0	−1	0	1	0	0	h^2
$h^2f''(x_i)$	0	0	1	−2	1	0	0	h^2
$2h^3f'''(x_i)$	0	−1	2	0	−2	1	0	h^2
$h^4f^{(iv)}(x_i)$	0	1	−4	6	−4	1	0	h^2
$12hf'(x_i)$	0	1	−8	0	8	−1	0	h^4
$12h^2f''(x_i)$	0	−1	16	−30	16	−1	0	h^4
$8h^3f'''(x_i)$	1	−8	13	0	−13	8	−1	h^4
$6h^4f^{(iv)}(x_i)$	−1	12	−39	56	−39	12	−1	h^4

以下定義的 Matlab 函數 diffgen. 計算一已知函數的第一、二、三、四階導數，$O(h^4)$ 誤差為 x。

```
function q = diffgen(func,n,x,h)
% Numerical differentiation.
% Example call: q = diffgen(func,n,x,h)
% Provides nth order derivatives, where n = 1 or 2 or 3 or 4
% of the user defined function func at the value x, using a step h.
if (n==1)|(n==2)|(n==3)|(n==4)
    c = zeros(4,7);
    c(1,:) = [ 0 1 -8 0 8 -1 0];
    c(2,:) = [ 0 -1 16 -30 16 -1 0];
    c(3,:) = [1.5 -12 19.5 0 -19.5 12 -1.5];
    c(4,:) = [ -2 24 -78 112 -78 24 -2];
    y = feval(func,x+[-3:3]*h);
    q = c(n,:)*y.';   q = q/(12*h^n);
else
    disp('n must be 1, 2, 3 or 4'), return
end
```

例如：

```
result = diffgen('cos',2,1.2,0.01)
```

求在 $x=1.2$、$h=0.01$ 時 $\cos(x)$ 的二階導數 -0.3624。以下程式呼叫 diffgen 函數 4 次以求在 $x=1$，$y=x^7$ 的前四階微分。

```
% e3s402.m
g = @(x) x.^7;
h = 0.5; i = 1;
disp('     h       1st deriv  2nd deriv   3rd deriv    4th deriv');
while h>=1e-5
    t1 = h;
    t2 = diffgen(g, 1, 1, h);
    t3 = diffgen(g, 2, 1, h);
    t4 = diffgen(g, 3, 1, h);
    t5 = diffgen(g, 4, 1, h);
    fprintf('%10.5f %10.5f %10.5f %11.5f %12.5f\n',t1,t2,t3,t4,t5);
    h = h/10; i = i+1;
end
```

上面程式的輸出為

```
    h      1st deriv  2nd deriv   3rd deriv    4th deriv
 0.50000    1.43750    38.50000   191.62500    840.00000
 0.05000    6.99947    41.99965   209.99816    840.00000
 0.00500    7.00000    42.00000   210.00000    840.00001
 0.00050    7.00000    42.00000   210.00000    839.97579
 0.00005    7.00000    42.00000   209.98521   -290.13828
```

注意當 h 減小時，第 1 階和第 2 階導數的估計值穩定地改進，可是當 $h=5\times10^{-4}$ 時，第 3、4 階微分的估計值開始變差。當 $h=5\times10^{-4}$ 時，對第 3 階導數的估計開始變差且第 4 階的導數非常不精確。通常無法預測何時開始變差。值得注意的是這一數值在不同的電腦平台會有不同結果。

4.3 數值積分

由檢驗下列定積分開始

$$I = \int_a^b f(x)\,dx \qquad (4.8)$$

這種積分的演算常稱為求積 (quadrature)，我們將發展 a、b 為有限或無限的求積方法。

(4.8) 式中的定積分是一個加法過程，但也可被解釋為曲線 $y=f(x)$ 以下，由 a 到 b 的面積。任何高於 x 軸的面積為正，低於 x 軸為負。許多積分數值方法都是用這個解釋方式來提出積分近似。通常 $[a,b]$ 區間會畫分成很多小區間，藉著對曲線 $y=f(x)$ 在小區間做簡單近似就可求出小區間的面積。所有小區間面積總合起來以得到在 $[a,b]$ 積分的近似值。這個技巧的變形是把這些小區間分群，對每一群用不同次數的多項式來近似 $y=f(x)$，這些方法中最簡單的就是梯形法。

梯形法是基於把在小區間中用一直線來近似 $y=f(x)$ 的觀念，所以每個小區間面積的形狀就是梯形。顯然當小區間數增加時，直線就愈能逼近。把 a 到 b 的區間等分成 n 個寬度為 h 的小區間 (其中 $h=(b-a)/n$)，藉著梯形面積是底乘以兩高的平均值來算出每一個小區間的面積。兩高是 f_i 及 f_{i+1}，這裡 $f_i=f(x_i)$，所以梯形面積是

$$h(f_i+f_{i+1})/2 \qquad i=0,1,2,\ldots,n-1$$

將所有梯形面積加起來就得到近似 (4.8) 的合成梯形法則。

$$I \approx h\{(f_0+f_n)/2 + f_1 + f_2 + \cdots + f_{n-1}\} \qquad (4.9)$$

使用梯形近似法隱含的誤差是截斷誤差 (truncation error)，如下

$$E_n \le (b-a)h^2 M/12 \qquad (4.10)$$

其中 M 是 $|f'(t)|$ 的上限，t 介於 a、b 之間，MATLAB 中函數 `trapz` 就是這程序的程式實現。在第 4.4 節中將比較梯形法與更準確的辛普森法則。

數值積分的精確度與三個因素有關，前二個是近似函數的性質及分成多少小區間。這些是由使用者控制且會造成截斷誤差，也就是近似的固有誤差。第三個影響因素是四捨五入誤差，也就是因為實際運算具有有限精確度所造成的誤差。對一特殊的近似函數，截斷誤差會隨著小區間數目的增加而減小。積分是一調整的平滑過程，且捨入誤差不會是主要問題。然而，當使用許多小區間時，解決問題的時間也會因為增加的運算量而變得非常可觀。把程式寫得較有效率可減輕這個問題。

4.4　辛普森法則 (Simpson's rule)

　　這個方法是基於用二次多項式來近似一對小區間內的函數 $f(x)$。如圖 4.2 所示。若將通過三點 (x_0, f_0), (x_1, f_1), (x_2, f_2)，其中 $f_1 = f(x_1)$ 的二次多項式求積，則得到下式公式

$$\int_{x_0}^{x_2} f(x)\,dx = \frac{h}{3}\left(f_0 + 4f_1 + f_2\right) \tag{4.11}$$

　　這就是一對區間的辛普森法則。應用此法於所有由 a 到 b 的成對區間內並總合結果可得下列的合成辛普森法則。

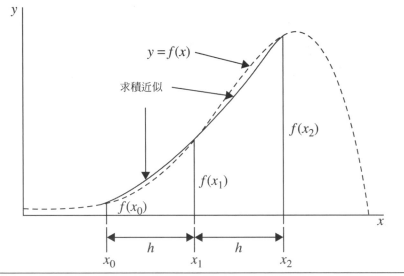

圖 4.2　辛普森法則，在兩區間內使用二次多項式之求積近似。

$$\int_{a}^{b} f(x)\,dx = \frac{h}{3}\left\{f_0 + 4\left(f_1 + f_3 + f_5 + \cdots + f_{2n-1}\right) + 2\left(f_2 + f_4 + \cdots + f_{2n-2}\right) + f_{2n}\right\} \tag{4.12}$$

　　其中 n 是指成對的區間數目，且 $h = (b-a)/(2n)$，合成法則亦可寫成向量乘積的形式如下：

$$\int_{a}^{b} f(x)\,dx = \frac{h}{3}\left(\mathbf{c}^{\top}\mathbf{f}\right) \tag{4.13}$$

其中 $\mathbf{c} = [1\ 4\ 2\ 4\ 2 \cdots 2\ 4\ 1]$ 和 $\mathbf{f} = [f_1\ f_2\ f_3 \cdots f_{2n}]^{\top}$。

　　近似引起的誤差稱為截斷誤差，約略為

$$E_n = (b-a)h^4 f^{(iv)}(t)/180$$

其中 t 介於 a、b 之間，誤差上限是

$$E_n \le (b-a)h^4 M/180 \tag{4.14}$$

其中 M 是 $|f^{(iv)}(t)|$ 的上限。誤差上限在較簡單的梯形法 (4.10) 是正比於 h^2 而非 h^4。這使得辛普森法以付出較多函數求值的代價得到優於梯形法的準確度。

　　爲了說明有不同的方法可以實現辛普森法則，我們提供了兩個選擇，simp1 和 simp2，函數 simp1 是先產生一個係數向量 v 及一個函數值向量 y，然後再將之相乘。函數 simp2 提供了一個較方便實現辛普森法則的方式。但在任一選擇情況，使用者皆須提供待積函數的定義，積分的上下限以及小區間的個數。小區間的個數必須是偶數，因爲這方法是把一個函數對應到成對的小區間。

```
function q = simp1(func,a,b,m)
% Implements Simpson's rule using vectors.
% Example call: q = simp1(func,a,b,m)
% Integrates user defined function func from a to b, using m divisions
if (m/2)~=floor(m/2)
    disp('m must be even'); return
end
h = (b-a)/m; x = a:h:b;
y = feval(func,x);
v = 2*ones(m+1,1);   v2 = 2*ones(m/2,1);
v(2:2:m) = v(2:2:m)+v2;
v(1) = 1;  v(m+1) = 1;
q = (h/3)* *v;
```

這個函數的第二種非向量型式是

```
function q = simp2(func,a,b,m)
% Implements Simpson's rule using for loop.
% Example call: q = simp2(func,a,b,m)
% Integrates user defined function
% func from a to b, using m divisions
if (m/2) ~= floor(m/2)
    disp('m must be even'); return
end
h = (b-a)/m;
s = 0; yl = feval(func,a);
for j = 2:2:m
    x = a+(j-1)*h;  ym = feval(func,x);
    x = a+j*h;    yh = feval(func,x);
    s = s+yl+4*ym+yh;  yl = yh;
end
q = s*h/3;
```

　　以下的程式會呼叫 simp1 或 simp2。這些函數可以被用來顯示成對區間數目對精確度的影響。這一程式求 0 到 1 之間 x^7 的積分值。

```
% e3s403.m
n = 4; i = 1;
tic
disp('    n integral value')
while n < 1025
    simpval = simp1(@(x) x.^7,0,1,n); % or simpval = simp2(etc.);
    fprintf('%5.0f %15.12f\n',n,simpval)
    n = 2*n; i = i+1;
end
t = toc;
fprintf('\ntime taken = %6.4f secs\n',t)
```

使用 **simp1** 這個程式輸出如下

```
    n integral value
    4   0.129150390625
    8   0.125278472900
   16   0.125017702579
   32   0.125001111068
   64   0.125000069514
  128   0.125000004346
  256   0.125000000272
  512   0.125000000017
 1024   0.125000000001

time taken = 0.0635 secs
```

　　當使用 **simp2** 來執行這一程式，得到相同的積分值但所需時間及浮點運算次數則如下所示：

```
time taken = 0.1335 secs
```

　　(4.14) 式顯示截斷誤差在小於 1 時 h 會迅速減小，以上結果說明了這一點。在辛普森法則中，捨入誤差是導因於對函數 $f(x)$ 求值以及隨後的相乘及相加所造成。我們也同時發現到即使浮點運算次數相差不多，但向量版本的 **simp1** 比 **simp2** 快得相當多。

　　現在使用 MATLAB 工具箱函數 **trapz** 來計算相同的積分。為了呼叫這函數，使用者必須提供一函數值向量 **f**。函數 **trapz(f)** 假設資料點間為單位距離下去預估函數的積分。所以為了求真正的積分值我們必須把 **trapz(f)** 再乘上距離 **h** 增量

```
% e3s404.m
n = 4; i = 1; f = @(x) x.^7;
tic
disp('    n  integral value')
while n<1025
    h = 1/n; x = 0:h:1;
    trapval = h*trapz(f(x));
    fprintf('%5.0f %15.12f\n',n,trapval)
    n = 2*n; i = i+1;
end
t = toc;
fprintf('\ntime taken = %4.2f secs\n',t)
```

執行這一程式得到下列結果

```
   n  integral value
   4  0.160339355469
   8  0.134043693542
  16  0.127274200320
  32  0.125569383381
  64  0.125142397981
 128  0.125035602755
 256  0.125008900892
 512  0.125002225236
1024  0.125000556310

time taken = 0.06 secs
```

這結果顯示了梯形法較辛普森法不準確。

4.5　牛頓 - 寇次公式 (Newton–Cotes Formulae)

辛普森法則是牛頓—寇次積分公式的一例。這公式的其它例子可藉由通過適當的點數擬合 (fitting) 更高階的多項式而求得。通常通過個 $n+1$ 點擬合一個 n 次的函數。所得的多項式再積分可得積分公式。這裡有一些牛頓—寇次積分公式的例子及他們截斷誤差的估計。

對 $n=3$，我們有

$$\int_{x_0}^{x_3} f(x)\,dx = \frac{3h}{8}\left(f_0 + 3f_1 + 3f_2 + f_3\right) + \text{截斷誤差} \frac{3h^5}{80}f^{iv}(t) \tag{4.15}$$

其中 t 是介於 x_0 和 x_3 之間。

對 $n=4$，我們有

$$\int_{x_0}^{x_4} f(x)\,dx = \frac{2h}{45}\left(7f_0 + 32f_1 + 12f_2 + 32f_3 + 7f_4\right) + \text{截斷誤差} \frac{8h^7}{945}f^{(vi)}(t) \tag{4.16}$$

其中 t 介於 x_0 和 x_4 之間。合成法亦可用 (4.15) 及 (4.16) 產生。

截斷誤差顯示藉由這些方法而非辛普森法可以改進精確度。然而這些方法較複雜，需要較繁雜的計算且捨入誤差也變成較嚴重的問題。MATLAB 函數 quad 使用適應性遞迴辛普森法則 (adaptive recursive Simpson's rule)；quadl 使用適應性洛巴度計算法；quadgk 使用適應性高斯 - 克朗羅德法則，其對於平滑與震盪積分特別有效，積分的上下限可能為無限。quad, quadl 和 simp1（以 1024 與 4096 次呼叫）以測定的誤差做比較，當評估 e^x 從 0 至 n 的積分，其中 n=2.5:2.5:25，依下列程式：

```
% e3s405.m
for n = 1:10; n1 = 2.5*n;
    ext = exp(n1)-1;
    err(n,1) = simp1('exp',0,n1,1024)-ext;
    err(n,2) = simp1('exp',0,n1,4096)-ext;
    err(n,3) = quadl('exp',0,n1)-ext;
    err(n,4) = quad('exp',0,n1)-ext;
end
err
```

執行此程式的到下列：

```
err =
   2.2062e-012   8.8818e-015   7.2414e-009   3.9510e-009
   4.6552e-010   1.8190e-012   1.0203e-011   8.6445e-009
   2.8889e-008   1.1323e-010   2.9315e-009   1.4057e-008
   1.1129e-006   4.3437e-009   4.5475e-010   1.6258e-008
   3.3101e-005   1.2928e-007             0   1.5891e-008
   8.3618e-004   3.2666e-006  -9.3132e-010   1.8626e-008
   1.8872e-002   7.3716e-005             0   7.4506e-009
   3.9221e-001   1.5321e-003  -5.9605e-008             0
   7.6535e+000   2.9899e-002   9.5367e-007   9.5367e-007
   1.4211e+002   5.5516e-001  -1.5259e-005  -1.5259e-005
```

這些結果顯示了使用適應性子區間大小的優點，辛普森法則具有定區間大小，對於較小範圍的積分表現良好，但隨著積分範圍增加則精確度降低。一般來說適應性方法保持較高精準度的水準。

4.6　倫伯格 (Romberg) 積分

非適應性辛普森或牛頓 – 寇次法最主要的問題就是要分成多少區間才能達到要求的準確度是無法事先知道的。一個明顯能解決這個問題的方法是持續加倍分區的數目並比較使用某一積分法所得到的結果，如 4.4 節的例子一樣。倫伯格法針對這問題提供了一個組織性的方法並使用不同區間大小的辛普森法則所得的結果來減小截斷誤差。

倫伯格積分可以寫成如下型式，令 I 是積分的真正值，T_i 是用 i 個區間辛普森法所得到的積分近似值。因此，當然也可以把積分 I 寫成其近似值和截斷誤差的型式 (注意誤差是寫成以 h^4 項表示)

$$I = T_i + c_1 h^4 + c_2 h^8 + c_3 h^{12} + \cdots \tag{4.17}$$

若將區間 h 加倍則減半，可得

$$I = T_{2i} + c_1 \left(h/2 \right)^4 + c_2 \left(h/2 \right)^8 + c_3 \left(h/2 \right)^{12} + \cdots \tag{4.18}$$

(4.18) 之 16 倍減去 (4.17) 式消去 h^4 項並得到

$$I = (16T_{2i} - T_i) / 15 + k_2 h^8 + k_3 h^{12} + \cdots \tag{4.19}$$

注意現在截斷誤差中最重要的項是 h^8 次項，通常這大大改進了近似 I 所得的結果。使用雙下標符號在隨後的討論中是有幫助的。若持續逐次減半區間大小而產生一組初值近似，則以 $T_{0,k}$ 表示，$k=0,1,2,3,4,\cdots$。這些結果可用類似 (4.19) 一般公式來加以組合

$$T_{r,k} = \left(16^r T_{r-1,k+1} - T_{r-1,k} \right) / \left(16^r - 1 \right) \qquad k = 0, 1, 2, 3 \ldots \quad \text{及} \quad r = 1, 2, 3, \ldots \tag{4.20}$$

這裡 r 代表我們正產生近似的組。計算可以表列如下

$$
\begin{array}{lllll}
T_{0,0} & T_{0,1} & T_{0,2} & T_{0,3} & T_{0,4} \\
T_{1,0} & T_{1,1} & T_{1,2} & T_{1,3} & \\
T_{2,0} & T_{2,1} & T_{2,2} & & \\
T_{3,0} & T_{3,1} & & & \\
T_{4,0} & & & &
\end{array}
$$

此例中區間減半 4 次以得到表中前 5 個 $T_{0,k}$ 的值。上述 $T_{r,k}$ 的公式就是用來計算表中其餘的值，每一級截斷誤差的數量級就會增加 4，另一種常用寫法是把表中的行列互換。

每一級區間的大小如下

$$(b-a)/2^k \qquad k = 0, 1, 2, \ldots \tag{4.21}$$

倫伯格積分法寫成 MATLAB 函數 romb，列表如下

```
function [W T] = romb(func,a,b,d)
% Implements Romberg integration.
% Example call: W = romb(func,a,b,d)
% Integrates user defined function func from a to b, using d stages.
T = zeros(d+1,d+1);
for k = 1:d+1
    n = 2^k;   T(1,k) = simp1(func,a,b,n);
end
for p = 1:d
    q = 16^p;
    for k = 0:d-p
        T(p+1,k+1) = (q*T(p,k+2)-T(p,k+1))/(q-1);
    end
end
W = T(d+1,1);
```

現在用函數 romb 計算 $x^{0.1}$ 在區間 0 到 1 之積分值。函數 romb 如下示

```
>> [integral table] = romb(@(x) x.^0.1,0,1,5)
```

呼叫函數 romb 就得到下列輸出，注意最佳估測值是在表中最後一列。

```
integral =
    0.9066


table =
    0.7887    0.8529    0.8829    0.8969    0.9034    0.9064
    0.8572    0.8849    0.8978    0.9038    0.9066         0
    0.8850    0.8978    0.9038    0.9066         0         0
    0.8978    0.9038    0.9066         0         0         0
    0.9038    0.9066         0         0         0         0
    0.9066         0         0         0         0         0
```

這一積分是意外的困難，要得到精確結果有很大的問題。正確解至小數 4 位的結果是 0.9090，所以倫伯格法只有二位小數的精確度。然而，取 n=10 可得到正確至小數 4 位的解。

```
>> integral = romb(@(x) x.^0.1,0,1,10)

integral =
    0.9090
```

一般而言倫伯格法是非常有效和準確的。例如，計算由 0 到 10 的 e^x 積分使用區間五等分比用內定容忍誤差的 quad 函數更準確且稍快。

對讀者而言將 romb 函數改成與 MATLAB 函數 trapz 結合而非 simp1 是個有趣的練習。

4.7　高斯 (Gaussian) 積分

　　討論到目前為止的積分法都有一個共同點，就是被積函數在積分範圍內被分成等大小的區間。相反的，高斯積分法要求被積函數在指定但不等大小的區間求積。所以高斯積分法不適用在自變數等距取樣的資料點上。此法的一般式是

$$\int_{-1}^{1} f(x)\,dx = \sum_{i=1}^{n} A_i f(x_i) \tag{4.22}$$

　　對某一 n 值而言，參數 A_i 和 x_i 的選擇必須使多項式小於或等於 $2n-1$ 階時，這一方法是正確的。應該注意到的是積分範圍是由 -1 到 1。這並不會限制高斯法的適用性，因為如果 $f(x)$ 是由 a 積分到 b，可以被換成另一由 -1 積分到 1 的函數 $g(t)$，其中

$$t = (2x - a - b) / (b - a)$$

上式中，當 $x=a, t=-1$ 和當 $x=b, t=1$。

現在求 (4.22) 中 $n=2$ 時 A_i 和 x_i 的四個參數，所以 (4.22) 可寫成

$$\int_{-1}^{1} f(x)\,dx = A_1 f(x_1) + A_2 f(x_2) \tag{4.23}$$

　　這個積分對於高至三次的多項式都能得到完全正確的結果。我們依序用 $1, x, x^2$ 及 x^3 來確認這方法完全正確，因此可得以下四個式子：

$$
\begin{aligned}
f(x) = 1 \quad &\text{得} \quad \int_{-1}^{1} 1\,dx = 1 = A_1 + A_2 \\[2mm]
f(x) = x \quad &\text{得} \quad \int_{-1}^{1} x\,dx = 1 = A_1 x_1 + A_2 x_2 \\[2mm]
f(x) = x^2 \quad &\text{得} \quad \int_{-1}^{1} x^2\,dx = 2/3 = A_1 x_1^2 + A_2 x_2^2 \\[2mm]
f(x) = x^3 \quad &\text{得} \quad \int_{-1}^{1} x^3\,dx = 0 = A_1 x_1^3 + A_2 x_2^3
\end{aligned}
\tag{4.24}
$$

解這些方程式可以得到

$$x_1 = -1/\sqrt{3}, \quad x_2 = 1/\sqrt{3}, \quad A_1 = 1, \quad A_2 = 1$$

所以

$$\int_{-1}^{1} f(x)\,dx = f\left(-\frac{1}{\sqrt{3}}\right) + f\left(\frac{1}{\sqrt{3}}\right) \tag{4.25}$$

注意，如同辛普森法一樣，這方法對三次方程式完全正確但需要較少的函數求值。

A_i 和 x_i 的求值一般程序是基於在積分範圍內，$x_1, x_2, \cdots, x_n$ 是 n 次李建德 (Legendre) 多項式的根，然後 A_i 的值可由 n 次李建德多項式在處值的表示式求出。在 Abramowitz 和 Stegun (1965) 以及 Olver 等人 (2010) 中有表格列出不同 n 值下對應的 x_i 及 A_i 值。Abramowitz 和 Stegun 不只對這些函數也對各方面的許多函數提供一優秀的參考資料。然而，這個經典之作變得過時，而且在 21 世紀新的數學函數手冊為 Olver 等人所出版，包含了許多改良，例如清楚且彩色的圖片。但這本新書包含了很少的函數表格，其中絕大多數都可以使用個人電腦快速地被推算出。

以下定義的函數 fgauss 完成高斯積分，它包含變數變換所以由 a 至 b 的積分會被轉換成由 -1 到 1 的積分。

```
function q = fgauss(func,a,b,n)
% Implements Gaussian integration.
% Example call: q = fgauss(func,a,b,n)
% Integrates user defined function func from a to b, using n divisions
% n must be 2 or 4 or 8 or 16.
if (n==2)|(n==4)|(n==8)|(n==16)
    c = zeros(8,4);   t = zeros(8,4);
    c(1,1) = 1;
    c(1:2,2) = [.6521451548; .3478548451];
    c(1:4,3) = [.3626837833; .3137066458; .2223810344; .1012285362];
    c(:,4 ) = [.1894506104; .1826034150; .1691565193; .1495959888; ...
                .1246289712; .0951585116; .0622535239; .0271524594];
    t(1,1) = .5773502691;
    t(1:2,2) = [.3399810435; .8611363115];
    t(1:4,3) = [.1834346424; .5255324099; .7966664774; .9602898564];
    t(:,4) = [.0950125098; .2816035507; .4580167776; .6178762444; ...
                .7554044084; .8656312023; .9445750230; .9894009350];
    j = 1;
    while j<=4
        if 2^j==n; break;
        else
            j = j+1;
        end
    end
    s = 0;
    for k = 1:n/2
        x1 = (t(k,j)*(b-a)+a+b)/2;
        x2 = (-t(k,j)*(b-a)+a+b)/2;
        y = feval(func,x1)+feval(func,x2);
        s = s+c(k,j)*y;
    end
    q = (b-a)*s/2;
else
    disp('n must be equal to 2, 4, 8 or 16'); return
end
```

以下程式呼叫 **fgauss** 由 0 到 1 積分 $x^{0.1}$

```
% e3s406.m
disp('  n  integral value');
for j = 1:4
    n = 2^j;
    int = fgauss(@(x) x.^0.1,0,1,n);
    fprintf('%3.0f %14.9f\n',n,int)
end
```

程式輸出如下：

```
 n  integral value
 2    0.916290737
 4    0.911012914
 8    0.909561226
16    0.909199952
```

使用 $n=16$ 的高斯積分會得到較 5 等分倫伯格法要更好的結果。

4.8 無限範圍的積分

其他高斯型的公式能處理具有特殊型式及無限範圍的積分，這些就是高斯 - 拉格爾 (Gauss-Laguerre) 和高斯 - 赫米特 (Gauss-Hermite) 公式如下：

4.8.1 高斯 - 拉格爾公式

這方法由下式發展而來

$$\int_0^\infty e^{-x}g(x)dx = \sum_{i=1}^n A_i g(x_i) \tag{4.26}$$

對某一 n 值，參數 A_i 及 x_i 的選擇必須滿足多項式小於等於 $2n-1$ 階時能有完全正確的結果。考慮 $n=2$ 的情形有

$$g(x) = 1 \quad 得 \quad \int_0^\infty e^{-x}dx = 1 = A_1 + A_2$$

$$g(x) = x \quad 得 \quad \int_0^\infty xe^{-x}dx = 1 = A_1 x_1 + A_2 x_2$$

$$g(x) = x^2 \quad 得 \quad \int_0^\infty x^2 e^{-x}dx = 2 = A_1 x_1^2 + A_2 x_2^2 \tag{4.27}$$

$$g(x) = x^3 \quad 得 \quad \int_0^\infty x^3 e^{-x}dx = 6 = A_1 x_1^3 + A_2 x_2^3$$

求出 (4.27) 式左邊的積分值之後就能解出 x_1, x_2, A_1 及 A_2 四個未知數，因此 (4.26) 式成為

$$\int_0^\infty e^{-x} g(x) dx = \frac{2+\sqrt{2}}{4} g(2-\sqrt{2}) + \frac{2-\sqrt{2}}{4} g(2+\sqrt{2})$$

可以發現 x_i 就是 n 次李建德多項式的根，而係數 A_i 能由包括 n 次李建德多項式導數在 x_i 的值之表示式求出。

通常欲求下列型式的積分

$$\int_0^\infty f(x)\, dx$$

可將這積分寫成

$$\int_0^\infty e^{-x} \{e^x f(x)\}\, dx$$

所以由 (4.26) 得

$$\int_0^\infty f(x)\, dx = \sum_{i=1}^n A_i \exp(x_i) f(x_i) \tag{4.28}$$

假設積分值是有限的情形下，(4.28) 允許在無限範圍內求積。

高斯 – 拉格爾法可寫成 MATLAB 函數 **galag**，所以：

```
function s = galag(func,n)
% Implements Gauss-Laguerre integration.
% Example call: s = galag(func,n)
% Integrates user defined function func from 0 to inf
% using n divisions. n must be 2 or 4 or 8.
if (n==2)|(n==4)|(n==8)
    c = zeros(8,3);   t = zeros(8,3);
    c(1:2,1) = [1.533326033; 4.450957335];
    c(1:4,2) = [.8327391238; 2.048102438; 3.631146305; 6.487145084];
    c(:,3) = [.4377234105; 1.033869347; 1.669709765; 2.376924702;...
              3.208540913; 4.268575510; 5.818083368; 8.906226215];
    t(1:2,1) = [.5857864376; 3.414213562];
    t(1:4,2) = [.3225476896; 1.745761101; 4.536620297; 9.395070912];
    t(:,3) = [.1702796323; .9037017768; 2.251086630; 4.266700170;...
              7.045905402; 10.75851601; 15.74067864; 22.86313174];
```

```
        j = 1;
        while j<=3
            if 2^j==n; break
            else
                j = j+1;
            end
        end
        s = 0;
        for k = 1:n
            x = t(k,j); y = feval(func,x);
            s = s+c(k,j)*y;
        end
    else
        disp('n must be 2, 4 or 8'); return
    end
```

取樣值 x_i 及乘積 $A_i\exp(x_i)$ 都在函數的定義中。可在 Abramowitz 和 Stegun
(1965) 以及 Qlver 等人 (2010) 書中找到更完備的列表。

現在計算 $\log_e(1+e^{-x})$ 由零至無限大的積分值，以下程式利用函數 galag 求積
分值

```
% e3s407.m
disp(' n   integral value');
for j = 1:3
    n = 2^j;
    int = galag(@(x) log(1+exp(-x)),n);
    fprintf('%3.0f%14.9f\n',n,int)
end
```

結果輸出如下：

```
n   integral value
 2   0.822658694
 4   0.822358093
 8   0.822467051
```

注意正確值是 $\pi^2/12 = 0.82246703342411$。8 點積分公式精確到小數點以下第
6 位！

4.8.2　高斯 - 赫米特 (Guss-Hermite) 公式

這個方法是由下式發展而來：

$$\int_{-\infty}^{\infty} \exp(-x^2)g(x)dx = \sum_{i=1}^{n} A_i g(x_i) \tag{4.29}$$

同樣的參數 A_i、x_i 的選擇必須滿足對某一值 n，這方法對於次數小於或等於
$2n-1$ 的多項式能有完全正確的結果。考慮 $n=2$ 的情況：

$$g(x) = 1 \quad 得 \quad \int_{-\infty}^{\infty} \exp(-x^2)dx = \sqrt{\pi} = A_1 + A_2$$

$$g(x) = x \quad 得 \quad \int_{-\infty}^{\infty} x\exp(-x^2)dx = 0 = A_1 x_1 + A_2 x_2$$

$$(4.30)$$

$$g(x) = x^2 \quad 得 \quad \int_{-\infty}^{\infty} x^2 \exp(-x^2)dx = \frac{\sqrt{\pi}}{2} = A_1 x_1^2 + A_2 x_2^2$$

$$g(x) = x^3 \quad 得 \quad \int_{-\infty}^{\infty} x^3 \exp(-x^2)dx = 0 = A_1 x_1^3 + A_2 x_2^3$$

求出 (4.30) 式左手邊的積分值之後，就能解出 x_1，x_2，A_1 及 A_2 的四個未知數，因此 (4.29) 變成

$$\int_{-\infty}^{\infty} \exp(-x^2)g(x)dx = \frac{\sqrt{\pi}}{2}g\left(-\frac{1}{\sqrt{2}}\right) + \frac{\sqrt{\pi}}{2}g\left(\frac{1}{\sqrt{2}}\right)$$

另一方法是注意到 x_i 是 n 次赫米特多項式 $H_n(x)$ 的根，係數 A_i 可由包括在處計算的 n 階赫米特多項式導數在 x_i 內的表示求出。

通常欲求解下列型式的積分

$$\int_{-\infty}^{\infty} f(x)\, dx$$

可以把積分寫成

$$\int_{-\infty}^{\infty} \exp\left(-x^2\right)\left\{\exp(x^2)f(x)\right\}dx$$

然後使用 (4.29) 可得

$$\int_{-\infty}^{\infty} f(x)dx = \sum_{i=1}^{n} A_i \exp\left(x_i^2\right)f(x_i)$$

$$(4.31)$$

同樣我們須小心 (4.31) 只適用於在 $-\infty$ 到 ∞ 範圍內有限積分值的函數。x_i 及 A_i 的許多表格都在 Abramowitz 和 Stegun (1965) 以及 Olver 等人 (2010) 書中。MATLAB 函數 gaherm 完成高斯 - 赫米特積分

```
function s = gaherm(func,n)
% Implements Gauss-Hermite integration.
% Example call: s = gaherm(func,n)
% Integrates user defined function func from -inf to +inf,
% using n divisions. n must be 2 or 4 or 8 or 16
if (n==2)|(n==4)|(n==8)|(n==16)
    c = zeros(8,4);   t = zeros(8,4);
    c(1,1) = 1.461141183;
    c(1:2,2) = [1.059964483; 1.240225818];
    c(1:4,3) = [.7645441286; .7928900483; .8667526065; 1.071930144];
    c(:,4) = [.5473752050; .5524419573; .5632178291; .5812472754; ...
                .6097369583; .6557556729; .7382456223; .9368744929];
    t(1,1) = .7071067811;
    t(1:2,2) = [.5246476233; 1.650680124];
    t(1:4,3) = [.3811869902; 1.157193712; 1.981656757; 2.930637420];
    t(:,4) = [.2734810461; .8229514491; 1.380258539; 1.951787991; ...
                2.546202158; 3.176999162; 3.869447905; 4.688738939];
    j = 1;
    while j<=4
        if 2^j==n; break;
        else
            j = j+1;
        end
    end
    s=0;
    for k = 1:n/2
        x1 = t(k,j); x2 = -x1;
        y = feval(func,x1)+feval(func,x2);
        s = s+c(k,j)*y;
    end
else
    disp('n must be equal to 2, 4, 8 or 16'); return
end
```

現在用高斯－赫米特法求下列積分

$$\int_{-\infty}^{\infty} \frac{dx}{(1+x^2)^2}$$

這個被積函數定義在 MATLAB 函數，以下程式用 gaherm 來積分這一函數

```
% e3s408.m
disp(' n   integral value');
for j = 1:4
    n = 2^j;
    int = gaherm(@(x) 1./(1+x.^2).^2,n);
    fprintf('%3.0f%14.9f\n',n,int)
end
```

執行這一程式的結果爲

```
 n   integral value
 2   1.298792163
 4   1.482336098
 8   1.550273058
16   1.565939612
```

積分的正確值是 $\pi/2 = 1.570796\cdots$。

4.9　高斯 - 柴比雪夫 (Gauss–Chebyshev) 公式

現在考慮兩個有趣的情形，其中取樣點 x_i 及加權比重 ω_i 都是已知的閉合解或解析型。兩個積分及其閉合解 (closed form) 如下：

$$\int_{-1}^{1} \frac{f(x)}{\sqrt{1-x^2}}\,dx = \frac{\pi}{n}\sum_{k=1}^{n}f(x_k) \quad \text{其中} \quad x_k = \cos\left(\frac{(2k-1)\pi}{2n}\right) \tag{4.32}$$

$$\int_{-1}^{1}\sqrt{1-x^2}f(x)dx = \frac{\pi}{n+1}\sum_{k=1}^{n}\sin^2\left(\frac{k\pi}{n+1}\right)f(x_k) \quad \text{其中} \quad x_k = \cos\left(\frac{k\pi}{n+1}\right)$$

$$\tag{4.33}$$

這些表示式是高斯族群內的一員，此例是高斯 - 柴比雪夫公式。很明顯地，被積函數有所需特定 $f(x)$ 型式則很容易使用此公式。只要簡單的求出在特定點的函數，乘上適當的因子然後總合即可。很容易可發展為一個 MATLAB 程式，留給讀者當作一個習題 (見問題 4.11)。

4.10　高斯 - 洛巴度 (Gauss–Lobatto) 積分

洛巴度積分 (Abramowitz 和 Stegun, 1965) 是以荷蘭數學家 Rehuel Lobatto 命名。類似於先前探討過的高斯積分，但積分點包含區間的端點。其優點是當使用子區間的時候，資料可在連續子區間共享。然而，絡巴度積分法比高斯公式較不準確。

函數 $f(x)$ 在 [−1 1] 區間的洛巴度積分如下式給出

$$\int_{-1}^{1}f(x)dx = \frac{2}{n(n-1)}\left[f(1)+f(-1)\right] + \sum_{i=2}^{n-1}w_if(x_i) + R_n$$

這裡 x_i 是李建德多項式 $P_{n-1}(x)=0$ 的根，由下列公式計算出 $f(1)$ 與 $f(-1)$ 權重，同等於 $2/(n(n-1))$：

$$w_i = \frac{2}{n(n-1)[P_{n-1}(x_i)]^2} \quad (x_i \neq \pm 1)$$

　　由此敘述可以容易地計算出所需之權重，若可以求出李建德多項式導數的根。

　　可以利用伯奈特遞迴方程式 (Bonnet's recursion formula) 求出任一階的李建德多項式之係數

$$(n+1)P_{n+1}(x) = (2n+1)xP_n(x) - nP_{n-1}(x)$$

　　其中 $P_0(x)=1$, $P_1(x)=x$ 和 $P_n(x)$ 是 n 階的李建德多項式。另外，可以用李建德函數的微分方程式定義求出多項式的遞迴關係。以下 MATLAB 函數使用遞迴方程式產生多項式係數，並且用 MATLAB 函數 root 求出此多項式導數的根。範圍定義在 a 至 b 內的任何範圍。

```
function Iv = lobattof(func,a,b,n)
% Implementation of Lobatto's method
% func is the function to be integrated from the a to b
% using n points.
% Generate Legendre polynomials based on recurrence relation
% derived from the differential equation which the Legendre polynomial
% satisfies.

% Obtain derivitive of that polynomial
% The roots of this polynomial give the Lobatto nodes
% From the nodes calculate the weights using standard algorithm
lc = [ ];
for k = 0:n-1
    if n>=2*k
        fnk = factorial(2*n-2*k);
        fnp = 2^n*factorial(k)*factorial(n-k)*factorial(n-2*k);
        lc(n-2*k+1) = (-1)^k*fnk/fnp;
    end
end
% Find coefficients of derivitive of the polynomial
lcd = [ ];
for k = 0:n-1
    if n>=2*k
        lcd(n-2*k+1) = (n-2*k)*lc(n-2*k+1);
    end
end
lcd(n) = 0;
% Obtain Lobatto points
x = roots(fliplr(lcd(2:n+1)));
x1 = sort(x,'descend');
pv = zeros(size(x));
% Calculate Lobatto weights
for k = 1:n+1
    pv = pv+lc(k)*x.^(k-1);
end
```

```
n = n+1;
w = 2./(n*(n-1)*pv.^2);
w = [2/(n*(n-1)); w; 2/(n*(n-1))];
% Transform to range a to b
x1 = (x*(b-a)+(a+b))/2;
pts = [a; x1; b];
% Implement rule for integration
Iv = (b-a)*w'*feval(func,pts)/2;
```

為測試此一函數，以下列 MATLAB 程式來對 $f(x)=e^{5x}\cos(2x)$、區間為 0 至 $\pi/2$ 進行積分。

```
% e3s414.m
g = @(x) exp(5*x).*cos(2*x); a = 0; b = pi/2;
for n = [2 4 8 16 32 64]
    Iv = lobattof(g,a,b,n);
    fprintf('%3.0f%19.9f\n',n,real(Iv))
end
exact = -5*(exp(2.5*pi)+1)/29;
fprintf('\n Exact %15.9f\n',exact)
```

可以得到下列結果：

```
 2      -674.125699610
 4      -443.869707406
 8      -444.305258005
16      -444.305258027
32      -444.307194507
64       -16.994770727

Exact   -444.305258034
```

注意所使用的點數增加至 16，積分變得更為準確。然而，超過此值則準確性降低。這是由於方程式 `lobattof` 利用找出多項式的根決定了橫座標權重，隨著 n 的遞增準確度降低。

另一個計算積分值的方法是將積分範圍分成子區間，運用洛巴度方法與點數少的子區間。下面的函數讓使用者以洛巴度積分選定點數，以及使用洛巴度積分的子區間數目

```
function s = lobattomp(func,a,b,n,m)
% n is the number of points in the Labatto quadrature
% m is the number of subintervals of the range of the integration.
h = (b-a)/m; s = 0;
for panel = 0:m-1
    a0 =a+panel*h; b0 = a+(panel+1)*h;
    s = s+lobattof(func,a0,b0,n);
end
```

下列的程式估算範圍 0 至 $\pi/2$，$e^{5x}\cos(2x)$ 的積分誤差。程式在子區間做 4,5, …,8 點洛巴度積分，子區間範圍從 2,4,8 至 256。

```
% e3s415.m
g = @(x) exp(5*x).*cos(2*x); a = 0; b = pi/2;
format short e
m = 2; k = 0;
while m<512
    % m is number of panels, k is the index
    k = k+1;
    p = 0;
    for n = 4:8
        % n number of Labotto points, p is index
        p = p+1;
        Integral_err(k,p) = real(lobattomp(g,a,b,n,m))+5*(exp(2.5*pi)+1)/29;
    end
    m = 2*m;
end
Integral_err
```

執行程式得到下列輸出，每一列給出了特定區間數目的誤差值，由 2,4,8 開始至 256，並且每一欄給出了洛巴度積分的點數，從 4,5 至 8。

```
Integral_err =
   1.5122e-002   2.6320e-004   1.6910e-006   1.8372e-009  -3.7573e-011
   1.0050e-004   3.5484e-007   4.4201e-010   3.4106e-013  -1.7053e-012
   4.4719e-007   3.7181e-010   3.4106e-013   5.6843e-013  -1.0800e-012
   1.8037e-009   1.1369e-013   1.1369e-013   5.1159e-013  -1.0232e-012
   7.0486e-012  -2.2737e-013   2.2737e-013   5.1159e-013  -9.0949e-013
  -5.6843e-014  -2.2737e-013   2.8422e-013   5.1159e-013  -9.0949e-013
  -1.1369e-013  -2.2737e-013   2.2737e-013   6.2528e-013  -9.0949e-013
  -1.1369e-013  -2.8422e-013   2.2737e-013   6.2528e-013  -6.8212e-013
```

明顯地增加子區間數目 (m) 和增加洛巴度積分的點數目 (n) 減低了積分的誤差。然而，當洛巴度積分的點數目和子區間的數目超過某一值之後，積分的精確度會開始降低。m 和 n 的值是與問題相關的。

高斯公式的另一個缺點是橫座標變化的位置與權重隨著數量增加，例如，假設計算一個 n 點的高斯積分方法，為了提高準確度可以增加點的數目並再使用高斯方法，但所有的點將會在新的位置。另一種策略是維持原 n 個點，並增加 $n+1$ 點在最好的位置，這是克朗羅德方法 (Kronrod, 1965)。因此三點高斯方法可藉由保留三個點並增加四個來延伸至 7 點方法。MATLAB 函數 quadgk 實現了適應高斯 - 克朗羅德積分。

高斯積分法的族系在 Thompson(2010) 有所探討。

4.11 費隆 (Filon) 正弦及餘弦公式

這些公式可被應用在以下的積分型式中

$$\int_a^b f(x)\cos kx\, dx \quad \text{及} \quad \int_a^b f(x)\sin kx\, dx \tag{4.34}$$

這些公式通常比此型積分的標準作法更有效率。為了推導費隆公式，先思考以下的積分型式：

$$\int_0^{2\pi} f(x)\cos kx\, dx$$

由未定係數法我們可得被積函數的近似如下。令

$$\int_0^{2\pi} f(x)\,\cos x\, dx = A_1 f(0) + A_2 f(\pi) + A_3 f(2\pi) \tag{4.35}$$

要求在 $f(x)=1, x$ 及 x^2 時要完全正確，則

$$0 = A_1 + A_2 + A_3$$
$$0 = A_2\pi + A_3 2\pi$$
$$4\pi = A_2\pi^2 + A_3 4\pi^2$$

因此 $A_1 = 2/\pi$，$A_2 = -4/\pi$ 及 $A_3 = 2/\pi$，所以

$$\int_0^{2\pi} f(x)\,\cos x\, dx = \frac{1}{\pi}[2f(0) - 4f(\pi) + 2f(2\pi)] \tag{4.36}$$

更一般的結果可以如下發展：

$$\int_0^{2\pi} f(x)\cos kx\, dx = h[A\{f(x_n)\sin kx_n - f(x_0)\sin kx_0\} + BC_e + DC_o]$$

$$\int_0^{2\pi} f(x)\,\sin kx\, dx = h[A\{f(x_0)\cos kx_0 - f(x_n)\cos kx_n\} + BS_e + DS_o]$$

其中 $h=(b-a)/n, q=kh$，和

$$A = \left(q^2 + q\sin 2q/2 - 2\sin^2 q\right)/q^3 \tag{4.37}$$

$$B = 2\left\{q\left(1+\cos^2 q\right) - \sin 2q\right\}/q^3 \tag{4.38}$$

$$D = 4\left(\sin q - q\cos q\right)/q^3$$

$$C_o = \sum_{i=1,\,3,\,5\ldots}^{n-1} f(x_i)\cos kx_i \tag{4.39}$$

$$C_e = \frac{1}{2}\{f(x_0)\cos kx_0 + f(x_n)\cos kx_n\} + \sum_{i=2,4,6\ldots}^{n-2} f(x_i)\cos kx_i$$

可知 C_0 和 C_e 是餘弦的奇與偶次項的和。S_0 和 S_e 是正弦的類似定義。

很重要的須注意費隆法應用於 (4.34) 的型式時，通常較同區間數的辛普森法則之結果更好。

近似法可將 (4.37)、(4.38) 和 (4.11) 中 A、B、D 以 q 的上升次冪級數展開來表示，得到下列結果

$$A = 2q^2\left(q/45 - q^3/315 + q^5/4725 - \cdots\right)$$
$$B = 2\left(1/3 + q^2/15 - 2q^4/105 + q^6/567 - \cdots\right)$$
$$D = 4/3 - 2q^2/15 + q^4/210 - q^6/11340 + \cdots$$

當區間數變得非常大，h 和 q 因此變得很小。當 q 趨近零，A 趨近 0，B 趨近 2/3，D 趨近 4/3。將這些值代入費隆法可證明其等效於辛普森法。然而在這樣情形下，費隆法的準確度可能較辛普森法差，因為在計算上有額外的複雜度。

Matlab 函數 filon 用費隆法對適當的積分求值。在參數列中，函數 func 定義 (4.34) 式中的 $f(x)$，當 cas=1 時將此函數乘上 $\cos kx$，當 cas~=1 時將此函數乘上 $\sin kx$。參數 l 和 u 指定了積分的下限和上限，n 則指定需要的分割區間數。這程式在標準的費隆法上加上一些修改，當 q 小於 0.1 時使用級數近似而不用 (4.37) 至 (4.11) 式。這樣修改的理由是當 q 變小時，級數近似的精確度已經是足夠而且較易計算。

```
function int = filon(func,cas,k,l,u,n)
% Implements filon's integration.
% Example call: int = filon(func,cas,k,l,u,n)
% If cas = 1, integrates cos(kx)*f(x) from l to u using n divisions.
% If cas ~= 1, integrates sin(kx)*f(x) from l to u using n divisions.
% User defined function func defines f(x).
if (n/2)~=floor(n/2)
    disp('n must be even'); return
else
    h = (u-l)/n; q = k*h;
    q2 = q*q; q3 = q*q2;
    if q<0.1
        a = 2*q2*(q/45-q3/315+q2*q3/4725);
        b = 2*(1/3+q2/15+2*q2*q2/105+q3*q3/567);
        d = 4/3-2*q2/15+q2*q2/210-q3*q3/11340;
    else
        a = (q2+q*sin(2*q)/2-2*(sin(q))^2)/q3;
        b = 2*(q*(1+(cos(q))^2)-sin(2*q))/q3;
        d = 4*(sin(q)-q*cos(q))/q3;
    end
    x = l:h:u;
    y = feval(func,x);
    yodd = y(2:2:n);   yeven = y(3:2:n-1);
    if cas == 1
        c = cos(k*x);
        codd = c(2:2:n);   co = codd*yodd';
        ceven = c(3:2:n-1);
        ce = (y(1)*c(1)+y(n+1)*c(n+1))/2;
        ce = ce+ceven*yeven';
        int = h*(a*(y(n+1)*sin(k*u)-y(1)*sin(k*l))+b*ce+d*co);
    else
        s = sin(k*x);
        sodd = s(2:2:n);   so = sodd*yodd';
        seven = s(3:2:n-1);
        se = (y(1)*s(1)+y(n+1)*s(n+1))/2;
        se = se+seven*yeven';
        int = h*(-a*(y(n+1)*cos(k*u)-y(1)*cos(k*l))+b*se+d*so);
    end
end
```

　　藉由 $\sin x/x$ 在 1×10^{-10} 到 1 區間內積分來測試 `filon` 函數。為了避開在 0 的奇異點 (singularity) 所以把下限定在 1×10^{-10}。

　　以下程式利用 `filon` 及 `filonmod` 來求積分值。函數 `filonmod` 排除 `filon` 內切換至級數公式的能力。注意從 (4.34) 為此特殊問題定義 $f(x)=1/x$。

```
% e3s409.m
n = 4;
g = @(x) 1./x;
disp(' n  Filon no switch  Filon with switch');
while n<=4096
    int1 = filonmod(g,2,1,1e-10,1,n);
    int2 = filon(g,2,1,1e-10,1,n);
    fprintf('%4.0f %17.8e %17.8e\n',n,int1,int2)
    n = 2*n;
end
```

執行這一程式得到

```
   n  Filon no switch  Filon with switch
   4    1.72067549e+006    1.72067549e+006
   8    1.08265940e+005    1.08265940e+005
  16    6.77884667e+003    6.77884667e+003
  32    4.24742208e+002    4.24742207e+002
  64    2.74361110e+001    2.74361124e+001
 128    2.60175423e+000    2.60175321e+000
 256    1.04956252e+000    1.04956313e+000
 512    9.52549009e-001    9.52550585e-001
1024    9.46489412e-001    9.46487290e-001
2048    9.46109716e-001    9.46108334e-001
4096    9.46085291e-001    9.46084649e-001
```

積分的正確值是 0.9460831。

　　在這問題中當 $n=16$ 時發生切換。由以上結果顯示有切換的積分值較為準確。然而，應注意的是由我們完成的程式試驗可知，當我們把有切換的費隆法用在低準確度的計算而非像 MATLAB 的作業環境內，則其準確度明顯較好。使用者可發現試驗在什麼 q 值下，切換會發生是件有趣的事，現在被設為 0.1。

　　最後選一個適合費隆法的函數並與辛普森法的結果相比較。函數是 $\exp(-x/2)\cos(100x)$，積分由 0 到 2π。

　　完成比較的 MATLAB 程式如下

```
% e3s410.m
n = 4;
disp('   n   Simpsons value   Filons value');
g1 = @(x) exp(-x/2);
g2 = @(x) exp(-x/2).*cos(100*x);
while n<=2048
    int1 = filon(g1,1,100,0,2*pi,n);
    int2 = simp1(g2,0,2*pi,n);
    fprintf('%4.0f %17.8e %17.8e\n',n,int2,int1)
    n = 2*n;
end
```

這一比較的結果是

n	Simpsons value	Filons value
4	1.91733833e+000	4.55229440e-005
8	-5.73192992e-001	4.72338540e-005
16	2.42801799e-002	4.72338540e-005
32	2.92263624e-002	4.76641931e-005
64	-8.74419731e-003	4.77734109e-005
128	5.55127202e-004	4.78308678e-005
256	-1.30263888e-004	4.78404787e-005
512	4.53408415e-005	4.78381786e-005
1024	4.77161559e-005	4.78381120e-005
2048	4.78309107e-005	4.78381084e-005

到小數後 10 位的正確積分值是 $4.783810813 \times 10^{-5}$。在這一特別問題中，切換到數列的近似法並不會發生，因為係數 k 的值較大。輸出結果顯示當使用 2048 個區間時，費隆法能準確到小數後 8 位。比較上，辛普森法只準確到第 5 位且行為較不規律。但若比較時間上的差異則辛普森法比費隆法快 25%。

4.12　積分計算的一些問題

上面幾節所提到的方法都是基於被積函數是行為良好的假設。若是不然則數值方法得出的答案可能會不好甚至完全無用。若有下列情況則可能發生問題：

1. 在積分範圍內函數連續，但其導數不連續或奇異。

2. 函數在積分範圍內不連續。

3. 函數在積分範圍內有奇異點。

4. 積分範圍是無限的。

因為在多數情況下這些問題無法直接以數值技巧來解決，所以很重要的是這些條件要被確認出來。因此在利用適當的數值方法求積分值前，被積函數須先作一些整理。情況 1 是最不嚴重的，但因為多項式的微分都是連續的，多項式無法精確表示微分不連續的函數。理想而言，微分的不連續或奇異點應被找到，然後把積分分成兩個或多個積分來求再總合結果。情況 2 也是一樣，不連續點必須被找出來，並把積分變成兩個或以上不包含斷點的積分和。情況 3 可用不同的方式處理：變數變換法，分部積分法和把積分分段。在情況 4 中，我們必須使用無限積分範圍的積分法 (見 4.8 節) 或用代換法。

以下的積分是取材自 Fox 和 Mayers (1968)，是情況 4 的一個例子

$$I = \int\limits_{1}^{\infty} \frac{dx}{x^2 + \cos(x^{-1})} \tag{4.40}$$

這個積分可用函數 galag 來估算 (用變換法以 $y=x-1$ 得積分下限為 0) 或是代 $z=1/x$，因此 $dz=-dx/x^2$，(4.40) 可轉為：

$$I = -\int_1^0 \frac{dz}{1+z^2\cos(z)} \quad 或 \quad I = \int_0^1 \frac{dz}{1+z^2\cos(z)} \tag{4.41}$$

(4.41) 的積分可很簡單的用標準的方法求解。

　　我們已經討論了許多數值積分技巧，然而即使最好的方法來處理快速振盪的函數時還是會遭遇困難。此型函數的例子有 $\sin(1/x)$。MATLAB 之圖形結果示於第 3.8 節中。然而此圖並沒有給出這函數在 -0.1 到 0.1 之間的正確表示。因為要畫出的點數及螢幕解析度並不適當。事實上當 x 趨近於零時，函數的頻率趨近於無窮。另一個困難點是函數在 $x=0$ 有奇異點。如果我們把 x 的範圍縮小，則有一小部份的函數能被繪出來。例如在介於 $x=2\times10^{-4}$ 到 2.05×10^{-4} 之間，如圖 4.3 所示，函數 $\sin(1/x)$ 約有 19 個週期，在這範圍內函數能被有效地取樣繪出。總而言之，這個函數能在很小的變化下，x 由極正變化到極負。這就是為何在估計這個函數的積分時，特別在 x 值很小時，必須把積分範圍分成很多份以得到所需的準確度。對於這類問題，適應積分法如 MATLAB 所用的 quadl 已經在前面介紹過了，這些方法只在函數變化快的地方增加區間的數目，因此降低了全部所需的計算量。

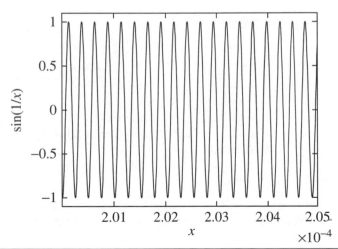

圖 4.3　函數 $\sin(1/x)$ 於 $x=2\times10^{-4}$ 至 2.05×10^{-4} 之間的 19 個週期。

4.13　積分測試

現在使用以下積分來比較高斯、辛普森及 MATLAB 中之 `quadl` 函數：

$$\int_0^1 x^{0.001}\,dx = 1000/1001 = 0.999000999\ldots \tag{4.42}$$

$$\int_0^1 \frac{dx}{1+(230x-30)^2} = (\tan^{-1}200 + \tan^{-1}30)/230 = 0.0134924856495 \tag{4.43}$$

$$\int_0^4 x^2(x-1)^2(x-2)^2(x-3)^2(x-4)^2\,dx = 10240/693 = 14.776334776 \tag{4.44}$$

如下定義函數 `ftable` 來產生比較性的結果：

```
function y = ftable(fname,lowerb,upperb)
% Generates table of results.
intg = fgauss(fname,lowerb,upperb,16);
ints = simp1(fname,lowerb,upperb,2048);
intq = quadl(fname,lowerb,upperb,.00005);
fprintf('%19.8e %18.8e %18.8e \n',intg,ints,intq)
```

以下程式應用 `ftable` 函數於上面三個積分：

```
% e3s411.m
clear
disp('function      Gauss          Simpson             quadl')
fprintf('Func 1'), ftable(@(x) x.^0.001,0,1)
fprintf('Func 2'), ftable(@(x) 1./(1+(230*x-30).^2),0,1)
g = @(x) (x.^2).*((1-x).^2).*((2-x).^2).*((3-x).^2).*((4-x).^2);
fprintf('Func 3'), ftable(g,0,4)
```

程式輸出結果是

function	Gauss	Simpson	quadl
Func 1	9.99003302e-001	9.98839883e-001	9.98981017e-001
Func 2	1.46785776e-002	1.34924856e-002	1.34925421e-002
Func 3	1.47763348e+001	1.47763348e+001	1.47763348e+001

(4.42) 至 (4.43) 都不易計算，圖 4.4 是被積函數在積分範圍內之圖形。可見在某些點上，自變數的微小變化造成函數的劇變，以致於若需高精確度則此類函數難以數值方法積分。

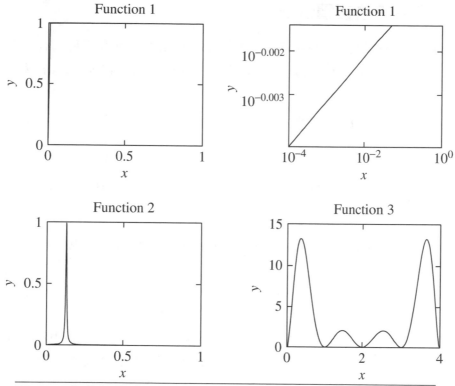

圖 4.4 定義於程式 e3s411 中函數的圖形。

4.14 重積分

這一節我們只討論二個變數的重複積分。很重要的是必須注意雙重積分與重複積分有明顯的不同。然而可證明若被積函數滿足某些特定條件時,雙重積分與重複積分在數值上是相等的。這結果的詳細討論置於 Jeffrey (1979) 之文獻中。

在這一章我們已考慮到許多不同計算單一積分的方法。將這些方法延伸到重複積分會出現許多程式上的困難。再者精確計算重複積分的計算量是龐大的。儘管許多單一積分的演算法都能被推廣至重複積分,這裡只提出延伸辛普森法和高斯法為雙變數的情形。這些方法被選取的原因是考量到程式撰寫的簡易性和效率的取捨。

一個重複積分的例子如下

$$\int_{a_1}^{b_1} dx \int_{a_2}^{b_2} f(x,y)\, dy \tag{4.45}$$

在此符號表示下,函數對 x 是由 a_1 積分到 b_1,對 y 是由 a_2 積分到 b_2。這裡積分極限是常數但在有些應用則可能是變數。

4.14.1　辛普森重複積分法

現在將辛普森法應用在 (4.45) 的重複積分，先用在 y 方向再用在 x 方向。思考 y 的三個等距值，y_0、y_1 和 y_2。把辛普森法 (4.11) 式用在 (4.45) 式對 y 積分得出。

$$\int_{x_0}^{x_2} dx \int_{y_0}^{y_2} f(x,y)dy \approx \int_{x_0}^{x_2} k\left\{f(x,y_0)+4f(x,y_1)+f(x,y_2)\right\}/3\,dx \qquad (4.46)$$

其中 $k = y_2 - y_1 = y_1 - y_0$。

現在考慮三個 x 的等距值 x_0、x_1 和 x_2。再次對 x 應用辛普森法，由 (4.46) 可得

$$I \approx hk\left[f_{0,0}+f_{0,2}+f_{2,0}+f_{2,2}+4\left\{f_{0,1}+f_{1,0}+f_{1,2}+f_{2,1}\right\}+16f_{1,1}\right]/9 \qquad (4.47)$$

其中 $h = x_2 - x_1 = x_1 - x_0$，且 $f_{1,2} = f(x_1, y_2)$，餘此類推。

這是雙變數的辛普森法。應用此法在 $f(x,y)$ 曲面上每 9 點一組然後相加就可得合成辛普森法則。MATLAB 函數 `simp2v` 就是直接使用合成法來計算雙變數的重複積分。

```
function q = simp2v(func,a,b,c,d,n)
% Implements 2 variable Simpson integration.
% Example call: q = simp2v(func,a,b,c,d,n)
% Integrates user defined 2 variable function func.
% Range for first variable is a to b, and second variable, c to d
% using n divisions of each variable.
if (n/2)~=floor(n/2)
    disp('n must be even'); return
else
    hx = (b-a)/n; x = a:hx:b; nx = length(x);
    hy = (d-c)/n; y = c:hy:d; ny = length(y);
    [xx,yy] = meshgrid(x,y);
    z = feval(func,xx,yy);
    v = 2*ones(n+1,1);   v2 = 2*ones(n/2,1);
    v(2:2:n) = v(2:2:n)+v2;
    v(1) = 1;   v(n+1) = 1;
    S = v*v';   T = z.*S;
    q = sum(sum(T))*hx*hy/9;
end
```

現在使用 `simp2v` 函數來計算下列積分：

$$\int_0^{10} dx \int_0^{10} y^2 \sin x\, dy$$

函數 $y^2 \sin x$ 的圖形示於圖 4.5。底下程式為積分該函數。

```
% e3s412.m
z = @(x,y) y.^2.*sin(x);
disp(' n       integral value');
n = 4; j = 1;
while n<=256
    int = simp2v(z,0,10,0,10,n);
    fprintf('%4.0f %17.8e\n',n,int)
    n = 2*n; j = j+1;
end
```

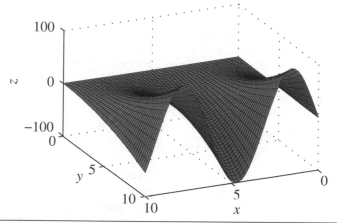

圖 4.5　函數 $z=y^2\sin x$ 的圖形。

執行程式得到下列結果：

```
n       integral value
  4     1.02333856e+003
  8     6.23187046e+002
 16     6.13568708e+002
 32     6.13056704e+002
 64     6.13025879e+002
128     6.13023970e+002
256     6.13023851e+002
```

這積分正確到小數點第 4 位的結果是 613.0238，所需浮點運算次數趨於 $7n^2$。在 Salvadori 和 Baron (1961) 文獻中證明當辛普森法計算重複積分時，誤差的大小正比於 h^4，所以使用類似於 4.6 節中倫伯格法的外插技巧是可能的。

4.14.2　高斯重複積分法

高斯法可用於有固定上下限的重複積分。在 4.7 節中已說明對單一積分的被積函數必須在指定點上運算。所以，若

$$I = \int\limits_{-1}^{1} dx \int\limits_{-1}^{1} f(x,y)\, dy$$

則

$$I \approx \sum_{i=1}^{n}\sum_{j=1}^{m} A_i A_j f(x_i, y_j)$$

計算 x_i、y_j 及 A_i 的方式同 4.7 節。MATLAB 函數 gauss2v 使用此技巧求積分。因為 x、y 值的選擇是假設積分範圍是 -1 到 1。所以函數中包含了一些調整使得它能接受任意的積分範圍。

```
function q = gauss2v(func,a,b,c,d,n)
% Implements 2 variable Gaussian integration.
% Example call: q = gauss2v(func,a,b,c,d,n)
% Integrates user defined 2 variable function func,
% Range for first variable is a to b, and second variable, c to d
% using n divisions of each variable.
% n must be 2 or 4 or 8 or 16.
if (n==2)|(n==4)|(n==8)|(n==16)
    co = zeros(8,4); t = zeros(8,4);
    co(1,1) = 1;
    co(1:2,2) = [.6521451548; .3478548451];
    co(1:4,3) = [.3626837833; .3137066458; .2223810344; .1012285362];
    co(:,4) = [.1894506104; .1826034150; .1691565193; .1495959888; ...
                .1246289712;.0951585116; .0622535239; .0271524594];
    t(1,1) = .5773502691;
    t(1:2,2) = [.3399810435; .8611363115];
    t(1:4,3) = [.1834346424; .5255324099; .7966664774; .9602898564];
    t(:,4) = [.0950125098; .2816035507; .4580167776; .6178762444; ...
                .7554044084; .8656312023; .9445750230; .9894009350];
    j = 1;
    while j<=4
        if 2^j==n; break;
        else
            j = j+1;
        end
    end
    s = 0;
    for k = 1:n/2
        x1 = (t(k,j)*(b-a)+a+b)/2;   x2 = (-t(k,j)*(b-a)+a+b)/2;
        for p = 1:n/2
            y1 = (t(p,j)*(d-c)+d+c)/2;   y2 = (-t(p,j)*(d-c)+d+c)/2;
            z = feval(func,x1,y1)+feval(func,x1,y2)+feval(func,x2,y1);
            z = z+feval(func,x2,y2);
            s = s+co(k,j)*co(p,j)*z;
        end
    end
    q = (b-a)*(d-c)*s/4;
else
    disp('n must be equal to 2, 4, 8 or 16'), return
end
```

現在考慮如下的積分問題：

$$\int_{x^2}^{x^4} dy \int_1^2 x^2 y \, dx \qquad (4.48)$$

這型積分不能直接以 MATLAB 函數 gauss2v 或 simp2v 來估算，因為這些函數都只能求具固定積分上下限的重複積分。然而可做一轉換使積分上下限變成常數，令

$$y = (x^4 - x^2)z + x^2 \qquad (4.49)$$

當 $z=1, y=x^4$ 時，當 $z=0, y=x^2$ 時，如積分上下限所需。微分上式得

$$dy = (x^4 - x^2)dz$$

將 y 及 dy 代入 (4.48) 可得

$$\int_0^1 dz \int_1^2 x^2 \left\{ (x^4 - x^2)z + x^2 \right\} (x^4 - x^2) \, dx \qquad (4.50)$$

現在這積分型式就可以 gauss2v 和 simp2v 來求積分值了。然而，我們需定義 MATLAB 函數如下：

```
w = @(x,z) x.^2.*((x.^4-x.^2).*z+x.^2).*(x.^4-x.^2);
```

這個函數在以下程式中與 simp2v 和 gauss2v 一起使用。

```
% e3s413.m
disp('   n  Simpson value    Gauss value')
w = @(x,z) x.^2.*((x.^4-x.^2).*z+x.^2).*(x.^4-x.^2);
n = 2; j = 1;
while n<=16
    in1 = simp2v(w,1,2,0,1,n);
    in2 = gauss2v(w,1,2,0,1,n);
    fprintf('%4.0f%17.8e%17.8e\n',n,in1,in2)
    n = 2*n; j = j+1;
end
```

執行這程式可得

```
 n  Simpson value    Gauss value
 2  9.54248047e+001  7.65255915e+001
 4  8.48837042e+001  8.39728717e+001
 8  8.40342951e+001  8.39740259e+001
16  8.39778477e+001  8.39740259e+001
```

這積分等於 83.97402597 (=6466/77)。輸出結果顯示，一般高斯積分法優於辛普森法。

4.15　MATLAB 函數用於重積分與三重積分

最新版本的 MATLAB 提供 dblquad 與 triplequad 重積分功能。本節探討這些函數與其參數,以及使用相關範例。

對於雙重積分,是對於兩個維度進行重積分,可以使用函數 dblquad 並以下通用格式

```
IV2 = dblquad(fname,xl,xu,yl,yu,acc)
```

其中 fname 是由使用者定義待積分之雙變數函數的名稱;xl 和 xu 分別爲對 x 積分的上下限;yl 和 yu 分別爲對 y 積分的上下限;acc 爲積分所需要的精確度,是選擇項目。

下列範例介紹 dblquad 的使用,考慮積分

$$I = \int_0^1 dx \int_0^1 \frac{1}{1-xy} dy$$

使用 MATLAB 函數 dblquad 求解,這需要使用者定義待積分函數,爲執行此例我們直接於參數中使用匿名函數,使用 dblquad 得到

```
>> I = dblquad(@(x,y) 1./(1-x.*y),0,1-1e-6,0,1-1e-6)

I =
    1.6449
```

若試著透過實際範圍 $x=0$ 至 1 和 $y=0$ 至 1 來對此函數進行積分,則 MATLAB 會產生警告,由於當 $x=y=1$ 會有個奇異點,但仍然會得到相同解。

對於三重積分,是對於三個維度進行重積分,可用函數 triplequad 並以下通用格式

```
IV3 = triplequad(fname,xl,xu,yl,yu,zl,zu,acc)
```

其中 fname 是由使用者定義待積分之三變數函數的名稱;xl 和 xu 分別爲對 x 積分的上下限;相似地 yl, yu 和 zl, zu 分別爲對 y 和 z 積分的上下限。Triplequad 的使用如下列範例:

$$\int_0^1 dx \int_0^1 dy \int_0^1 64xy(1-x)^2 z\, dz$$

```
>> I3 = triplequad(@(x,y,z) 64*x.*y.*(1-x).^2.*z,0,1,0,1,0,1)

I3 =
    1.3333
```

函數 **quad2d** 讓使用者對函數進行兩個變數的積分 (例如 x 和 y)，類似 **dblquad** 但額外允許 y 是 x 的函數。考慮 (4.48) 的積分：

$$\int_1^2 dx \int_{x^2}^{x^4} x^2 y \, dy$$

使用 **quad2d** 得到

```
>> IV = quad2d(@(x,y) x.^2.*y,1,2, @(x) x.^2,@(x) x.^4)

IV =
   83.9740
```

在前面的例子，待積分之函數爲匿名函數 @(x,y) x.^2.*y，1 和 2 是對 x 變數積分的上下限，並且 @(x) x.^2 和 @(x) x.^4 是匿名函數對於變數 y 積分範圍的上下限。

4.16　總結

本章我們介紹一些簡單方法求在自變數值已知時，不同階數的特定函數求其近似導數的數值方法。結果顯示，雖然這些方法很容易寫成程式，可是對一些重要參數卻非常敏感，所以使用上須特別小心。除此之外我們也給出許多積分法，積分誤差並非那樣不可預測，但我們仍需小心針對我們所要求的積分，選取最有效率的方法來完成。

讀者可參閱第 9.8、9.9 及 9.10 節之符號式工具箱函數在積分及微分問題的應用。

本章習題

4.1　使用函數 `diffgen` 求函數 $x^2 \cos x$ 在 $x=1$ 的一階及二階導數。使用 $h=0.1$ 和 $h=0.01$。

4.2　使用函數 `diffgen`，取 $h=0.001$ 求 $\cos x^6$ 在 $x=1$、2 和 3 時的一階導數。

4.3　以公式 (4.6) 和 (4.7) 撰寫一 MATLAB 微分函數，並用它來求解問題 4.1 和 4.2。

4.4　使用函數 `diffgen`，取 $h=0.001$ 求 $y=\cos x^6$ 在 $x=3.1$、3.01、3.001 和 3 時的梯度。

4.5　偏導數的定義如下

$$\partial f / \partial x \approx \{f(x+h,y) - f(x-h,y)\} / (2h)$$

$$\partial f / \partial y \approx \{f(x,y+h) - f(x,y-h)\} / (2h)$$

寫一函數來計算這些導數。函數呼叫應有下列型式

```
[pdx,pdy] = pdiff('func',x,y,h)
```

取 $h=0.005$ 求 $\exp(x^2+y^3)$ 在 $x=2$，$y=1$ 的偏微分值。

4.6　印度數學家 Ramanujan 寫給 Hardy 的信中提出在 a、b 之間有多少數是完全平方或兩完全平方數之和，可用以下的積分來近似

$$0.764 \int_a^b \frac{dx}{\sqrt{\log_e x}}$$

用以下幾組 a、b 值來測試這一提議，(1,10)、(1,17) 和 (1,30) 你應使用 16 點的 MATLAB 函數 `fgauss` 來計算這積分。

4.7　驗證下列等式

$$\int_0^\infty \frac{dx}{(1+x^2)(1+r^2 x^2)(1+r^4 x^2)} = \frac{\pi(r^2+r+1)}{2(r^2+1)(r+1)^2}$$

$r=0$，1，2。這個結果是由 Ramanujan 所提出。你應使用 8 個點的 MATLAB 函數 `galag` 來研究。

4.8　Raabe 確立下列結果

$$\int\limits_a^{a+1} \log_e \Gamma(x)dx = a\log_e a - a + \log_e \sqrt{2\pi}$$

對 $a=1$ 和 $a=2$，驗證這一結果。使用 MATLAB 函數 simp1 與 32 個區間來求積分值並用 MATLAB 函數 gamma 來設立被積函數。

4.9 使用 16 點的 MATLAB 函數 fgauss 來算下列積分

$$\int\limits_0^1 \frac{\log_e x\, dx}{1+x^2}$$

解釋為何 fgauss 適合這問題而 simp1 則不然。

4.10 使用 16 點的 MATLAB 函數 fgauss 求下列積分值

$$\int\limits_0^1 \frac{\tan^{-1}x}{x}\, dx$$

注意：以分部積分法證明除符號不同外，問題 4.9 與 4.10 有相同的值。

4.11 寫一 MATLAB 函數來實現 4.9 節中的公式 (4.32) 和 (4.33)，然後以 10 點的該公式用你所寫的函數來計算下列積分。將你的結果與高斯 16 點法比較。

$$\text{(a)} \int\limits_{-1}^1 \frac{e^x}{\sqrt{1-x^2}}\, dx \quad \text{(b)} \int\limits_{-1}^1 e^x\sqrt{1-x^2}\, dx$$

4.12 使用 MATLAB 函數 simp1 計算 Fresnel 積分

$$C(1) = \int\limits_0^1 \cos\left(\frac{\pi t^2}{2}\right)dt \quad \text{及} \quad S(1) = \int\limits_0^1 \sin\left(\frac{\pi t^2}{2}\right)dt$$

使用 32 個區間。正確值到小數 7 位是 $C(1) = 0.7798934$ 和 $S(1) = 0.4382591$。

4.13 使用費隆法的 MATLAB 函數 filon，64 個區間求積分

$$\int\limits_0^\pi \sin x\cos kx\, dx$$

對 $k=0,4$ 和 100，與正確值比較你所得的結果若 k 為偶數則 $2/(1-k^2)$，以及當 k 為奇數則為 0。

4.14 使用 1024 個區間的辛普森法及 9 個區間的倫伯格法解問題 4.13。

4.15 以 8 點的高斯 − 拉格爾法計算下列積分

$$\int_0^\infty \frac{e^{-x}dx}{x+100}$$

所得的結果與正確值 $9.9019419\times10^{-3}(103/10402)$ 相比。

4.16 計算下列積分

$$\int_0^\infty \frac{e^{-2x}-e^{-x}}{x}\,dx$$

請使用 8 點之高斯 − 拉格爾積分。並與正確解 $-\log_e 2=-0.6931$ 相比較。

4.17 使用 16 點高斯−赫米特法計算下列積分，並與正確值 $\sqrt{\pi}\exp(-1/4)$ 相比。

$$\int_{-\infty}^\infty \exp(-x^2)\cos x\,dx$$

4.18 使用辛普森重覆積分法的 MATLAB 函數 `simp2v` 計算下列積分，在每一積分方向上用 64 個區間。

$$\textbf{(a)}\ \int_{-1}^1 dy \int_{-\pi}^\pi x^4 y^4 dx \quad \textbf{(b)}\ \int_{-1}^1 dy \int_{-\pi}^\pi x^{10} y^{10} dx$$

4.19 在每個方向上用 64 個區間的 `simp2v` 計算下列積分

$$\textbf{(a)}\ \int_0^3 dx \int_1^{\sqrt{x/3}} \exp(y^3) dy \quad \textbf{(b)}\ \int_0^2 dx \int_0^{2-x} (1+x+y)^{-3} dy$$

4.20 使用高斯積分法的 MATLAB 函數 `gauss2v` 計算問題 4.18 及問題 4.19 的 (b)。

注意：使用這函數時，積分範圍須是常數。

4.21 正弦積分 Si(z) 的定義如下

$$\text{Si}(z) = \int_0^z \frac{\sin t}{t}\,dt$$

用 16 點的高斯法計算在 $z=0.5$、1 和 2 時的積分值。為何高斯法在此可以運作而辛普森法和倫伯格法則失敗？

4.22 使用兩個變數之高斯積分計算下列雙重積分

$$\int_0^1 dy \int_0^1 \frac{1}{1-xy} dx$$

並比較正確解 $\pi^2/6 = 1.6449$ 與您的計算結果。

4.23 某種燃氣渦輪發動機在某個 T 的時間週期會有機率 P 的失效，如下方程式

$$P(x < T) = \int_0^T \frac{ab^a}{(x+b)^{a+1}} dx$$

其中 $a = 3.5$ 和 $b = 8200$。

　　試計算 $T=500{:}100{:}2000$ 的積分，繪出此區間 P 對應於 T 的圖形。此類的燃氣渦輪機故障在 1600 小時的故障率為多少？更多相關的故障率資訊請參考 Percy(2011)。

4.24 考慮下列積分：

$$\int_0^1 \frac{x^p - x^q}{\log_e(x)} x^r dx = \log_e\left(\frac{p+r+1}{q+r+1}\right)$$

使用 MATLAB 函數 quad 驗證對於 $p=3, q=4, r=2$ 的結果。

4.25 考慮下列三個積分式

$$A = -\int_0^1 \frac{\log_e x\, dx}{1+x^2}, \quad B = \int_0^1 \frac{\tan^{-1} x}{x} dx, \quad C = \int_0^\infty \frac{xe^{-x}}{1+e^{-2x}} dx$$

利用 MATLAB 函數 quad 計算 2 個積分 A 和 B，並驗證兩者相等。以 8 點高斯－拉格朗日積分，驗證 C 的積分與 A 和 B 相等。

4.26 使用 16 點高斯－赫米特積分計算下列積分

$$I = \int_{-\infty}^\infty \frac{\sin x}{1+x^2} dx$$

約等於零。

4.27 使用 16 點高斯 － 赫米特積分計算下列積分

$$I = \int_{-\infty}^\infty \frac{\cos x}{1+x^2} dx$$

比較正確解 π/e 來驗證你的答案。

4.28 對於 α 和 $\beta = (2,3),(3,4)$，使用 8 點高斯－拉格朗日積分求出下列積分的值

$$I = \int_0^\infty \frac{x^{\alpha-1}}{1+x^\beta}\,dx$$

並以正確解 $\pi/(\beta \sin(\alpha\pi/\beta))$ 驗證得到的答案。

4.29 黎曼 zeta 函數與下列積分之間

$$S_3 = -\int_0^\infty \log_e(x)^3 e^{-x}\,dx$$

具有一個有趣的關係如下

$$S_3 = \gamma^3 + \frac{1}{2}\gamma\pi^2 + 2\zeta(3)$$

其中 $\gamma = 0.57722$，以 MATLAB 函數 `quadgk` 計算積分並證明 S_3 是一個很好的估計。

4.30 由電阻單元組成的某電阻迴路的總阻值以 $R(m,n)$ 表示，如下

$$R(m,n) = \frac{1}{\pi^2}\int_0^\pi dx \int_0^\pi \frac{1-\cos mx\,\cos ny}{2-\cos x-\cos y}\,dy$$

試以 MATLAB 函數 `dblquad` 和 `simp2v` 計算 $R(50,100)$ 之積分。以趨近於零之下限，0.0001。若分母為 0 則此積分為零。對於大的 m 和 n 值，此積分的近似值為

$$R(m,n) = \frac{1}{\pi}\left(\gamma + \frac{3}{2}\log_e 2 + \frac{1}{2}\log_e(m^2+n^2)\right)$$

其中 γ 是尤拉常數，可由 MATLAB 敘述 `-psi(1)` 得到。函數 `-psi` 被稱為雙伽瑪函數 (digamma function)，以此來驗證你的答案。

4.31 由電阻單元組成的某三維電阻迴路的總阻值以 $R(s,m,n)$ 表示，如下

$$R(s,m,n) = \frac{1}{\pi^3}\int_0^\pi dx \int_0^\pi dy \int_0^\pi \frac{1-\cos sx\,\cos my\,\cos nz}{3-\cos x-\cos y-\cos z}\,dz$$

使用 MATLAB 函數 `triplequad` 與值 $s=2$, $m=1$, $n=3$ 求此積分值。下限需設定為極小的非零值，例如 0.0001。

5 ▦

微分方程的解

　　許多實際問題包括研究兩個或多個變數間的變化率是如何連結，通常自變數是時間。這些問題很自然地導致微分方程式，其令我們了解眞實世界是如何運作及如何動態地改變。基本上，微分方程是提供我們實際情形的數學模型，其解提供我們預測系統的行爲。這一模型可能很簡單的只含一微分方程式，或包括很多彼此相關的聯立微分方程式。

5.1　導論

　　爲了說明一微分方程如何模仿一實際情形，我們將檢查一非常簡單的問題。研究熱物體冷卻的過程：例如，一鍋牛奶、浴缸中的水或熔鐵。每一種情形其冷卻過程都不同，視環境而定，但我們將只萃取其中最重要的特徵，同時也易於數學模型化。我們使用牛頓冷卻定律的簡單微分方程來模型化這一過程，此定律說明當時間流逝時，物體失去熱能的速率取決於物體現在的溫度與周圍溫度之差值。這導致下列微分方程

$$dy/dt = K(y - s) \qquad\qquad (5.1)$$

　　其中 y 是時間 t 時的物體溫度，s 是周圍溫度，K 是冷卻過程的一個負常數。另外當觀測開始時需指定時間 $t=0$ 的初始溫度 y_0。令此爲，這就完全指定了我們冷卻過程的數學模型。只需 y_0，K 和 s 即可開始我們的研究。這種 1 階微分方程稱爲初值問題，因爲在 $t=0$ 時間時我們有應變數 y 的初值。

　　(5.1) 式很容易由解析法算出其解，解將是與問題常數 t 的函數。然而，有許多微分方程無解析解或解析解並不表明 y 與 t 的關係。此時，我們需由數值方法來解微分方程。這意謂著，我們在時間初值與終值間的分立時間點上，求出 y 值的這種離散型的解來近似連續型的解。所以計算值 y 表示爲 y_i，值 t 表示爲 t_i，其中 $t_i = t_0 + ih$ 對 $i=0,1,\cdots,n$，。圖 5.1 說明當 $K=-0.1$，$s=10$ 和 $y_0=100$ 時 (5.1) 式的正確解及近似解。此圖是由解微分方程的 MATLAB 函數 ode23 產生的，時間由 0 到 60，使用符號 + 表示步驟。正確解以符號 "o" 繪在同一圖上。

　　使用 ode23 解 (5.1) 式需先定義函數 yprime，這一函數定義 (5.1) 式的右側。然後在下列程式中呼叫 ode23，t 的初值和終值為 0 與 60，其必需置於一列向量；y 的起始值為 100，容忍誤差是 0.5。容忍誤差是由函數 odeset 設定，其允許設定容忍誤差及其他所需參數。

```
% e3s501.m
yprime = @(t,y) -0.1*(y-10); %RH of diff equn.
options = odeset('RelTol',0.5);
[t y] = ode23(yprime,[0 60],100,options);
plot(t,y,'+')
xlabel('Time'), ylabel('y value'),
hold on
plot(t,90*exp(-0.1.*t)+10,'o'), % Exact solution.
hold off
```

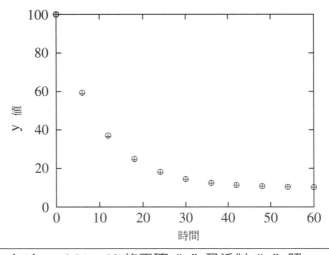

圖 5.1　$dy/dt = -0.1(y-10)$ 的正確 "o" 及近似 "+" 解。

　　這種逐步解是基於由前一個或數個 y 值的合成來計算現在 y_i 值。若 y 值是由不止一個事先的值所合成則稱為多步法 (*multi-step* method)，若僅用前一個值則稱為單步法。我們將說明一個稱為尤拉法 (Euler's method) 的單步法。

5.2　尤拉法

　　上面所使用的應變數名稱 y 和自變數 t 皆可以任何變數名稱代替。例如，很多教科書以 y 為應變數而 x 為自變數。然而為了與 MATLAB 符號一致起見，所以通常使用 y 表示應變數而 t 代表自變數。雖然初值問題並不只侷限在時間領域，但大部份皆是。

　　思考下列微分方程

$$dy/dt = y \tag{5.2}$$

得到微分方程數值解的一個最簡單方法是尤拉法，這方法僅使用泰勒級數的前兩項來展開。研究下列泰勒級數的型式，其第三項被稱為餘數項，且表示不含在此級數內的所有項之數值貢獻：

$$y(t_0 + h) = y(t_0) + y'(t_0)h + y''(\theta)h^2/2 \tag{5.3}$$

其中 θ 是介於 (t_0, t_1) 之間。對於小的 h 值我們可忽略 h^2 項並令 $t_1 = t_0 + h$，(5.3) 成為下列公式

$$y_1 = y_0 + hy_0'$$

其中表示對時間 t 的微分且 $y_i' = y'(t_i)$，通常

$$y_{n+1} = y_n + hy_n' \qquad n = 0, 1, 2, \ldots$$

由 (5.2) 這可寫成

$$y_{n+1} = y_n + hf(t_n, y_n) \qquad n = 0, 1, 2, \ldots \tag{5.4}$$

這稱為尤拉法，以圖形解說於圖 5.2。由 (5.3) 式可知局部截斷誤差，也就是每一小步的誤差是 h^2 量級的大小。

此法易於寫程式，MATLAB 函數 `feuler` 如下：

```
function [tvals, yvals] = feuler(f,tspan, startval,step)
% Euler's method for solving
% first order differential equation dy/dt = f(t,y).
% Example call: [tvals, yvals]=feuler(f,tspan,startval,step)
% Initial and final value of t are given by tspan = [start finish].
% Initial value of y is given by startval, step size is given by step.

% The function f(t,y) must be defined by the user.
steps = (tspan(2)-tspan(1))/step+1;
y = startval; t = tspan(1);
yvals = startval; tvals = tspan(1);
for i = 2:steps
    y1 = y+step*feval(f,t,y); t1 = t+step;
    %collect values together for output
    tvals = [tvals, t1]; yvals = [yvals, y1];
    t = t1; y = y1;
end
```

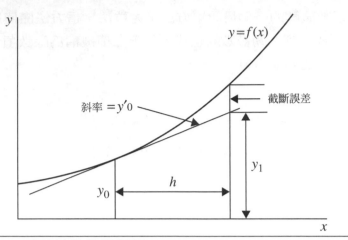

圖 5.2　尤拉法的幾何解釋。

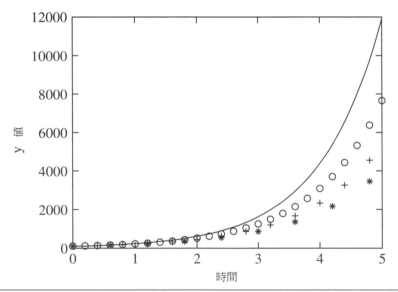

圖 5.3　$dy/dt = y - 20$ 的尤拉解點數已知 $t=0$ 時，$y=100$。$h=0.2$，0.4 和 0.6 的近似解分別以 "o" 、 "+" 和 " * " 表示畫出。正確解以實線表示。

　　以 $K=1, s=20$ 應用此方程式於微分方程 (5.1)，且 y=100 的初始值由圖 5.3 給出，其中介紹到各種不同的 h 值所對應的近似解。明顯地，在圖 5.3 可看到非常大的誤差，尤拉法雖然簡單，需要非常小的步階 h 來提供合理等級的精確度。若需要求微分方程大範圍的 t 之解，此方法在計算時間使用上就會變得相當昂貴，因為延展的區間有非常大量的小步階。另外，在一些步階可能會累積著不可預測的誤差，這是關鍵的問題並且將在後面的章節探討。

5.3 穩定度問題

為確保誤差不致累積,須要解微分方程的方法是穩定的。已見到在尤拉法內每步的誤差是 h^2 數量級大小。這誤差稱為局部截斷誤差,因其只告知每步的精確度如何而非一串步伐後的誤差。一串步伐後的誤差是難以求出的,因為一步的誤差影響下一步準確度的方式通常是複雜的。這就引至絕對及相對穩定度的誤差。我們將討論這些觀念和檢查對簡單方程式的影響,同時解釋這方程式的結果如何推廣至一般微分方程。

研究下列微分方程

$$dy/dt = Ky \tag{5.5}$$

因為 $f(t,y)=Ky$,尤拉法將有型式如下

$$y_{n+1} = y_n + hKy_n \tag{5.6}$$

重覆地使用這一遞迴式 (recursion) 且假設在步驟至步驟的計算中沒有誤差,我們得到

$$y_{n+1} = (1+hK)^{n+1}y_0 \tag{5.7}$$

對足夠小的 h,很容易地證明此值將趨近於正確值 e^{Kt}。

為了瞭解使用尤拉法時誤差是如何傳遞的,假設 y_0 是微擾的。y_0 的微擾值表示為 y_0^a,其中 $y_0^a = (y_0 - e_0)$ 且 e_0 是誤差,所以使用近似值而非 y_0,則 (5.7) 式變成

$$y_{n+1}^a = (1+hK)^{n+1}y_0^a = (1+hK)^{n+1}(y_0 - e_0) = y_{n+1} - (1+hK)^{n+1}e_0$$

結果若 $|1+hK| \geq 1$ 則初始誤差將被放大。許多步數後,初始誤差會增大和可能凌駕解答之上。這是不穩度的特性,此種情形尤拉法被稱為不穩定。然而若 $|1+hK| < 1$,結果則誤差很快消逝,此法被稱為絕對穩定。重寫這不等式導致絕對穩定條件:

$$-2 < hK < 0 \tag{5.8}$$

這條件可能太苛求,若誤差不隨 y 值正比增加那我們就滿意了。這稱為相對穩定度。注意,對任何正值,尤拉法不是絕對穩定的 K。

絕對穩定條件可被推廣到 (5.2) 型式的微分方程,可證明這條件變成

$$-2 < h\partial f/\partial y < 0 \tag{5.9}$$

因為 $h>0$, $\partial f/\partial y$,這一不等式意謂著對絕對穩定必須是負的。圖 5.4 和圖 5.5 是微分方程在 $dy/dt=y$,其中 $y=1$,當 $t=0$,取 $h=0.1$ 時的絕對誤差與相對誤

差的比較圖。圖 5.4 說明誤差快速增加且即使非常小的步伐，誤差仍是很大。圖 5.5 說明誤差變成解的比例增加，所以相對誤差線性增加，所以此法對這一問題不是相對穩定，也不是絕對穩定。

可見尤拉法對某些 h 值可能不穩定。例如，若 $K=-100$ 則尤拉法僅在 $0 < h < 0.02$ 時為絕對穩定。很清楚的若須要在 0 和 10 之間解微分方程則需要 500 步。我們將研究此法的改進稱為梯形法，雖然與尤拉法原理類似但改進了穩定度。

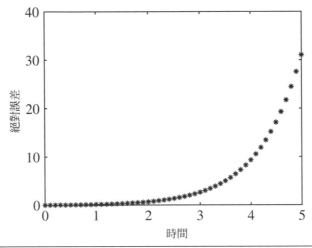

圖 5.4　當 $t=0$，其中 $y=1$，$dy/dt=y$，使用尤拉法與 h=0.1 取解的絕對誤差。

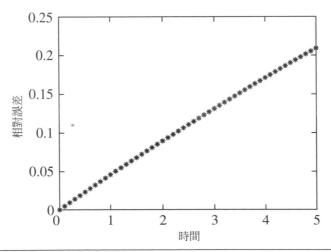

圖 5.5　當 $t=0$，其中 $y=1$，$dy/dt=y$，使用尤拉法與 h=0.1 取解的相對誤差。

5.4　梯形法

梯形法有如下的型式

$$y_{n+1} = y_n + h\{f(t_n, y_n) + f(t_{n+1}, y_{n+1})\}/2 \qquad n = 0, 1, 2, \ldots \tag{5.10}$$

使用 5.3 節的誤差分析，由 (5.5) 式得

$$y_{n+1} = y_n + h(Ky_n + Ky_{n+1})/2 \qquad n = 0, 1, 2, \ldots \tag{5.11}$$

以 y_n 項表示 y_{n+1} 可得

$$y_{n+1} = (1 + hK/2)/(1 - hK/2)y_n \qquad n = 0, 1, 2, \ldots \tag{5.12}$$

遞迴 $n=0,1,2,\cdots$ 使用這一結果得到下式

$$y_{n+1} = \left\{(1 + hK/2)/(1 - hK/2)\right\}^{n+1} y_0 \tag{5.13}$$

現在如同 5.3 節一樣，我們由假設 y_0 被誤差 e_0 微擾來瞭解誤差是如何傳遞的，所以用 $y_0^a = (y_0 - e_0)$ 替換，則

$$y_{n+1} = \left\{(1 + hK/2)/(1 - hK/2)\right\}^{n+1} (y_0 - e_0)$$

這直接得到下列結果

$$y_{n=1}^a = y_{n+1} - \left\{(1 + hK/2)/(1 - hK/2)\right\}^{n+1} e_0$$

所以由此可以結論：若乘數大小小於 1 則包含 e_0 的誤差項將很快消逝。即

$$|(1 + hK/2)/(1 - hK/2)| < 1$$

對所有 h 若 K 為負數，此法為絕對穩定。對正數 K 值則任何 h 皆非絕對穩定。

這就完成此法的誤差分析。然而開始之前此法 y_{n+1} 需要值，可由尤拉法得到此值的預估，即

$$y_{n+1} = y_n + hf(t_n, y_n) \qquad n = 0, 1, 2, \ldots$$

此值可用於 (5.10) 的右側當做是 y_{n+1} 的預估值。這一合成法稱為尤拉 梯形法 (Euler–trapezoidal method)。此法可正式寫成

1. 以 n 設定為 0 開始，n 是指所採取的步數號碼 (number of steps)。

2. 計算 $y_{n+1}^{(1)} = y_n + hf(t_n, y_n)$

3. 計算 $f(t_{n+1}, y_{n+1}^{(1)})$　式中　$t_{n+1} = t_n + h$

4. 對 $k=1,2\cdots$ 計算

$$y_{n+1}^{(k+1)} = y_n + h\left\{f(t_n, y_n) + f(t_{n+1}, y_{n+1}^{(k)})\right\}/2 \tag{5.14}$$

在步驟 4，當介於逐次值 y_{n+1} 之間的差足夠小時，n 遞增 1 然後重覆步驟 2, 3, 4。這一方法寫成 MATLAB 函數 eulertp 如下：

```
function [tvals, yvals] = eulertp(f,tspan,startval,step)
% Euler trapezoidal method for solving
% first order differential equation dy/dt = f(t,y).
% Example call: [tvals, yvals] = eulertp(f,tspan,startval,step)
% Initial and final value of t are given by tspan = [start finish].
% Initial value of y is given by startval, step size is given by step.
% The function f(t,y) must be defined by the user.
steps = (tspan(2)-tspan(1))/step+1;
y = startval; t = tspan(1);
yvals = startval; tvals = tspan(1);
for i = 2:steps
    y1 = y+step*feval(f,t,y);
    t1 = t+step;
    loopcount = 0; diff = 1;
    while abs(diff)>0.05

        loopcount = loopcount+1;
        y2 = y+step*(feval(f,t,y)+feval(f,t1,y1))/2;
        diff = y1-y2; y1 = y2;
    end
    %collect values together for output
    tvals = [tvals, t1]; yvals = [yvals, y1];
    t = t1; y = y1;
end
```

以 eulertp 解 $dy/dt=y$ 來研究此法與尤拉法的性能比較。這結果顯示於圖 5.6，其說明兩方法的絕對誤差圖。這差異是很明顯的，雖然尤拉 - 梯形法對此問題有較大的準確度，其它情形可能差異不顯著。另外尤拉 - 梯形法時間較長。

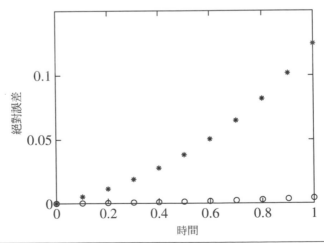

圖 5.6　t=0 時，h=0.1,y_0=1, $dy/dt=y$ 步伐解尤拉法的解用 " * " 表示，梯形法的解用 "o" 表示。

此法的一重要特徵是在步驟 4 得到收斂所需的迭代數,若太高則此法變得較沒有效率。然而,就剛才所解的例子而言,在步驟 4 最多 2 次迭代。這一演算法可在步驟 4,(5.14) 式修改為僅需 1 次迭代。這就是休恩法 (Heun's method)。

最後,理論的檢驗休恩法與尤拉法的誤差比較。由 y_{n+1} 的泰勒級數展開,可以求得以步伐大小 h 表示的誤差量級,所以:

$$y_{n+1} = y_n + hy'_n + h^2 y''_n/2! + h^3 y'''_n(\theta)/3! \tag{5.15}$$

其中 θ 位於 (t_n, t_{n+1}) 區間內。可以證明 y''_n 可以近似為

$$y''_n = (y'_{n+1} - y'_n)/h + O(h) \tag{5.16}$$

y''_n 代入到 (5.15) 可得

$$y_{n+1} = y_n + hy'_n + h(y'_{n+1} - y'_n)/2! + O(h^3)$$
$$= y_n + h(y'_{n+1} + y'_n)/2! + O(h^3)$$

這證明局部截斷誤差大小是量級 h^3,所以比尤拉法的截斷誤差量級 h^2 有重要的準確度改進。

我們將說明一群方法,其將於阮格 - 卡達法 (Runge-Kutta methods) 這一集合標題下研究。

5.5　阮格 - 卡達法 (Runge-Kutta Methods)

Runge–Kutta 法是一群具有相同方法架構的集合名詞,如式 (5.14) 所描述的休恩法 (Heun's methods) 其只有一次迭代修正,可歸類為一種簡單的 Runge-Kutta 法。我們令

$$k_1 = hf(t_n, y_n) \quad 及 \quad k_2 = hf(t_{n+1}, y_{n+1})$$

因為

$$y_{n+1} = y_n + hf(t_n, y_n)$$

所以我們可得

$$k_2 = hf(t_{n+1}, y_n + hf(t_n, y_n))$$

因此由式 (5.10) 對於 $n=0,1,2,\cdots.$ 可將休恩法以下列方式表示

$$k_1 = hf(t_n, y_n)$$
$$k_2 = hf(t_{n+1}, y_n + k_1)$$

及

$$y_{n+1} = y_n + (k_1 + k_2)/2$$

這是 Runge–Kutta 法的一種簡單形式。

古典的 Runge–Kutta 法是最常被採用的，其形式為：對 $n=0,1,2,\cdots$

$$k_1 = hf(t_n, y_n)$$
$$k_2 = hf(t_n + h/2, y_n + k_1/2)$$
$$k_3 = hf(t_n + h/2, y_n + k_2/2) \tag{5.17}$$
$$k_4 = hf(t_n + h, y_n + k_3)$$

及

$$y_{n+1} = y_n + (k_1 + 2k_2 + 2k_3 + k_4)/6$$

此法具有四階的整體性誤差 h^4。接下來我們要考慮的 Runge–Kutta 法是由式 (5.17) 演變而來，它是由 Gill(1951) 提出且其形式為：對於 $n=0,1,2,\cdots$

$$k_1 = hf(t_n, y_n)$$
$$k_2 = hf(t_n + h/2, y_n + k_1/2)$$
$$k_3 = hf(t_n + h/2, y_n + (\sqrt{2}-1)k_1/2 + (2-\sqrt{2})k_2/2) \tag{5.18}$$
$$k_4 = hf(t_n + h, y_n - \sqrt{2}k_2/2 + (1+\sqrt{2}/2)k_3)$$

及

$$y_{n+1} = y_n + \{k_1 + (2-\sqrt{2})k_2 + (2+\sqrt{2})k_3 + k_4\}/6$$

這是另一種四階的方法而且具有五階的局部截斷誤差 h^5，以及四階的整體誤差 h^4。

許多其他型式的 Runge–Kutta 法已被提出，這些方法具有其特殊的優點，在此將不列出這些方法的數學式但其重要特性如下：

1. *Runge-Kutta-Merson*(Merson, 1957)：此法具有五階的誤差 h^5，除此之外此法可依據已知的步距值估計每一步截斷誤差之大小。

2. *Ralston-Runge-Kutta*(Ralston, 1962)：在 Runge–Kutta 法係數的指定上我們具有某些程度上的自由，而此法中所選擇的係數可使截斷誤差為最小。

3. *Butcher-Runge-Kutta*(Butcher, 1964)：此法對每一步的運算提供更高的精確度，其誤差的階數為 h^6。

Runge–Kutta 法具有以下的一般形式：對 $n=0,1,2,\cdots$

$$k_1 = hf(t_n, y_n)$$
$$k_i = hf(t_n + hd_i, y_n + \sum_{j=1}^{i-1} c_{ij}k_j), \quad i = 2, 3, \ldots, p \tag{5.19}$$

$$y_{n+1} = y_n + \sum_{j=1}^{p} b_j k_j \tag{5.20}$$

此一般形式的階數為 p。

將式 (5.20) 左右兩邊以泰勒級數展開，並令係數相等是各種 Runge−Kutta 法推導的基礎，這是一種相當直接的方法，但其代數運算極為複雜。

現在我們將討論 Runge−Kutta 法的穩定性問題。因為 Runge−Kutta 法中可能引起的不穩定性問題通常可經由降低步距 (step−size) 來減輕，因此稱為部份不穩定 (partial−instability)。

為了避免不斷的重複降低步距 h 再重新計算，可使用以下所提出的不等式估計四階 Runge−Kutta 法保證穩定時的 h 值，

$$-2.78 < h\partial f/\partial y < 0$$

實際上 $\partial f/\partial y$ 可使用兩相鄰 f 及 y 之差來估計。

最後瞭解我們如何以 MATLAB 針對式 (5.20) 及式 (5.19) 撰寫一優雅的程式是相當有趣的。我們定義兩個向量 **d** 及 **b** 還有一矩陣 **c**，此處 **d** 包含式 (5.19) 中的係數 d_i 而 **b** 包含式 (5.20) 中的係數 b_j，而矩陣 **c** 包含式 (5.19) 中的係數 c_{ij}，若將 k_j 計算後的值儲存於向量 **k** 中，則這個新 y 值的 MATLAB 程式是相當簡單的，其描述如下：

```
k(1) = step*feval(f,t,y);
for i = 2:p
    k(i)=step*feval(f,t+step*d(i),y+c(i,1:i-1)*k(1:i-1)');
end
y1 = y+b*k';
```

此程式會在每一步被重新計算一次。以下是一個以此程式為基礎的 MATLAB 函數 rkgen。因為在此程式中 c 及 d 是相當容易修改的，因此任何形式的 Runge−Kutta 法均可使用此函數來實現，而且此函數對不同技巧的程式試驗是相當有用的。

```
function[tvals,yvals] = rkgen(f,tspan,startval,step,method)
% Runge Kutta methods for solving
% first order differential equation dy/dt = f(t,y).
% Example call:[tvals,yvals]=rkgen(f,tspan,startval,step,method)
% The initial and final values of t are given by tspan = [start finish].
% Initial y is given by startval and step size is given by step.
% The function f(t,y) must be defined by the user.
% The parameter method (1, 2 or 3) selects
% Classical, Butcher or Merson RK respectively.
b = [ ]; c = [ ]; d = [ ];
switch method
```

```
            case 1
                order = 4;
                b = [ 1/6 1/3 1/3 1/6]; d = [0 .5 .5 1];
                c=[0 0 0 0;0.5 0 0 0;0 .5 0 0;0 0 1 0];
                disp('Classical method selected')
            case 2
                order = 6;
                b = [0.07777777778 0 0.355555556 0.13333333 ...
                      0.355555556 0.0777777778];
                d = [0 .25 .25 .5 .75 1];
                c(1:4,:) = [0 0 0 0 0 0;0.25 0 0 0 0 0;0.125 0.125 0 0 0 0; ...
                            0 -0.5 1 0 0 0];
                c(5,:) = [.1875 0 0 0.5625 0 0];
                c(6,:) = [-.4285714 0.2857143 1.714286 -1.714286 1.1428571 0];
                disp('Butcher method selected')
            case 3
                order = 5;
                b = [1/6 0 0 2/3 1/6];
                d = [0 1/3 1/3 1/2 1];
                c = [0 0 0 0 0;1/3 0 0 0 0;1/6 1/6 0 0 0;1/8 0 3/8 0 0; ...
                      1/2 0 -3/2 2 0];
                disp('Merson method selected')
            otherwise
                disp('Invalid selection')
        end
        steps = (tspan(2)-tspan(1))/step+1;
        y = startval; t = tspan(1);
        yvals = startval; tvals = tspan(1);
        for j = 2:steps
            k(1) = step*feval(f,t,y);
            for i = 2:order
                k(i) = step*feval(f,t+step*d(i),y+c(i,1:i-1)*k(1:i-1)');
            end
            y1 = y+b*k'; t1 = t+step;
            %collect values together for output
            tvals = [tvals, t1]; yvals = [yvals, y1];
            t = t1; y = y1;
        end
```

　　可適性步距調整是另一個必須被考慮的問題，若在所關心的範圍內函數是相當平滑的，則在此區間中可使用較大的步距執行計算，而若在此區間中 t 微小的改變會造成 y 急遽的變動，則必須使用相當小的步距。然而對於這兩種區域均存在的函數而言，使用可適性步距調整技巧比在整個區間均使用較小步距的方式更具有效率。產生這種步距調整的細節在此將不討論，在 Press(1990) 等的著作中有詳細的說明，具有這種調節程序的 Runge–Kutta 法已內建於 MATLAB 函式庫中的 ode23 及 ode45 中。

　　使用古典、Merson 及 Butcher–Runge–Kutta 法解微分方程 $dy/dt=-y$ 的 MATLAB 程式如下，其相對誤差示於圖 5.7 中

```
% e3s502.m
yprime = @(t,y) -y;
char = 'o*+';
for meth = 1:3
    [t, y] = rkgen(yprime,[0 3],1,0.25,meth);
    re = (y-exp(-t))./exp(-t);
    plot(t,re,char(meth))
    hold on
end
hold off, axis([0 3 0 1.5e-4])
xlabel('Time'), ylabel('Relative error')
```

由此圖可清楚的看出 Butcher 法是最精確的且 Merson 及 Butcher 兩方法都比古典方法更加精確。

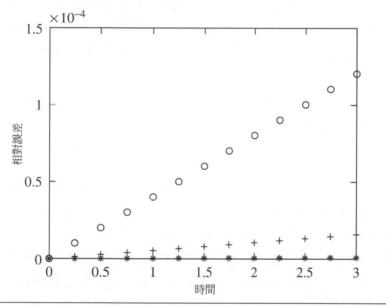

圖 5.7　$dy/dt=-y$ 的解，"*"表示 Butcher 法，"+" Merson 法，"o" 古典法。

5.6　預測 - 校正法

先前 5.4 節討論的梯型法 (trapezoidal method) 是 Runge－Kutta 法及預測 －校正法的一個簡單例子，其截斷誤差階數為 h^3，而我們現在所要討論的預測 －校正法具有更小的截斷誤差。我們將以 Adams－Bashforth－Moulton 法作為第一個例子，此法是以下面的式子為基礎：

$$y_{n+1} = y_n + h(55y'_n - 59y'_{n-1} + 37y'_{n-2} - 9y'_{n-3})/24 \quad (P)$$
$$y'_{n+1} = f(t_{n+1}, y_{n+1}) \quad (E)$$

$$(5.21)$$

及

$$y_{n+1} = y_n + h \left(9y'_{n+1} + 19y'_n - 5y'_{n-1} + y'_{n-2}\right)/24 \quad (C)$$
$$y'_{n+1} = f(t_{n+1}, y_{n+1}) \qquad\qquad\qquad\qquad\qquad (E)$$

(5.22)

此處 $t_{n+1}=t_n+h$。(5.21) 式中，使用預測方程式 (P)，其後跟隨函數運算 (E)。然後在 (5.22) 式中，使用校正方程式 (C)，其後跟隨函數運算 (E)。而預測及校正方程的截斷誤差階數均爲 $O(h^5)$。在 (5.21) 的預測方程中於計算 y 之前必須先知道一些初始值，在完成 (5.21) 及 (5.22) 的所有步驟之後 (也就是一完整的 *PECE* 程序) 獨立變數 t_n 增加 h，n 增加 1，且持續這個過程直到在有興趣區間中之微分方程被解出爲止。這方法是由 $n=3$ 開始執行且在應用此法之前必須先得知 y_3，y_2，y_1 及 y_0 的值，因此這種方法又稱之爲多點法 (multi–point method)。實際上 y_3，y_2，y_1 及 y_0 必須由一自發性程序獲得，例如 5.5 節所提出的 Runge–Kutta 法其中之一，而且所選擇的自發性程序截斷誤差階數必須與預測 – 校正法相同。

由於 Adams–Bashforth–Moulton 法有較佳的穩定性因此經常被採用，*PECE* 模式的絕對穩定度範圍是

$$-1.25 < h\partial f/\partial y < 0$$

在 *PECE* 模式下每一步距所需的計算次數比四階的 Runge–Kutta 法還要少，然而，若要眞正評估這些方法的優劣，還是必須考慮這些方法針對某一問題在某一區間中的誤差特性，因爲若步距值落在絕對穩定範圍之外，則任一種方法對某一微分方程而言都會使誤差不斷擴大，而使整個計算被誤差吞蝕。

在 MATLAB 中是以 abm 函數實現 Adams–Bashforth–Moulton 法，必須注意的是所選擇的起始程序會造成誤差，在此處我們採用古典的 Runge–Kutta 法，然而我們可以修改此函數，使其具有選擇較高精確度起始值的能力，這並不困難。

```
function [tvals, yvals] = abm(f,tspan,startval,step)
% Adams Bashforth Moulton method for solving

% first order differential equation dy/dt = f(t,y).
% Example call: [tvals, yvals] = abm(f,tspan,startval,step)
% The initial and final values of t are given by tspan = [start finish].
% Initial y is given by startval and step size is given by step.
% The function f(t,y) must be defined by the user.
% 3 steps of Runge--Kutta are required so that ABM method can start.
% Set up matrices for Runge--Kutta methods
```

```
b = [ ]; c = [ ]; d = [ ]; order = 4;
b = [1/6 1/3 1/3 1/6]; d = [0 .5 .5 1];
c = [0 0 0 0;0.5 0 0 0;0 .5 0 0;0 0 1 0];
steps = (tspan(2)-tspan(1))/step+1;
y = startval; t = tspan(1); fval(1) = feval(f,t,y);
ys(1) = startval; yvals = startval; tvals = tspan(1);
for j = 2:4
    k(1) = step*feval(f,t,y);
    for i = 2:order
        k(i) = step*feval(f,t+step*d(i),y+c(i,1:i-1)*k(1:i-1)');
    end
    y1 = y+b*k'; ys(j) = y1; t1 = t+step;
    fval(j) = feval(f,t1,y1);
    %collect values together for output
    tvals = [tvals,t1]; yvals = [yvals,y1];
    t = t1; y = y1;
end
%ABM now applied
for i = 5:steps
    y1 = ys(4)+step*(55*fval(4)-59*fval(3)+37*fval(2)-9*fval(1))/24;
    t1 = t+step; fval(5) = feval(f,t1,y1);
    yc = ys(4)+step*(9*fval(5)+19*fval(4)-5*fval(3)+fval(2))/24;
    fval(5) = feval(f,t1,yc);
    fval(1:4) = fval(2:5);
    ys(4) = yc;
    tvals = [tvals,t1]; yvals = [yvals,yc];
    t = t1; y = y1;
end
```

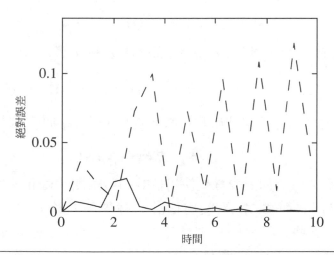

圖 5.8　使用 Adams-Bashforth-Moulton 法求 $dy/dt=-2y$ 的解之絕對誤差，實線是步距為 0.5 時的誤差值。點虛線是步距為 0.7 時的誤差值。

　　圖 5.8 是在 0 到 10 的區間已具有 0.5 及 0.7 步距的 Adams–Bashforth–Moulton 法解微分方程 $dy/dt=-2y$($t=0$ 之起始值為 $y=1$) 後的絕對誤差特性，令我們感興趣的是在此問題中 $\partial f/\partial y=-2$，所以其絕對穩定的步距範圍為 $0 \le h \le 0.625$，對於 $h=0.5$ 此值落在穩定範圍內，圖中顯示出其絕對誤差會消失，而對於 $h=0.7$ 此值落在穩定範圍之外，圖中顯示出其絕對誤差隨時間增加。

5.7　漢明法及誤差估計之使用

　　漢明法 (1959) 是以下列的預測 – 校正方程組為基礎

$$y_{n+1} = y_{n-3} + 4h(2y'_n - y'_{n-1} + 2y'_{n-2})/3 \qquad (P)$$
$$y'_{n+1} = f(t_{n+1}, y_{n+1}) \qquad (E)$$
$$(5.23)$$
$$y_{n+1} = \{9y_n - y_{n-2} + 3h(y'_{n+1} + 2y'_n - y'_{n-1})\}/8 \quad (C)$$
$$y'_{n+1} = f(t_{n+1}, y_{n+1}) \qquad (E)$$

此處 $t_{n+1} = t_n + h$。

　　方程組的第一式 (P) 是預測方程式而第三式 (C) 是校正方程式，為了使預測及校正方程式在每一步的精確度得到改善，我們使用區域誤差來修正這兩個方程式，而區域誤差的近似值可由當時 y 的預測及校正值獲得，由此可導出下列方程式

$$y_{n+1} = y_{n-3} + 4h(y'_n - y'_{n-1} + 2y'_{n-2})/3 \quad (P) \tag{5.24}$$

$$(y^M)_{n+1} = y_{n+1} - 112(Y_P - Y_C)/121 \tag{5.25}$$

在此方程式中 Y_P 及 Y_C 是第 n 步時 y 的預測及校正值

$$y^*_{n+1} = \{9y_n - y_{n-2} + 3h((y^M)'_{n+1} + 2y'_n - y'_{n-1})\}/8 \quad (C) \tag{5.26}$$

在此方程式 $(y^M)'_{n+1}$ 中是使用修正後 y_{n+1} 的 $(y^M)_{n+1}$ 值所求得的 y'_{n+1}。

$$y_{n+1} = y^*_{n+1} + 9(y_{n+1} - y^*_{n+1}) \tag{5.27}$$

　　(5.24) 是預測方程式而 (5.25) 是使用估計的截斷誤差修正後所得的預測值，(5.26) 是修正方程式而 (5.27) 是使用估計的截斷誤差修正後所得的校正值。每次 n 增加 1 時這些方程式都只被計算一次而且重複這些步驟，MATLAB 中的 `fhamming` 是可執行這方法的函數因此：

```
function [tvals, yvals] = fhamming(f,tspan,startval,step)
% Hamming's method for solving
% first order differential equation dy/dt = f(t,y).
% Example call: [tvals, yvals] = fhamming(f,tspan,startval,step)
% The initial and final values of t are given by tspan = [start finish].
% Initial y is given by startval and step size is given by step.
% The function f(t,y) must be defined by the user.
% 3 steps of Runge-Kutta are required so that hamming can start.
% Set up matrices for Runge-Kutta methods
b = [ ]; c =[ ]; d = [ ]; order = 4;
b = [1/6 1/3 1/3 1/6]; d = [0 0.5 0.5 1];
c = [0 0 0 0;0.5 0 0 0;0 0.5 0 0;0 0 1 0];
steps = (tspan(2)-tspan(1))/step+1;
y = startval; t = tspan(1);
fval(1) = feval(f,t,y);
ys(1) = startval;
yvals = startval; tvals = tspan(1);
for j = 2:4
    k(1) = step*feval(f,t,y);
    for i = 2:order
        k(i) = step*feval(f,t+step*d(i),y+c(i,1:i-1)*k(1:i-1)');
    end
    y1 = y+b*k'; ys(j) = y1; t1 = t+step; fval(j) = feval(f,t1,y1);
    %collect values together for output
    tvals = [tvals, t1]; yvals = [yvals, y1]; t = t1; y = y1;
end
%Hamming now applied
for i = 5:steps
    y1 = ys(1)+4*step*(2*fval(4)-fval(3)+2*fval(2))/3;
    t1 = t+step; y1m = y1;
    if i>5, y1m = y1+112*(c-p)/121; end
    fval(5) = feval(f,t1,y1m);
    yc = (9*ys(4)-ys(2)+3*step*(2*fval(4)+fval(5)-fval(3)))/8;
    ycm = yc+9*(y1-yc)/121;
    p = y1; c = yc;
    fval(5) = feval(f,t1,ycm); fval(2:4) = fval(3:5);
    ys(1:3) = ys(2:4); ys(4) = ycm;
    tvals = [tvals, t1]; yvals = [yvals, ycm];
    t = t1;
end
```

此外 h 必須謹慎的選擇以避免誤差無限制的擴大。使用漢明法解微分方程 $dy/dt=y$ 的相對誤差示於圖 5.9 中，此微分方程在 5.6 節中已被討論過。

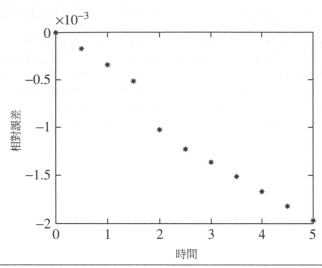

圖 5.9　$t=0$ 時 $y=1$，解 $dy/dt=y$ 的解使用步距 0.5 的漢明法之相對誤差。

5.8　誤差在微分方程中的傳遞

　　在先前的章節中，我們已經說明許多種解微分方程的方法及這些方法在每一步的截斷誤差階數 (或誤差的其它明確表示法)，如同我們在 5.3 節中所討論的，對於尤拉及梯型法而言，最重要的不只是檢查每一步所引進的誤差大小，而且誤差如何隨步數增加而累積亦必須仔細檢查。

　　先前 5.7 節所討論的預測 - 校正法指出此法可能會導出一偽造解，一旦迭代的步驟不斷進行，對某些問題而言此偽造解會掩蓋掉真正的解，在此情況下，我們稱這種方法是不穩定的。明顯地，我們所欲尋找的是一種不會產生無法預測的誤差及誤差不會無限擴大的穩定解。

　　檢查每一種數值方法是否穩定是相當重要的，除此之外，若某一方法並非對任何微分方程都會穩定，則必須檢查此法在什麼情況下是可信賴的。研究微分方程的穩定性理論是一重大課題，在此書中將不做深入的探討，而在 5.9 節中我們會將一些特定方法的穩定特性做一總結，而且以一些微分方程的例子來比較這些主要方法的效能。

5.9　一些特定數值方法的穩定性

　　Ralston&Rabinowitz(1987) 及 Lambert(1973) 提供一些解一階微分方程之數值方法的穩定性精彩論述，假設所有的變數均為實數則一些相當重要的特性如下：

　1. 尤拉及梯型法：詳細的討論請參考 5.3 節及 5.4 節。

　2. Runge–Kutta 法：Runge–Kutta 法並不會引入偽造解但對某些 h 值可能

會造成不穩定，將 h 縮減到足夠小的數值或許有時可以消除這現象。我們已經說明爲何 Runge–Kutta 法並不比預測 – 校正法來的有效率，這是因爲 Runge–Kutta 法在每一步需要較多的函數運算，若 h 變的太小則所需的函數計算次數將使這方法變的不經濟。而維持穩定性所需的步距大小限制可由不等式 $M < h\partial f/\partial y < 0$ 來估計，此處 M 是由所採用的 Runge–Kutta 法決定而且可能是個估計值。明顯地這是在強調解題過程中小心選取步距的必要性。ode23 及 ode45 二函數已將這些步驟包含在內，因此使用這些 MATLAB 函數解題時不會產生這些問題。

3. Adams–Bashforth–Moulton 法：在 *PECE* 模式中絕對穩定的範圍是 $-1.25 < h\partial f/\partial y < 0$，此不等式指出爲達到絕對穩定，$\partial f/\partial y$ 必須爲負值。

4. 漢明法：在 *PECE* 模式中絕對穩定的範圍是 $-0.5 < h\partial f\partial y < 0$，此不等式指出爲達到絕對穩定，$\partial f\partial y$ 必須爲負值。

請注意若 f 是一個 y 與 t 的一般函數則估計步距大小的公式可能不易使用，然而在一些情況下 f 的微分值可能很容易求得，例如若 $f = Cy$，C 爲常數這種情況。

現在我們以先前章節討論的方法解一些一般的問題，下列程式解三個範例，程式的第一行分別設定 example 爲 1,2,3。

```
% e3s503.m
example = 1;
switch example
    case 1
        yprime = @(t,y) 2*t*y;
        sol = @(t) 2*exp(t^2);

        disp('Solution of dy/dt = 2yt')
        t0 = 0; y0 = 2;
    case 2
        yprime = @(t,y) (cos(t)-2*y*t)/(1+t^2);
        sol = @(t) sin(t)/(1+t^2);
        disp('Solution of (1+t^2)dy/dt = cos(t)-2yt')
        t0 = 0; y0 = 0;
    case 3
        yprime = @(t,y) 3*y/t;
        disp('Solution of dy/dt = 3y/t')
        sol = @(t) t^3;
        t0 = 1; y0 = 1;
end
tf = 2; tinc = 0.25; steps = floor((tf-t0)/tinc+1);
[t,x1] = abm(yprime,[t0 tf],y0,tinc);
[t,x2] = fhamming(yprime,[t0 tf],y0,tinc);
[t,x3] = rkgen(yprime,[t0 tf],y0,tinc,1);
disp('t        abm      Hamming    Classical    Exact')
for i = 1:steps
    fprintf('%4.2f%12.7f%12.7f',t(i),x1(i),x2(i))
    fprintf('%12.7f%12.7f\n',x3(i),sol(t(i)))
end
```

■ ■ ■ ─────────────────────────

範例 5.1

　　求解

$$dy/dt = 2yt \quad 其中 \quad y = 2 \quad 當 \quad t = 0$$

正確解爲 $y = 2\exp(t^2)$。我們以下列 `e3s503.m` 的程式與 `example=1` 求解此微分方程

```
Solution of dy/dt = 2yt
t        abm          Hamming      Classical    Exact
0.00     2.0000000    2.0000000    2.0000000    2.0000000
0.25     2.1289876    2.1289876    2.1289876    2.1289889
0.50     2.5680329    2.5680329    2.5680329    2.5680508
0.75     3.5099767    3.5099767    3.5099767    3.5101093
1.00     5.4340314    5.4294215    5.4357436    5.4365637
1.25     9.5206761    9.5152921    9.5369365    9.5414664
1.50    18.8575896   18.8690552   18.9519740   18.9754717
1.75    42.1631012   42.2832017   42.6424234   42.7618855
2.00   106.2068597  106.9045567  108.5814979  109.1963001
```

■ ■ ■ ─────────────────────────

範例 5.2

　　求解

$$(1 + t^2)dy/dt + 2ty = \cos t \quad 其中 \quad y = 0 \quad 當 \quad t = 0$$

正確解爲 $y = (\sin t)/(1 + t^2)$，執行 `e3s503.m` 之程式與 `example =2` 得到下列輸出：

```
Solution of (1+t^2)dy/dt = cos(t)-2yt
t        abm          Hamming      Classical    Exact
0.00     0.0000000    0.0000000    0.0000000    0.0000000
0.25     0.2328491    0.2328491    0.2328491    0.2328508
0.50     0.3835216    0.3835216    0.3835216    0.3835404
0.75     0.4362151    0.4362151    0.4362151    0.4362488
1.00     0.4181300    0.4196303    0.4206992    0.4207355
1.25     0.3671577    0.3705252    0.3703035    0.3703355
1.50     0.3044513    0.3078591    0.3068955    0.3069215
1.75     0.2404465    0.2432427    0.2421911    0.2422119
2.00     0.1805739    0.1827267    0.1818429    0.1818595
```

─────────────────────────────── ■ ■ ■

■ ■ ■

範例 5.3

求解

$$dy/dt = 3y/t \qquad 其中 \quad y = 1 \qquad 當 \quad t = 1$$

正確解為 $y = t^3$，執行 `e3s503.m` 之程式與 `example =3` 得到下列輸出：

```
Solution of dy/dt = 3y/t
t      abm        Hamming     Classical   Exact
1.00   1.0000000  1.0000000   1.0000000   1.0000000
1.25   1.9518519  1.9518519   1.9518519   1.9531250
1.50   3.3719182  3.3719182   3.3719182   3.3750000
1.75   5.3538346  5.3538346   5.3538346   5.3593750
2.00   7.9916917  7.9919728   7.9912355   8.0000000
```

■ ■ ■

　範例 5.2 及範例 5.3 指出這三種方法間的差異很小，而且在所需的區間中對於 $h=0.25$ 的步距值三種方法都能成功的求出解答，而範例 5.1 是一相當困難的問題，而只有古典的 Runge–Kutta 法有較佳的表現。

　為了更進一步比較，現在使用 MATLAB 函數 `ode113`，這使用 5.6 節所敘述的 *PECE* 方法為基礎的預測校正法，與 Adams–Bashforth–Moulton 法相關。然而，`ode113` 使用的方法是可變階數的。此函數的標準呼叫是

$$[t,y] = ode113(f,tspan,y0,options);$$

　其中 `f` 是函數名稱，提供微分方程系統的右側。`tspan` 是微分方程解的範圍，給成向量形式 `[to tfinal]`；`y0` 是微分方程在 $t=0$ 時的初值向量。`options` 是額外的參數，提供微分方程的其它設定，如精確度。為了說明函數的使用，考慮下列例子。

$$dy/dt = 2yt，初值條件 t=0 時 y=2$$

解這一微分方程的呼叫是

```
>> options = odeset('RelTol', 1e-5,'AbsTol',1e-6);
>> [t,yy] = ode113(@(t,x) 2*t*x,[0,2],[2],options); y = yy', time = t'
```

執行這些敘述的結果是

```
y =
 Columns 1 through 7
   2.0000    2.0000    2.0000    2.0002    2.0006    2.0026    2.0103
 Columns 8 through 14
   2.0232    2.0414    2.0650    2.0943    2.1707    2.2731    2.4048
 Columns 15 through 21
   2.5703    2.7755    3.0279    3.3373    3.7161    4.1805    4.7513
 Columns 22 through 28
   5.4557    6.3290    7.4177    8.7831   10.5069   15.5048   22.7912
 Columns 29 through 32
  34.6321   54.3997   88.3328  109.1944

time =
 Columns 1 through 7
        0    0.0022    0.0045    0.0089    0.0179    0.0358    0.0716
 Columns 8 through 14
   0.1073    0.1431    0.1789    0.2147    0.2862    0.3578    0.4293
 Columns 15 through 21
   0.5009    0.5724    0.6440    0.7155    0.7871    0.8587    0.9302
 Columns 22 through 28
   1.0018    1.0733    1.1449    1.2164    1.2880    1.4311    1.5599
 Columns 29 through 32
   1.6887    1.8175    1.9463    2.0000
```

　　雖然每一步驟就直接比較是不可能的，因為 ode113 使用可變步距，我們可比較 $t=2$ 時的結果與範例 5.1 的結果，顯示由 ode113 得出的最後 y 值比其它給定的方法還好。

5.10　聯立微分方程系統

　　我們已介紹過解單一一階微分方程的方法，此法經過簡單的修改後可用以解具有一階聯立微分方程的系統。自然地，實際系統的數學模型會引出聯立微分方程，在本節中我們將經由一簡單的例子介紹一聯立微分方程系統。

　　這個例子是以 Zeeman 所引進的簡單心臟模型及由劇變論 (Catastrophe Theory) 而來的點子為基礎，在此只對此模型做簡短的說明，而詳細的討論可在 Beltrami(1987) 精彩的著作中獲得。我們將使用 MATLAB 函式庫中的 ode23 解此聯立微分方程系統，而 MATLAB 的繪圖工具將清晰的表達計算結果。

　　心臟的模型是以 Van der pol 方程式為起點推導出來的，此方程式表達如下

$$dx/dt = u - \mu(x^3/3 - x)$$
$$du/dt = -x$$

　　這是具有兩個聯立方程式的系統，這聯立微分方程的選擇反應出我們想要模仿心臟跳動的意圖，心肌長度的變動 (即心室的收縮或擴張) 是經由電脈衝的刺激所造成，因而令血液經由此系統輸送至全身。此過程可用這組微分方程表示。這種波動的過程有點巧妙，而我們的模型應該將其考慮在內。由鬆弛的狀態開

始，在一個由慢而快的脈衝刺激下，心肌開始收縮，而在最後對血液提供了一個足夠的推力。當此刺激脈衝消失後，心臟以由慢而快的方式擴張，直到下次達到鬆弛狀態為止，而且此循環將再度展開。

為模仿這種現象，Van der pol 方程式必須做一些修正，使變數 x 代表心肌的長度，而變數 u 代表加諸於心臟的刺激脈衝。我們可用 $s=-u/\mu$ 代換，其中 s 代表刺激脈衝且 μ 為常數來達成這個目的。因為 ds/dt 等於 $(-du/dt)/\mu$，所以 $du/dt=-\mu ds/dt$，因此可得

$$dx/dt = \mu(-s - x^3/3 + x)$$
$$ds/dt = x/\mu$$

若在某時間區間中解此聯立微分方程中的 s 及 x，我們將發現刺激脈衝 s 及心肌長度 x 會有一振盪現象。然而 Zeeman 想要以心肌張力增加的觀點來說明血壓的提昇，因此提出將張力因數 p，其中 $p>0$ 引入此模型中，而他所提出的模型具有以下的形式；

$$dx/dt = \mu(-s - x^3/3 + px)$$
$$du/dt = x/\mu$$

雖然將模型這樣修正似乎有些道理，但這種修正所造成的影響卻不是能明顯看出來的。

此問題提供我們一個機會使用 MATLAB 來模擬心臟的跳動，在這模擬環境中我們可以改變不同的張力值來觀察心跳的變化。以下的程式敘述解此聯立微分方程以及描繪其結果。

```
% e3s504.m Solving Zeeman's Catastrophe model of the heart
clear all
p = input('enter tension value ');
simtime = input('enter runtime ');
acc = input('enter accuracy value ');
xprime = @(t,x) [0.5*(-x(2)-x(1)^3/3+p*x(1)); 2*x(1)];
options = odeset('RelTol',acc);
initx = [0 -1]';
[t x] = ode23(xprime,[0 simtime],initx,options);
% Plot results against time
plot(t,x(:,1),'--',t,x(:,2),'-')
xlabel('Time'), ylabel('x and s')
```

在上面的函數定義中 $\mu=0.5$，圖 5.10 指出在相當小的張力因數 (1) 下，心肌長度 x 及刺激脈衝 隨時間變化的情形，這圖形指出對於微小的刺激而言，在這種張力因數下，心肌的活動是一穩定的週期振盪，然而圖 5.11 指出在張力因數等於 20 之情況下 x 及 s 隨時間變化的情形。此圖說明對這相當大的張力因數而言，

需要很大的刺激脈衝才能使心肌產生波動，而且這種振盪是相當吃力的，因此圖
形指出若增加張力，心跳頻率會降低，這結果與所預計的物理效應相吻合，而且
在某些程度上也對此簡單模型的合理性提供了實驗上的支持。

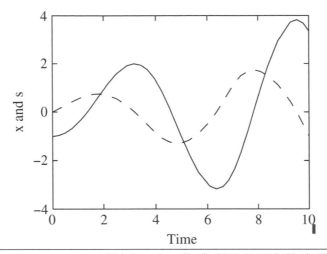

圖 5.10　Zeeman 模型的解 p=1，準確度 0.005 實線表示 s 虛線
表示 x。

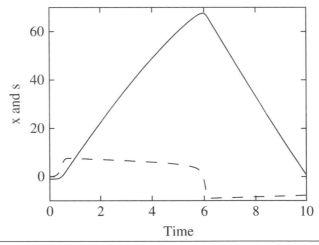

圖 5.11　Zeeman 模型的解 p=20，準確度 0.005 實線表示 s 虛線
表示 x。

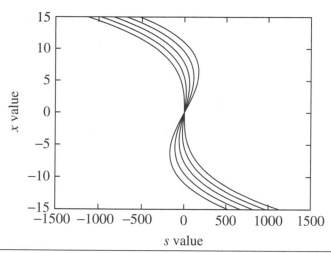

圖 5.12　Zeeman 模型中尖端劇變曲線 (cusp catastrophe curve) 部分，p=0：10：40。

我們可以再進一步做些有趣的研究。這三個參數 x，s 及 p 之間的相互關係可以用三維曲面 (被稱為 Cusp Catastrophe Surface) 來表示。這曲面具有以下的形式

$$-s - x^3/3 + px = 0$$

更詳細的說明請參閱 Beltrumi(1987) 的著作。p 由 0 到 40(區隔 10) 的一系列 Cusp Catastrophe 曲線示於圖 5.12 中。

此曲線有一個轉折點，而且 p 愈大，這轉折愈明顯。因此較大的張力 (或較高的 p 值) 會迫使系統在曲面轉折較陡峭的部份使得相同的刺激下，心肌的變動波幅較小。

5.11　羅倫茲方程式

接著我們考慮 Lorenz 系統以作為具有三個聯立方程系統的例子。此系統具有許多重要的應用，其中包括天氣預測。此系統在適當的初始條件下具有以下的形式

$$dx/dt = s(y - x)$$
$$dy/dt = rx - y - xz$$
$$dz/dt = xy - bz$$

隨著參數 s，r 及 b 在不同的範圍中變動，此聯立微分方程系統解的形式也會不同。特別地，這組參數在某特定值下會使系統出現"混沌" (chaotic) 的現

象。爲了使計算有更高的精確度，我們使用 MATLAB 工具箱中的函數 ode45 而非
ode23 來處理此問題，而解此問題的 MATLAB 程式敘述如下：

```
% e3s505.m  Solution of the Lorenz equations
r = input('enter a value for the constant r ');
simtime = input('enter runtime ');
acc = input('enter accuracy value ');
xprime = @(t,x) [10*(x(2)-x(1)); r*x(1)-x(2)-x(1)*x(3); ...
            x(1)*x(2)-8*x(3)/3];
initx = [-7.69 -15.61 90.39]';
tspan = [0 simtime];
options = odeset('RelTol',acc);
[t x] = ode45(xprime,tspan,initx,options);
% Plot results against time
figure(1), plot(t,x,'k')
xlabel('Time'), ylabel('x')
figure(2), plot(x(:,1),x(:,3),'k')
xlabel('x'), ylabel('z')
```

　　此程式執行後的結果示於圖 5.13 及圖 5.14 中。圖 5.13 是 Lorenz 方程的特性，
它指出參數 x 及 z 之間複雜的關係。而圖 5.14 指出 x、y 及 z 如何隨時間而變。
　　當 r=126.52 或更大時，系統會出現混沌的現象 (實際上當 $r > 24.7$ 時，大部
份的軌跡會在混沌邊緣遊蕩)，此時軌跡會繞著兩個稱之爲奇異吸子的吸引點運
動，而且這種在兩吸引點間變換的運動表面上看來是無法預測的。在考慮到問題
本身是一明顯的非隨機系統時，出現這種隨機現象是必須特別注意的。然而對其
他的 r 值，軌跡的行爲是既簡單又穩定。

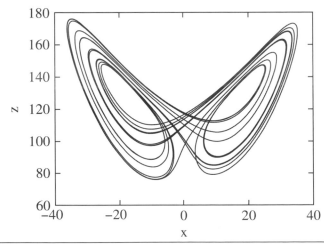

圖 5.13　羅倫茲方程的解 r=126.52，準確度 0.000005 終點在
t=8。

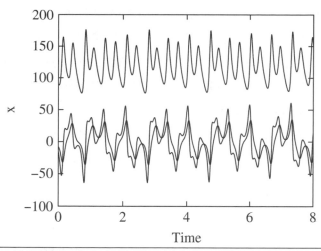

圖 5.14　繪出羅倫茲方程的解，其中每一變數均對時間作圖。產生此圖的條件與圖 5.13 相同。注意解的不可預估性質。

5.12　掠食者與獵物問題

　　兩競爭群體間的互動或掠食者與獵物族群數目間的模型可以一聯立微分方程組系統來描述。這種微分方程組是以 Volterra 方程組為基礎，其形式如下：

$$dP/dt = K_1 P - CPQ$$
$$dQ/dt = -K_2 Q + DPQ \tag{5.28}$$

其初始條件為

$$Q = Q_0 \quad \text{及} \quad P = P_0 \quad \text{當} \quad t = 0$$

　　變數 P 及 Q 代表在時間 t 時獵物與掠食者的族群大小。此兩族群互相作用及競爭，而 K_1、K_2、C 及 D 為常數，K_1 其值為正，代表獵物數目 P 成長的速度，而 K_2 代表掠食者數目 Q 衰減的速度。掠食者與獵物相遇的次數，正比於掠食者的數目乘上獵物的數目，這假設是合理的。而且這些被發現的獵物中有一部份 (C) 會被捕食而使獵物族群數目減少，因此 CPQ 是獵物族群減少的一個度量。而且若食物供應充裕時，獵物數量會無限制的增加，因此必須將此項減去以修正描述獵物族群數目的方程式。相同的我們必須加入 DPQ 這項來修正描述掠食者族群數目的方程式，因為掠食者在這次的相遇中獲得獵物 (食物) 而使更多的掠食者存活。

　　此微分方程的解由常數的值所決定，而且很自然地其解 (族群數目) 會以穩定的循環週期方式變動，這是因為若掠食者不斷地捕殺獵物，則獵物的族群將下降，這將造成掠食者食物供應不足，而使掠食者族群下降。然而一旦掠食者數目減少，更多的獵物足以存活，因而使獵物的族群又再度增加，如此一來掠食者食物供應量增加使得掠食者族群數目提昇，於是循環再度重新開始。這循環機制將掠食者 – 獵物的族群維持在一上下限之間。**Volterra** 方程式可直接求解，但並無法以一簡單的關係式描述解中掠食者及獵物間的關係，因此必須求助於數值方法，Simmons(1972) 對這問題做了一有趣的描述。

　　現在我們使用 MATLAB 來研究具有 (5.28) 方程組的系統行為，我們將其應用在大山貓及其獵物 (野兔) 間的交互作用上。若我們想要得到一穩定的狀況，在其中獵物及掠食者的數目並不會完全消失且在一對上下限間振盪，則常數 K_1、K_2、C 及 D 的選擇並非易事，在以下的 MATLAB 程式敘述中，$K_1=2$，$K_2=10$，C=0.001 及 D=0.002，而且我們假設此兩族群間的交互作用 (捕獵關係) 是決定此二族群數目的主要因數 (譯註：即不考慮疾病、被人類捕捉等其他因素)。此程式使用 5000 隻野兔及 100 隻大山貓為初始條件而產生圖 5.15 的結果。

```
% e3s506.m
% x(1) and x(2) are hare and lynx populations.
simtime = input('enter runtime ');
acc = input('enter accuracy value ');
fv = @(t,x) [2*x(1)-0.001*x(1)*x(2); -10*x(2)+0.002*x(1)*x(2)];
initx = [5000 100]';
options = odeset('RelTol',acc);
[t x] = ode23(fv,[0 simtime],initx,options);
plot(t,x(:,1),'k',t,x(:,2),'k--')
xlabel('Time'), ylabel('Population of hares and lynxes')
```

　　對這組參數而言，族群數目的大幅度變數是值得注意的。大山貓的族群數目雖會週期性減少，但仍能在野兔族群數目恢復後增加。

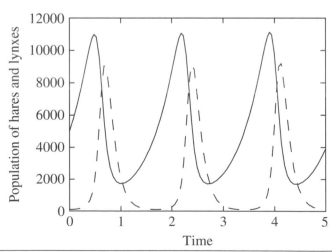

圖 5.15　大山貓及野兔族群對時間的變化，以 5000 隻野兔及 100 隻大山貓開始。準確度 0.005。

5.13　聯立微分方程在神經網路上之應用

　　各種形式的神經網路已被用來解決許多不同的問題。一神經網路通常是由數層神經元組成，而這些神經元被一組固定的權數所"訓練"，決定這組權數的條件是：使所需要輸出與實際輸出之差的平方和為最小。一旦訓練完成後此網路可用以將一系列的輸入分類。但我們將以另一種方法來考慮這種網路，其基礎是將此網路看成是一由聯立微分方程描述的系統。Hopfield & Tank(1985,1986) 對這方法有詳細的討論，而他們也展示如何運用神經網路來解決特定的數值問題，在此處我們將不對這種程序作完整的證明。

　　在 Hopfield & Tank (1985,1986) 的論文中採用如下的聯立微分方程

$$\frac{du_i}{dt} = \frac{-u_i}{\tau} + \sum_{j=0}^{n-1} T_{ij}V_j + I_i \qquad i = 0,1,\ldots\, n-1 \tag{5.29}$$

　　τ 為一常數其一般值為 1，此聯立微分方程系統描述具有 n 個神經元的系統內部之互動關係，而且每一微分方程是單一個生物神經元的簡單模型 (這只是神經網路眾多可能模型中的其中之一)。明顯地，欲以這種神經元建造一神經網路，則這些神經元必須與其他神經元之間存在互動關係，而且此關係必須能以此聯立微分方程來描述。T_{ij} 表示第 i 個及第 j 個神經元間互動關係的強度而 I_i 表示由外部供給第 i 個神經元的電流大小，這些 I_i 可視為系統的輸入，V_j 是系統提供的輸出且與 u_j 有直接的關連，因此可表示成 $V_j=g(u_j)$，函數 g 稱為 S 型函數，有時可被確切的描述，例如

$$V_j = (1 + \tanh u_j)/2 \qquad j = 0,1,\ldots\, n-1$$

圖 5.16 是此函數的圖形。

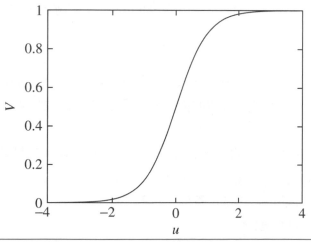

圖 5.16　S 型函數 $V=(1+\tanh u)/2$ 的圖形。

　　雖然已對神經網路提出一種模型但我們的問題仍然存在，那就是：如何證明此神經網路可被用以解決特定的問題？這是個重要的議題，且此問題對神經網路具有重大的意義。在我們使用神經網路來解決特定問題之前，首先必須將我們的問題重新整理以便利以此方式求解。

　　爲了說明這種步驟 Hopfield & Tank 選擇二進位轉換這簡單的問題當作一個例子，也就是給一十進位數字求其二進位表示法。因爲在這問題及描述神經網路的聯立方程 (5.29) 之間沒有明顯的關係存在，所以建立一更直接的聯繫是必要的。Hopfield & Tank 已經證明對於 V_j 而言式 (5.29) 的穩定解也就是下列能量函數出現最小值時的解

$$E = -\frac{1}{2}\sum_{i=0}^{n-1}\sum_{j=0}^{n-1} T_{ij}V_iV_j - \sum_{j=0}^{n-1} I_jV_j \tag{5.30}$$

而將二進位轉換問題的解法與求 (5.30) 之最小值連結在一起是相當容易的。Hopfield & Tank 考慮以下的能量函數

$$E = \frac{1}{2}\left\{x - \sum_{j=0}^{n-1} V_j2^j\right\}^2 + \sum_{j=0}^{n-1} 2^{2j-1}V_j\left(1 - V_j\right) \tag{5.31}$$

現在當 $x=\sum V_j2^j$ 且 $V_j=0$ 或 1 時 (5.31) 具有最小解，明顯地，當第二項 V_j 取值 0 或 1 時 E 會有最小值因此二進位轉換完成。將 (5.31) 與一般的能量函數 (5.30) 相較之下可發現，若令

$$T_{ij} = -2^{i+j} \qquad i \neq j \quad 及 \quad T_{ij} = 0 \qquad 當 \quad i = j$$
$$I_j = -2^{2j-1} + 2^j x$$

　　則這兩個能量函數除相差一常數外其實是等價的，因此這兩個函數出現最小值的條件相同，因此解決這種二進位轉換的問題與求解聯立微分方程系統 (5.29) 的 T_{ij} 與 I_i 是等價的。

　　實際上經由適當的選擇 T_{ij} 與 I_i 則一系列的問題可用具有 (5.29) 聯立微分方程的神經網路來表示，Hopfield & Tank 將前述的簡單例子加以推廣而其目標是解推銷員的問題，這具有挑戰性的問題極其詳細的解法請參考 Hopfield & Tank (1985,1986)。

　　我們可使用 MATLAB 中的 ode23 及 ode45 解這問題，其關鍵是將描述神經網路的聯立方程組右邊的函數定義出來，這可由以下函數 hopbin 輕易完成。此函數位於解二進位轉換問題之聯立微分方程組的右邊，在函數 hopbin 的定義中 sc 是欲進行轉換的十進位數字。

```
function neurf = hopbin(t,x)
global n sc
% Calculate synaptic current
I = 2.^[0:n-1]*sc-0.5*2.^(2.*[0:n-1]);
% Perform sigmoid transformation
V = (tanh(x/0.02)+1)/2;
% Compute interconnection values
p = 2.^[0:n-1].*V';
% Calculate change for each neuron
neurf = -x-2.^[0:n-1]'*sum(p)+I'+2.^(2.*[0:n-1])'.*V;
```

下面的程式呼叫函數 **hopbin** 然後對描述神經網路的微分方程求解，其求解過程就是在模擬神經網路的運作。

```
% e3s507.m Hopfield and Tank neuron model for binary conversion problem
global n sc
n = input('enter number of neurons ');
sc = input('enter number to be converted to binary form ');
simtime = 0.2; acc = 0.005;
initx = zeros(1,n)';
options = odeset('RelTol',acc);
%Call ode45 to solve equation
[t x] = ode45('hopbin',[0 simtime],initx,options);
V = (tanh(x/0.02)+1)/2;
bin = V(end,n:-1:1);
for i = 1:n
    fprintf('%8.4f', bin(i))
end
fprintf('\n\n')
plot(t,V,'k')
xlabel('Time'), ylabel('Binary values')
```

圖 5.17 是執行上述程式進行十進位數字 5 轉換為二進位的結果。

```
enter number of neurons 3
enter number to be converted to binary form 5
   1.0000  0.0000  0.9993
```

圖形顯示出此神經網路模型如何收斂到所要的結果：V(1)=1，V(2)=0，V(3)=1 或二進位數字 101。

另一個範例，使用 7 個神經元轉換十進位數字 59 如下

```
enter number of neurons 7
enter number to be converted to binary form 59
   0.0000  1.0000  1.0000  1.0000  0.0000  1.0000  0.9999
```

再次得到正確解。

這是神經網路在一個小問題上的應用，而神經網路實際上的挑戰是推銷員問題。MATLAB 神經網路函數庫中提供一系列解神經網路問題的函數。

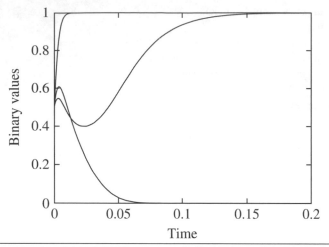

圖 5.17   使用 3 個神經元和 0.005 的準確度，神經網路求 5 之二
進位等效值。這三個曲線顯示收斂到二進位位元 1，0 和 1。

5.14   高階微分方程

高階微分方程可被轉換成一階的聯立微分方程組再求解。為說明起見請考慮
以下的二階微分方程

$$2d^2x/dt^2 + 4(dx/dt)^2 - 2x = \cos x \tag{5.32}$$

及其初始條件為 $x=0$ 及 $dx/dt=10$ 當 $t=0$ 時。若我們令 $p=dx/dt$ 則 (5.32)
將成為

$$2dp/dt + 4p^2 = \cos x + 2x$$
$$dx/dt = p \tag{5.33}$$

而當 $t=0$ 時，其初始條件為 $P=10$ 及 $x=0$。

如此一來二階微分方程已被一階微分方程系統所取代，若我們有具下列形式
的 n 階微分方程

$$a_n d^n y/dt^n + a_{n-1} d^{n-1} y/dt^{n-1} + \cdots + a_0 y = f(t, y) \tag{5.34}$$

經由以下的代換

$$P_0 = y \quad \text{and} \quad dP_{i-1}/dt = P_i \qquad i = 1, 2, \ldots, n-1 \tag{5.35}$$

則 (5.34) 將成為

$$a_n dP_{n-1}/dt = f(t, y) - a_{n-1}P_{n-1} - a_{n-2}P_{n-2} - \cdots - a_0 P_0 \tag{5.36}$$

現在 (5.35) 及 (5.36) 共同組成一具有 n 個一階微分方程的系統，關於式

(5.34) 在某起始點的初始條件將以不同階數的微分 P_i, $i=1,2,\cdots,n-1$ 的形式給出，而這些初始條件 t_0 可容易的轉換為聯立微分方程系統 (5.35) 與 (5.36) 的初值。一般而言，原始的 n 階聯立微分方程式的解與其等效一階聯立微分方程組 (5.35) 和 (5.36) 的解相同，特別地數值解將提供在某區間 t 的 y 值。這兩種問題的等價特性在 Simmon(1972) 的著作中有精彩的論述。由此說明可看出，形式與 (5.34) 相同之任意階數微分方程的初值問題均可簡化為求解具有一階聯立微分方程系統的問題。經由正確的代換此論點可被推廣至更一般的 n 階微分方程中，

$$d^n y/dt^n = f(t,y,y',\ldots y^{(n-1)})$$

其中 $y^{(n-1)}$ 代表 y 的 $(n-1)$ 次微分。

5.15 剛性方程式 (Stiff Equations)

當自變數改變時，微分方程的解含有差異甚大的改變率分量，則此方程式稱為剛性 (stiff)。剛性現象存在時，若欲達到穩定度，必需慎選步距大小。

現研究在一個簡單的微分方程系統中，黏滯現像如何發生。考慮下列系統

$$dy_1/dt = -by_1 - cy_2$$
$$dy_2/dt = y_1 \tag{5.37}$$

這系統可寫成矩陣形式如下

$$dy/dt = Ay \tag{5.38}$$

系統的解為

$$y_1 = A\exp(r_1 t) + B\exp(r_2 t)$$
$$y_2 = C\exp(r_1 t) + D\exp(r_2 t) \tag{5.39}$$

其中 A,B,C 和 D 是由初值條件設定的常數。可以容易的證實 r_1 和 r_2 是矩陣 A 的特徵值。

若一數值程序被用來解這些微分方程系統，則此法成功與否主要取決於矩陣 A 的特徵值，特別是最小與最大特徵值的比率。在 (5.37) 中取不同的 b 和 c 值可產生很多 (5.38) 的問題型式，其解的型式為 (5.39)，當然，特徵值 r_1 和 r_2 隨不同的問題而異。

以下的程式目的是研究解 (5.37) 的困難性是如何由最大和最小特徵值比率來決定，經由解特定問題的時間比較。

```
% e3s508.m
b = [20 100 500 1000 2000]; c = [0.1 1 1 1 1]; tspan = [0 2];
options = odeset('reltol',1e-5,'abstol',1e-5);
for i = 1:length(b)
    et(i) = 0;
    eigenratio(i) = 0;
    for j = 1:100
        a = [-b(i) -c(i);1 0];
        lambda = eig(a);
        eigenratio(i) = eigenratio(i)+max(abs(lambda))/min(abs(lambda));
        v = @(t,y) a*y;
        inity = [0 1]';  time0 = clock;
        [t,y] = ode15s(v,tspan,inity,options);
        et(i) = et(i)+etime(clock,time0);
    end
end
e_ratio = eigenratio/100
time_taken = et/100
```

執行這一程式可得

```
e_ratio =
  1.0e+006 *
    0.0040    0.0100    0.2500    1.0000    4.0000


time_taken =
    0.0045    0.0120    0.0484    0.0962    0.1878
```

可見特徵比增加則解題時間增加。若特徵值大小廣泛變化則會造成問題。

以下程式與前例非常類似，但使用 MATLAB 函數 ode23s，這是特別設計來處理剛性方程式的。e3s508.m 中以 ode23s 取代 ode23，並執行程式得到

```
e_ratio =
  1.0e+006 *
    0.0040    0.0100    0.2500    1.0000    4.0000


time_taken =
    0.0122    0.0141    0.0122    0.0111    0.0108
```

注意這些結果有趣的差異及使用函數 ode23 的程式之輸出。使用 ode23，時間隨特徵比 (eigenratio) 的大小顯著地增加，然而使用 ode23s，不管特徵比為何，解微分方程所需的時間差距很小。

另一存在解剛性微分方程的是 ode15s，這是一個變階方法且優點是當 (5.38) 式矩陣 **A** 與時間相關時可用。若 e3s508.m 使用 ode15s 取代 ode23 執行上述同一問題，可得下列輸出：

```
e_ratio =
  1.0e+006 *
    0.0040    0.0100    0.2500    1.0000    4.0000

time_taken =
    0.0136    0.0155    0.0158    0.0144    0.0141
```

很清楚地，兩剛性解法之間的差異甚小。

矩陣有廣泛散布的特徵值之例可取 8x8 Rosser 矩陣。這可在 MATLAB 中以 rosser 取得，以下的敘述

```
>> a = rosser; lambda = eig(a);
>> eigratio = max(abs(lambda))/min(abs(lambda))

eigratio =
   1.8480e+015
```

產生 10^{16} 階 (量級) 的特徵比之矩陣。所以含有此矩陣的普通一階微分方程系統將是病態上的困難。特徵比與所需步距關係的意義可推廣到很多方程式系統。考慮 n 個方程式系統如下

$$d\mathbf{y}/dt = \mathbf{Ay} + \mathbf{P}(t) \tag{5.40}$$

其中 $\mathbf{y}$ 是 n 個分量的行向量，$\mathbf{P}(t)$ 是 t 的函數和 n 個分量的行向量，$\mathbf{A}$ 是 $n \times n$ 的常數矩陣。可證明此系統解的型式如下

$$\mathbf{y}(t) = \sum_{i=1}^{n} v_i \mathbf{d}_i \exp(r_i t) + \mathbf{s}(t) \tag{5.41}$$

其中 $r_1, r_2, \cdots$ 是特徵值，$\mathbf{d}_1, \mathbf{d}_2, \cdots$ 是 $\mathbf{A}$ 的特徵向量。向量函數 $\mathbf{s}(t)$ 是系統的特殊積分，有時稱為穩態解，因為對於負的特徵值，當增加 t 時指數項很快消逝。若令 $r_k<0$ 對 $k=1,2,3,\cdots$ 而需穩態解 (5.40)，則解這問題的任何數值方法可能面臨如我們所見的重大困難。我們必須繼續積分直到指數項降至可忽視的大小，且需採取足夠小的步伐以保證穩定度。所以在大的時間區間需要很多步數。這就是剛性的最大影響。

剛性的定義可推廣到任何 (5.40) 型式的系統。剛性比定義為 $\mathbf{A}$ 的最大與最小特徵值比，同時也給系統一個剛性的量測度。

解黏滯問題的方法必須基於穩定技巧。MATLAB 函數 ode23s 使用連續的步距調整所以能處理這類問題，雖然求解的程序很慢。如果使用預測　校正法，不只此法必須穩定而且校正必須迭代至收斂為止。Ralston 和 Rabinowitz(1978) 對這一問題做有趣的討論。解黏滯問題的特殊方法已被發展出來。Gear(1971) 提供很多成功的技巧。

5.16 特殊技巧

更進一步的預測校正方程組可經由內插公式產生，這方法最早是由 Hermite 引進的。此方程組具有包含了二次微分的不尋常特性，一般而言計算二次微分並不會特別困難，因此這個特性並不會增加解題的負擔，然而必須注意的是若將此技巧運用於電腦程式中，程式撰寫者不但要提供微分方程右邊的函數而且還要提供其導函數，這對一般使用者而言可能無法接受。

Hermite 方法的方程組如下：

$$y_{n+1}^{(1)} = y_n + h\left(y_n' - 3y_{n-1}'\right)/2 + h^2\left(17y_n'' + 7y_{n-1}''\right)/12$$

$$y_{n+1}^{*\,(1)} = y_{n+1}^{(1)} + 31\left(y_n - y_n^{(1)}\right)/30 \tag{5.42}$$

$$y_{n+1}'^{(1)} = f\left(t_{n+1}, y_{n+1}^{*\,(1)}\right)$$

對於 $k=1,2,3,..$

$$y_{n+1}^{(k+1)} = y_n + h\left(y_{n+1}'^{\,(k)} + y_n'\right)\Big/2 + h^2\left(-y_{n+1}''^{\,(k)} + y_n''\right)/12$$

這是一種穩定的方法而且其每一步的截斷誤差比漢明法還要小，因此使用者提供額外的負擔是值得的，這就是著名的 Hermite 法。我們發現因為有

$$dy/dt = f(t,y)$$

所以可得
$$d^2y/dt^2 = df/dt$$

而且 y_n'' 更高階的導數亦能如同 f 般輕易獲得。MATLAB 函數 fhermite 可實現這個方法且其程式如下，請注意在此程式中函數 f 必須提供 y 的首階及二階導數。

```
function [tvals, yvals] = fhermite(f,tspan,startval,step)
% Hermite's method for solving
% first order differential equation dy/dt = f(t,y).
% Example call: [tvals, yvals] = fhermite(f,tspan,startval,step)
% The initial and final values of t are given by tspan = [start finish].
% Initial value of y is given by startval, step size is given by step.
% The function f(t,y) and its derivative must be defined by the user.
% 3 steps of Runge-Kutta are required so that hermite can start.
% Set up matrices for Runge-Kutta methods
b = [ ]; c = [ ]; d = [ ];
order = 4;
b = [1/6 1/3 1/3 1/6]; d = [0 0.5 0.5 1];
c = [0 0 0 0;0.5 0 0 0;0 0.5 0 0;0 0 1 0];
steps = (tspan(2)-tspan(1))/step+1;
y = startval; t = tspan(1);
ys(1) = startval; w = feval(f,t,y); fval(1) = w(1); df(1) = w(2);
yvals = startval; tvals = tspan(1);
```

```
for j = 2:2
    k(1) = step*fval(1);
    for i = 2:order
        w = feval(f,t+step*d(i),y+c(i,1:i-1)*k(1:i-1)');
        k(i) = step*w(1);
    end
    y1 = y+b*k'; ys(j) = y1; t1 = t+step;
    w = feval(f,t1,y1); fval(j) = w(1); df(j) = w(2);
    %collect values together for output
    tvals = [tvals, t1]; yvals = [yvals, y1];
    t = t1; y = y1;
end
%hermite now applied
h2 = step*step/12; er = 1;
for i = 3:steps
    y1 = ys(2)+step*(3*fval(1)-fval(2))/2+h2*(17*df(2)+7*df(1));
    t1 = t+step; y1m = y1; y10 = y1;
    if i>3, y1m = y1+31*(ys(2)-y10)/30; end
    w = feval(f,t1,y1m); fval(3) = w(1); df(3)=w(2);
    yc = 0; er = 1;
    while abs(er)>0.0000001
        yp = ys(2)+step*(fval(2)+fval(3))/2+h2*(df(2)-df(3));
        w = feval(f,t1,yp); fval(3) = w(1); df(3) = w(2);
        er = yp-yc; yc = yp;
    end
    fval(1:2) = fval(2:3); df(1:2) = df(2:3);
    ys(2) = yp;
    tvals = [tvals, t1]; yvals = [yvals, yp];
    t = t1;
end
```

圖 5.18 是使用此法解微分方程 $dy/dt=y$ 後之誤差，其中所使用的步距大小及初始條件與漢明法相同 (參考圖 5.9)。對此特定問題 Hermite 法比漢明法有更好的誤差特性。

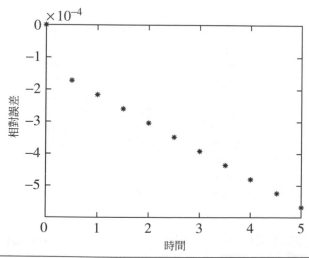

圖 5.18 使用 Hermite 法解 $dy/dt=y$ 相對誤差。初值條件為 $t=0$ 時 y=1，步距是 0.5。

最後我們用以下這困難的問題來比較 Hermite 法、漢明法及 Adams–Bshforth–Moulton 法的優劣。

$$dy/dt = -10y \quad 得 \quad y = 1 \quad 當 \quad t = 0$$

下面的程式實現了這些比較：

```
% e3s509.m
vg = @(t,x) [-10*x 100*x];
v = @(t,x) -10*x;
disp('Solution of dx/dt = -10x')
t0 = 0; y0 = 1;
tf = 1; tinc = 0.1; steps = floor((tf-t0)/tinc+1);
[t,x1] = abm(v,[t0 tf],y0,tinc);
[t,x2] = fhamming(v,[t0 tf],y0,tinc);
[t,x3] = fhermite(vg,[t0 tf],y0,tinc);
disp('t          abm        Hamming    Hermite     Exact');
for i = 1:steps
    fprintf('%4.2f%12.7f%12.7f',t(i),x1(i),x2(i))
    fprintf('%12.7f%12.7f\n',x3(i),exp(-10*(t(i))))
end
```

對函數 fhermite 我們必須提供 t 對 y 的首階及二階微分，首階微分可由題目直接獲得其為 $dy/dt=-10y$，而二階微分 d^2y/dt^2 為 $-10dy/dt=-10(-10y)=100y$，因此函數有如下形式

```
vg = @(t,x) [-10*x 100*x];
```

而函數 abm 及 fhamming 只需 t 對 y 的首階微分所以我們定義函數為：

```
v = @(t,x) -10*x;
```

以下的結果顯示出 Hermite 法的優越性

```
Solution of dx/dt = -10x
t       abm         Hamming     Hermite     Exact
0.00    1.0000000   1.0000000   1.0000000   1.0000000
0.10    0.3750000   0.3750000   0.3750000   0.3678794
0.20    0.1406250   0.1406250   0.1381579   0.1353353
0.30    0.0527344   0.0527344   0.0509003   0.0497871
0.40   -0.0032654   0.0109440   0.0187528   0.0183156
0.50   -0.0171851   0.0070876   0.0069089   0.0067379
0.60   -0.0010598   0.0131483   0.0025454   0.0024788
0.70    0.0023606   0.0002607   0.0009378   0.0009119
0.80   -0.0063684   0.0006066   0.0003455   0.0003355
0.90   -0.0042478   0.0096271   0.0001273   0.0001234
1.00    0.0030171  -0.0065859   0.0000469   0.0000454
```

若欲將我們討論過的許多方法再做進一步改善，則步距調節是可行的，這就是說，我們一邊進行迭代程序一邊調整步距 h 大小。調節 h 大小的準位在迭代

過程中監視截斷誤差的大小，若截斷誤差低於精確度的需求則可將 h 增加，但若截斷誤差過大則必須將 h 降低。步距調節可能會造成額外可觀的負擔，例如對預測 – 校正法而言我們必須重新計算起始值。接下來的方法是這種步驟的一個有趣替代方案。

5.17　外差法

這種外差法所使用的步驟與第四章的 Romberg 積分相似，此法之起始步驟是以修正後之中點法不斷地對 y_{n+1} 做初步近似，獲得這些近似值所使用的間距大小是由下面的式子決定，

$$h_i = h_{i-1}/2 \qquad i = 1, 2, \ldots \tag{5.43}$$

而起始值為 h_0。

在獲得初步的近似後我們可以使用外差公式 (5.44) 得到更進一步的近似

$$T_{m,k} = (4^m T_{m-1,k+1} - T_{m-1,k})/(4^m - 1) \qquad m = 1,2,\ldots \quad 及 \quad k = 1,2,\ldots s-m \tag{5.44}$$

此計算由一陣列出發，其計算方式與第四章的 Romberg 積分相當類似，當 $m=0$，$T_{0,k}$，$k=0,1,2,\cdots, s$ 是使用式 (5.43) 的間距值 y_{n+1} 計算所得，且將其當作 h_i 的連續近似值。

上述陣列中的近似起始值 $T_{0,k}$ 是以下列的式子計算

$$y_1 = y_0 + h y_0' \quad y_{n+1} = y_{n-1} + 2h y_n' \qquad n = 1, 2 \ldots, N_k \tag{5.45}$$

其中 $k=1,2,\cdots$ 而 N_k 所感興趣區間中的計算步數，若在每次將間距減半則 $N_k=2^k$。y_{n+1} 及 y_{n-1} 間的間距 $2h$ 可能會對誤差帶來顯著的變動，為此 Gragg(1965) 建議在最後一步不要使用最終值 y_{n+1} 而使用中間值 y_n 取代，而 $T_{0,k}$ 將變成

$$T_{0,k} = \left(y_{N-1}^k + 2y_N^k + y_{N+1}^k \right)/4$$

其中 k 代表區間在第 k 次被分割的份數。

其餘各種求表中初始值的 Gragg 法及許多的結合預測 – 校正技巧的方法都已被提出，然而，必須注意的是，雖然以不斷迭代的方式將校正子 (corrector) 計算至收斂值可以改善初始值的精確度，但使用較小的步距 (即較大的 N 值) 會使計算量增加。下列的 MATLAB 函數 rombergx 可以實現此外差法。

```
function [v W] = rombergx(f,tspan,intdiv,inity)
% Solves dy/dt = f(t,y) using Romberg's method.
% Example call: [v W] = rombergx(f,tspan,intdiv,inity)
% The initial and final values of t are given by tspan = [start finish].
% Initial value of y is given by inity.
% The number of interval divisions is given by intdiv.
% The function f(t,y) must be defined by the user.
W = zeros(intdiv-1,intdiv-1);
for index = 1:intdiv
    y0 = inity; t0 = tspan(1);
    intervals = 2^index;
    step = (tspan(2)-tspan(1))/intervals;
    y1 = y0+step*feval(f,t0,y0);
    t = t0+step;
    for i = 1:intervals
        y2 = y0+2*step*feval(f,t,y1);
        t = t+step;
        ye2 = y2; ye1 = y1; ye0 = y0; y0 = y1; y1 = y2;
    end
    tableval(index) = (ye0+2*ye1+ye2)/4;
end
for i = 1:intdiv-1
    for j = 1:intdiv-i
        table(j) = (tableval(j+1)*4^i-tableval(j))/(4^i-1);
        tableval(j) = table(j);
    end
    tablep = table(1:intdiv-i);
    W(i,1:intdiv-i) = tablep;
end
v = tablep;
```

我們現在將運用此函數在 $t=0, x=1$ 處求解微分方程 $dx/dt=-10x$，下列的 MATLAB 指令將計算此微分方程於 $t=0.5$：

```
>> [fv P] = rombergx(@(t,x) -10*x,[0 0.5],7,1)

fv =
    0.0067


P =
   -2.5677    0.2277    0.1624    0.0245    0.0080    0.0068
    0.4141    0.1580    0.0153    0.0069    0.0067         0
    0.1539    0.0131    0.0068    0.0067         0         0
    0.0125    0.0068    0.0067         0         0         0
    0.0068    0.0067         0         0         0         0
    0.0067         0         0         0         0         0
```

　　最後所求得的值為 0.0067，此結果顯示，此法之準確性比本章中對此問題所提出之其他方法還高，我們注意到這結果只顯示最終值，但若欲求得特定區間中的其他數值此法亦能辦到。

　　至此我們已結束對微分方程初值問題的討論，第六章我們將探討微分方程的另一課題 - 邊界值問題。

5.18　總結

　　本章定義了一系列微分方程及聯立微分方程的函數，其補充了 MATLAB 所提供的類似函數。我們也已說明如何應用這些函數在各種不同問題的求解上。

本章習題

5.1 一放射性物質的衰減速率與其剩餘量成正比，而描述此衰減過程的微分方程為

$$dy/dt = -ky \quad 其中 \quad y = y_0 \quad 當 \quad t = t_0$$

此處 y_0 表示在 t_0 時物質的剩餘量，請以下列指定的方法在 $t=0$ 到 10 之間求解此方程式，其中 y_0=50 且 k=0.05。

(a) 使用函數 `feuler`，其中 h=1,0.1,0.01

(b) 使用函數 `eulertp`，其中 h=1,0.1

(c) 使用函數 `rkgen`(設定為古典方法)，其中 h=1

試與正確解 y=50exp($-0.05t$) 比較。

5.2 使用古典的、Merson 及 Butcher–Runge–Kutta 法(這些方法都在函數 `rkgen` 中)在區間 x=0 到 2 之間解 $y'=2xy$，其初值條件為：y_0=2 當 x_0=0，使用步距為 h=0.2，而其正確解為 y=2exp(x^2)。

5.3 在區間 t=0 到 50 之間使用以下指定的預測 – 校正法重複習題 5.1，使用步距為 h=2：

(a) Adams–Bashforth–Moulton 法；函數 `abm`

(b) 漢明法；函數 `fhamming`

5.4 將以下的二階微分方程分解成兩個成對的一階微分方程，

$$xy'' - y' + 8x^3y^3 = 0$$

其初始條件為：當 x=1 時 y=1/2 且 y'=$-1/2$。使用 `ode23` 及 `ode45` 在區間 1 到 4 之間解此方程組，其正確解為 y=1/(1+x^2)。

5.5 使用函數 `fhermite` 解下列的問題

(a) 習題 5.1 其中步距為 h=1

(b) 習題 5.2 其中步距為 h=0.2

(c) 習題 5.2 其中步距為 h=0.02

5.6 使用 MATLAB 函數 `rombergx` 解下列問題，對每一個問題使用 8 次分割

(a) $y'=3y/x$ 初始條件為 x=1，y=1，當 x=20 時決定 y 值。

(b) $y'=2xy$ 初始條件為 x=0，y=2，當 x=2 時決定 y 值。

5.7 考慮 5.12 節中所討論的掠食者與獵物問題。若將此兩互動族群中較弱的牲口淘汰，在 (5.28) 中加入一衰減項，則此問題可擴展為以下形式：

$$dP/dt = K_1 P - CPQ - S_1 P$$

$$dQ/dt = K_2 Q - DPQ - S_2 Q$$

此處 S_1 及 S_2 為常數，它代表淘汰牲口的多寡。使用 ode45 解這個問題，其中初始條件為 $P=5000$，$Q=100$ 而所選擇的參數為 $K_1=2$、$K_2=10$、$C=0.001$ 及 $D=0.002$。假設 S_1 和 S_2 相等，試著將 1 至 2 之間的數值代入檢驗其結果。讀者可嘗試使用不同的 S_1 及 S_2 做實驗，這是一個相當值得嘗試的問題。

5.8 利用 ode23 解 5.11 節中所介紹的 Lorenz 方程，$r=1$。

5.9 在區間 $t=0$ 到 6 之間使用 Adams-Bashforth-Moulton 法解 $dy/dt=-5y$，其初值條件為 $y=50$ 當 $t=0$，步距 h 分別為 0.1，0.2，0.25 及 0.4，對每一種狀況繪出誤差隨時間 t 變化之情況。其正確解為 $y=50e^{-5t}$。你可以由此結果推斷此方法的穩定性嗎？

5.10 底下一階微分方程代表在一環境中的人口成長，此環境可支援最大的人口是 K：

$$dN/dt = rN(1-N/K)$$

其中 $N(t)$ 是時間 t 時的人口數，r 為一常數。當 $t=0$ 時，取 $K=10,000$，$r=0.1$ 及 $N=100$。使用 MATLAB 函數 ode23 在範圍 $0 \sim 200$ 間解此微分方程並繪出 N 對時間之圖。

5.11 Leslie–Gower 掠食者與獵物問題之型式為

$$dN_1/dt = N_1(r_1 - cN_1 - b_1 N_2)$$
$$dN_2/dt = N_2\left(r_2 - b_2(N_2/N_1)\right)$$

其中 $t=0$ 時 $N_1=15$ 及 $N_2=15$。已知 $r_1=1$，$r_2=0.3$，$c=0.001$，$b_1=1.8$ 及 $b_2=0.5$，使用 ode45 解此方程式。繪出 $t=0$ 至 40 時 N_1 及 N_2 之圖。

5.12 設 $u=dx/dt$，簡化下列二階微分方程成 2 個 1 階微分方程

$$\frac{d^2x}{dt^2} + k\left(\frac{1}{v_1} + \frac{1}{v_2}\right)\frac{dx}{dt} = 0$$

其中 $x=0$ 及 $dx/dt=10$，當 $t=0$ 時，使用 MATLAB 函數 ode45 解此問題，已知 $v_1=v_2=1$ 及 $k=10$。

5.13 游擊隊 g_2 與政府軍 g_1 間的衝突模型如下方程式

$$dg_1/dt = -cg_2$$
$$dg_2/dt = -rg_2g_1$$

時間 $t=0$ 時，已知政府軍數量 2000，游擊隊數量 700。使用 MATLAB 函數 ode45 解此方程式系統，取 $c=30$ 及 $r=0.01$，應在時間區間 0 至 0.6 上解此問題。繪出解答圖形顯示政府軍與游擊隊隨時間改變的情形。

5.14 以下微分方程提供避震系統的一個簡單模型。常數 m 是移動體的質量，k 與避震系統的剛性有關，常數 c 是系統阻尼的量測，F 是在 $t=0$ 時所加的定力。

$$m\frac{d^2x}{dt^2} + c\frac{dx}{dt} + kx = F$$

已知 $m=1$，$k=4$，$F=1$ 及 $x=0$ 時，dx/dt 及 t 兩者皆為 0。使用 ode23 求 $x(t)$ 之響應，$t=0$ 至 8，每一種情形繪出 x 對時間 t 之圖，假設 c 為下列之值：

(**a**) $c = 0$　(**b**) $c = 0.3\sqrt{(mk)}$　(**c**) $c = \sqrt{(mk)}$
(**d**) $c = 2\sqrt{(mk)}$　(**e**) $c = 4\sqrt{(mk)}$

評論您的解答特點。正確解如下：

例 (a)、(b) 及 (c)

$$x(t) = \frac{F}{k}\left[1 - \frac{1}{\sqrt{1-\zeta^2}}e^{-\zeta\omega_n t}\cos(\omega_d t - \phi)\right]$$

例 (d)

$$x(t) = \frac{F}{k}\left[1 - (1+\omega_n t)e^{-\omega_n t}\right]$$

其中

$$\omega_n = \sqrt{k/m}, \quad \zeta = c/(2\sqrt{mk}), \quad \omega_d = \omega_n\sqrt{1-\zeta^2}$$
$$\phi = \tan^{-1}\left(\zeta\left/\sqrt{1-\zeta^2}\right.\right)$$

例 (e)

$$x(t) = \frac{F}{k}\left[1 + \frac{1}{2q}(s_2 e^{s_1 t} - s_1 e^{s_2 t})\right]$$

其中

$$q = \omega_n\sqrt{\zeta^2 - 1}, \ s_1 = -\zeta\omega_n + q, \ s_2 = -\zeta\omega_n - q$$

繪出這些解答並與您的數值解相比較。

5.15 Gilpin 系統模擬 3 個互作用物種的行為如下列微分方程式：

$$dx_1/dt = x_1 - 0.001x_1^2 - 0.001kx_1x_2 - 0.01x_1x_3$$
$$dx_2/dt = x_2 - 0.001kx_1x_2 - 0.001x_2^2 - 0.001x_2x_3$$
$$dx_3/dt = -x_3 + 0.005x_1x_3 + 0.0005x_2x_3$$

時間 $t=0$ 時 $x_1=1000$，$x_2=300$ 及 $x_3=400$。取 $k=0.5$，使用 ode45 在 $t=0$ 至 $t=50$ 範圍內解此方程式系統，繪出 3 個物種族群大小對時間的行為。

5.16 一個問題是出現在行星形成是一個範圍的物體被稱為星子凝結，形成較大的物體，這種凝結繼續進行，直到一些行星大小的物體已經達到一個建立穩定的狀態。為了模擬這個狀況，假設最小存在物體的質量為 m_1，並且所有其他物體集結成此物體數倍的質量。因此有 n_k 個 m_k 質量的物體，其中 $m_k=km_1$。然後，數個個別質量的物體隨著時間 t 變化，由凝結方程式 (Coagulation Equation) 如下：

$$\frac{dn_k}{dt} = \frac{1}{2}\sum_{i+j=k}A_{ij}n_in_j - n_k\sum_{i=k+1}^{\max k}A_{ki}n_i$$

A_{ij} 為物體 i 和 j 碰撞的機率，此方程式的一個簡單的解釋為物體的質量 n_k，與質量較小的物體碰撞會增加，而與較大的物體會減少。

如習題中所寫出對此例中的系統的方程式，其中只有三種大小不同的星子，並且 A_{ij} 與 $n_in_j/(1000(n_i+n_j))$ 相等。注意其中除以 1000 確保較小的影響，看來是一個合理的空間體積考量。幾個星子的初始值為 n_1,n_2,n_3，值分別為 200,25,1。

試用 Matlab 函數 ode45 以 2 個時間單位的間隔求此系統解。星子數量隨著時間的變化而改變，試探討此例的碰撞機率之值，並繪出此結果。

5.17 接下來的例子是行星環境上的生態影響之探討。探討此影響的一個相對簡單的方法，是雛菊世界 (daisy world) 的概念。假設世界上存在著兩種生命形式：白菊和黑菊。這情況可以用一組微分方程來進行塑模，其中隨著時間 t 的變化由黑菊覆蓋的區域為 a_b，白菊所覆蓋的區域則為 a_w 如下：

$$da_b/dt = a_b(x\beta_b - \gamma)$$
$$da_w/dt = a_w(x\beta_w - \gamma)$$

其中 $x = 1 - a_b - a_w$ 表示不是由兩者所覆蓋的區域,並且行星上的總面積爲 1。γ 是菊花的枯萎率,且 β_b 和 β_w 分別爲黑菊和白菊的成長率,這都與它們從太陽所接收的能量和區域溫度有關。因此,經驗公式如下所列:

$$\beta_b = 1 - 0.003265(295.5 - T_b)^2$$

和

$$\beta_w = 1 - 0.003265(295.5 - T_w)^2$$

其中 T_b 和 T_w 的值落在 278 至 313K 範圍間,K 是卡氏溫度。超過這個範圍成長率則爲零。使用 MATLAB 函數 ode45,對 $t=[0,10]$ 取 $\gamma = 0.3, T_b = 295$ K, $T_w = 285$ K, 和初始值 $a_b = 0.2, a_w = 0.3$ 解此聯立方程組。繪出 a_b 和 a_w 隨著時間變化圖。注意到黑菊和白菊涵蓋的範圍對行星溫度的影響,白與暗的區域有不同的方式吸收來自太陽的能量。

6 ▦

邊界值問題

　　第 5 章我們曾經研究過數種解初值微分方程的方法，那些微分方程的解取決於方程式的特性及初值條件。本章解特定邊界值問題及同時具有邊界值及初值問題的演算法將被討論。邊界值問題含一自變數時，此方程式之解須滿足邊界兩端之特定條件，對於含有 2 個自變數的邊界值問題，解必須滿足曲線上所有點之特定條件或是由一組線所圍成之封閉曲域。

　　雖然本章內容只限於 2 變數的問題，但是具有 3 個自變數的邊界值問值是十分重要的，例如三度空間的拉氏方程式 (Laplace's equation)。這種情形，方程式之解須滿足指定於一包圍特定體積之曲面上的條件。注意，在一混合了邊界及初值的問題，一自變數，通常是時間，將伴隨一個或多個初值而其餘自變數將依邊界值而定。

6.1　二階偏微分方程的分類

　　本章將問題討論的重點侷限於一個或二個自變數的微分方程及圖 6.1 說明這些方程式如何被分類。這些方程式的通式分別如 (6.1) 和 (6.2) 式所示。

$$A(x)\,\frac{d^2 z}{dx^2} + f\left(x, z, \frac{dz}{dx}\right) = 0 \tag{6.1}$$

$$A(x,y)\,\frac{\partial^2 z}{\partial x^2} + B(x,y)\,\frac{\partial^2 z}{\partial x \partial y} + C(x,y)\,\frac{\partial^2 z}{\partial y^2} + f\left(x, y, z, \frac{\partial z}{\partial x}, \frac{\partial z}{\partial y}\right) = 0 \tag{6.2}$$

上述方程式中的二階項為線性，但是

$$f\left(x, z, \frac{dz}{dx}\right) \quad \text{及} \quad f\left(x, y, z, \frac{\partial z}{\partial x}, \frac{\partial z}{\partial y}\right)$$

可為線性或非線性。特別是，(6.2) 可區分為橢圓、拋物型及雙曲線型三類偏微分方程式如下：

若 $B^2 - 4AC < 0$, 則爲橢 A 圓型方程式。

若 $B^2 - 4AC = 0$, 則爲拋物線型方程式。

若 $B^2 - 4AC > 0$, 則爲雙曲線型方程式。

通常因爲係數 A、B 和 C 通常是自變數的函數，(6.2) 式的分類可能隨問題定義域的不同區間而改變。我們由 (6.1) 的研究開始。

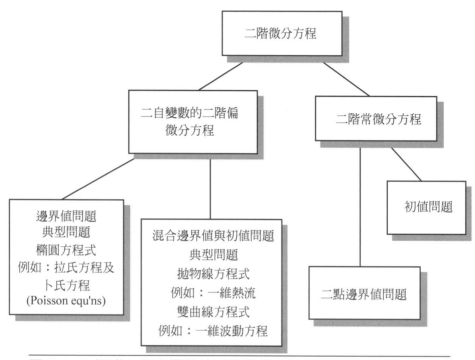

圖 6.1　1 個或 2 個自變數的二階微分方程式及其解。

6.2　射擊法

對於推導自同一微分方程之初值問題及兩點邊界值問題可能有相同解。例如，考慮如下微分方程式

$$\frac{d^2y}{dx^2} + y = \cos 2x \tag{6.3}$$

初值條件爲當 $x=0$ 時 $y = 0$ 及 $dy/dx = 1$，(6.3) 的解爲

$$y = (\cos x - \cos 2x) / 3 + \sin x$$

然而，此解同時也滿足 (6.3)$x=0$、$y=0$ 和 $x=\pi/2$、$y=4/3$ 的 2 邊界條件。

從此觀察可提供一個解兩點邊界值問題的有用方法，稱爲射擊法 (the shooting method)。例如，考慮方程式

$$x^2 \frac{d^2y}{dx^2} - 6y = 0 \tag{6.4}$$

邊界條件爲 $y=1$ 於 $x=1$ 和 $y=1$ 於 $x=2$。我們將此問題視爲當 $x=1$ 時 $y=1$ 的初值問題及假設 $x=1$ 時 dy/dx 的試驗值 (trial values)，以 s 表示。圖 6.2 顯示不同試驗值 s 的解。可見當 $s=-1.516$ 時，這解滿足所需之邊界條件，即 $x=2$ 時 $y=1$。(6.4) 式的解可將其變爲一對一階微分方程然後使用任何於第 5 章中介紹的適當數值方法求解。方程式 (6.4) 等效於

$$\begin{aligned} dy/dx &= z \\ dz/dx &= 6y/x^2 \end{aligned} \tag{6.5}$$

我們必須求出可得出正確邊界條件的斜率 dy/dx。這可由錯誤嘗試法求出，但較繁瑣，實際上我們使用內插法。

下列程式使用 MATLAB 函數 ode45 針對 4 個試驗斜率解 (6.5) 式。向量 s 包括 $x=1$ 時斜率 dy/dx 的試驗值。向量 b 包含由 ode45 計算出當 $x=2$ 時 y 的相對值。從這些 y 值我們可以用插值的方式來計算當 $x=2$ 時 $y=1$ 所需要的 s 值。這個插值工作係由函數 aitken(在第 7 章中說明) 所完成。最後，ode45 使用斜率 s0 求 (6.5) 的正確解。

```
% e3s601.m
f = @(x,y)[y(2); 6*y(1)/x^2];
option = odeset('RelTol',0.0005);
s = -1.25:-0.25:-2; s0 = [ ];
ncase = length(s); b = zeros(1,ncase);
for i = 1:ncase
    [x,y] = ode45(f,[1 2],[1 s(i)],option);
    [m,n] = size(y);
    b(1,i) = y(m,1);
end
s0 = aitken(b,s,1)
[x,y] = ode45(f,[1 2],[1 s0],option);
[x y(:,1)]
```

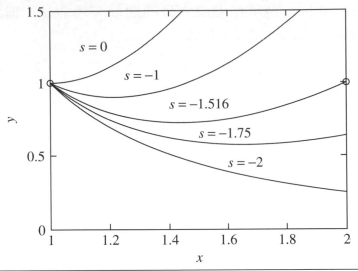

圖 6.2　以 $y=1$ 和 $dy/dx=s$，當 $x=1$，s 作試驗值時，$x^2(d^2y/dx^2)-6y=0$ 的解。

微分方程式 (6.5) 的右側被定義於這個程式碼的第一行。執行上列程式得到

```
s0 =
   -1.5161


ans =
     1.0000    1.0000
     1.0111    0.9836
     1.0221    0.9679
     1.0332    0.9529
     1.0442    0.9386
     1.0692    0.9084
     1.0942    0.8812
     1.1192
```

因輸出結果甚長，故有部份已被刪略。最後結果如下：

```
              0.9293
     1.9442    0.9501
     1.9582    0.9622
     1.9721    0.9745
     1.9861    0.9871
     2.0000    1.0000
```

斜率內插值是 -1.5161。上面 ans 之第 1 行給出 x 值，第 2 行是相對的 y 值。

　　雖然射擊法並不特別有效，但卻有能力解非線性邊界值問題的優點。現在將探討另一解邊界值問題的方法：有限差分法。

6.3 有限差分法

第 4 章證明如何使用有限差分來近似導數。我們可用同樣方法研究特定類型之微分方程的解。此法由一組近似的差分方程有效的取代微分方程。如以下 (6.6) 及 (6.7) 是 z 對 x 的第 1 階及 2 階導數之中央差分近似式。在這方程式及隨後之方程式中，D_x 運算元表示 d/dx、$D_x^2 = d^2/dx^2$ 等等。若不混淆可將下標 x 省略。所以在點：

$$Dz_i \approx (-z_{i-1} + z_{i+1})/(2h) \tag{6.6}$$

$$D^2 z_i \approx (z_{i-1} - 2z_i + z_{i+1})/h^2 \tag{6.7}$$

(6.6) 和 (6.7) 式中，h 代表節點間距，如圖 6.3 且這些近似公式之誤差階數是 h^2。更高階的近似式可以產生誤差階數是 h^4，但我們將不使用。取較小的 h 也可以達到所需的準確度。

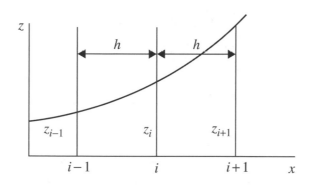

圖 6.3　等間隔的節點。

也可使用不等分節點求近似值。例如，可證明 (6.6) 和 (6.7) 變為

$$Dz_i \approx \frac{1}{h\beta(\beta+1)} \left\{ -\beta^2 z_{i-1} - \left(1 - \beta^2\right) z_i + z_{i+1} \right\} \tag{6.8}$$

$$D^2 z_i \approx \frac{2}{h^2\beta(\beta+1)} \left\{ \beta z_{i-1} - (1+\beta) z_i + z_{i+1} \right\} \tag{6.9}$$

其中 $h = x_i - x_{i-1}$ 和 $\beta h = x_{i+1} - x_i$。注意當 $\beta = 1$，(6.8) 和 (6.9) 分別簡化為 (6.6) 和 (6.7)。(6.8) 近似式的誤差階數是 h^2，與 β 值無關。(6.9) 的誤差階數在 $\beta \neq 1$ 時是 h，在 $\beta = 1$ 時是 h^2。

方程式 (6.6) 至 (6.9) 是中央差分近似式；也就是說，導數的近似使用了欲求出導數之點的任一端的函數值。這些通常是最精確的近似，但是有時需使用前向或後向差分近似。例如 Dz_i 的前向差分近似是

$$Dz_i \approx (-z_i + z_{i+1})/h \text{，誤差階數 } h \tag{6.10}$$

Dz_i 的後向差分近似是

$$Dz_i \approx (-z_{i-1} + z_i)/h \text{，誤差階數 } h \tag{6.11}$$

要求出偏微分方程的解，我們需要二或更多變數之不同偏導數的有限差分近似。由合成一些上面的方程式可推導出這些近似式。例如，可由 (6.7) 或 (6.9) 求 $\partial^2 z/\partial x^2 + \partial^2 z/\partial y^2$ (即 , $\nabla^2 z$)的有限差分近似。為了避免使用雙下標，我們使用了應用於圖 6.4 中網格的符號。由 (6.7)

$$\nabla^2 z_i \approx (z_l - 2z_i + z_r)/h^2 + (z_a - 2z_i + z_b)/k^2 \approx \left\{ r^2 z_l + r^2 z_r + z_a + z_b - 2\left(1 + r^2\right) z_i \right\} \Big/ \left(r^2 h^2 \right) \tag{6.12}$$

其中 $r = k/h$。若 $r = 1$ 則 (6.12) 變成

$$\nabla^2 z_i \approx (z_l + z_r + z_a + z_b - 4z_i)/h^2 \tag{6.13}$$

這些 $\nabla^2 z_i$ 之中央差分近似式的誤差為 $O(h^2)$。

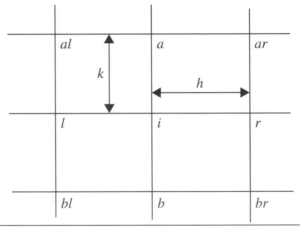

圖 6.4　矩形座標下的網格。

z 對 x 和 y 之二階混合導數的有限差分近似，$\partial^2 z/\partial x \partial y$ 或 D_{xy}，由應用 (6.6) 在 x 方向至 y 方向 (6.6) 的各項可得：

$$D_{xy} z_i \approx \left[(z_r - z_l)_a/(2h) - (z_r - z_l)_b/(2h) \right]/(2k) \approx (z_{ar} - z_{al} - z_{br} + z_{bl})/(4hk) \tag{6.14}$$

我們可發展其它座標系統的有限差分近似，如傾斜以及極座標 (skew and polar coordinates)，同時可在任一方向使用不等間距的節點；參考 Salvadori 和 Baron (1961)。

6.4 二點邊界值問題

在使用有限差分法解微分方程之前，我們先思考解的性質。先研究下列單一自變數二階非齊次性微分方程：

$$\left(1+x^2\right)\frac{d^2z}{dx^2} + x\frac{dz}{dx} - z = x^2 \tag{6.15}$$

受制於非齊次性邊界條件。方程式的解為

$$z = -\frac{\sqrt{5}}{6}x + \frac{1}{3}\left(1+x^2\right)^{1/2} + \frac{1}{3}\left(2+x^2\right) \tag{6.16}$$

這是滿足方程式及其邊界條件的唯一解。相反地，考慮二階齊次性微分方程的解

$$x\frac{d^2z}{dx^2} + \frac{dz}{dx} + \lambda x^{-1}z = 0 \tag{6.17}$$

受制於條件 $z=0$ 在 $x=1$ 和 $dz/dx=0$ 在 $x=e$(其中 $e=2.7183...$)，若是 λ 是已知常數，則此齊次性方程有一無關緊要解 $z=0$。然而若 λ 未知，則可求出要獲得 z 的非無關緊要解之 λ 值。因此方程式 (6.17) 是特性值或特徵值問題。解 (6.17) 得 λ 和 z 的無限多解如下：

$$z_n = \sin\left\{(2n+1)\frac{\pi}{2}\log_e|x|\right\}, \lambda_n = \{(2n+1)\pi/2\}^2 \quad \text{其中} \quad n = 0, 1, 2, \ldots \tag{6.18}$$

滿足 (6.17) 式的 λ 值稱為特性值或特徵值，相對的 z 值稱為特性函數或特徵函數。這一特別的邊界值問題型態稱為特性值或特徵值問題。它之所以會出現是因為微分方程及特定邊界條件皆為齊次性。

由例子 6.1 與 6.2 來說明應用有限差分法求邊界值問題的解。

■ ■ ■ ■

範例 6.1

求 (6.15) 的近似解。先將 (6.15) 乘 $2h^2$ 然後將 d^2z/dx^2 表示成 D^2z 等等，所以：

$$2(1+x^2)(h^2D^2z) + xh(2hDz) - 2h^2z = 2h^2x^2 \tag{6.19}$$

由 (6.6) 和 (6.7) 將 (6.19) 換為

$$2\left(1+x_i^2\right)(z_{i-1} - 2z_i + z_{i+1}) + x_ih(-z_{i-1} + z_{i+1}) - 2h^2z_i = 2h^2x_i^2 \tag{6.20}$$

圖 6.5 顯示 x 被分成 4 等分 ($h = 1/2$)，節點標號 1 ～ 5。應用 (6.20) 式至節點 2、3 和 4 得到

在節點 2：$2(1 + 0.5^2)(z_1 - 2z_2 + z_3) + 0.25(-z_1 + z_3) - 0.5z_2 = 0.5(0.5^2)$

在節點 3：$2(1+1.0^2)(z_2 - 2z_3 + z_4) + 0.50(-z_2 + z_4) - 0.5z_3 = 0.5(1.0^2)$

在節點 4：$2(1+1.5^2)(z_3 - 2z_4 + z_5) + 0.75(-z_3 + z_5) - 0.5z_4 = 0.5(1.5^2)$

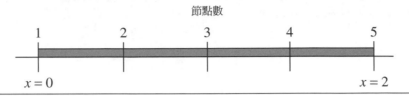

圖 6.5　(6.15) 解的標號。

該問題的邊界條件是 $x=0, z=1$ 與 $x=2$、$z=2$。所以 $z_1=1$ 和 $z_5=2$。使用這些數值，上列方程式可被簡化並寫成矩陣形式：

$$\begin{bmatrix} -44 & 22 & 0 \\ 28 & -68 & 36 \\ 0 & 46 & -108 \end{bmatrix} \begin{bmatrix} z_2 \\ z_3 \\ z_4 \end{bmatrix} = \begin{bmatrix} -17 \\ 4 \\ -107 \end{bmatrix}$$

這方程式系統可用 MATLAB 輕易解決如下：

```
>> A = [-44 22 0;28 -68 36;0 46 -108];
>> b = [-17 4 -107].';
>> y = A\b

y =
    0.9357
    1.0987
    1.4587
```

注意上面矩陣方程式中的列可依比例調整以讓係數矩陣對稱。在大的問題中這是很重要的。

為了增進解的準確性，我們必須增加節點的數目，因此縮短節點間的距離 h。然而，以手算方式得出大量節點數的有限差分近似式是繁瑣而易錯的。MATLAB 函數 twopoint 實作解 2 階邊界值問題的程序，此問題由 (6.21) 的微分方程和適當的邊界條件組成。

$$C(x)\frac{d^2z}{dx^2} + D(x)\frac{dz}{dx} + E(x)z = F(x) \tag{6.21}$$

使用者必須提供一個列出所選取的節點的值的向量。這些節點不必是等間距的。使用者也必須提供一些列出節點的 $C(x)$、$D(x)$、$E(x)$ 和 $F(x)$ 的數值的向量。最後使用者必須提出以 z 或 dz/dx 表示的邊界值。

```
function y = twopoint(x,C,D,E,F,flag1,flag2,p1,p2)
% Solves 2nd order boundary value problem
% Example call: y = twopoint(x,C,D,E,F,flag1,flag2,p1,p2)
% x is a row vector of n+1 nodal points.
% C, D, E and F are row vectors
% specifying C(x), D(x), E(x) and F(x).
% If y is specified at node 1, flag1 must equal 1.
% If y' is specified at node 1, flag1 must equal 0.
% If y is specified at node n+1, flag2 must equal 1.
% If y' is specified at node n+1, flag2 must equal 0.
% p1 & p2 are boundary values (y or y') at nodes 1 and n+1.
n = length(x)-1;
h(2:n+1) = x(2:n+1)-x(1:n);
h(1) = h(2); h(n+2) = h(n+1);
r(1:n+1) = h(2:n+2)./h(1:n+1);
s = 1+r;
if flag1==1
    y(1) = p1;
else
    slope0 = p1;
end
if flag2==1
    y(n+1) = p2;
else
    slopen = p2;
end
W = zeros(n+1,n+1);
if flag1==1
    c0 = 3;
    W(2,2) = E(2)-2*C(2)/(h(2)^2*r(2));
    W(2,3) = 2*C(2)/(h(2)^2*r(2)*s(2))+D(2)/(h(2)*s(2));
    b(2) = F(2)-y(1)*(2*C(2)/(h(2)^2*s(2))-D(2)/(h(2)*s(2)));
else
    c0=2;
    W(1,1) = E(1)-2*C(1)/(h(1)^2*r(1));
    W(1,2) = 2*C(1)*(1+1/r(1))/(h(1)^2*s(1));
    b(1) = F(1)+slope0*(2*C(1)/h(1)-D(1));
end
if flag2==1
    c1 = n-1;
    W(n,n) = E(n)-2*C(n)/(h(n)^2*r(n));
    W(n,n-1) = 2*C(n)/(h(n)^2*s(n))-D(n)/(h(n)*s(n));
    b(n) = F(n)-y(n+1)*(2*C(n)/(h(n)^2*s(n))+D(n)/(h(n)*s(n)));
else
    c1 = n;
    W(n+1,n+1) = E(n+1)-2*C(n+1)/(h(n+1)^2*r(n+1));
    W(n+1,n) = 2*C(n+1)*(1+1/r(n+1))/(h(n+1)^2*s(n+1));
    b(n+1) = F(n+1)-slopen*(2*C(n+1)/h(n+1)+D(n+1));
end
for i = c0:c1
    W(i,i) = E(i)-2*C(i)/(h(i)^2*r(i));
    W(i,i-1) = 2*C(i)/(h(i)^2*s(i))-D(i)/(h(i)*s(i));
    W(i,i+1) = 2*C(i)/(h(i)^2*r(i)*s(i))+D(i)/(h(i)*s(i));
    b(i) = F(i);
end
```

```
z = W(flag1+1:n+1-flag2,flag1+1:n+1-flag2)\b(flag1+1:n+1-flag2)';
if flag1==1 & flag2==1, y = [y(1); z; y(n+1)]; end
if flag1==1 & flag2==0, y = [y(1); z]; end
if flag1==0 & flag2==1, y = [z; y(n+1)]; end
if flag1==0 & flag2==0, y = z; end
```

以下列程式使用 **twopoint** 函數解 9 個節點的 (6.15) 式。

```
% e3s602.m
x = 0:.2:2;
C = 1+x.^2; D = x; E = -ones(1,11); F = x.^2;
flag1 = 1; p1 = 1; flag2 = 1; p2 = 2;
z = twopoint(x,C,D,E,F,flag1,flag2,p1,p2);
B = 1/3; A = -sqrt(5)*B/2;
xx = 0:.01:2;
zz = A*xx+B*sqrt(1+xx.^2)+B*(2+xx.^2);
plot(x,z,'o',xx,zz)
xlabel('x'); ylabel('z')
```

這程式輸出的圖形如圖 6.6。

　　可見有限差分分析的結果非常準確。這是因為 (6.16) 式的解可由低階多項式予以良好地被近似。

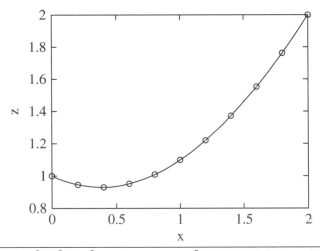

圖 6.6　$(1+x^2)(d^2z/dx^2)+x\,dz/dx-z=x^2$的有限差分解。符號 ○ 代表有限差分的估計值；實線是正確解。

範例 6.2

　　試求方程式 (6.17) 的近似解，須滿足邊界條件 $z=0$ 在 $x=1$ 及 $dz/dx=0$ 在 $x=e$。正確的特徵解為 $\lambda_n = \{(2n+1)\pi/2\}^2$ 和 $z_n(x) = \sin\{(2n+1)(\pi/2)\log_e|x|\}$，其中 $n=0,1,\dots,\infty$。使用圖 6.7 的節點編號法。應用在 $x=e$ 的邊界條件，我們需思考在節點 5(即在 $x=e$)Dz 的有限差分近似且令 $Dz_5=0$。應用 (6.6) 有

$$2hDz_5 = -z_4 + z_6 = 0 \tag{6.22}$$

注意我們已經被迫引入一虛設的節點 6。然而由 (6.22)，$z_6=z_4$。

　　將 (6.17) 乘 $2h^2$ 得

$$2x(h^2D^2z) + h(2hDz) = -\lambda 2x^{-1}h^2 z$$

所以

$$2x_i(z_{i-1} - 2z_i + z_{i+1}) + h(-z_{i-1} + z_{i+1}) = -\lambda 2x_i^{-1}h^2 z_i$$

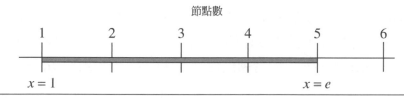

節點數

$x=1$　　　　　　　　　　　　　$x=e$

圖 6.7　(6.17) 解的節點編號。

　　現在 $L=e-1=1.7183$。所以 $h=L/4=0.4296$，應用 (6.19) 至節點 2 ～ 5，我們有

節點 2：$2(1.4296)(z_1 - 2z_2 + z_3) + 0.4296(-z_1 + z_3) = -2\lambda(1.4296)^{-1}(0.4296)^2 z_2$

節點 3：$2(1.8591)(z_2 - 2z_3 + z_4) + 0.4296(-z_2 + z_4) = -2\lambda(1.8591)^{-1}(0.4296)^2 z_3$

節點 4：$2(2.2887)(z_3 - 2z_4 + z_5) + 0.4296(-z_3 + z_5) = -2\lambda(2.2887)^{-1}(0.4296)^2 z_4$

節點 5：$2(2.7183)(z_4 - 2z_5 + z_6) + 0.4296(-z_4 + z_6) = -2\lambda(2.7183)^{-1}(0.4296)^2 z_5$

令 $z_1=0$ 和 $z_6=z_4$ 導出

$$\begin{bmatrix} -5.7184 & 3.2887 & 0 & 0 \\ 3.2887 & -7.4364 & 4.1478 & 0 \\ 0 & 4.1478 & -9.1548 & 5.0070 \\ 0 & 0 & 10.8731 & -10.8731 \end{bmatrix} \begin{bmatrix} z_2 \\ z_3 \\ z_4 \\ z_5 \end{bmatrix}$$

$$= \lambda \begin{bmatrix} -0.2582 & 0 & 0 & 0 \\ 0 & -0.1985 & 0 & 0 \\ 0 & 0 & -0.1613 & 0 \\ 0 & 0 & 0 & -0.1358 \end{bmatrix} \begin{bmatrix} z_2 \\ z_3 \\ z_4 \\ z_5 \end{bmatrix}$$

如下使用 Matlab 解這些方程式：

```
>> A = [-5.7184 3.2887 0 0;3.2887 -7.4364 4.1478 0;
   0 4.1478 -9.1548 5.0070; 0 0 10.8731 -10.8731]];
>> B = diag([-0.2582 -0.1985 -0.1613 -0.1358]);
>> [u lambda] = eig(A,B)

u =
  -0.5424    1.0000   -0.4365    0.0169
  -0.8362    0.1389    1.0000   -0.1331
  -0.9686   -0.6793   -0.3173    0.5265
  -1.0000   -0.9112   -0.8839   -1.0000

lambda =
   2.5110        0        0        0
        0  20.3774        0        0
        0        0  51.3254        0
        0        0        0  122.2197
```

　　最低四個特徵值的正確值是 2.4674、22.2066、61.6850 和 120.9027。圖 6.8 顯示前 2 個特徵函數 $z_0(x)$ 和 $z_1(x)$ 及由上述陣列 u 之第 1 及第 2 行所得的估測值。注意相應於節點 z_5 的 u 值已經依比例調整而為 1 或 -1。以下程式計算並繪出正確的特徵函數 $z_0(x)$ 及 $z_1(x)$，同時繪出估計這些函數之比例調整的取樣點。

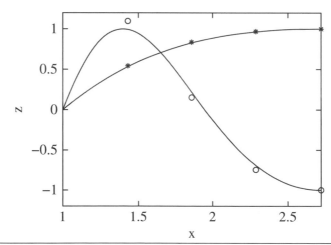

圖 6.8　有限差分估測的第 1（＊）和第 2（○）特徵函數 $x(d^2z/dx^2)+dz/dx+\lambda z/x=0$。實線表示正確的特徵函數 $z_0(x)$ 和 $z_1(x)$。

```
% e3s603.m
x = 1:.01:exp(1);
% compute eigenfunction values scaled to 1 or -1.
z0 = sin((1*pi/2)*log(abs(x)));
z1 = sin((3*pi/2)*log(abs(x)));
% plot eigenfuctions
plot(x,z0,x,z1),  hold on
% Discrete approximations to eigenfunctions
% Scaled to 1 or -1.
u0 = [0.5424 0.8362 0.9686 1];
u1 = (1/0.9112)*[1 0.1389 -0.6793 -0.9112];
% determine x values for plotting
r = (exp(1)-1)/4;
xx = [1+r 1+2*r 1+3*r 1+4*r];
plot(xx,u0,'*',xx,u1,'o'),  hold off
axis([1 exp(1) -1.2 1.2])
xlabel('x'), ylabel('z')
```

6.5 拋物型偏微分方程

以自變數 x 和 y 表示的一般 2 階偏微分方程如 (6.2) 式，這方程式在此重覆，由 t 代換 y。

$$A(x,t)\frac{\partial^2 z}{\partial x^2} + B(x,t)\frac{\partial^2 z}{\partial x \partial t} + C(x,t)\frac{\partial^2 z}{\partial t^2} + f\left(x,t,z,\frac{\partial z}{\partial x},\frac{\partial z}{\partial t}\right) = 0 \qquad (6.23)$$

若 $B^2-4AC = 0$ 則此式為拋物型方程。拋物型方程並不是定義於封閉領域而是在開領域傳遞。例如，一維熱流方程式，其描述假設沒有能量產生的熱流，是

$$K\frac{\partial^2 u}{\partial x^2} = \frac{\partial u}{\partial t}, \quad 0 < x < L \quad 及 \quad t > 0 \qquad (6.24)$$

其中 K 是熱擴散係數，u 是材料溫度。比較 (6.24) 和 (6.23)，可得 (6.23) 的 A，B，C 為 $K,0,$ 與 0，所以 B^2-4AC 為零，方程式為拋物型。

為了解這方程式，在 $x=0$ 和 $x=L$ 的邊界條件及 $t=0$ 的初值條件必須給定。要發展有限差分解，將空間分成 n 段，每段長度 h，所以 $h=L/n$，並儘量使用所需的時間步數，每個步幅的時間長度為 k。在節點 (i,j) 的有限差分近似可將 (6.24) 式中以 (6.7) 的中央差分近似取代 $\partial^2 u/\partial x^2$，而以 (6.10) 之前項差分近似取代 $\partial u/\partial t$ 而得到：

$$K\left(\frac{u_{i-1,j} - 2u_{i,j} + u_{i+1,j}}{h^2}\right) = \left(\frac{-u_{i,j} + u_{i,j+1}}{k}\right) \qquad (6.25)$$

或

$$u_{i,j+1} = u_{i,j} + \alpha(u_{i-1,j} - 2u_{i,j} + u_{i+1,j}), \quad i = 0, 1, \ldots, n; \quad j = 0, 1, \ldots \qquad (6.26)$$

其中 $\alpha = Kk/h^2$。節點 (i,j) 是在時間 jk 時在 $x=ih$ 的點。(6.26) 讓我們可由時間 j 的 u 值求出 $j+1$ 的 u 值，$u_{i,j+1}$。$u_{i,0}$ 的值由 $u_{0,j}$ 與 $u_{n,j}$ 等初值條件給定，$u_{0,j}$ 和 $u_{n,j}$ 的值由邊界條件得出。這種求解的方法稱為顯性法。

在拋物型偏微分方程的數值解中，解的穩定度和收斂性是重要的。使用顯性法時可證明取 $\alpha \leq 0.5$ 才能確保全部解的穩定收斂。這一要求意指時間點必須分得很近，所以需要大數目的步距數。

考慮點 $(i,j+1)$ 得到 (6.24) 式的另一有限差分近似。再次由中央差分式 (6.7) 近似 $\partial^2 u/\partial x^2$，但以後向差分 (6.11) 近似 $\partial u/\partial t$，得出

$$K\left(\frac{u_{i-1,j+1} - 2u_{i,j+1} + u_{i+1,j+1}}{h^2}\right) = \left(\frac{-u_{i,j} + u_{i,j+1}}{k}\right) \tag{6.27}$$

這方程式與 (6.25) 相同，除了是在第 $(j+1)$ 時間步距而非第 j 個時間步距取近似值。以 $\alpha = Kk/h^2$ 重排 (6.27) 式可得

$$(1+2\alpha)u_{i,j+1} - \alpha(u_{i+1,j+1} + u_{i-1,j+1}) = u_{i,j} \tag{6.28}$$

其中 $i=0,1,...,n$；$j=0,1,....$。方程式左邊的 3 個變數是未知的。然而，若我們有 $n+1$ 個空間網格點，在時間 $j+1$ 仍有 $n-1$ 個未知節點值和 2 個已知的邊界值。我們可以組合形如 (6.28) 的 $n-1$ 個方程式組，所以：

$$\begin{bmatrix} \gamma & -\alpha & 0 & \cdots & 0 \\ -\alpha & \gamma & -\alpha & \cdots & 0 \\ 0 & -\alpha & \gamma & \cdots & 0 \\ \vdots & \vdots & \vdots & & \vdots \\ 0 & 0 & 0 & \cdots & -\alpha \\ 0 & 0 & 0 & \cdots & \gamma \end{bmatrix} \begin{bmatrix} u_{1,j+1} \\ u_{2,j+1} \\ u_{3,j+1} \\ \vdots \\ u_{n-2,j+1} \\ u_{n-1,j+1} \end{bmatrix} = \begin{bmatrix} u_{1,j} + \alpha u_0 \\ u_{2,j} \\ u_{3,j} \\ \vdots \\ u_{n-2,j} \\ u_{n-1,j} + \alpha u_n \end{bmatrix}$$

其中 $\gamma = 1+2\alpha$。注意 u_0 和 u_n 是已知邊界條件，假設與時間無關。藉由解出上列方程式系統，可由時間步距 j 的 $u_1, u_2, ..., u_{n-1}$ 求出時間步距 $j+1$ 時的 $u_1, u_2, ..., u_{n-1}$。這一方式稱為隱性法。與顯性法相比，每一時間步距需要更多計算量，但這一方法的重大優點是無條件地穩定。然而穩定度雖對 α, h 無任何限制，和 k 必須選擇得足以保有小的離散誤差來確保準確度。

以下函數 heat 實作隱性有限差分法解 (6.24) 的拋物型微分方程。

```
function [u alpha] = heat(nx,hx,nt,ht,init,lowb,hib,K)
% Solves parabolic equ'n.
% e.g. heat flow equation.
% Example call: [u alpha] = heat(nx,hx,nt,ht,init,lowb,hib,K)
% nx, hx are number and size of x panels
% nt, ht are number and size of t panels
% init is a row vector of nx+1 initial values of the function.
% lowb & hib are boundaries at low and hi values of x.
% Note that lowb and hib are scalar values.
% K is a constant in the parabolic equation.
alpha = K*ht/hx^2;
A = zeros(nx-1,nx-1); u = zeros(nt+1,nx+1);
u(:,1) = lowb*ones(nt+1,1);
u(:,nx+1) = hib*ones(nt+1,1);
u(1,:) = init;
A(1,1) = 1+2*alpha; A(1,2) = -alpha;
for i = 2:nx-2
    A(i,i) = 1+2*alpha;
    A(i,i-1) = -alpha; A(i,i+1) = -alpha;
end
A(nx-1,nx-2) = -alpha; A(nx-1,nx-1) = 1+2*alpha;
b(1,1) = init(2)+init(1)*alpha;
for i = 2:nx-2, b(i,1) = init(i+1); end
b(nx-1,1) = init(nx)+init(nx+1)*alpha;
[L,U] = lu(A);
for j = 2:nt+1
    y = L\b; x = U\y;
    u(j,2:nx) = x'; b = x;
    b(1,1) = b(1,1)+lowb*alpha;
    b(nx-1,1) = b(nx-1,1)+hib*alpha;
end
```

現在使用函數 heat 來研究磚牆內的溫度分布如何隨時間變化。牆厚為 0.3m
及初值為 100℃的均勻溫度。磚的值 $K=5\times10^{-7}\text{m/s}^2$。若牆兩面溫度突然降至
20℃並維持在這個溫度，我們想繪出每 440 秒 (7.33 分) 的時間區間通過磚牆之
溫度變化達 22,000 秒 (366.67 分)。

為研究這一問題我們使用的網格是 15 分區的 x 和 50 分區的 t。

```
% e3s604.m
K = 5e-7; thick = 0.3; tfinal = 22000;
nx = 15; hx = thick/nx;
nt = 50; ht = tfinal/nt;
init = 100*ones(1,nx+1); lowb = 20; hib = 20;
[u al] = heat(nx,hx,nt,ht,init,lowb,hib,K);
alpha = al, surfl(u)
axis([0 nx+1 0 nt+1 0 120])
view([-217 30]), xlabel('x - node nos.')
ylabel('Time - node nos.'), zlabel('Temperature')
```

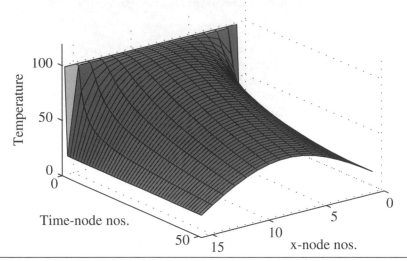

圖 6.9 繪圖顯示通過牆壁後的溫度分布如何隨時間改變。

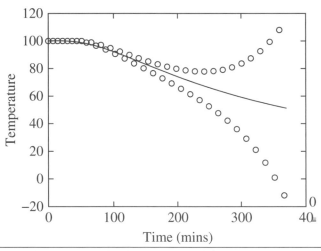

圖 6.10 牆壁中心的溫度變化。逐漸穩定收斂的解是以穩性法求出;振盪解是由顯性法求出。

執行這一程式得出

```
alpha =
    0.5500
```

以及如圖 6.9 之圖形。

此圖顯示溫度如何隨時間而變。圖 6.10 顯示在牆壁中心溫度對時間的變化,以隱性法 (用 MATLAB 函數 heat) 和顯性法兩者使用相同網格大小計算。後者 MATLAB 並不提供函數。可見由顯性法求出的解隨時間增加時而變得不穩定。這是我們可預估的,因為我們取 $\alpha = 0.55$。

6.6 雙曲線型偏微分方程

研究下列方程式

$$c^2 \frac{\partial^2 u}{\partial x^2} = \frac{\partial^2 u}{\partial t^2}, \quad 0 < x < L \quad \text{及} \quad t > 0 \tag{6.29}$$

這是一維波動方程式，如同 6.5 節的熱流問題，其解通常是在開放區間傳遞。方程式 (6.29) 描述在一繩索上以速度 c 傳播的波。比較 (6.29) 與 (6.23) 式，得 $B^2 - 4AC = -4c^2(-1)$。因爲 c^2 一定是正的，所以 $B^2 - 4AC > 0$，故此方程式爲雙曲線型方程式。(6.29) 式同時受制於 $x=0$ 和 $x=L$ 的邊界條件及 $t=0$ 的初值條件。

現在對這些方程式發展等效的有限差分近似法。將 L 區分成 n 段使得 $h=L/n$，並考慮持續時間爲 k 之步距。在節點 (i,j) 使用 (6.7) 式中央差分近似來離散化 (6.29) 式。

$$c^2 \left(\frac{u_{i-1,j} - 2u_{i,j} + u_{i+1,j}}{h^2} \right) = \left(\frac{u_{i,j-1} - 2u_{i,j} + u_{i,j+1}}{k^2} \right)$$

或

$$\left(u_{i-1,j} - 2u_{i,j} + u_{i+1,j} \right) - (1/\alpha^2)\left(u_{i,j-1} - 2u_{i,j} + u_{i,j+1} \right) = 0$$

其中，$\alpha^2 = c^2 k^2 / h^2$, $i=0,1,\ldots,n$ 和 $j=0,1,\ldots$。 節點 (i,j) 是在時間 $t=jk$ 之點 $x=ih$。重排上列方程式可得

$$u_{i,j+1} = \alpha^2 \left(u_{i-1,j} + u_{i+1,j} \right) + 2(1 - \alpha^2)u_{i,j} - u_{i,j-1} \tag{6.30}$$

當 $j=0$ 時 (6.30) 式變成

$$u_{i,1} = \alpha^2 \left(u_{i-1,0} + u_{i+1,0} \right) + 2(1 - \alpha^2)u_{i,0} - u_{i,-1} \tag{6.31}$$

爲了解出這一雙曲線型偏微分方程式，$u(x)$ 和 $\partial u/\partial t$ 的初值必須先指定。令這些值分別是 U_i 和 V_i，其中 $i=0,1,2,\cdots,n$。我們可用 (6.6) 式之中央差分法來近似 $\partial u/\partial t$ 如下：

$$V_i = (-u_{i,-1} + u_{i,1})/(2k)$$

所以

$$-u_{i,-1} = 2kV_i - u_{i,1} \tag{6.32}$$

在 (6.31) 式以 U_i 代替 $u_{i,0}$ 和 (6.32) 代替 $u_{i,-1}$ 得到

$$u_{i,1} = \alpha^2 \left(U_{i-1} + U_{i+1} \right) + 2(1 - \alpha^2)U_i + 2kV_i - u_{i,1}$$

所以

$$u_{i,1} = \alpha^2 \left(U_{i-1} + U_{i+1}\right)/2 + (1-\alpha^2)U_i + kV_i \tag{6.33}$$

(6.33) 是起始方程式並用來求在時間 $j=1$ 的 u 值。一旦求出這些值，則可以使用 (6.30) 式提供解的顯性法。為確保穩定度，參數 α 應小於或等於 1。然而若 α 小於 1 則解較為不準確。

以下函數 fwave 實作 (6.29) 式的顯性有限差分法。

```
function [u alpha] = fwave(nx,hx,nt,ht,init,initslope,lowb,hib,c)
% Solves hyperbolic equ'n, e.g. wave equation.
% Example: [u alpha] = fwave(nx,hx,nt,ht,init,initslope,lowb,hib,c)
% nx, hx are number and size of x panels
% nt, ht are number and size of t panels
% init is a row vector of nx+1 initial values of the function.
% initslope is a row vector of nx+1 initial derivatives of
% the function.
% lowb is a column vector of nt+1 boundary values at the
% low value of x.
% hib is a column vector of nt+1 boundary values at hi value of x.
% c is a constant in the hyperbolic equation.
alpha = c*ht/hx;
u = zeros(nt+1,nx+1);
u(:,1) = lowb; u(:,nx+1) = hib; u(1,:) = init;
for i = 2:nx
    u(2,i) = alpha^2*(init(i+1)+init(i-1))/2+(1-alpha^2)*init(i) ...
    +ht*initslope(i);
end
for j = 2:nt
    for i = 2:nx
        u(j+1,i)=alpha^2*(u(j,i+1)+u(j,i-1))+(2-2*alpha^2)*u(j,i) ...
        -u(j-1,i);
    end
end
```

現在我們使用函數 fwave 來檢視在時間 $t=0.1$ 到 $t=4$ 單位內，繩子一端向正方向移動 10 個單位時的影響。

```
% e3s605.m
T = 4; L = 1.6;
nx = 16; nt = 40; hx = L/nx; ht = T/nt;
c = 1; t = 0:nt;
hib = zeros(nt+1,1); lowb = zeros(nt+1,1);
lowb(2:5,1) = 10;
init = zeros(1,nx+1); initslope = zeros(1,nx+1);
[u al] = fwave(nx,hx,nt,ht,init,initslope,lowb,hib,c);
alpha = al, surfl(u)
axis([0 16 0 40 -10 10])
xlabel('Position along string')
ylabel('Time'), zlabel('Vertical displacement')
```

執行這一程式得到圖 6.11 和下列輸出

```
alpha =
     1
```

　　圖 6.11 顯示邊界的擾動沿繩索傳播。在另一邊界，此擾動被反射變成負的擾動。這一反射與反轉過程在每一邊界持續進行。這擾動以速度 c 傳播且其外形不變。同樣地，壓力擾動沿著傳聲管傳播時也不會改變。如果代表聲音 "HELLO" 的壓力擾動進入管中，則在另一端可偵測出"HELLO"。實際上，此模型中並未將能量損失列入考慮，這損失會導致擾動的振幅在一段時間後逐漸衰退為零。

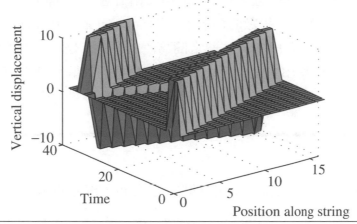

圖 6.11　含指定邊界條件和初值條件時方程式 (6.29) 的解。

6.7　橢圓形偏微分方程

　　二階橢圓形偏微分方程的解是在一封閉區域內被求出。此區域的邊界形狀及每一點的條件必須被指定。一些會於描述物理系統時自然地出現的重要二階橢圓形偏微分方程有

$$\text{拉氏方程 (Laplace's equation)：} \nabla^2 z = 0 \tag{6.34}$$

$$\text{卜氏方程 (Poisson's equation)：} \nabla^2 z = F(x,y) \tag{6.35}$$

$$\text{荷姆厚茲方程 (Helmholtz's equation)：} \nabla^2 z + G(x,y)z = F(x,y) \tag{6.36}$$

其中$\nabla^2 z = \partial^2 z/\partial x^2 + \partial^2 z/\partial y^2$且 $z(x,y)$ 是未知函數。注意，拉氏與卜氏方程皆是荷姆厚茲方程的特例。通常這些方程式必須滿足以函數值或垂直於邊界的函數導數值來表示的邊界條件。更有混合這兩種邊界條件的問題。若將 (6.34) 和 (6.36) 與下列標準的二變數二階偏微分方程比較，

$$A(x,y)\frac{\partial^2 z}{\partial x^2} + B(x,y)\frac{\partial^2 z}{\partial x \partial y} + C(x,y)\frac{\partial^2 z}{\partial y^2} + f\left(x,y,z,\frac{\partial z}{\partial x},\frac{\partial z}{\partial y}\right) = 0$$

可見在每一情形 $A = C = 1$ 和 $B = 0$，所以 $B^2 - 4AC < 0$，確認了這些方程式是橢圓型的。

拉氏方程式是齊次性的，若問題具有齊次性邊界條件，則其解，$z=0$，將是一無關緊要解。同樣在 (6.35) 中，若 $F(x,y) = 0$ 且問題的邊界條件也是齊次性的，則 $z = 0$。然而，(6.36) 中，我們可以比例調整 將 $G(x,y)$ 乘 λ 倍，則 (6.36) 變成

$$\nabla^2 z + \lambda G(x,y) z = 0 \tag{6.37}$$

這是特性值或特徵值問題且可求出 λ 值及相對應的非無關緊要之值 $z(x,y)$。

(6.34) 和 (6.37) 僅在很少數的情形下有閉合式 (closed form) 的解。大部份情形必須使用數值程序。有限差分法非常簡易使用，特別是在矩形區域。我們將在矩形區域內以 (6.12) 或 (6.13) 式近似 $\nabla^2 z$ 來解一些橢圓偏微分方程。

■　■　■

範例 6.3

拉氏方程式。求在一矩形平面截面的溫度分布，邊界的溫度分布如下：

$$x = 0, T = 100y; \quad x = 3, T = 250y; \quad y = 0, T = 0; \quad 及 \quad y = 2, T = 200 + (100/3)x^2$$

圖 6.12 顯示這一截面的形狀、邊界溫度分布剖面及兩個被選用的節點。

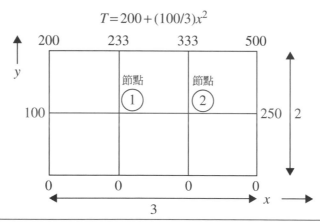

圖 6.12　一平面剖面上的溫度分布，其中顯示了節點 1 和 2 的位置。

溫度分佈是由拉氏方程所描述的。以有限差分法解此一方程式，應用 (6.13) 至圖 6.12 的節點 1 和 2。得出

$$(233.33 + T_2 + 0 + 100 - 4T_1)/h^2 = 0$$

$$(333.33 + 250 + 0 + T_1 - 4T_2)/h^2 = 0$$

其中，T_1 和 T_2 分別是在節點 1 和 2 的未知溫度且 $h=1$。重排這一方程式得到

$$\begin{bmatrix} -4 & 1 \\ 1 & -4 \end{bmatrix} \begin{bmatrix} T_1 \\ T_2 \end{bmatrix} = \begin{bmatrix} -333.33 \\ -583.33 \end{bmatrix}$$

解此方程式得 $T_1=127.78$ 和 $T_2=177.78$。

■ ■ ■

　　若要得到拉氏方程更精確的解，則需使用更多節點，從而計算負擔也快速增加。下述的 MATLAB 函數 ellipgen 僅在矩形區域內使用有限差分近似式 (6.12) 來解 (6.34) 到 (6.37) 的偏微分方程。這一函數同時只限用於解出邊界值係由函數值 $z(x,y)$，而非其導數所指定的問題。若讀者使用 10 個輸入參數來呼叫，則這函數會解出方程式 (6.34) 至 (6.36)，如下的例 1 和例 2。若使用 6 個參數呼叫，則會解 (6.37) 式，如下的例 3 所示。

```
function [a,om] = ellipgen(nx,hx,ny,hy,G,F,bx0,bxn,by0,byn)
% Function either solves:
% nabla^2(z)+G(x,y)*z = F(x,y) over a rectangular region.
% Function call: [a,om]=ellipgen(nx,hx,ny,hy,G,F,bx0,bxn,by0,byn)
% hx, hy are panel sizes in x and y directions,
% nx, ny are number of panels in x and y directions.
% F and G are (nx+1,ny+1) arrays representing F(x,y), G(x,y).
% bx0 and bxn are row vectors of boundary conditions at x0 and xn
% each beginning at y0. Each is (ny+1) elements.
% by0 and byn are row vectors of boundary conditions at y0 and yn
% each beginning at x0. Each is (nx+1) elements.
% a is an (nx+1,ny+1) array of sol'ns, inc the boundary values.
% om has no interpretation in this case.
% or the function solves
% (nabla^2)z+lambda*G(x,y)*z = 0 over a rectangular region.
% Function call: [a,om]=ellipgen(nx,hx,ny,hy,G,F)
% hx, hy are panel sizes in x and y directions,
% nx, ny are number of panels in x and y directions.
% G are (ny+1,nx+1) arrays representing G(x,y).
```

```
% In this case F is a scalar and specifies the
% eigenvector to be returned in array a.
% Array a is an (ny+1,nx+1) array giving an eigenvector,
% including the boundary values.
% The vector om lists all the eigenvalues lambda.
nmax = (nx-1)*(ny-1); r = hy/hx;
a = zeros(ny+1,nx+1); p = zeros(ny+1,nx+1);
if nargin==6
    ncase = 0; mode = F;
end
if nargin==10
    test = 0;
    if F==zeros(nx+1,ny+1), test = 1; end
    if bx0==zeros(1,ny+1), test = test+1; end
    if bxn==zeros(1,ny+1), test = test+1; end
    if by0==zeros(1,nx+1), test = test+1; end
    if byn==zeros(1,nx+1), test = test+1; end
    if test==5
        disp('WARNING - problem has trivial solution, z = 0.')
        disp('To obtain eigensolution use 6 parameters only.')
        return
    end

    bx0 = bx0(1,ny+1:-1:1); bxn = bxn(1,ny+1:-1:1);
    a(1,:) = byn; a(ny+1,:) = by0;
    a(:,1) = bx0'; a(:,nx+1) = bxn'; ncase = 1;
end
for i = 2:ny
    for j = 2:nx
        nn = (i-2)*(nx-1)+(j-1);
        q(nn,1) = i; q(nn,2) = j; p(i,j) = nn;
    end
end
C = zeros(nmax,nmax); e = zeros(nmax,1); om = zeros(nmax,1);
if ncase==1, g = zeros(nmax,1); end
for i = 2:ny
    for j = 2:nx
        nn = p(i,j); C(nn,nn) = -(2+2*r^2); e(nn) = hy^2*G(j,i);
        if ncase==1, g(nn) = g(nn)+hy^2*F(j,i); end
        if p(i+1,j)~=0
            np = p(i+1,j); C(nn,np) = 1;
        else
            if ncase==1, g(nn) = g(nn)-by0(j); end
        end
```

```
        if p(i-1,j)~=0
            np = p(i-1,j); C(nn,np) = 1;
        else
            if ncase==1, g(nn) = g(nn)-byn(j); end
        end
            if p(i,j+1)~=0
                np = p(i,j+1); C(nn,np) = r^2;
            else
            if ncase==1, g(nn) = g(nn)-r^2*bxn(i); end
            end
        if p(i,j-1)~=0
            np = p(i,j-1); C(nn,np) = r^2;
        else
            if ncase==1, g(nn) = g(nn)-r^2*bx0(i); end
        end
    end
end
if ncase==1
    C = C+diag(e); z = C\g;
    for nn = 1:nmax
        i = q(nn,1); j = q(nn,2); a(i,j) = z(nn);
    end
else
    [u,lam] = eig(C,-diag(e));
    [om,k] = sort(diag(lam)); u = u(:,k);
    for nn = 1:nmax
        i = q(nn,1); j = q(nn,2);
        a(i,j) = u(nn,mode);
    end
end
```

以下提供這函數的應用例子。

■ ■ ■ ────────────────────────

範例 6.4

以函數 ellipgen 解矩形區域的拉氏方程，其邊界條件如圖 6.12 所示。以下程式使用一 12×12 網格呼叫此函數來解這一問題。此例與範例 6.3 相同，不過使用較細的網格來求解。

```
% e3s606.m
Lx = 3; Ly = 2;
nx = 12; ny = 12; hx = Lx/nx; hy = Ly/ny;
by0 = 0*[0:hx:Lx];
byn = 200+(100/3)*[0:hx:Lx].^2;
bx0 = 100*[0:hy:Ly];
bxn = 250*[0:hy:Ly];
F = zeros(nx+1,ny+1); G = F;
a = ellipgen(nx,hx,ny,hy,G,F,bx0,bxn,by0,byn);
aa = flipud(a); contour(aa,'k')
xlabel('Node numbers in x direction');
ylabel('Node numbers in y direction');
```

這程式輸出如圖 6.13 的輪廓圍線圖，溫度並不顯示出來，如果要顯示在圖上可由變數得到。

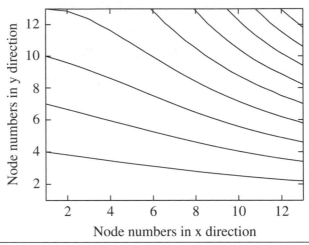

圖 6.13　有限差分估計定義於圖 6.12 之問題的溫度分佈。

範例 6.5

卜氏方程。求一均勻方形薄膜的撓曲量，膜緣被固定同時承受分布性的負荷，其可在每個節點以單一負荷來近似。這問題可由方程式 (6.35) 的卜氏方程描述，其中 $F(x,y)$ 指定作用於薄膜上的負荷力。以下程式使用 MATLAB 函數 ellipgen 求薄膜的撓曲量。

```
% e3s607.m
Lx = 1; Ly = 1;
nx = 18; ny = 18; hx = Lx/nx; hy = Ly/ny;
by0 = zeros(1,nx+1); byn = zeros(1,nx+1);
bx0 = zeros(1,ny+1); bxn = zeros(1,ny+1);
F = -ones(nx+1,ny+1); G = zeros(nx+1,ny+1);
a = ellipgen(nx,hx,ny,hy,G,F,bx0,bxn,by0,byn);
surfl(a)
axis([1 nx+1 1 ny+1 0 0.1])

xlabel('x-node nos.'), ylabel('y-node nos.')
zlabel('Displacement')
max_disp = max(max(a))
```

程式執行後得出圖 6.14，以及

```
max_disp =
    0.0735
```

這可與正確值 0.0737 相比較。

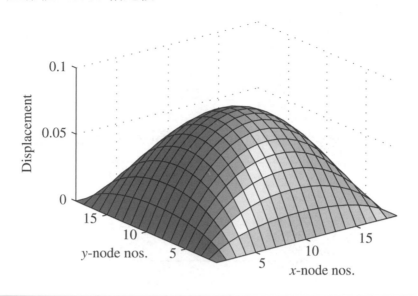

圖 6.14　矩形薄膜承受分布性負荷力時的撓曲量。

範例 6.6

　　特性值問題。求一膜緣被固定且自由振動之矩形薄膜的自然頻率和模的形狀 (mode shapes)。這是由 (6.37) 所描述的特徵值問題。自然頻率與特徵值有關，模的形狀與特徵向量有關。以下的 MATLAB 程式求出特徵值和特徵向量。它呼叫函數 ellipgen 並輸出一份特徵值的清單，同時提供圖 6.15，於此展示了薄膜的第二模的形狀。

```
% e3s608.m
Lx = 1; Ly = 1.5;
nx = 20; ny = 30; hx = Lx/nx; hy = Ly/ny;
G = ones(nx+1,ny+1); mode = 2;
[a,om] = ellipgen(nx,hx,ny,hy,G,mode);
eigenvalues = om(1:5), surf(a)
view(140,30)
axis([1 nx+1 1 ny+1 -1.2 1.2])
xlabel('x - node nos.'), ylabel('y - node nos.')
zlabel('Relative displacement')
```

執行這一程式得出

```
eigenvalues =
    14.2318
    27.3312
    43.5373
    49.0041
    56.6367
```

這些特徵值與正確值比較於表 6.1。

表 6.1　均勻矩形薄膜之有限差分 (FD) 近似與正確解之比較

FD 近似解	正確解	誤差 (%)
14.2318	14.2561	0.17
27.3312	27.4156	0.31
43.5373	43.8649	0.75
49.0041	49.3480	0.70
56.6367	57.0244	0.70

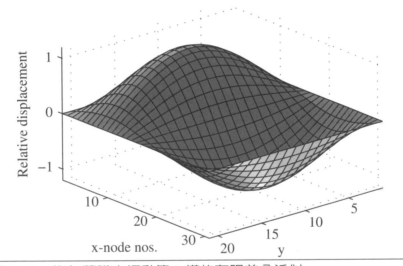

圖 6.15　均勻薄膜之振動第 2 模的有限差分近似。

6.8　總結

在這一章，我們已探討應用有限差分法求解很多二階常微分和偏微分方程。程式開發的一個主要問題是很難將廣泛不同的邊界條件和可能發生的邊界形狀一一列入考慮。在計算流體力學和連續體力學中已有發展完備的套裝軟體來解偏微分方程，其使用有限差分法或有限元素法；但是這些軟體複雜又昂貴，因爲它允許使用者可以完全自由地定義問題的邊界形狀和條件。

本章習題

6.1 將下列二階微分方程加以分類：

$$\frac{\partial^2 y}{\partial t^2} + a\frac{\partial^2 y}{\partial x \partial t} + \frac{1}{4}(a^2-4)\frac{\partial^2 y}{\partial x^2} = 0$$

$$\frac{\partial u}{\partial t} - \frac{\partial}{\partial x}\left(A(x,t)\frac{\partial u}{\partial x}\right) = 0$$

$$\frac{\partial^2 \varphi}{\partial x^2} = k\frac{\partial^2 (\varphi^2)}{\partial y^2} \quad \text{where} \quad k > 0$$

6.2 使用射擊法解 $y''+y'-6y=0$，其中 ' 表示對 x 的微分，已知邊界條件為 $y(0)=1$ 和 $y(1)=2$。注意，在 6.2 節中曾提供一射擊法的說明性程式。使用範圍 3:0.5:2 之試驗斜率。比較你的結果與你用 10 個區間的有限差分法所得的結果。這有限差分法是用函數 twopoint 實作的。注意正確解是

$$y = 0.2657\exp(2x) + 0.7343\exp(-3x)$$

6.3 **(a)** 使用射擊法解 $y''-62y'+120y=0$，其中 ' 表示對 x 的微分。已知邊界條件為 $y(0)=0$ 和 $y(1)=2$。用射擊法解並使用範圍 $0.5:0.1:0.5$ 內之試驗斜率。注意正確解是

$$y = 1.751302152539304 \times 10^{-26}\{\exp(60x) \quad \exp(2x)\}$$

(b) 在原微分方程中以 $x=1-p$ 代入，證明 $y''+62y'+120y=0$，其中 ' 表示對 x 的微分。注意此問題的邊界條件是 $y(0)=2$ 和 $y(1)=0$。以射擊法解此方程式，在 $p=0$ 使用範圍 0 到 -150 之試驗斜率間隔 -30。注意此解的一個很好的近似是 $y=2\exp(-60p)$。

比較 (a) 和 (b) 你所求的答案。注意，在 6.2 節中有射擊法的說明性程式。同時以 twopoint 的有限差分法程式解 (a) 和 (b)。先用 10 個分區間然後再以 50 個區間重覆一次。你必須繪出你的答案並與正確解的圖形相比較。

6.4 使用函數 twopoint 實作的有限差分法求解邊界值問題 $xy''+2y'-xy=e^x$，已知 $y(0)=0.5$ 和 $y(2)=3.694528$。在有限差分解中用 10 個區間並繪出結果，與正確解 $y=\exp(x)/2$ 繪在同一圖形中。

6.5 求由 $y''+\lambda y = 0$，$y(0)=0$ 和 $y(2)=0$ 定義之特性值問題的有限差分等效式。在有限差分法中使用 20 個分區，然後以 MATLAB 函數 eig 解此有限差分方程並求出 λ 的主值 (dominantvalue)。

6.6 解 $K=1$ 時 的 拋 物 型 方 程 式 (6.24)，須 滿 足 下 列 邊 界 條 件 $u(0,t)=0$，$u(1,t)=10$，$u(x,0)=0$ 除 $x=1$ 外 的 所 有 x。當 $x=1$ 時，$u(1,0)=10$。x 的 間 隔 分 區 是 20，$t=0$ 到 0.5 以 0.01 的 間 隔 分 區，使 用 函 數 heat 求 解。爲 方 便 視 覺 化，你 也 應 繪 出 解 的 圖 形。

6.7 解 $c=1$ 時 的 波 動 方 程 式 (6.29)，須 滿 足 下 列 邊 界 條 件 和 初 值 條 件：$u(t,0)=u(t,1)=0$，和 $u(0,x)=\sin(\pi x)+2\sin(2\pi x)$ 以 及 $u_t(0,x)=0$，其 中 下 標 t 表 示 對 t 的 偏 微 分。在 x 的 分 區 是 20，$t=0$ 到 4.5 以 0.05 爲 間 隔，使 用 函 數 fwave 求 解。繪 出 你 的 結 果 並 與 正 確 解 的 圖 形 相 比，正 確 解 是

$$u = \sin(\pi x)\cos(\pi t) + 2\sin(2\pi x)\cos(2\pi t)$$

6.8 解 矩 形 區 間 $0 \leq x \leq 0.5$ 與 $0 \leq y \leq 0.5$ 之 方 程 式

$$\nabla^2 V + 4\pi^2(x^2+y^2)V = 4\pi \cos\{\pi(x^2+y^2)\}$$

邊 界 條 件 是

$$V(x,0) = \sin(\pi x^2), \quad V(x,0.5) = \sin\{\pi(x^2+0.25)\}$$
$$V(0,y) = \sin(\pi y^2), \quad V(0.5,y) = \sin\{\pi(y^2+0.25)\}$$

使 用 函 數 ellipgen 以 15 個 間 隔 解 這 問 題 並 繪 出 你 的 結 果 並 與 正 確 解 的 圖 形 相 比，正 確 解 是 $V=\sin\{\pi(x^2+y^2)\}$。

6.9 在 矩 形 區 間 $0 \leq x \leq 1$，$0 \leq y \leq 1.5$ 上 解 特 徵 值 問 題 $\nabla^2 z + \lambda G(x,y)z=0$，在 所 有 邊 界 上 $z=0$。每 個 方 向 有 6 個 間 隔，使 用 函 數 ellipgen，函 數 $G(x,y)=0$ 在 格 點 上 是 由 MATLAB 敘 述 G = ones(10,7); G(4:7,3:5) = 3*ones(4,3); 給 出。

這 代 表 一 中 央 部 份 比 邊 緣 厚 的 薄 膜。其 特 徵 值 與 薄 膜 的 自 然 頻 率 有 關。

6.10 在 以 下 圖 示 的 區 間，解 卜 氏 方 程 $\nabla^2 \phi + 2 = 0$，在 $\phi = 0$ 邊 界 上 $a = 1$。你 必 須 親 自 動 手 組 合 出 有 限 差 分 方 程，應 用 (6.13) 式 到 這 10 個 節 點，然 後 以 MATLAB 解 出 所 得 到 的 線 性 方 程 式 系 統。

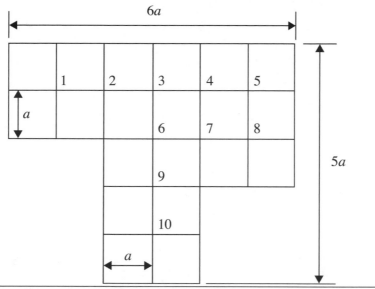

圖 6.16　習題 6.10 之區域。

7

數據擬合函數

本章研究種種不同方法將數據用函數來擬合，說明一些可利用且適合這個用途及額外發展的 MATLAB 工具箱函數。由適當的範例來說明這些函數的應用。

7.1 導論

我們對兩個一般數據類型作曲線擬合：正確的數據及含有誤差的數據。當擬合一函數至正確的數據，則無誤的擬合至所有數據點上。當擬合一函數至含有誤差的數據，我們會依據一些準則設法得到數據趨勢的最佳擬合。使用者必須練習合理的函數選擇擬合技巧。

我們首先檢視多項式內插，這是個擬合至正確數據的範例。

7.2 多項式內插

設 y 是未知數 x 的函數。已知有一 x 和 y 值的對照表，我們可能想要得到一個不在表中之 x 的對應 y 值。內插法意謂著 x 值不在表中而仍在已列表值的區間，如果 x 值不在列表值的區間，這程序稱為外插法，通常較不準確。

最簡單的內插法是線性內插法，此法只使用涵蓋所需數值的成對數據。因此如果 (x_0, y_0) 和 (x_1, y_1) 是表列中相鄰的數據點，若要求一個對應於 $x_0 < x < x_1$ 之間之 x 的 y 值，我們使用直線 $y=ax+b$ 來擬合這些數據，並計算 y 值如下

$$y = [y_0(x_1 - x) + y_1(x - x_0)]/(x_1 - x_0) \tag{7.1}$$

為此我們使用 MATLAB 函數 interp1。例如，考慮函數 $y=x^{1.9}$，表列值於 $x=1, 2, \cdots, 5$。若要估計在 $x=2.5$ 和 3.8 的 y 值，可以使用函數 interp1 並設定三個參數為 'linear' 來獲得線性內插如下：

```
>> x = 1:5;
>> y = x.^1.9;
>> interp1(x,y,[2.5,3.8],'linear')

ans =
    5.8979    12.7558
```

x=2.5 和 3.8 對應的正確值分別是 y= 5.7028 和 y=12.6354。對某些應用,這可能足夠精確。

使用更多列表值則內插更準確,因爲可以使用更高階的多項式。一個 n 階多項式可調整通過 n+1 個資料點。我們並不需要明確的知道多項式的係數,但這些係數間接地被用來估測給定 x 的 y 值。例如 MATLAB 允許立方內插法,使用 `interp1` 並設定三個參數爲 `'cubic'`。以下例子與前一例子相同的數據來實作立方內插法。

```
>> interp1(x,y,[2.5 3.8],'cubic')

ans =
    5.6938    12.6430
```

立方內插法可獲得更準確的結果。

有一種演算法能可以任意階數的多項式有效的擬合數據稱爲 Aitken 演算法。在這程序中,一序列的多項式函數被擬合至數據。當多項式階數增加時,更多的數據點被使用而改進了內插的準確性。

Aitken 演算法進行如下。假設有 5 對數據標號爲 1,2,…,5,我們欲求給定之 x^* 所對應的 y^* 值。這演算法先求直線(即一階多項式)分別通過點 1 和 2、1 和 3、

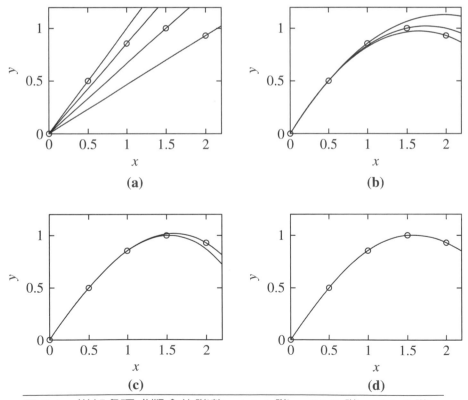

圖 7.1　增加多項式擬合的階數:(a) 1 階, (b) 2 階, (c) 3 階,與 (d) 4 階。

1 和 4 及 1 和 5，如 圖 7.1(a) 所示，這四條直線可供該程序求出四個可能是不佳的的 $y*$ 預估值。

使用表列的 x_2，x_3，$\cdots$，x_5 和四個由 1 階多項式求出估計的 $y*$，這演算法使用這些新點重覆執行上面的程序，但現在提供通過 {1，2，3}、{1，2，4} 和 {1，2，5} 數據組的二階多項式，從這些二階多項式可求出三個改進後的估測值 $y*$。

使用表列的數據 x_3，x_4，x_5 和三個由二階多項式求出的新估計值 $y*$，這演算法計算出通過 {1，2，3，4} 和 {1，2，3，5} 數據組的三階多項式如圖 7.1(c) 所示，讓這程序求出兩個更多的改進的估測值。最後計算出四階多項式來擬合所有數據，這個四階多項式提供的最佳估計如圖 7.1(d) 所示。

Aitken 演算法有兩個優點。首先是非常有效率。每一新估計的 $y*$ 需要二個乘法和一個除法，所以對 $n+1$ 個資料點，則需要 $n(n+1)$ 個乘法和 $n(n+1)/2$ 個除法。值得注意的是，如果組合 $n+1$ 個線性方程式嘗試去求通過 $n+1$ 個數據點的多項式係數，則除了組合方程式所需的計算外，我們需要 $(n+1)^3/2$ 個乘法和除法來求解。Aitken 演算法的二個優點是以更高階多項式擬合更多的數據時，若 $y*$ 的估計值不再有很大的改變就終止程序。

以下的 MATLAB 函數 aitken 實作 Aitken 演算法。使用者必須提供一組 x 與 y 的 MATLAB 向量數據。這函數然後求出對應於 xval 的 y 值。這函數然後提供了所得到的最佳值，如果有需要，也提供一份所有中間過程的值的表格。

```
function [Q R] = aitken(x,y,xval)
% Aitken's method for interpolation.
% Example call: [Q R] = aitken(x,y,xval)
% x and y give the table of values. Parameter xval is
% the value of x at which interpolation is required.
% Q is interpolated value, R gives table of intermediate results.
n = length(x); P = zeros(n);
P(1,:) = y;
for j = 1:n-1
    for i = j+1:n
        P(j+1,i) = (P(j,i)*(xval-x(j))-P(j,j)*(xval-x(i)))/(x(i)-x(j));
    end
end
Q = P(n,n); R = [x.' P.'];
```

現在使用這函數由範圍 1 到 2 之間的 10 個等距列表值和 $y=1/x$ 求出 1.03 的倒數。以下程式呼叫 aitken 解這問題：

```
% e3s701.m
x = 1:.2:2; y = 1./x;
[interpval table] = aitken(x,y,1.03);
fprintf('Interpolated value= %10.8f\n\n',interpval)
disp('Table = ')
disp(table)
```

程式執行後得到下列輸出：

```
interpolated value= 0.97095439

Table =
  1.0000    1.0000         0         0         0         0         0
  1.2000    0.8333    0.9750         0         0         0         0
  1.4000    0.7143    0.9786    0.9720         0         0         0
  1.6000    0.6250    0.9813    0.9723    0.9713         0         0
  1.8000    0.5556    0.9833    0.9726    0.9713    0.9710         0
  2.0000    0.5000    0.9850    0.9729    0.9714    0.9711    0.9710
```

注意表中 1 行包含表列的 x 值，二行是表列的 y 值，其餘行是利用 Aitken 法產生的逐次高階多項式所求的內插值。這表格中的零都補滿；每一行的估計值的數目會隨著使用更多的數據而降低。正確值是 $y=$ 0.970873786；所以 Aitken 內插值 $y=0.97095439$ 準確到小數 4 位。線性內插值是 0.9750，這是個誤差達 0.2% 的更差結果。

Aitken 法將一多項式擬合至數據，求出一給定 x 值的內插 y 值，但是多項式係數並未明顯被求出。相反的，我們可以明確的擬合一多項式至數據點，求出其係數並經由該多項式算出所需的內插值。此法可能較沒有計算效率。MATLAB 函數 polyfit(x,y,n) 擬合出一個通過所給定的 x 和 y 數據的 n 階多項式，並傳回降冪之 x 的係數。對於完整的擬合，n 必須等於 $m-1$，其中 m 是數據點的數目。由 p 表示的多項式然後可用函數 polyval 予以計算。例如，想要由範圍 1 至 2 之間的 6 個等距 x 值及 $y=1/x$，求出 1.03 的倒數值，可得

```
% e3s702.m
x = 1:.2:2; y = 1./x;
p = polyfit(x,y,5)
interpval = polyval(p,1.03);
fprintf('interpolated value = %10.8f\n',interpval)
```

執行此程式得出

```
p =
   -0.1033    0.9301    -3.4516    6.7584    -7.3618    4.2282

interpolated value = 0.97095439
```

所以

$$y = -0.1033x^5 + 0.9301x^4 - 3.4516x^3 + 6.7584x^2 - 7.3618x + 4.2282$$

這內插值與 Aitken 法所得者一致，實際上也必須如此 (除了計算中可能的截尾誤差外)，因為只有一個多項式會通過所有 6 個點，且兩方法皆使用到它。7.8 節中我們再次使用 MATLAB 函數 polyfit。

7.3 樣條內插

樣條 (Spline) 法使用一條看起來較平滑的曲線將數據點彼此連接起來，不論是爲了在設計繪圖中基於視覺的目的或是爲了較好的內插。相較於高階多項式，此法具有某些優點，因爲高階多項式在數據值之間有振盪的趨勢。

我們由以前船身設計的例子開始。船身總是以複雜的二維曲線來塑形。圖 7.2 顯示約 1813 年，有 74 炮管的英國軍艦船身部份。資料點取自原圖樣，以樣條將這些資料點平滑的連接在一起。每一條曲線代表船身的一部份，最內部的曲線靠近船尾，最外面的曲線靠近船腹。該圖傳達了設計者朝船尾降低船的橫截面的清晰印象。

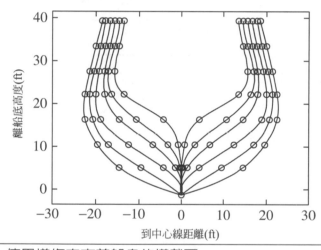

圖 7.2 使用樣條來定義船身的橫截面。

樣條採用了不同階數的多項式，但這裏只考慮立方樣條。立方樣條是連結數據或節 (knots) 的一序列立方多項式。假設我們以 $n-1$ 個多項式連結 n 個數據點。每個立方多項式有 4 個未知係數，所以有 $4(n-1)$ 個待求出的係數。很顯然地，因爲每一個多項式必須通過其所連結的 2 個數據點。這產生了 $2(n-1)$ 個必須被滿足的方程式。爲了平滑地連接各多項式，我們要求在 $n-2$ 個內側數據點的相鄰多項式之間的斜率 (y') 和曲率 (y'') 須具有連續性。這又產生額外的 $2(n-2)$ 個方程式，所以總共有 $4n-6$ 個方程式。由此方程組可唯一的求出相同數目的係數，所以還需要 2 個方程式才能求出全部的係數。這剩餘的兩個條件可任選但通常使用下列之一：

1. 若所需曲線在兩端的斜率已知，我們可以加上這二個限制。但斜率時常是未知的。
2. 我們可以使外端的曲率爲 0，即 $y_1''=y_n''=0$ (這些稱爲自然樣條，但沒有特別好處)。

3. 我們可以使在 x_1 和 x_n 的曲率分別等於 x_2 和 x_{n-1} 的曲率。

4. 我們可以使在 x_1 的曲率是在 x_2 和 x_3 的曲率的線性外插值。同樣的，可以使在 x_2 的曲率是在 x_{n-1} 和 x_{n-2} 的曲率的線性外插值。

5. 我們可以使 y''' 在 x_2 和 x_{n-1} 是連續的。因為在任何內部點，y'、y''、和 y''' 總是被做成是連續的，加上這條件等同於在兩個外部鑲板 (panel) 使用相同的多項式。這稱為「非節點」條件 (not a knot condition) 且被 MATLAB 採用來實作函數 spline。

我們現在說明 MATLAB 函數 spline 用於表 7.1 小型數據組的二個用法。

表 7.1   樣條擬合用的數據

x	0	1	2	3	4
y	3	1	0	2	4

執行這程式如下：

```
% e3s703.m
x = 0:4; y = [3 1 0 2 4];
xval = 1.5; yval = spline(x,y,xval)
p = spline(x,y)
```

得到

```
yval =
    0.1719

p =
     form: 'pp'
   breaks: [0 1 2 3 4]
    coefs: [4x4 double]
   pieces: 4
    order: 4
      dim: 1
```

其中 yval 是插值出的值。有時候讀者可能因某些理由而需要多項式的係數值。於這種情形，則需要 p-p 型式，縮寫 p-p 指的是分段連續多項式 (piecewise polynomial)。變數 p 是一個提供這方面資料的結構陣列。特別的是，

```
>> c = p.coefs

c =
    0.5417   -1.1250   -1.4167    3.0000
    0.5417    0.5000   -2.0417    1.0000
   -0.7083    2.1250    0.5833         0
   -0.7083   -0.0000    2.7083    2.0000
```

於這個例子中，這多項式的係數連同 x 的階數如下：

$$y = c_{11}x^3 + c_{12}x^2 + c_{13}x + c_{14}, \qquad\qquad 0 \le x \le 1$$

$$y = c_{21}(x-1)^3 + c_{22}(x-1)^2 + c_{23}(x-1) + c_{24}, \quad 1 \le x \le 2$$

$$y = c_{31}(x-2)^3 + c_{32}(x-2)^2 + c_{33}(x-2) + c_{34}, \quad 2 \le x \le 3$$

$$y = c_{41}(x-3)^3 + c_{42}(x-3)^2 + c_{43}(x-3) + c_{44}, \quad 3 \le x \le 4$$

MATLAB 的使用者毋須知道這些 p-p 值是如何被插值的。只要 p-p 值爲已知的，MATLAB 提供函數 ppval 求算合成多項式。若 x 和 y 是數據向量，則 y1=spline(x,y,xi) 等效於敘述 p=spline(x,y)；y2=ppval(p,x1)。

以下程式得到擬合表 7.1 數據的樣條圖圖形。

```
% e3s704.m
x = 0:4; y = [3 1 0 2 4];
xx = 0:.1:4; yy = spline(x,y,xx);
plot(x,y,'o',xx,yy)
axis([0 4 -1 4])
xlabel('x'), ylabel('y')
```

執行這個程式得到圖 7.3。

在 7.2 節中曾說明如何用多項式來做內插，然而其用途並非永遠適當。當數據點散佈的範圍很廣或是 y 值驟變時，多項式可能會得到非常差的結果。例如，圖 7.4 的 9 個數據點是取自下列函數

$$y = 2\{1 + \tanh(2x)\} - x/10$$

這函數的值會迅速改變，若用 8 階多項式來擬合數據，則它會振盪且數據點間的路徑與眞實路徑沒有任何關係。相反的，樣條擬合較平滑也更接近實際的函數值。

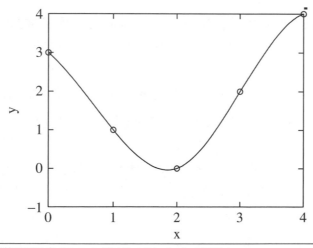

圖 7.3　樣條擬合表 7.1 數據 (以 "o" 表示) 。

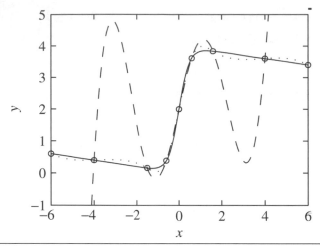

圖 7.4　以實線表示函數 $y = 2\{1 + \tanh(2x)\} - x/10$。虛線表示用 8 階多項式所作的擬合，點虛線表示用樣條所作的擬合。

讀者應注意 MATLAB 函數 `interp1` 也可用樣條來擬合數據。呼叫 `interp1(x, y,xi, 'spline')` 與 `spline(x,y,xi)` 兩者是相同的。

一種特殊的樣條是貝氏曲線 (Bézier curve)。這是一個由四個點所定義的三階函數。它使用了兩個端點，連同兩個 "控制" 點。在一端的曲線斜率係切於該端點以及該端點與其中一個控制點之間的線段。同樣地，在另一端的斜率係切於該端點以及該端點與另一個控制點之間的線段。於互動型的電腦繪圖，可以在螢幕上移動控制點的位置以便調整在兩端點的斜率。

7.4　離散數據的傅立葉分析

不同型式的傅立葉分析是科學家或是工程師進行解讀數據時的重要工具，於此若能認識出現在數據中的頻率或是函數會有助於了解有關於產生它的機制的某些內情。連續週期函數的頻率內容可由熟知的傅氏級數各項係數求出。非週期函數之頻率是由傅氏積分轉換求出。類似此法，一序列數據點的頻率內容可由傅氏分析求出，在這種情形，是由離散傅氏轉換 (Discrete Fourier Transform，DFT) 求出。

數據可有很多來源。例如，沿一圓柱上作用在各離散點上的徑向力構成了一個週期性的數據序列，最常出現的數據型式是時間序列，其中數據值是等時距給出的，舉例來說，取樣自轉換器訊號的數據，基於這個理由，因此隨後的分析是以時間自變數 t 來表示。然而必須強調的是，DFT 可被用在任何數據，與其所源出的領域無關。求一序列數據點的 DFT 是非常直接的，雖然計算繁瑣。

我們先定義週期函數。一個函數 $y(t)$ 是週期函數，如果在任何時間 t 它有

$y(t) = y(t+T)$ 的性質，其中 T 是時間週期，通常以秒爲量測單位。週期的倒數等於頻率，以 f 表示，是以每秒出現幾週期爲量測單位，週／秒。在國際標準單位系統中，1 赫芝 (Hz) 定義爲 1 週／秒。如果我們關心的週期函數是 $z(x)$，其中 t 是空間變數，則對任何值 x，$z(x)=z(x+X)$，這裏 x 是空間週期或波長，典型上以公尺爲量測單位。所以頻率 $f=1/X$ 以週期／公尺爲度量單位。

　　現在探討如何將一有限的三角函數組擬合至 n 個數據點 (t_r, y_r) 其中 $r = 0,1,2,$ $\cdots, n-1$。假設數據點間爲等距且數據點數，n，爲偶數。數據值可能會很複雜，但在實際情形它們大部份是實數。數據編號如圖 7.5 所示。$n-1$ 個點後的數據被假設等於 0 點的值。所以 DFT 假設數據是週期性的且其週期 T 等於數據的涵蓋範圍。

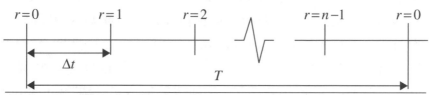

圖 7.5　數據點的編號方式。

令 y_r 和 t_r 間的關係是以一有限的正弦和餘弦函數組表示：

$$y_r = \frac{1}{n}\left[A_0 + \sum_{k=1}^{m-1}\left\{A_k\cos(2\pi kt_r/T) + B_k\sin(2\pi kt_r/T)\right\} + A_m\cos(2\pi mt_r/T)\right] \quad (7.2)$$

其中 $r = 0,1,2,\cdots, n-1$，$m = n/2$ 和 T 是如圖 7.5 所示的數據範圍。n 個係數 A_0, A_m, A_k 和 B_k（其中 $k=0,1,2,\cdots, m-1$）是待求的。因爲我們有 n 個數據和 n 個未知係數，(7.2) 式可以用來完全無誤地擬合這些數據。有些作者將 (7.2) 中的因子 $1/n$ 略去，略去 $1/n$ 的影響是將係數 A_0, A_m, A_k 和 B_k 減小 n 倍。於 (7.2) 式中，選擇 $m+1$ 個係數乘上一個餘弦函數（包括 $\cos0$，它等於 1 因而有如乘上 A_0）和 $m-1$ 個係數乘上一個正弦函數的理由隨後將變得很明顯。

　　(7.2) 式中每一正弦和餘弦項代表在數據範圍 T 內的 k 個完整的週期。所以每一正弦項的週期是 T/k，其中 $k = 0,1,2,\cdots,(m-1)$，每一餘弦項的週期是 T/k，其中 $k = 0,1,2,\cdots,m$。相對應的頻率是 T/k。所以出現在 (7.2) 式中的頻率是 $1/T$，$2/T$，$\cdots$，m/T。令 Δf 是分量之間的頻率增量，f_{max} 是最大頻率，則

$$\Delta f = 1/T \quad (7.3)$$

和

$$f_{max} = m\Delta f = (n/2)\Delta f = n/(2T) \quad (7.4)$$

數據值 t_r 在範圍 T 內是等間距的且可表示爲

$$t_r = rT/n, \quad r = 0, 1, 2, \ldots, n-1 \tag{7.5}$$

令 Δt 是取樣區間，見圖 7.5，則

$$\Delta t = T/n \tag{7.6}$$

令 T_0 是相對應於最大頻率 f_{max} 的週期，則由 (7.4)

$$f_{max} = 1/T_0 = n/(2T)$$

所以 $T = T_0 n/2$。代入 (7.6) 得 $\Delta T = T_0/2$，這告訴我們在 DFT 內最大頻率分量每週期有 2 個數據取樣點。最大頻率 f_{max} 稱為尼奎士頻率 (Nyquist frequency)，相對的取樣率稱為尼奎士取樣率。

一具有尼奎士頻率之諧波無法被正確的偵測出來，因為在這頻率時 DFT 有一餘弦項但無相對的正弦項。當數據是取樣自連續變化函數或信號時，這一結果有很重要的涵意。這意指在信號或函數的最高頻率下，每一週期必有超過 2 個數據取樣。若在信號中有高於尼奎士頻率的頻率，則因為 DFT 本身的週期性本質，這一頻率將出現在 DFT 的低頻分量上。這種現象稱為"贗頻" (aliasing)。例如，若數據以 0.005s 的間隔取樣，即 200 samples/s，則尼奎士頻率 f_{max} 是 100Hz。信號中有一 125Hz 的頻率將以 75Hz 的頻率分量出現，225Hz 的頻率將出現為 25Hz。信號中的頻率與 DFT 中的頻率分量關係如圖 7.6 所示。應該設法避免贗頻現象，否則 DFT 中的頻率分量要與實際物理因果關係連貫起來是很困難甚至是不可能的。

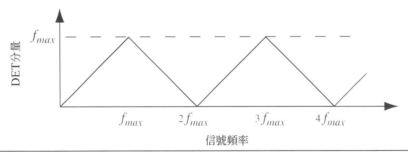

圖 7.6　信號頻率與尼奎士頻率 f_{max} 取樣推導的 DFT 頻率之關係。

現在回來求 n 個係數 A_0, A_m, A_k 和 B_k。(7.2) 中代換 $t_r = rT/n$，則

$$y_r = \frac{1}{n} \left[A_0 + \sum_{k=1}^{m-1} \{ A_k \cos(2\pi kr/n) + B_k \sin(2\pi kr/n) \} + A_m \cos(\pi r) \right] \tag{7.7}$$

其中 $r = 0, 1, 2, \cdots, n-1$。先前曾說 B_0 和 B_m 不存在 (7.2) 中。現在很清楚地引入這些係數將需乘上 $\sin(0)$ 和 $\sin(\pi r)$，而兩者皆為零。

(7.7) 中 n 個未知係數是實數。然而，(7.7) 可以更簡潔的以複數係數的複數指數項來表示。由下列等式

$$\cos(2\pi kr/n) = \{\exp(i2\pi kr/n) + \exp(-i2\pi kr/n)\}/2$$

$$\sin(2\pi kr/n) = \{\exp(i2\pi kr/n) - \exp(-i2\pi kr/n)\}/2i$$

和

$$\exp\{i2\pi(n-k)r/n\} = \exp(-i2\pi kr/n)$$

其中 $k = 0,1,2,\cdots,m-1$ 且 $i = \sqrt{-1}$，則可證明 (7.7) 化簡為

$$y_r = \frac{1}{n}\sum_{k=0}^{n-1} Y_k \exp(i2\pi kr/n), \quad r = 0, 1 2,\ldots, n-1 \tag{7.8}$$

在 (7.8) 中

$$Y_0 = A_0 \qquad \text{及} \qquad Y_m = A_m, \qquad \text{其中} \qquad m = n/2$$

$$Y_k = (A_k - iB_k)/2 \qquad \text{及} \qquad Y_{n-k} = (A_k + iB_k)/2, \qquad k = 1,2,\ldots,m-1$$

注意若 y_r 是實數，則 A_k 和 B_k 也是實數，所以 Y_{n-k} 是 Y_k 的共軛複數，$k=1,2,\cdots,(n/2-1)$。為了求 (7.8) 中未知複數係數的值，使用下列 n 個等距取樣點的指數函數之正交性。

$$\sum_{r=0}^{n-1} \exp(i2\pi rj/n)\exp(i2\pi rj/n) = \begin{cases} 0 & \text{若} |j-k| \neq 0, n, 2n \\ n & \text{若} |j-k| = 0, n, 2n \end{cases} \tag{7.9}$$

(7.8) 乘上 $\exp(-i2\pi rj/n)$，對 n 個 r 值求和且使用 (7.9)，未知係數的表示式可求出：

$$Y_k = \sum_{r=0}^{n-1} y_r \exp(i2\pi kr/n) \quad k = 0, 1, 2,\ldots, n-1 \tag{7.10}$$

如果令 $W_n = \exp(-i2\pi/n)$，W_n 是一複數常數，則 (7.10) 變成

$$Y_k = \sum_{r=0}^{n-1} y_r W_n^{kr} \quad k = 0, 1, 2,\ldots, n-1 \tag{7.11}$$

將 (7.11) W_n 寫成矩陣形式為

$$\mathbf{Y} = \mathbf{Wy} \tag{7.12}$$

其中 W_n^{kr} 是 $W(k+1)$ 列，$(r+1)$ 行的元素，因為 k 和 r 都由零開始。注意 $\mathbf{W}$ 是一 $n{\times}n$ 複係數陣列。$\mathbf{Y}$ 是複數傅立葉係數的向量，這個例子我們稍違反傳統粗體大寫字母表示陣列 (array) 而現在是用來表示向量 (vector)。

使用 (7.10) 或 (7.11) 或 (7.12) 可從等距離的數據 (t_r,y_r) 中求出係數 Y_k。這些

方程式是離散傅氏轉換 (DFT) 的另一種說明。再者將 (7.10) 中之 k 以 $k+np$ 取代，其中 p 是整數，可證明 $Y_{k+np}=Y_k$。所以 DFT 在範圍 n 上是週期性的。DFT 的反置稱爲逆離散傅氏轉換 (IDFT)，由 (7.8) 實作。(7.8) 中以 r 取代 $r+np$，p 亦是整數，則可證明在範圍 n 上 IDFT 也是週期性的。y_r 和 Y_k 可能是複數，雖然前面曾說過取樣 y_r 通常是實數。這些轉換組成一對：若數據值被 DFT 轉換求出係數 Y_k，則它們可由 IDFT 將其全部回復。

計算 DFT 係數時，似乎使用 (7.12) 較方便。雖然對小序列的數據使用這些方程式已令人滿意，但對 n 個實數數據點計算 DFT 時仍需 $2n^2$ 個乘法。所以，要轉換一個 4096 點的數據序列約需 3 千 3 百萬個乘法。在 1965 年，快速傅氏轉換 (FFT) 的發表 (Cooley 和 Tukey，1965) 將這情形戲劇化的改善。FFT 演算法非常有效率，且對實數數據大約只需 $2n\log_2 n$ 個乘法去計算 FFT。這個進展配合過去 20 年計算硬體的發展，現在已可在個人電腦上對相對大量的數據點進行 FFT 計算。

從基本 FFT 演算法首度被公式化以後，它已有很多細微增修，且有數種變形已被發展出來。這裏只概述最簡單的一型演算法。

爲了發展基本 FFT 演算法，在數據上必須做更進一步的限制。數據除了等距外，尚需數據點數爲 2 的整數次冪。這樣就允許數據可逐次二分。例如，16 點的數據可分成二個 8 點數據，四個 4 點數據和最後八個 2 點數據。FFT 所依據的主要關係現在自 (7.10) 式推導如下。令 y_r 是我們欲求 DFT 的 n 點數據序列。我們可將 y_r 二分爲兩個 $n/2$ 個點序列的數據 u_r 和 v_r，所以：

$$\left.\begin{array}{l} u_r = y_{2r} \\ v_r = y_{2r+1} \end{array}\right\} \tag{7.13}$$

注意在原序列中相鄰的交錯點現在被分別放在不同的子集上。現在由 (7.10) 求出數據點 u_r 和 v_r 的 DFT，以 $n/2$ 取代 n，所以：

$$\left.\begin{array}{l} U_k = \displaystyle\sum_{r=0}^{n/2-1} u_r \exp\{-i2\pi kr/(n/2)\} \\ V_k = \displaystyle\sum_{r=0}^{n/2-1} v_r \exp\{-i2\pi kr/(n/2)\} \end{array}\right\} k = 0, 1, 2, \ldots, n/2-1 \tag{7.14}$$

原序列 y_r 的 DFT，Y_k，由 (7.10) 得出如下：

$$Y_k = \sum_{r=0}^{n-1} y_r \exp(-i2\pi kr/n)$$

$$= \sum_{r=0}^{n/2-1} y_{2r} \exp\{-i2\pi k2r/n\} + \sum_{r=0}^{n/2-1} y_{2r+1} \exp\{-i2\pi k(2r+1)/n\}$$

其中 $k = 0,1,2,\cdots,n$。由 (7.13) 代換 y_{2r} 和 y_{2r+1} 得到

$$Y_k = \sum_{r=0}^{n/2-1} u_r \exp\{-i2\pi kr/(n/2)\} + \exp(-i2\pi k/n) \sum_{r=0}^{n/2-1} v_r \exp\{-i2\pi kr/(n/2)\}$$

與 (7.14) 相比可知

$$Y_k = U_k + \exp(-i2\pi k/n)V_k = U_k + (W_n^k)V_k \qquad (7.15)$$

其中$W_n^k = \exp(-i2\pi k/n)$且 $k = 0,1,2,\cdots,n/2-1$。

方程式 (7.15) 只提供所需要 DFT 之半。不過，使用 U_k 和 V_k 對 k 是週期性可證明

$$Y_{k+n/2} = U_k - \exp(-i2\pi k/n)V_k = U_k - (W_n^k)V_k \qquad (7.16)$$

我們可由原序列中相鄰數據點組成的子集的 DFT，使用 (7.15) 和 (7.16) 有效率地求出原數據點列的 DFT。當然，我們也可以把這些子集繼續二分直到最後每一子集僅包含一個數據點再來求其 DFT。對於一個只包含單一數據點的數據點序列，由 $n=1$ 時的 (7.10) 可知 DFT 等於單一數據點的值。這就是 FFT 何以能發揮功用的本質。

上面討論中，我們以一點序列開始然後連續二分它 (相鄰點放在不同子集)，直到二分產生單一數據點為止。我們所需的方法是以單一數據點開始，然後把子集的 DFT 以逐次合成的方式將其排序，最後形成原序列所需的 DFT。這排序方式可由 "位元反轉演算法" (bit reversed algorithm) 達成，我們假設以數據是 8 點序列，y_0 到 y_7，來說明這演算法及 FFT 隨後的步驟。為了要求出數據組合的正確順序，我們將表示每一點原來位置的下標轉成二進制然後反轉這些數字的順序。這反轉次序的二進位元數字決定了原數據點在重排序列中的位置，8 個數據點如圖 7.7 所示。此圖同時說明 FFT 演算法的步驟，其中重覆使用 (7.15) 和 (7.16) 如下：

步驟 1：由 Y_0 和 Y_4 求 $\mathbf{Y}_{04}$，由 Y_2 和 Y_6 求 $\mathbf{Y}_{26}$，由 Y_1 和 Y_5 求 $\mathbf{Y}_{15}$，由 Y_3 和 Y_7 求 $\mathbf{Y}_{37}$。

步驟 2：由 $\mathbf{Y}_{04}$ 和 $\mathbf{Y}_{26}$ 求 $\mathbf{Y}_{0246}$，由 $\mathbf{Y}_{15}$ 和 $\mathbf{Y}_{37}$ 求 $\mathbf{Y}_{1357}$。

步驟 3：由 $\mathbf{Y}_{0246}$ 和 $\mathbf{Y}_{1357}$ 求 $\mathbf{Y}_{01234567}$。

注意上面程式有 3 個步驟。對於一個 n 點的 DFT，步驟的數目等於 $\log_2 n$。在這個小型例子中，$n = 8$ 且因此 $\log_2 8 = \log_2 2^3 = 3$。所以這個過程需要 3 個步驟。

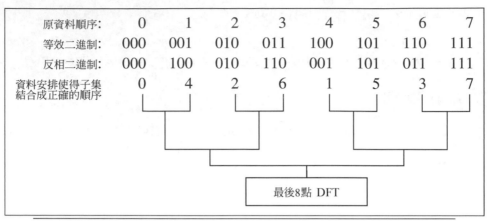

圖 7.7　FFT 演算法的步驟。

MATLAB 提供 `fft` 函數以 FFT 演算法求一點序列的 DFT，函數 `ifft` 使用稍作修正的 FFT 演算法求 IDFT。如以下程式以 `fft` 函數求在變數中的數據點 y 之 DFT。

```
% e3s705.m
v = 0:15;
y = [2.8 -0.77 -2.2 -3.1 -4.9 -3.2 4.83 -2.5 3.2 ...
     -3.6 -1.1 1.2 -3.2 3.3 -3.4 4.9];
s = sum(y), Y = fft(y);
[v' Y.']
```

執行這程式得出下列結果：

```
s =
   -7.7400

ans =
        0              -7.7400
   1.0000               3.2959 + 8.3851i
   2.0000              13.9798 +10.9313i
   3.0000               8.0796 - 6.6525i
   4.0000              -0.2300 + 4.7700i
   5.0000               4.3150 + 6.8308i
   6.0000              14.2202 + 1.4713i
   7.0000             -17.2905 +15.0684i
   8.0000              -0.2000
   9.0000             -17.2905 -15.0684i
  10.0000              14.2202 - 1.4713i
  11.0000               4.3150 - 6.8308i
  12.0000              -0.2300 - 4.7700i
  13.0000               8.0796 + 6.6525i
  14.0000              13.9798 -10.9313i
  15.0000               3.2959 - 8.3851i
```

我們已知對實數數據而言，Y_{n-k} 是 Y_k 的共軛複數，$k = 1,2,\cdots,(n/2-1)$。上

列結果說明此一關係，這時 $Y_{15}, Y_{14},...,Y_9$ 分別是 $Y_1, Y_2,...,Y_7$ 的共軛複數，並無提供額外的資訊。同時注意 Y_0 等於原數據值 y_r 的和。

我們現在提供一些範例來說明如何使用 `fft` 函數檢查取樣自連續函數之點序列的頻率內容。

範例 7.1

對 $y=0.5+2\sin(2\pi f_1 t)+\cos(2\pi f_2 t)$ 函數，其中 $f_1=3.125$ Hz 和 $f_2=6.25$ Hz，以 64 點在 0.05 s 範圍等距取樣並求其 DFT。以下程式呼叫 `fft` 函數並以不同方式顯示最後的 DFT：

```
% e3s706.m
clf
nt = 64; dt = 0.05; T = dt*nt
df = 1/T, fmax = (nt/2)*df
t = 0:dt:(nt-1)*dt;
y = 0.5+2*sin(2*pi*3.125*t)+cos(2*pi*6.25*t);
f = 0:df:(nt-1)*df;  Y = fft(y);
figure(1)

subplot(121), bar(real(Y),'r')
axis([0 63 -100 100])
xlabel('Index k'), ylabel('real(DFT)')
subplot(122), bar(imag(Y),'r')
axis([0 63 -100 100])
xlabel('Index k'), ylabel('imag(DFT)')
fss = 0:df:(nt/2-1)*df;
Yss = zeros(1,nt/2); Yss(1:nt/2) = (2/nt)*Y(1:nt/2);
figure(2)
subplot(221), bar(fss,real(Yss),'r')
axis([0 10 -3 3])
xlabel('Frequency (Hz)'), ylabel('real(DFT)')
subplot(222), bar(fss,imag(Yss),'r')
axis([0 10 -3 3])
xlabel('Frequency (Hz)'), ylabel('imag(DFT)')
subplot(223), bar(fss,abs(Yss),'r')
axis([0 10 -3 3])
xlabel('Frequency (Hz)'), ylabel('abs(DFT)')
```

執行上面程式可得下列結果和圖 7.8 及圖 7.9

```
T =
    3.2000

df =
    0.3125

fmax =
    10
```

注意在程式中我們使用 `bar` 而非 `plot` 敘述來強調 DFT 的離散本質。圖 7.8 顯示 64 個 DFT 的實部和虛部分量之波幅指標號碼 k 的繪圖。注意分量由 63 到

33 是分量 1 到 31 的共軛複數。雖然這些圖畫出 DFT，但是原信號中諧波分量的波幅大小和頻率並不容易被識別出來。為了達成此目的，DFT 必須依比例調整並顯示如圖 7.8 所示。在 DFT 的實部中，在 $k=0, 20$ 和 44，各有大小為 32 的波幅，在 DFT 的虛部中，在 $k=10$ 和 54，分別有 64 和 −64 的波幅。我們忽略高於 $k=32$ 的分量 (即 $k=44$ 和 54)，因其不含額外的訊息。只考慮在 $k=0,1,2,\cdots,31$ 範圍內的分量；特別在 $k=0,10$ 和 20 這個情況。我們藉由乘上 Δf (=0.3125Hz)，將 DFT 的指標號碼轉換成為頻率來得到在 0Hz、3.125Hz 和 6.25Hz 的分量。現在由除以 $(n/2)$，此例是 32，調整在範圍 $k=1,2,\cdots,31$ 內的 DFT 比例。

相對於 0 到 9.6875Hz 內的 31 個比例調整的 DFT 分量 (大部分為零) 示於圖 7.9 中。可見在 6.25Hz 的實部分量之波幅為 1 而 3.125Hz 虛部分量之波幅為 −2。這些分量分別相對於原被取樣信號的餘弦分量和負的正弦分量。若我們只想知道頻率分量之波幅，則可顯示比例調整過的 DFT 之絕對值。在 f=0Hz 的分量等於數據平均值的 2 倍；此例為 2×0.5=1。這些圖稱為頻譜或週期圖 (periodograms)。若取樣是在信號中所有諧波的整數週期組上，則調整比例後的 DFT 波幅分量將等於這些諧波群的波幅，如本例所示。若取樣不在信號中任一諧波的整數週期上，則最靠近該諧波頻率的 DFT 分量之波幅會減小並沒入至其它頻率。這種現象稱為抹平 (smearing) 或洩漏 (leakage)，在習題 7.15 有更深入的討論。

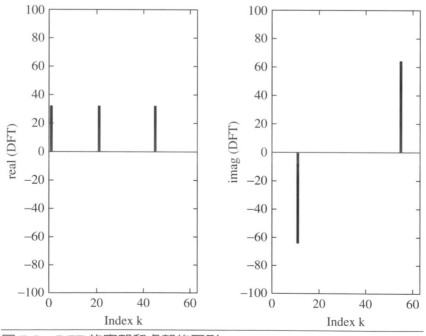

圖 7.8　DFT 的實部和虛部的圖形。

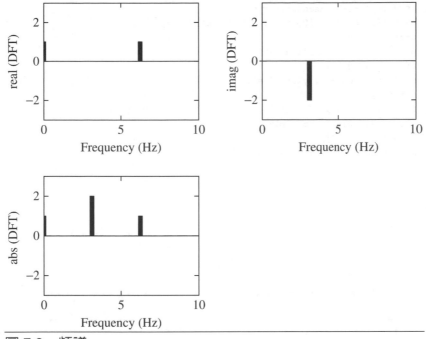

圖 7.9 頻譜。

範例 7.2

對下列函數在 2 秒內取樣 512 點，求其頻譜

$$y = 0.2\cos(2\pi f_1 t) + 0.35\sin(2\pi f_2 t) + 0.3\sin(2\pi f_3 t) + \text{random noise}$$

其中 f_1=20Hz，f_2=50Hz 和 f_3=70Hz。隨機雜訊是常態分佈，其平均值為 0 和標準差是 0.5。以下程式繪出時間序列及經過因子 $n/2$ 比例調整過的 DFT。

```
% e3s707.m
clf
f1 = 20; f2 = 50; f3 = 70;
nt = 512; T = 2; dt = T/nt
t_final = (nt-1)*dt; df = 1/T
fmax = (nt/2)*df;
t = 0:dt:t_final;
dt_plt = dt/25;
t_plt = 0:dt_plt:t_final;
y_plt = 0.2*cos(2*pi*f1*t_plt)+0.35*sin(2*pi*f2*t_plt) ...
                            +0.3*sin(2*pi*f3*t_plt);
```

```
y_plt = y_plt+0.5*randn(size(y_plt));
y = y_plt(1:25:(nt-1)*25+1); f = 0:df:(nt/2-1)*df;
figure(1);
subplot(211), plot(t_plt,y_plt)
axis([0 0.04 -3 3])
xlabel('Time (sec)'), ylabel('y')
yf = fft(y);
yp(1:nt/2) = (2/nt)*yf(1:nt/2);
subplot(212), plot(f,abs(yp))
axis([0 fmax 0 0.5])
xlabel('Frequency (Hz)'), ylabel('abs(DFT)');
```

執行上列程式可得

```
dt =
    0.0039


df =
    0.5000
```

以及下列圖形輸出，如圖 7.10 所示

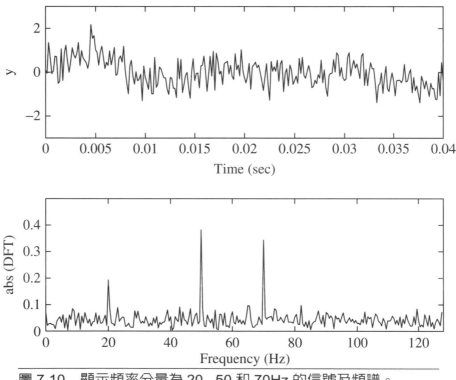

圖 7.10　顯示頻率分量為 20，50 和 70Hz 的信號及頻譜。

　　圖 7.10 之下半部圖形顯示信號中的雜訊並無法阻止頻率分量 20、50 和
70Hz 在頻譜中出現。這些頻率分量在圖 7.10 上半部圖形之原時間序列數據中無
法明顯看得到。

■ ■ ■

範例 7.3

　　求波幅 ±1，週期 1 秒，在 1 週內以 1/32 秒間隔取樣的三角波頻譜。以下程式輸出以 $n/2$ 比例調整過的 DFT。

```
% e3s708.m
nt = 32; T = 1, dt = T/nt
t = 0:dt:(nt-1)*dt;
df = 1/T, fmax = nt/(2*T)
f = 0:df:df*(nt/2-1);
y = 0.125*[8 7 6 5 4 3 2 1 0 -1 -2 -3 -4 -5 -6 -7 -8 ...
    -7 -6 -5 -4 -3 -2 -1 0 1 2 3 4 5 6 7];
Yss = zeros(1,nt/2); Y = fft(y);
Yss(1:nt/2) = (2/nt)*Y(1:nt/2);
[f' abs(Yss)']
```

執行此程式得出

```
T =
     1

dt =
     0.0313

df =
     1

fmax =
    16

ans =
          0          0
     1.0000     0.8132
     2.0000          0
     3.0000     0.0927
     4.0000          0
     5.0000     0.0352
     6.0000          0
     7.0000     0.0194
     8.0000          0
     9.0000     0.0131
    10.0000          0
    11.0000     0.0100
    12.0000          0
    13.0000     0.0085
    14.0000          0
    15.0000     0.0079
```

此例三角波之傅立葉級數是

$$f(t) = \frac{8}{\pi^2}\left(\cos(2\pi t) + \frac{1}{3^2}\cos(6\pi t) + \frac{1}{5^2}\cos(10\pi t) + \frac{1}{7^2}\cos(14\pi t) + \cdots\right)$$

比例調整過的 DFT 之前八個頻率分量是在頻率 1，3，5Hz 等等上，由於贗頻贗頻效應，其大小並不會等於 $8/\pi^2$、$8/(3\pi)^2$、$8/(5\pi)^2$(即 0.8106，0.0901，0.0324) 等等。三角波含無數個諧波且由於贗頻效應，這些以表 7.2 的 DFT 分量出現。所以 DFT 內 3Hz 的大小為 $(8/\pi^2)(1/3^2+1/29^2+1/35^2+1/61^2+\cdots)$。將表 7.2 中各行由上至下的大量項數相加，DFT 內的各項即可求出。上面說明的 DFT 是正確的，反 DFT 將回復原始數據。然而，當使用它來提供關於原始數據之頻率分量所貢獻的訊息時，必須謹慎解讀這 DFT。

表 7.2　被贗頻後的諧波係數

f	$3f$	$5f$	$7f$	$9f$	$11f$	$13f$	$15f$
$8/\pi^2$	$8/(3\pi)^2$	$8/(5\pi)^2$	$8/(7\pi)^2$	$8/(9\pi)^2$	$8/(11\pi)^2$	$8/(13\pi)^2$	$8/(15\pi)^2$
$8/(31\pi)^2$	$8/(29\pi)^2$	$8/(27\pi)^2$	$8/(25\pi)^2$	$8/(23\pi)^2$	$8/(21\pi)^2$	$8/(19\pi)^2$	$8/(17\pi)^2$
$8/(33\pi)^2$	$8/(35\pi)^2$	$8/(37\pi)^2$	$8/(39\pi)^2$	$8/(41\pi)^2$	$8/(43\pi)^2$	$8/(45\pi)^2$	$8/(47\pi)^2$
$8/(63\pi)^2$	$8/(61\pi)^2$	$8/(59\pi)^2$	$8/(57\pi)^2$	$8/(55\pi)^2$	$8/(53\pi)^2$	$8/(51\pi)^2$	$8/(49\pi)^2$
$8/(65\pi)^2$	$8/(67\pi)^2$	etc.					

範例 7.4

有一波幅固定為 1 單位的信號，於 10 個取樣後波幅被切換成零。求以 0.0625 秒取樣這信號所得之 128 個數據點序列的 DFT。

```
% e3s709.m
clf
nt = 128; nb = 10;
y = [ones(1,nb) zeros(1,nt-nb)];
dt = 0.0625; T = dt*nt
df = 1/T, fmax = (nt/2)*df;
f = 0:df:(nt/2-1)*df;
yf = fft(y);
yp = (2/nt)*yf(1:nt/2);
figure(1), bar(f,abs(yp),'w')
axis([0 fmax 0 0.2])
xlabel('Frequency (Hz)'), ylabel('abs(DFT)')
```

執行這程式得到

```
T =
    8

df =
    0.1250
```

及圖 7.11 的輸出。此圖顯示出頻譜是連續的及最大的頻率分量都叢聚在零頻率附近。這與例 1 和 2 由於原數據中存在週期性分量而產生的尖峰圖形不同。注意，因為原信號是步進跳躍的方形波且非週期性，其 DFT 波幅由取樣區間決定。

本節我們提供許多範例說明 DFT(以 FFT 計算) 如何用來研究數據中頻率成份的分佈。DFT 尚有其它應用，可用來做內插用途，如任何擬合程序將數據序列用數學函數擬合一般。MATLAB 提供函數 interpft，允許使用 DFT 內插。

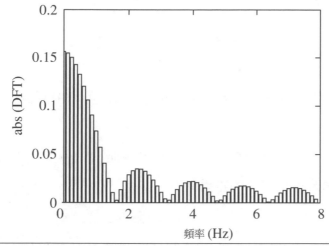

圖 7.11　一數據點序列的頻譜。

計算機硬體的進步擴展 DFT 可應用的問題範圍，這又反饋回來鼓舞新的及另一不同形而較有威力的 FFT 演算法。FFT 演算法的詳細說明可參閱 Brigham (1974)，以這種分析形式強調實際問題的入門由 Ramirez (1985) 提供。

7.5　多重迴歸：最小平方法則

我們現在要探討把一函數擬合至含有誤差的大量數據問題。以非常高階的多項式來擬合可內插的大量實驗數據可能是不明智和不可能計算的。所需的函數是能消除數據波動並顯示任何潛在趨勢。於是我們調整一選定函數的係數，依據某些準則來得到「最佳擬合」。例如，準則可能是縮小選定函數與實際數據間的最大誤差，或誤差大小之和，或是誤差的平方和。最小平方法是廣為使用的方法，現在研究此法如何實行。

假設有 y 的 n 組觀測值及 p 個不同自變數 $\mathbf{x}_1, \mathbf{x}_2, \cdots, \mathbf{x}_p$ 向量。變數 $\mathbf{x}_1, \mathbf{x}_2, \cdots, \mathbf{x}_p$ 一般是以幾乎可忽略的誤差被量測到的自變數，甚至在實驗中是受到良好控制的。$\mathbf{y}$ 是單一應變數，不受控制且含有隨機的量測誤差。在許多情形，$\mathbf{x}_1, \mathbf{x}_2$ 等可能是單一自變數的不同函數　此種情況稱為預測器 (predictors，參閱 7.8 及 7.9 節)。我們的基本模型包含一迴歸方程式 (regression equation)，也就是 $\mathbf{y}$ 迴歸在自變數 $\mathbf{x}_1, \mathbf{x}_2, \cdots, \mathbf{x}_p$ 上。假設一簡單的線性迴歸模型及此模型的 i 次觀測值為

$$y_i = \beta_0 + \beta_1 x_{1i} + \beta_2 x_{2i} + \cdots + \beta_p x_{pi} + \varepsilon_i, \quad i = 1, 2, \ldots, n \tag{7.17}$$

其中 $\beta_j (j = 0,1,2,\cdots,p)$ 是未知係數，ε_i 是隨機誤差。一開始我們假設這些隨機誤差係相同地以零平均值及共同未知的變異量，σ^2，被分佈且彼此間互爲獨立。這意指

$$\beta_0 + \beta_1 x_{1i} + \beta_2 x_{2i} + \cdots + \beta_p x_{pi}$$

代表 y_i 的平均值。

主要任務是對每一未知 β_j 求一估測的 b_j，以致可藉由擬合下列函數型式來估測 y_i 的平均值。

$$\hat{y}_j = b_0 + b_1 x_{1i} + b_2 x_{2i} + \cdots + b_p x_{pi}, \quad i = 1, 2, \ldots, n \tag{7.18}$$

i 次觀測之觀測值及擬合值間的差異量

$$e_i = y_i - \hat{y}_i \tag{7.19}$$

稱爲殘差 (*residual*)，其爲相對的 ε_i 估測值。選擇 b_j 估測值的準則是其應將殘差的平方和最小化，通常稱爲誤差平方和，寫成 SSE。即

$$SSE = \sum_{i=1}^{n} e_i^2 = \sum_{i=1}^{n} (y_i - \hat{y}_i)^2 \tag{7.20}$$

爲有效率的完成必要的計算，將模型寫成矩陣型式如下。定義 $\mathbf{b}$ 是 $(p+1) \times 1$ 向量，

$$\mathbf{b} = [b_0 \quad b_1 \ \ldots \ b_p]^\top$$

同樣的，定義 $\mathbf{e}$，$\mathbf{y}$，$\mathbf{u}$ 及 $\mathbf{x}_j$ 是 $n \times 1$ 向量如下：

$$\mathbf{e} = [e_1 \quad e_2 \ldots e_n]^\top$$
$$\mathbf{y} = [y_1 \quad y_2 \ldots y_n]^\top$$
$$\mathbf{u} = [1 \quad 1 \ldots 1]^\top$$
$$\mathbf{x}_j = [x_{j1} \quad x_{j2} \ldots x_{jn}]^\top, \quad j = 1, 2, \ldots, p$$

由這些向量，$n \times (p+1)$ 的矩陣 $\mathbf{X}$ 可被定義如下：

$$\mathbf{X} = [\mathbf{u} \quad \mathbf{x}_1 \quad \mathbf{x}_2 \ldots \mathbf{x}_p]$$

此矩陣相當於 (7.18) 式的係數，由 (7.19) 式知，殘差可寫成

$$\mathbf{e} = \mathbf{y} - \mathbf{Xb}$$

由 (7.20) 式可將 SSE 寫成

$$SSE = \mathbf{e}^\top \mathbf{e} = (\mathbf{y} - \mathbf{Xb})^\top (\mathbf{y} - \mathbf{Xb}) \tag{7.21}$$

將此 SSE 式對 **b** 微分，得偏導數向量如下：

$$\frac{\partial}{\partial \mathbf{b}}(SSE) = -2\mathbf{X}^\top(\mathbf{y} - \mathbf{Xb})$$

矩陣微分在附錄一有說明。令此式等於零可得 **Xb=y**，MATLAB 運算子 \ 可直接求此高於所求型 (over−determined) 方程組以得到係數 **b**。然而此例如下做更方便，**Xb=y** 前乘上 $\mathbf{X}^\top$ 得到稱為正規方程式 (normal equations) 如下：

$$\mathbf{X}^\top \mathbf{Xb} = \mathbf{X}^\top \mathbf{y}$$

此方程的正式解是

$$\mathbf{b} = (\mathbf{X}^\top\mathbf{X})^{-1}\mathbf{X}^\top\mathbf{y} = \mathbf{CX}^\top\mathbf{y} \tag{7.22}$$

其中

$$\mathbf{C} = (\mathbf{X}^\top\mathbf{X})^{-1} \tag{7.23}$$

注意 **C** 是一 $(p+1)\times(p+1)$ 方陣。

使用 (7.22) 式的 **b**，相對於 **y** 之擬合值的向量是

$$\hat{\mathbf{y}} = \mathbf{Xb} = \mathbf{XCX}^\top\mathbf{y}$$

定義 $\mathbf{H} = \mathbf{XCX}^\top$，可將上式寫成

$$\hat{\mathbf{y}} = \mathbf{Hy} \tag{7.24}$$

矩陣 **H** 將 **y** 轉換成帶帽子的 $\hat{\mathbf{y}}$ 型式（"y−hat"），故稱為帽矩陣 (hat matrix)，其在迴歸模型的解釋上扮演重要角色。其重要特性中的一項是矩陣的等冪性 (idempotent，見附錄一)。

由 (7.22) 可證明 SSE 的最小值是

$$SSE = \mathbf{y}^\top(\mathbf{I} - \mathbf{H})\mathbf{y} \tag{7.25}$$

其中 **I** 是 $n\times n$ 單位矩陣 (identity matrix)。原數據含 n 組觀測值且我們又引入 $p+1$ 個限制條件至系統來估測參數 $\beta_0, \beta_1,..., \beta_p$，所以現在共有 $(n-p-1)$ 個自由度。統計理論證明將 (7.25) 之最小 SSE 除以自由度數，可得未知誤差變異量 σ^2 的不偏估測 (unbiased estimate)，

$$s^2 = \frac{SSE}{n-p-1} = \frac{\mathbf{y}^\top(\mathbf{I} - \mathbf{H})\mathbf{y}}{n-p-1} \tag{7.26}$$

就其本身而論，由擬合單一模型所得 s 並不是非常有益的。然而，也可使用 **H** 計算在絕對尺度上的全部擬合合適性 (goodness of fit)，並檢查每一 b_j 對 β_j 的估測程度有多好。

最廣爲使用的整體擬合合適程度的度量是決定係數 (coefficients of determination)，R^2，定義爲

$$R^2 = \sum_{i=1}^{n} (\hat{y}_i - \bar{y})^2 \Big/ \sum_{i=1}^{n} (y_i - \bar{y})^2$$

其中

$$\bar{y} = \frac{1}{n} \sum_{i=1}^{n} y_i$$

$\bar{y}$ 是觀測到的 y 值平均值。使用矩陣符號，從等效的定義可計算 R^2

$$R^2 = \frac{\mathbf{y}^\top (\mathbf{H} - \mathbf{u}\mathbf{u}^\top/n)\mathbf{y}}{\mathbf{y}^\top (\mathbf{I} - \mathbf{u}\mathbf{u}^\top/n)\mathbf{y}} \tag{7.27}$$

R^2 值落在 0 與 1 之間，代表 $\mathbf{y}$ 的全部觀測變異量與自變數關聯的程度，所以靠近 1 的值表示幾乎所有觀測的變異量都可被計算考慮到，因而這是一個合適的擬合。然而，就其本身而論，這並不必然暗示該模型是令人滿意的，因爲我們可以引入更多的自變數來增加 R^2 值，即使引入更多變數會有不良影響。下一節將簡介一些方法來決定那一些自變數應該被包含在模型內。

7.6 模型改進之診斷

爲了要知道那些變數應該被移除以改進原來的模型，我們現在更仔細檢視估測值 b_j 來檢驗其對應的 β_j 係數是否爲非零值，這將確認相對的 x_j 值對解釋 y 的貢獻，或在 b_0 的情形中，是否應在模型中納入常數項 β_0。

若假設隨機誤差 ε_i 是常態分布，可證明每一估計值 b_j 的表現形同它們等於觀測一平均值爲 β_j 且共變異矩陣爲 $s^2\mathbf{C}$ 的常態變數的值，其中 $\mathbf{C}$ 由 (7.23) 定義。所以共變異矩陣是

$$s^2\mathbf{C} = s^2 \begin{bmatrix} c_{00} & c_{01} & c_{02} & \dots & c_{0p} \\ & c_{11} & c_{12} & \dots & c_{1p} \\ & & c_{22} & \dots & c_{2p} \\ & & & \vdots & \\ & & & & c_{pp} \end{bmatrix}$$

注意，我們將 $\mathbf{C}$ 的列和行由 0 至 p 編號。矩陣 $\mathbf{C}$ 是對稱的，所以並沒有將下三角部份的元素展示出來。

b_j 分布的變異量是 s^2 乘上 $\mathbf{C}$ 的對應對角元素，b_j 的標準差 (SE)(standard error) 是此變異量的平方根，所以

$$SE(b_j) = s\sqrt{c_{jj}}$$

若 β_j 眞的為零，則統計量

$$t = b_j/SE(b_j)$$

為一具有自由度為 $n-p-1$ 的司徒頓 t- 分佈 (Student's distribution)。所以可以進行一正式的假設測試 (hypothesis test) 以檢查 β_j 為零，從而預測器 x_j 於解釋 y 並無重大貢獻的假設是否合理。然而，以檢查相對的 t 統計量的大小是否大於 2 的方式來當作 x_j 是否應納入迴歸模型的起始準則就已足夠了。若 $|t| > 2$，則 x_j 應保留在模型內，否則應考慮將其移除。

當原來的迴歸模型中有超過 1 個自變數或預測器的時候，它們之間可能有 2 個或更多個係彼此高度相關的，這種情形稱做多重共線性 (multicollinearity)；當發生此種情形時，$\mathbf{X}$ 內相對於相關變數的行幾乎是線性相依，造成 $\mathbf{X}^T\mathbf{X}$ 及其反矩陣 $\mathbf{C}$ 是病態的 (ill–conditioned)。雖然我們可以解 $\mathbf{b}$ 的正規方程式，只要 $\mathbf{X}^T\mathbf{X}$ 實際上並不是奇異的，但其解對數據的微小變動將會很敏感，且在 $\mathbf{C}$ 內有很多顯示預估值 b_j 係高度相關的非對角線元素。所以值得計算相關矩陣 (correlation matrix)，它會顯示 y 及每個自變數間及所有自變數對的相關性。如同共變異矩陣的情況，我們將相關矩陣的列與行由 0 至 p 編號，所以相關矩陣為

$$\begin{array}{cc} & \begin{array}{ccc} y & x_1 & x_2 \end{array} \\ \begin{array}{c} y \\ x_1 \\ x_2 \\ \end{array} & \begin{pmatrix} r_{00} & r_{01} & r_{02} & \dots \\ r_{10} & r_{11} & r_{12} & \dots \\ r_{20} & r_{21} & r_{22} & \dots \\ \dots & \dots & \dots & \dots \end{pmatrix} \end{array}$$

其中定義相關矩陣元素 r_{ij} 為 x_i 及 x_j 之間的相關性，r_{0j} 為 y 與 x_j 間的相關性。

許多情形，如將在 7.8 節討論的多項式迴歸，許多預測器間有高度相關性，但檢視 t 統計量顯示某些預測器對解釋 y 的貢獻量並不大。那些具有最小 $|t|$ 值及最小 $|r_{0j}|$ 值者將會優先移除。

另一組有用的統計量是變異數膨脹因子 (variance inflation factors，VIF)。要求出 x_j 的 VIF，將 x_j 迴歸至其餘 $p-1$ 個自變數並計算決定係數 R_j^2。相對的 VIF 是

$$VIF_j = \frac{1}{1 - R_j^2}$$

若 x_j 幾乎可被其餘變數解釋，R_j^2 將近於 1 而 VIF_j 將變大。一個好的工作準則是將任何 VIF_j 大於 10 的 x_j 列入移除的候選名單內。

注意，當只有 2 個自變數時，它們永遠有相等的變異數膨脹因子；若其大於 10，最好將與 y 有最小相關的變數除去。當模型包含一些共同自變數的不同函數

的預測器時，相對的 *VIF* 值可能很大，如同 7.8 節內的多項式迴歸情形。當這類預測器可被證明與 y 有因果關係時，此模型通常會被考慮用於物理數據。

　　以下 MATLAB 函數 **mregg2** 實作多重迴歸；模型改進所需的診斷亦被計算出來。

```
function [s_sqd R_sqd b SE t VIF Corr_mtrx residual] = mregg2(Xd,con)
% Multiple linear regression, using least squares.
% Example call:
%    [s_sqd R_sqd bt SEt tt VIFt Corr_mtrx residual] = mregg2(Xd,con)
% Fits data to y = b0 + b1*x1 + b2*x2 + ... bp*xp
% Xd is a data array. Each row of X is a set of data.
% Xd(1,:) = x1(:), Xd(2,:) = x2(:), ... Xd(p+1,:) = y(:).
% Xd has n columns corresponding to n data points and p+1 rows.
% If con = 0, no constant is used, if con ~= 0, constant term is used.
% Output arguments:
% s_sqd = Error variance, R_Sqd = R^2.
% b is the row of coefficients b0 (if con~=0), b1, b2, ... bp.
% SE is the row of standard error for the coeff b0 (if con~=0),
%  b1, b2, ... bp.
% t is the row of the t statistic for the coeff b0 (if con~=0),
%  b1, b2, ... bp.
% VIF is the row of the VIF for the coeff b0 (if con~=0), b1, b2, ... bp.
% Corr_mtrx is the correlation matrix.
% residual is an arrray of 4 columns and n rows.
% For each row i, the residual
% array contains the value of y(i), the residual(i), the standardized
% residual(i) and the Cook distance(i) where i is the ith data value.
if con==0
    cst = 0;
else
    cst = 1;
end

[p1,n] = size(Xd);
p = p1-1;  pc = p+cst;
y = Xd(p1,:)';
if cst==1
    w = ones(n,1);
    X = [w Xd(1:p,:)'];
else
    X = Xd(1:p,:)';
end
C = inv(X'*X);  b = C*X'*y; b = b.';
H = X*C*X';   SSE = y'*(eye(n)-H)*y;
s_sqd = SSE/(n-pc); Cov = s_sqd*C;
Z = (1/n)*ones(n);
num = y'*(H-Z)*y; denom = y'*(eye(n)-Z)*y;
R_sqd = num/denom;
```

```
SE = sqrt(diag(Cov)); SE = SE.';
t = b./SE;
% Compute correlation matrix
V(:,1) = (eye(n)-Z)*y;
for j = 1:p
    V(:,j+1) = (eye(n)-Z)*X(:,j+cst);
end
SS = V'*V; D = zeros(p+1,p+1);
for j=1:p+1
    D(j,j) = 1/sqrt(SS(j,j));
end
Corr_mtrx = D*SS*D;
% Compute VIF
for j = 1+cst:pc
    ym = X(:,j);
    if cst==1
        Xm = X(:,[1 2:j-1,j+1:p+1]);
    else
        Xm = X(:,[1:j-1,j+1:p]);
    end
    Cm = inv(Xm'*Xm); Hm = Xm*Cm*Xm';
    num = ym'*(Hm-Z)*ym; denom = ym'*(eye(n)-Z)*ym;
    R_sqr(j-cst) = num/denom;
end
VIF = 1./(1-R_sqr); VIF = [0 VIF];
% Analysis of residuals
ee = zeros(length(y),1);  sr = zeros(length(y),1);
cd = zeros(length(y),1);
if nargout>7
    ee = (eye(n)-H)*y;
    s = sqrt(s_sqd);
    sr = ee./(s*sqrt(1-diag(H)));
    cd = (1/pc)*(1/s^2)*ee.^2.*(diag(H)./((1-diag(H)).^2));
    residual = [y ee sr cd];
end
```

使用 mregg2 時，需提供 $(p+1) \times n$ 的資料陣列，Xd，其中 p 是自變數的數目，n 是數據組的數目。列 1 至 p 包含自變數的值，x_1 至 x_p，列 $p+1$ 含相對的 y 值。若參數 con 設為零，則常數項會從迴歸模型中被移除；否則它會被包含在內。7.7 與 7.8 節提供了使用函數 mregg2 的例子。

多重迴歸模型有非常廣泛的應用。舉例來說：

1. 多項式迴歸。於此 y 是一單一變數 x 的函數，讓一般模型中的 x_j 被取代為 x^j。因此有

$$y_i = \beta_0 + \beta_1 x_i + \beta_2 x_i^2 + \cdots + \beta_p x_i^p + \varepsilon_i, \quad i = 1, 2, \ldots, n \tag{7.28}$$

儘管於此自變數 x 不再是線性的，但在 β_j 方面仍然保有線性的特質，所

以線性迴歸的理論於此仍然適用。我們可以使用 mregg2 完成多項式迴歸，其中數據列是 $x^1, x^2, x^3, \cdots$ 且最後一列的數據是 y。(請參見例子 7.7, 7.8, 7.9)。

2. 多重多項式迴歸。假設我們希望擬合數據至下述模型：

$$y_i = \beta_0 + \beta_1 x_1 + \beta_2 x_2 + \beta_3 x_1^2 + \beta_4 x_2^2 + \beta_5 x_1 x_2 + \varepsilon_i, \quad i = 1, 2, \ldots, n$$

在這個情況，五個預測器是 x_1, x_2, x_1^2, x_2^2 與 $x_1 x_2$。這些預測器於 β_j 係數方面仍然是線性的。要使用函數 mregg2，數據陣列必須一一納入 $x_1, x_2, x_1^2, x_2^2, x_1 x_2$ 與 y。

7.7　殘差分析

除了考慮每一自變數或預測器的貢獻外，模型對每一數據點的吻合程度有多好及誤差機率分布的假設是否正確亦是非常重要的。

回想 (7.24)

$$\hat{\mathbf{y}} = \mathbf{Hy}$$

所以可將殘差向量寫成

$$\mathbf{e} = \mathbf{y} - \mathbf{Hy} = (\mathbf{I} - \mathbf{H})\,\mathbf{y}$$

可證明 $s^2(\mathbf{1-H})$ 的對角線元素代表每一殘差的變異量，所以 e_i 的標準差是 $s\sqrt{1 - h_{ii}}$。因為每一數據點的標準差不同，直接比較在不同數據點間的殘差是困難的。然而若將每一殘差除以其標準差，將之標準化，則可得到類似於分析估計值 $\mathbf{b}$ 時所用的 t- 比值。故標準化後的殘差 r_i 是

$$r_i = \frac{e_i}{s\sqrt{1 - h_{ii}}} \quad i = 1, 2, \ldots, n$$

為了有別於其它標準化後的殘差的類型，它有時被稱為司徒頓化殘差 (Studentized residual)。若模型背後的假設是正確的，標準化後的殘差的平均值應該靠近零，但若任何 $|r_i|$ 大於 2 左右，這指明是下列情形之一或更多情形。

1. 發生這情形的點是離群值 (outlier)。
2. 每一點有均等誤差變異量的假設是錯誤的。
3. 指定之模型中可能有錯誤。

在此情形下，離群值是指於與其他數據的相同條件下所沒有獲得的觀察值。要區分數據點係得自於觀察的錯誤或是係得自於與那些被使用於觀察者甚遠的自變數值是相當困難的。這些點對擬合過程有很大的影響。

一個可用來度量一特定數據點的影響的有用統計量是庫克距離 (Cook's

Distance)，其結合殘差的平方值與某特定數據點和平均值的距離，稱之為槓桿。
這相對於由自變數值算出之 **H** 的對角元素。

$$\text{Cook距離}, d_i = \left(\frac{1}{p+1}\right)\frac{e_i^2}{s^2}\left[\frac{h_{ii}}{(1-h_{ii})^2}\right] \quad i = 1, 2, \ldots, n$$

任何 $d_i > 1$ 的數據點對迴歸都有重大影響，應仔細檢查。此點可能被正確地
觀測且對模型建立提供有用的資訊，但是模型建立者應留意其影響。

■ ■ ■ ───────────────────────────────

範例 7.5

擬合一迴歸模型至下述數據。為了節省空間，數據係以函數 mregg2 所要求
的形式提供。這矩陣的一、二和三行分別是自變數 x_1、x_2 和 x_3，而第四行包含
所對應的 y 值。下述程式實作這一點。

```
% e3s710.m
X0 = [1.00 1.00 1.00 1.00 1.00 2.00 2.00 2.00;
      2.00 2.00 4.00 4.00 6.00 2.00 2.00 4.00;
         0 1.00 0 1.00 2.00 0 1.00 0;
      -2.52 -2.71 -8.34 -8.40 -14.60 -0.62 -0.47 -6.49];
X1 = [2.00 3.00 3.00 3.00 3.00 3.00 3.00 3.00;
      6.00 2.00 2.00 2.00 4.00 6.00 6.00 6.00;
         0 0 1.00 2.00 1.00 0 1.00 2.00;
      -12.46 1.36 1.40 1.60 -4.64 -10.34 -10.43 -10.30];
Xd = [X0 X1];
[s_sqd R_sqd b SE t VIF Corr_mtrx res] = mregg2(Xd,1);

fprintf('Error variance = %7.4f    R_squared = %7.4f \n\n',s_sqd,R_sqd)
fprintf('            Coeff    SE     t_ratio     VIF \n')
fprintf('Constant :    %7.4f %7.4f %8.2f \n',b(1),SE(1),t(1))
fprintf('Coeff x1 :    %7.4f %7.4f %8.2f %8.2f\n',b(2),SE(2),t(2),VIF(2))
fprintf('Coeff x2 :    %7.4f %7.4f %8.2f %8.2f\n',b(3),SE(3),t(3),VIF(3))
fprintf('Coeff x3 :    %7.4f %7.4f %8.2f %8.2f\n\n',b(4),SE(4),t(4),VIF(4))
fprintf('Correlation matrix \n')
disp(Corr_mtrx)
fprintf('\n        y        Residual   St Residual   Cook dist\n')
for i = 1:length(Xd)
    fprintf('%12.4f %12.4f %12.4f %12.4f\n',res(i,1), ...
                         res(i,2), res(i,3), res(i,4))
end
```

執行這個程式得到

```
        Error variance =  0.0147     R_squared =  0.9996


                        Coeff     SE     t_ratio    VIF
Constant   :     1.3484   0.1006    13.40
Coeff x1   :     2.0109   0.0358    56.10     1.03
Coeff x2   :    -2.9650   0.0179  -165.43     1.03
Coeff x3   :    -0.0001   0.0412    -0.00     1.04


Correlation matrix
     1.0000    0.2278   -0.9437   -0.0944
     0.2278    1.0000    0.1064    0.1459
    -0.9437    0.1064    1.0000    0.1459
    -0.0944    0.1459    0.1459    1.0000
```

y	Residual	St Residual	Cook dist
-2.5200	0.0508	0.4847	0.0196
-2.7100	-0.1390	-1.3223	0.1426
-8.3400	0.1609	1.5062	0.1617
-8.4000	0.1010	0.9274	0.0507
-14.6000	-0.1688	-1.9402	0.8832
-0.6200	-0.0601	-0.5458	0.0157
-0.4700	0.0901	0.8035	0.0270
-6.4900	0.0000	0.0002	0.0000
-12.4600	-0.0399	-0.3835	0.0130
1.3600	-0.0909	-0.8808	0.0730
1.4000	-0.0508	-0.4736	0.0154
1.6000	0.1493	1.5774	0.3958
-4.6400	-0.1607	-1.4227	0.0755
-10.3400	0.0692	0.6985	0.0602
-10.4300	-0.0206	-0.1930	0.0026
-10.3000	0.1095	1.1123	0.1589

　　x_3 的係數很小，並且，更重要的是，相應的 t- 比值的絕對值是非常小的（實際上它不為零，而是 -0.0032）。這表明 x_3 並沒有對此模型提供顯著的貢獻，因而可以被移除。

　　如果我們更動最後一個 y 值為 -8.3（並且只展示殘差的分析），我們有

y	Residual	St Residual	Cook dist
-2.5200	0.3499	0.7758	0.0503
-2.7100	-0.0756	-0.1670	0.0023
-8.3400	0.3095	0.6735	0.0323
-8.4000	0.0140	0.0300	0.0001
-14.6000	-0.6418	-1.7153	0.6903
-0.6200	0.1361	0.2876	0.0044
-0.4700	0.0507	0.1052	0.0005
-6.4900	0.0457	0.0941	0.0003
-12.4600	-0.1447	-0.3232	0.0093
1.3600	0.0024	0.0054	0.0000
1.4000	-0.1930	-0.4184	0.0120
1.6000	-0.2284	-0.5610	0.0501
-4.6400	-0.4534	-0.9331	0.0325
-10.3400	-0.1384	-0.3247	0.0130
-10.4300	-0.4638	-1.0077	0.0713
-8.3000	1.4308	3.3791	1.4664

對於觀測值 $y=-8.3$，可見殘差、標準殘差及庫克距離，與其餘數據點的這些值相比，這些值都很大。若不是在此特別點有一記錄誤差，就是這數據是正確的只是我們所用的模型擬合這特別數據點效果甚差。

■ ■ ■

範例 7.6

使用相同於例 7.5 的數據，只使用自變數 x_1 和 x_2 來擬合一個迴歸模型。下述程式並未展示數據數陣列 Xd。

```
% e3s711.m
X0 ....
X1 ....
Xd ....
Xd = [X0 X1];
[s_sqd R_sqd b SE t VIF Corr_mtrx] = mregg2(Xd([1 2 4],:),1);
fprintf('Error variance = %7.4f     R_squared = %7.4f \n\n',s_sqd,R_sqd)
fprintf('              Coeff     SE     t_ratio     VIF \n')
fprintf('Constant   :   %7.4f %7.4f  %8.2f \n',b(1),SE(1),t(1))
fprintf('Coeff x1   :   %7.4f %7.4f  %8.2f %8.2f\n',b(2),SE(2),t(2),VIF(2))
fprintf('Coeff x2   :   %7.4f %7.4f  %8.2f %8.2f\n\n',b(3),SE(3),t(3),VIF(3))
fprintf('Correlation matrix \n')
disp(Corr_mtrx)
```

執行這個程式得到

```
Error variance =  0.0135     R_squared =  0.9996

                Coeff     SE     t_ratio     VIF
Constant   :    1.3483  0.0960    14.04
Coeff x1   :    2.0109  0.0341    58.91      1.01
Coeff x2   :   -2.9650  0.0171  -173.71      1.01

Correlation matrix
    1.0000    0.2278   -0.9437
    0.2278    1.0000    0.1064
   -0.9437    0.1064    1.0000
```

這是一種較例 7.5 所得到者更好的模型，因為 t- 比值的絕對值現在都大於 2。事實上，原始數據是由這模型所產生

$$y = 1.5 + 2x_1 - 3x_2 + \text{隨機誤差}$$

因此，x_3 並未連結到用於產生數據的模型，且於 x_3 方面的變異量，因 y 測量值之隨機誤差之故，似乎僅會影響 y。

■ ■ ■

請留意標準誤差（*SE*）可用於建構 b_j 之信賴區間。在這種情況下，每個 β_j 的實際值落於 95% 的信賴區間：也就是說，如果我們對 β_j 的實際值一無所知，我們預期有 0.95 的機率它會出現於此區間。95% 的信賴區間的精確寬度取決於自由度的數目（參見 7.5 節），但 $b_j-2SE(b_j)$ 及 $b_j+2SE(b_j)$ 是一個合理的近似值。

有關多重迴歸、模型改進及迴歸分析方面的更完整說明可參閱 Draper 及 Smith(1998)、Walpole 及 Myers 以及 Anderson、Sweeney 和 Williams (1993) 的著作。

7.8　多項式迴歸

多重迴歸模型可得自 (7.28)，於此再次抄寫如下

$$y_i = \beta_0 + \beta_1 x_i + \beta_2 x_i^2 + \cdots + \beta_p x_i^p + \varepsilon_i, \quad i = 1, 2, \ldots, n$$

雖然對於自變數 x 而言這不再是線性的，但對於 β_j 係數而言它仍然是線性的，所以線性迴歸的理論仍然有效。

擬合、檢查估計值 b_j 及決定那些預測器應被移除的過程可採用與 7.5 節描述之通例的相同方法來完成，用於模型改進之診斷以及殘差分析也如同 7.6 及 7.7 節描述的通例。無法避免的可發現預測器之間有高度的相關性，現在這些預測器都是相同之自變數的乘冪。如 7.6 節所討論過的，預測器間的高度相關性會導致有病態狀況的係數矩陣 $\mathbf{X}^T\mathbf{X}$。對於大數目數據點，這矩陣傾向成為 Hilbert 矩陣。

第 2 章中曾證明 Hilbert 矩陣是非常病態的。要說明這對計算精度的影響，我們注意到當與矩陣 A 運算時所損失的十進位精度數目可由 MATLAB 敘述式 `log10(cond(A))` 約略得出。所以若擬合一 5 階多項式，可能損失的十進位數精度預估是 `log10(cond(hilb(5)))`。這等於 5.6782；也就是，MATLAB 所用的 16 位有效數字約損失 5 或 6 位精度。一個避免此情形的方法是不要將此問題表示成需要求解的線性方程組。一個這樣做的聰明方法是使用正交多項式。在此將不解說此法，但讀者可參考 Lindfield 及 Penny(1989) 的著作。然而，只要 p 值 (現在代表被擬合之多項式的冪次) 保持在合理的低冪次，病態情況的最壞影響就可被避免，。

如果需要在 7.5、7.6、7.7 節中發展的診斷，則可使用 7.6 節所得到的多項式迴歸的函數 `mregg2`；此時，數據必須如下準備。陣列 `Xd` 的第一列包含 x 值，第二列包含 x^2 值，以此類推。最後一列包含相對的 y 值。於解釋 `mregg2` 的輸出時，請注意所有 *VIF* 值無可避免的都很高，因為 x 的乘冪是彼此相關。移除那些 *VIF* >10 的預測器之一般原則應被忽略，因為我們有很好的理由可假設多項式模型是適當的。

若不需要診斷，可使用 MATLAB 的函數 polyfit 來計算 b_j 預估值。其使用最小平方法擬合一指定階數的多項式至給定的數據。以下列例子說明這些議題。

■ ■ ■ ──────────

範例 7.7

擬合一立方多項式至下列數據，其是由 $y=2+6x^2-x^3$ 產生並伴隨隨機誤差。這隨機誤差是一個平均值為 0 及標準差為 1 的常態分佈。以下程式呼叫 MATLAB 函數 polyfit 求出立方多項式的係數，隨後由 polyval 計算它供繪圖之用。更進一步呼叫 mregg2 計算出一個使用 x, x^2 與 x^3 為自變數的迴歸模型。

```
% e3s712.m
x = 0:.25:6;
y = [1.7660 2.4778 3.6898 6.3966 6.6490 10.0451 12.9240 15.9565 ...
    17.0079 21.1964 24.1129 25.5704 28.2580 32.1292 32.4935 34.0305 ...
    34.0880 32.9739 31.8154 30.6468 26.0501 23.4531 17.6940 9.4439 ...
    1.7344];
xx = 0:.02:6;
p = polyfit(x,y,3), yy = polyval(p,xx);
plot(x,y,'o',xx,yy)
axis([0 6 0 40]), xlabel('x'), ylabel('y')
Xd = [x; x.^2; x.^3; y];
[s_sqd R_sqd b SE t VIF Corr_mtrx] = mregg2(Xd,1);
fprintf('Error variance = %7.4f    R_squared = %7.4f \n\n',s_sqd,R_sqd)
fprintf('             Coeff     SE     t_ratio    VIF \n')
fprintf('Constant   :    %7.4f %7.4f %8.2f \n',b(1),SE(1),t(1))
fprintf('Coeff x    :    %7.4f %7.4f %8.2f %8.2f\n',b(2),SE(2),t(2),VIF(2))
fprintf('Coeff x^2  :    %7.4f %7.4f %8.2f %8.2f\n',b(3),SE(3),t(3),VIF(3))
fprintf('Coeff x^3  :    %7.4f %7.4f %8.2f %8.2f\n\n',b(4),SE(4),t(4),VIF(4))
fprintf('Correlation matrix \n')
disp(Corr_mtrx)
```

程式執行得到下列輸出及圖 7.12。從 polyfit 來的多項式係數是 x 的降冪排列，由 mregg2 的診斷輸出則不言自明。

```
p =
   -0.9855    5.8747    0.1828    2.2241

Error variance =  0.5191    R_squared =  0.9966

                Coeff    SE     t_ratio    VIF
Constant   :    2.2241  0.4997    4.45
Coeff x    :    0.1828  0.7363    0.25    84.85
Coeff x^2  :    5.8747  0.2886   20.36   502.98
Coeff x^3  :   -0.9855  0.0316  -31.20   202.10
Correlation matrix
    1.0000    0.4917    0.2752    0.1103
    0.4917    1.0000    0.9659    0.9128
    0.2752    0.9659    1.0000    0.9858
    0.1103    0.9128    0.9858    1.0000
```

注意自變數 x 的 t- 比值的絕對值小於 2，表示 x 應該移除 (見範例 7.8)。
擬合至數據的立方多項式是

$$\hat{y} = 2.2241 + 0.1828x + 5.8747x^2 - 0.9855x^3$$

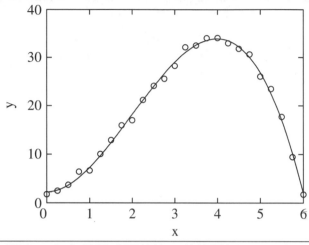

圖 7.12　擬合一立方多項式至數據。數據點以 "o" 表示。

範例 7.8

擬合一立方多項式至例 1 的數據，但僅使用自變數 x^2 及 x^3。以下程式解此問題：

```
% e3s713.m
x = 0:.25:6; y = 2+6*x.^2-x.^3;
y = y+randn(size(x)); Xd = [x.^2; x.^3; y];
[s_sqd R_sqd b SE t VIF Corr_mtrx] = mregg2(Xd,1);
fprintf('Error variance = %7.4f    R_squared = %7.4f \n\n',s_sqd,R_sqd)
fprintf('              Coeff     SE    t_ratio     VIF \n')
fprintf('Constant  :   %7.4f %7.4f %8.2f \n',b(1),SE(1),t(1))
fprintf('Coeff x^2 :   %7.4f %7.4f %8.2f %8.2f\n',b(2),SE(2),t(2),VIF(2))
fprintf('Coeff x^3 :   %7.4f %7.4f %8.2f %8.2f\n\n',b(3),SE(3),t(3),VIF(3))
fprintf('Correlation matrix \n')
disp(Corr_mtrx)
```

執行此程式可得

```
Error variance =  0.4970    R_squared =  0.9965

                    Coeff     SE      t_ratio     VIF
Constant    :       2.3269  0.2741     8.49
Coeff x^2   :       5.9438  0.0750    79.21      35.52
Coeff x^3   :      -0.9926  0.0130   -76.61      35.52

Correlation matrix
      1.0000    0.2752    0.1103
      0.2752    1.0000    0.9858
      0.1103    0.9858    1.0000
```

所以與範例 7.7 相比較，改進的模型為

$$\hat{y} = 2.1793 + 6.0210x^2 - 1.0084x^3$$

真正 β_j 均良好地落在這改進後模型所獲得的 95%信賴限制內。誤差變異量 0.4970 約略小於剛開始時加至數據之隨機誤差的單位變異量。

■ ■ ■

■ ■ ■

範例 7.9

擬合一 3 階及 5 階多項式至由底下函數

$$y = \sin\{1/(x+0.2)\} + 0.2x$$

產生的數據，此數據被隨機雜訊所污染，通常以標準差為 0.06 的常態分佈來模擬量測誤差如下：

```
>> xs = [0:0.05:0.25 0.25:0.2:4.85];
>> us = sin(1./(xs+1))+0.2*xs+0.06*randn(size(xs));
>> save testdata1 xs us
```

這 30 個數據值被存在 **testdata1** 檔，使得它可在 7.9 節的例子中被使用。以下程式載入此數據、擬合並畫出此最小平方多項式。

```
% e3s714.m
load testdata
xx = 0:.05:5;
t1 = 'Error variance = %7.4f      R_squared = %7.4f \n\n';
t2 = '                  Coeff     SE     t_ratio      VIF \n';
t3 = 'Constant    :     %7.4f %7.4f %8.2f \n';
t4 = 'Coeff x     :     %7.4f %7.4f %8.2f %12.2f\n';
t4a = 'Coeff x     :     %7.4f %7.4f %8.2f \n';
t5 = 'Coeff x^2   :     %7.4f %7.4f %8.2f %12.2f\n';
t6 = 'Coeff x^3   :     %7.4f %7.4f %8.2f %12.2f\n';
t7 = 'Coeff x^4   :     %7.4f %7.4f %8.2f %12.2f\n';
t8 = 'Coeff x^5   :     %7.4f %7.4f %8.2f %12.2f\n';
t9 = 'Correlation matrix \n';
p = polyfit(xs,us,3), yy = polyval(p,xx);
Xd = [xs; xs.^2; xs.^3; us];
[s_sqd R_sqd b SE t VIF Corr_mtrx] = mregg2(Xd,1);
```

```
fprintf(t1,s_sqd,R_sqd), fprintf(t2)
fprintf(t3,b(1),SE(1),t(1))
fprintf(t4,b(2),SE(2),t(2),VIF(2))
fprintf(t5,b(3),SE(3),t(3),VIF(3))
fprintf([t6 '\n'],b(4),SE(4),t(4),VIF(4))
fprintf(t9), disp(Corr_mtrx)
[s_sqd R_sqd b SE t VIF Corr_mtrx] = mregg2(Xd,0);
fprintf(t1,s_sqd,R_sqd), fprintf(t2)
fprintf(t4a,b(1),SE(1),t(1))
fprintf(t5,b(2),SE(2),t(2),VIF(2))
fprintf([t6 '\n'],b(3),SE(3),t(3),VIF(3))
fprintf(t9), disp(Corr_mtrx)
plot(xs,us,'ko',xx,yy,'k'), hold on
axis([0 5 -2 2])
p = polyfit(xs,us,5), yy = polyval(p,xx);
Xd = [xs; xs.^2; xs.^3; xs.^4; xs.^5; us];
[s_sqd R_sqd b SE t VIF Corr_mtrx] = mregg2(Xd,1);
fprintf(t1,s_sqd,R_sqd), fprintf(t2)
fprintf(t3,b(1),SE(1),t(1))
fprintf(t4,b(2),SE(2),t(2),VIF(2))
fprintf(t5,b(3),SE(3),t(3),VIF(3))
fprintf(t6,b(4),SE(4),t(4),VIF(4))
fprintf(t7,b(5),SE(5),t(5),VIF(5))
fprintf([t8 '\n'],b(6),SE(6),t(6),VIF(6))
fprintf(t9)
disp(Corr_mtrx)
plot(xx,yy,'k--'), xlabel('x'), ylabel('y'), hold off
```

　　圖 7.13 顯示擬合一 3 階及 5 階多項式至該數據的結果，很清楚的顯示這些多項式近似不足情形。多項式在數據點處振盪且不很合適的擬合至數據點。7.9 節中將使用不同函數來改進擬合情形。該程式輸出如下：

```
p =
    0.0842   -0.6619    1.5324   -0.0448

Error variance =  0.0980      R_squared =  0.6215

                  Coeff     SE      t_ratio       VIF
Constant   :    -0.0448   0.1402    -0.32
Coeff x    :     1.5324   0.3248     4.72       79.98
Coeff x^2  :    -0.6619   0.1708    -3.87      478.23
Coeff x^3  :     0.0842   0.0239     3.52      193.93

Correlation matrix
    1.0000    0.5966    0.4950    0.4476
    0.5966    1.0000    0.9626    0.9049
    0.4950    0.9626    1.0000    0.9847
    0.4476    0.9049    0.9847    1.0000
```

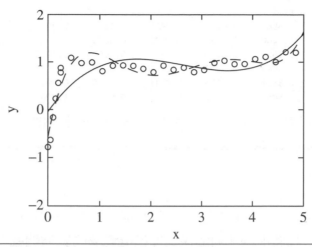

圖 7.13　擬合一 3 階及 5 階多項式 (也就是，實線與虛線) 至一數據列。數據點以 "o" 表示。

常數項 t- 比值的絕對值很低，暗示其不該包含在立方模型中。該程式同時擬合一不含常數項的立方方程式至數據點並得到下列輸出：

```
Error variance =  0.0947    R_squared =  0.6200


               Coeff    SE     t_ratio    VIF
Coeff x    :   1.4546  0.2116    6.87
Coeff x^2  :  -0.6285  0.1329   -4.73     35.13
Coeff x^3  :   0.0801  0.0199    4.02    299.50


Correlation matrix
    1.0000    0.5966    0.4950    0.4476
    0.5966    1.0000    0.9626    0.9049
    0.4950    0.9626    1.0000    0.9847
    0.4476    0.9049    0.9847    1.0000
```

這是一個更穩健的模型。最後，該程式擬合一 5 階多項式至數據點並最後得到下列輸出：

```
p =
    0.0434   -0.5856    2.8998   -6.3340    5.7099   -0.5789

Error variance =  0.0341    R_squared =  0.8783


               Coeff    SE     t_ratio    VIF
Constant   :  -0.5789  0.1122   -5.16
Coeff x    :   5.7099  0.6443    8.86       904.01
Coeff x^2  :  -6.3340  0.9052   -7.00     38560.71
Coeff x^3  :   2.8998  0.4918    5.90    234903.50
Coeff x^4  :  -0.5856  0.1137   -5.15    262672.06
Coeff x^5  :   0.0434  0.0094    4.62     38084.24
```

```
Correlation matrix
  1.0000    0.5966    0.4950    0.4476    0.4172    0.3942
  0.5966    1.0000    0.9626    0.9049    0.8511    0.8041
  0.4950    0.9626    1.0000    0.9847    0.9555    0.9232
  0.4476    0.9049    0.9847    1.0000    0.9918    0.9742
  0.4172    0.8511    0.9555    0.9918    1.0000    0.9949
  0.3942    0.8041    0.9232    0.9742    0.9949    1.0000
```

注意大的 *VIF* 值，是因爲以不同的單一自變數函數迴歸所造成的。

___

現在，我們示範說明試圖將多項式函數擬合至數據的時候所會面臨的困難。爲了說明這問題，我們根據下列關係式從模擬實驗的數據開始：

$$y = \frac{1}{\sqrt{0.02 + \left(4 - x^2\right)^2}} \tag{7.29}$$

數據值係以 0.05 的增量從 $x = 1$ 到 $x = 3$ 來取樣這個函數而得，並加入小的隨機誤差以模擬測量誤差。試著擬合多項式到這些數據值的結果如圖 7.14 所示。該圖顯示，當多項式的階數從 4 增加至 8 的時候，最後達到 12，以最小平方誤差縮減的意義而言，多項式擬合數據變好了，但更高階的多項式傾向於在數據點之間振盪。因此，即使是十二階的多項式沒有準確地代表該數據，它也沒有幫助我們對 x 和 y 之間的底層數學關係有進一步的認識。我們將在 7.11 節回到這個問題。

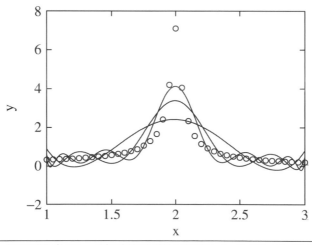

圖 7.14　用於擬合至一系列數據點之階數 4, 8 與 12 的多項式，其中數據點以 "o" 表示。

7.9　擬合一般性函數至數據

現在考慮基於 (7.17) 式的迴歸模型，其中各個自變數 x_j 現已被具有單一自變數 x_j 的不同函數 ϕ_j 所取代。

$$y_i = \beta_0 + \beta_1\varphi_1(x_i) + \beta_2\varphi_2(x_i) + \cdots + \beta_p\varphi_p(x_i) + \varepsilon_i$$

7.5 節的分析直接延伸至此一迴歸模型。所以可使用 MATLAB 函數 mregg2 擬合一組任意指定函數至數據。

再次考慮 7.8 節的範例 7.9。我們將擬合下列函數 (或模型) 至數據：

$$\hat{y} = b_1\sin\{1/(x+0.2)\} + b_2x$$

選擇此函數是因為原始數據係由其產生，其中 $b_1=1$ 和 $b_2=0.2$，同時外加常態分配的隨機誤差。注意，在模型中並無常數項。以下程式呼叫函數 mregg2。注意用於 mregg2 之數據矩陣的第 1 列包含 $\sin(1/(x+0.2))$ 的值與第 2 列包含 x 的值。

```
% e3s715.m
load testdata
Xd = [sin(1./(xs+0.2)); xs; us];
[s_sqd R_sqd b SE t VIF Corr_mtrx] = mregg2(Xd,0);
fprintf('Error variance = %7.4f\n\n',s_sqd)
fprintf('                        Coeff     SE     t_ratio\n')
fprintf('sin(1/(x+0.2)):    %7.4f %7.4f %8.2f \n',b(1),SE(1),t(1))
fprintf('Coeff x        :    %7.4f %7.4f %8.2f \n\n',b(2),SE(2),t(2))
fprintf('Correlation matrix \n')
disp(Corr_mtrx)
xx = 0:.05:5; yy = b(1)*sin(1./(xx+0.2))+b(2)*xx;
plot(xs,us,'o',xx,yy,'k')
axis([0 5 -1.5 1.5]), xlabel('x'), ylabel('y')
```

程式執行可得：

```
Error variance =   0.0044

                    Coeff    SE      t_ratio
sin(1/(x+0.2)):    0.9354  0.0257    36.46
Coeff x       :    0.2060  0.0053    38.55

Correlation matrix
     1.0000    0.7461    0.5966
     0.7461    1.0000   -0.0734
     0.5966   -0.0734    1.0000
```

以及圖 7.15。以最小平方的型式擬合數據的函數給出如下：
$\hat{y} = 0.9354\sin\{1/(x+0.2)\} + 0.2060x$。這與原函數非常接近。注意誤差變異量

0.0044 與被加入以模擬量測誤差的雜訊變異量 0.0036 相比尚好。若此模型中加入常數項，它的 t- 比值的絕對值將很小，暗示該常數項應該被移除。

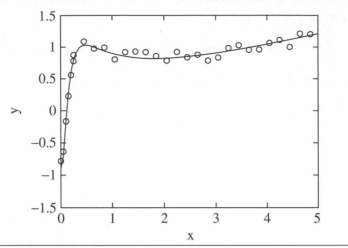

圖 7.15　取樣自 $y = \sin[1/(x+0.2)] + 0.2x$ 之數據。數據點以 "o" 表示。

7.10　非線性最小平方迴歸

現在考慮擬合數據至一未知係數之間的關係是非線性的函數的問題。我們仍然沿用最小平方準則，有數種方法可將數據擬合至這類型的模型。這裡我們提出一個非常簡單且植基於泰勒係數的迭代方法。令 $y = f(x, \mathbf{a})$ 其中 f 是一具有未知係數 $\mathbf{a}$ 的非線性函數。要計算出這些係數，讓一組嘗試性係數爲 $\mathbf{a}^{(0)}$。因此

$$y = f\left(x, \mathbf{a}^{(0)}\right)$$

這個嘗試性的解答不會滿足誤差平方須爲最小的要求。然而，我們可以調整係數 $\mathbf{a}^{(0)}$ 以最小化誤差的平方值。因此，令改良後的係數爲 $\mathbf{a}^{(1)}$，其中

$$\mathbf{a}^{(1)} = \mathbf{a}^{(0)} + \Delta\mathbf{a}$$

我們有

$$y = f\left(x, \mathbf{a}^{(1)}\right) = f\left(x, \mathbf{a}^{(0)} + \Delta\mathbf{a}\right)$$

將此函數展開爲一泰勒級數，並只保留泰勒級數中的一階導數項，我們有

$$y \approx f\left(x, \mathbf{a}^{(0)}\right) + \sum_{k=0}^{m} \Delta a_k \left[\partial f/\partial a_k\right]^{(0)}$$

令 $f_i^{(0)} = f\left(x_i, \mathbf{a}^{(0)}\right)$。這函數與 y_i 之間的誤差可得爲

$$\varepsilon_i = y_i - f_i^{(0)} - \sum_{k=0}^{m} \Delta a_k \left[\partial f_i / \partial a_k\right]^{(0)}, \quad i = 1, 2, \ldots, n$$

因此，誤差的平方和是

$$S = \sum_{i=0}^{n} \left\{ y_i - f_i^{(0)} - \sum_{k=0}^{m} \Delta a_k \left[\frac{\partial f_i}{\partial a_k}\right]^{(0)} \right\}^2$$

為了計算出誤差的最小平方和，我們有

$$\frac{\partial S}{\partial (\Delta a_p)} = -2 \sum_{i=0}^{n} \left\{ y - f_i^{(0)} - \sum_{k=0}^{m} \Delta a_k \left[\frac{\partial f_i}{\partial a_k}\right]^{(0)} \right\} \left[\frac{\partial f_i}{\partial a_p}\right]^{(0)} = 0, \quad p = 0, 1, \ldots, m$$

重新安排後我們得到

$$\sum_{i=0}^{n} \left(y - f_i^{(0)} \right) \left[\frac{\partial f_i}{\partial a_p}\right]^{(0)} = \sum_{k=0}^{m} \Delta a_k \left\{ \sum_{i=0}^{n} \left[\frac{\partial f_i}{\partial a_k}\right]^{(0)} \left[\frac{\partial f_i}{\partial a_p}\right]^{(0)} \right\}, \quad p = 0, 1, \ldots, m$$

這些方程式可以使用矩陣符號表示如下：

$$\mathbf{K}(\Delta \mathbf{a}) = \mathbf{b}$$

其中 $\Delta \mathbf{a}$ 有元素 Δa_p，$p = 0, 1, 2, \cdots, m$ 且

$$K_{pk} = \sum_{i=0}^{n} \left[\frac{\partial f_i}{\partial a_k}\right]^{(0)} \left[\frac{\partial f_i}{\partial a_p}\right]^{(0)}$$

$$b_p = \sum_{i=0}^{n} \left(y - f_i^{(0)} \right) \left[\frac{\partial f_i}{\partial a_p}\right]^{(0)}, \quad p, k = 0, 1, \ldots, m$$

求出 $\Delta \mathbf{a}$ 的解，我們可以從下式計算出新的係數值

$$\mathbf{a}^{(1)} = \mathbf{a}^{(0)} + \Delta \mathbf{a}$$

因為我們已經移除了泰勒級數中較高階的項，$\mathbf{a}^{(1)}$ 不是正確的解答，但卻是一個較 $\mathbf{a}^{(0)}$ 為佳的解答。我們因此迭代直到 $\Delta \mathbf{a}$ 的範數小於預定的容許值。

```
function [a iter] = nlls(f,df,x,y,a0,err)
% Data given by vectors x and y are to be fitted to the function f(a)
% with an error of err. Function f(a) has n variables, a(1) ... a(n).
% a0 is a vector of n trial values for the unknown paramenters a.
% Function df is a column vector [df/da(1); df/da(2); .... df/da(n)].
iter = 0;  n = length(a0); a = a0;
v = 10*err*ones(1,n);
while norm(v,2) > err
    p = feval(df,x,a);  q = y-feval(f,x,a);
    A = p*p'; b = q*p'; v = A\b';
    a = a + v';  iter = iter+1;
end
```

下一個程式使用函數 nlls 擬合函數 $y = a_1 e^{a_2 x} + a_3 e^{a_4 x}$ 至 16 個數據點。

```
% e3s718
p = @(x,a) a(1)*exp(a(2)*x)+a(3)*exp(a(4)*x);
dp = @(x,a) [exp(a(2)*x); a(1)*x.*exp(a(2)*x);
             exp(a(4)*x); a(3)*x.*exp(a(4)*x)];
x = [-10:2:0  1:1:10]; xn = length(x);
xp = -10:0.05:10;
y = [26.56 21.60 18.14 17.00 14.46 17.38 15.07 16.76 ...
    16.90 17.32 18.61 20.79 21.65 25.22 26.16 27.84];
a = [7 -0.3 7 0.3];
[a iter] = nlls(p,dp,x,y,a,1e-5)
plot(x,y,'o',xp,p(xp,a))
xlabel('x'), ylabel('y')
```

執行此程式得到

```
a =
    5.4824   -0.1424   10.0343    0.0991

iter =
    7
```

連同圖 7.16。

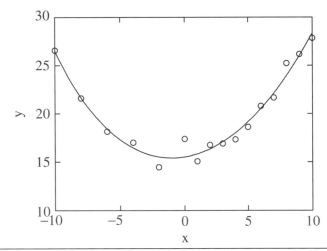

圖 7.16　擬合 $y = a_1 e^{a_2 x} + a_3 e^{a_4 x}$ 至數據值，其數據值中以 "o" 表示。

7.11 數據轉換

現在將討論和未知係數爲非線性的函數擬合問題。這就是將函數與數據轉換使得函數與未知係數之間是線性的關係。唯一的困難是沒有一般通則可提供合適轉換；實際上這種轉換可能不存在。考慮擬合數據至下述函數的問題

$$\hat{y} = \frac{1}{\sqrt{a_0 + (a_1 - a_2 x^2)^2}} \tag{7.30}$$

令 $\hat{Y} = 1/\hat{y}^2$ 與 $X = x^2$，我們有

$$\hat{Y} = 1/\hat{y}^2 = a_0 + (a_1 - a_2 x^2)^2 = (a_0 + a_1^2) - 2a_1 a_2 x^2 + a_2^2 x^4$$
$$\hat{Y} = a_0 + a_1^2 - 2a_1 a_2 X + a_2^2 X^2 \tag{7.31}$$
$$\hat{Y} = b_0 + b_1 X + b_2 X^2$$

所以 $\hat{Y}$ 是一 X 的二次式。若數據值由 $Y_i = 1/y_i^2$ 和 $X_i = x_i^2$ 轉換，則擬合 $Y = f(X)$ 到這些被轉換後之數據的程序將是一個標準的最小平方多項式擬合，給出 b_0，b_1 和 b_2 的值，所以 a_0，a_1 和 a_2 的估計值很容易求出。注意，無論如何，誤差的殘差 $e_i = Y_i - \hat{Y}_i$，因為數據轉換之故，將不能提供量測誤差，$y_i - \hat{y}_i$，的良好估計。

我們藉由考慮一系列與 (7.29) 相關的被加上零平均值和標準差為 1% 的常態分佈隨機誤差之數據來說明上列程序。使用 (7.31) 轉換數據、以下述程式產生所需的數據、轉換這些數據點、並擬合一多項式至它們。

```
% e3s716.m
x = 1:.05:3; xx = 1:.005:3;

y = [0.3319    0.3454    0.3614    0.3710    0.3857    0.4030    0.4372 ...
     0.4605    0.4971    0.5232    0.5753    0.6363    0.6953    0.7782 ...
     0.8793    1.0678    1.3024    1.6688    2.4233    4.2046    7.0961 ...
     4.0581    2.3354    1.5663    1.1583    0.9278    0.7764    0.6480 ...
     0.5741    0.4994    0.4441    0.4005    0.3616    0.3286    0.3051 ...
     0.2841    0.2645    0.2407    0.2285    0.2104    0.2025];
Y = 1./y.^2; X = x.^2; XX = xx.^2;
p = polyfit(X,Y,2)
YY = polyval(p,XX);
for i = 1:length(xx)
    if YY(i)<0
        disp('Transformation fails with this data set');
        return
    end
end
figure(1), plot(X,Y,'o',XX,YY)
axis([1 9 0 25]), xlabel('X'), ylabel('Y')
yy = 1./sqrt(YY);
figure(2), plot(x,y,'o',xx,yy)
axis([1 3 -2 8]), xlabel('x'), ylabel('y')
```

程式執行得到下列結果及圖 7.17 和圖 7.18。

```
p =
    0.9944   -7.9638   15.9688
```

由程式輸出我們看出 x 和 $\hat{Y}$ 的關係為

$$\hat{Y} = 0.9944X^2 - 7.9638X + 15.9688$$

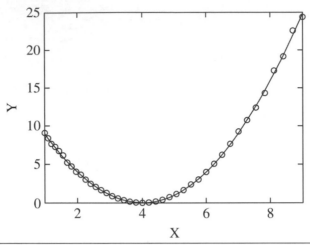

圖 7.17   擬合轉換後之數據至二次函數,其中數據以 "o" 表示。

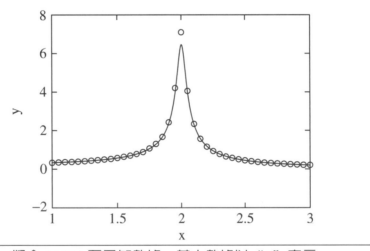

圖 7.18   擬合 (7.30) 至已知數據,其中數據以 "o" 表示。

經由比較上式與 (7.31) 可求出未知係數值

$$a_2^2 = 0.9944, \quad \text{所以} \quad a_2 = \pm 0.9972 \quad \text{(如(7.29)中取正值)}$$

$$-2a_1 a_2 = 7.9748, \quad \text{所以} \quad a_1 = 3.9931$$

$$a_1^2 + a_0 = 15.9688, \quad \text{所以} \quad a_0 = 0.0149$$

在原函數 (7.30) 中使用這些值且將它擬合至已知數據。這示於圖 7.18。這函數比圖 7.14 的多項式擬合好很多。然而,即使這一擬合也並沒有通過尖峰值。這是因為這程序對數據中的小誤差太敏感所致。如果隨機誤差被移除,此擬合是完全符合的。如果以此隨機誤差重新執行程式,此擬合可能會變差,且若隨機雜訊大小增加,則這程序可能失敗。這是因為在 $x=2$ 的區間,y 值基本上只取決於 a_0。這有一可能變號的小數值。

　　表 7.3 列出一些函數，$\hat{y}$ 與該函數係數之間有非線性關係，同時顯示將這些關係線性化而使得這些關係式為 $\hat{Y} = BX + C$ 的對應轉換。

　　下述程式實作了展示於表 7.3 內的前兩個關係。它也計算兩個原關係的誤差平方和並畫出數據與兩個被擬合的函數的圖形。

```
% e3s717.m
x = 0.2:0.2:4;
y = 2*exp(0.5*x).*(1+0.2*rand(size(x)));
X = log(x);   Y = log(y);

% Case 1: Fit y = a*x^b
v = polyfit(X,Y,1);
A1 = v(2); b1 = v(1); a1 = exp(A1);
e1 = y-a1*x.^b1; s1 = e1*e1';
fprintf('\n y = %8.4f*x^(%8.4f): SSE = %8.4f',a1,b1,s1)
% case 2: Fit y = a*exp(b*x)
v = polyfit(x,Y,1);
A2 = v(2); b2 = v(1); a2 = exp(A2);
e2 = y-a2*exp(b2*x); s2 = e2*e2';
fprintf('\n y = %8.4f*exp(%8.4f*x): SSE = %8.4f \n',a2,b2,s2)
% Plotting
n = length(x);
r = x(n)-x(1); inc = r/100;
xp = [x(1):inc:x(n)];
yp1 = a1*xp.^b1;   yp2 = a2*exp(b2*xp);
plot(x,y,'ko',xp,yp1,'k:',xp,yp2,'k')
xlabel('x'), ylabel('f(x)')
```

表 7.3　具有非線性關係的函數

原關係式	代換	轉換後的關係式
$y = ax^b$	$Y = \log_e(y), X = \log_e(x)$	$Y = A + bX$ 因此 $a = e^A$
$y = ae^{bx}$	$Y = \log_e(y)$	$Y = A + bx$ 因此 $a = e^A$
$y = axe^{bx}$	$Y = \log_e(y/x)$	$Y = A + bx$ 因此 $a = e^A$
$y = a + \log_e(bx)$	$Y = e^y$	$Y = A + bx$ 因此 $a = \log_e(A)$
$y = 1/(a + bx)$	$Y = 1/y$	$Y = a + bx$
$y = 1/(a + bx)^2$	$Y = 1/\sqrt{(y)}, X = 1/x$	$Y = a + bx$
$y = x/(b + ax)$	$Y = 1/y, X = 1/x$	$Y = a + bX$
$y = ax/(b + x)$	$Y = 1/y, X = 1/x$	$Y = A + BX$ 因此 $a = 1/A, b = B/A$

執行此程式得到

```
y =    4.5129*x^(  0.6736): SSE =   78.3290
y =    2.2129*exp(  0.5021*x): SSE =    2.0649
```

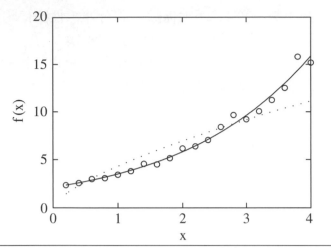

圖 7.19　這張圖顯示原始數據及由 $y=be^{(ax)}$（實線）與 $y=ax^b$（虛線）所得的擬合。

　　圖 7.19 及上列程式輸出確認最佳擬合是指數函數。很清楚地，這對使用者選擇函數擬合的區別是一個警訊。這一 MATLAB 函數可採用來擬合廣泛的數學函數數據。

7.12　總結

　　因內插的目的，許多方法被探討來擬合函數至數據。這些方法包括 Aitken 法及樣條擬合。對週期性數據，我們已檢視過快速傅氏轉換。最後，我們討論了使用多項式和更一般性函數對實驗數據做最小平方近似。

　　欲研究樣條的應用的讀者將會發現 Mathworks Spline 工具箱非常有用。

本章習題

7.1 下表給出完全橢圓積分值

$$E(\alpha) = \int\limits_{0}^{\pi/2} \sqrt{(1 - \sin^2\alpha \sin^2\theta)}\, d\theta$$

α	0°	5°	10°	15°	20°	25°	30°
$E(\alpha)$	1.57079	1.56780	1.55888	1.54415	1.52379	1.49811	1.46746

以 MATLAB 函數 aitken 求出在 $\alpha = 2°$、13°、與 27° 的 $E(\alpha)$。

7.2 產生於 $x=$ 20:2:30 之 $f(x) = x^{1.4} - \sqrt{x} + 1/x - 100$ 之列表值。使用 MATLAB 函數 aitken 求相對於 $f(x) = 0$ 的 x 值。這是一個反內插的例子,因為我們求已知 $f(x)$ 值的對應值 x。特別的是,這求出方程式 $f(x) = 0$ 之根的近似值。將您的結果與 3 章的習題 3.2 相比較。

7.3 已知 $x=$ -1:0.2:1,請從 $y = \sin^2(\pi x/2)$ 計算 y 的值。使用這些數據,計算:

(a) 以最小平方 MATLAB 函數 polyfit 產生二次及四次多項式來擬合這些數據。顯示出這些數據及擬合出的曲線。

提示:7.6 節範例 7.6 給出一些指導。

(b) 使用 MATLAB 函數 spline 擬合一立方樣條至這些數據。顯示這些數據及擬合出的樣條。比較樣條與 (a) 的兩圖之擬合品質。

7.4 針對習題 7.3 的數據,求 $x=$ 0.85 的 y 值,將 MATLAB 函數 interp1 用於對線性,樣條及立方內插函數。同時使用 MATLAB 函數 aitken。

7.5 對下列數據擬合一立方樣條及五階多項式

x	-2	0	2	3	4	5
y	4	0	-4	-30	-40	-50

在同一張圖上繪出數據點、樣條及多項式。從已經所取用的數據來看,哪一條曲線似乎提供了這些函數的更逼真表示?

7.6 已知數據來自向量 $x=$ 0:0.25:3 及

$$y = [6.3806\ 7.1338\ 9.1662\ 11.5545\ 15.6414\ 22.7371\ 32.0696\ \ldots$$
$$47.0756\ 73.1596\ 111.4684\ 175.9895\ 278.5550\ 446.4441]$$

擬合下列函數:

(a) $f(x) = a + be^x + ce^{2x}$,使用 MATLAB 函數 mregg2。

(b) $f(x) = a + b/(1+x) + c/(1+x)^2$,使用 MATLAB 函數 mregg2。

(c) $f(x)=a+bx+cx^2+dx^3$，使用 MATLAB 函數 `polyfit` 或 `mregg2`。

你應繪出這三個試驗函數及數據。這些函數與數據擬合有多好？這些數據值實際上由 $f(x)=3+2e^x+e^{2x}$ 及加入小量的隨機雜訊所產生的。

7.7 以下的值及相對應的和定義機翼翼面部份：

$$x = [0\ 0.005\ 0.0075\ 0.0125\ 0.025\ 0.05\ 0.1\ 0.2\ 0.3\ 0.4\dots 0.5\ 0.6\ 0.7\ 0.8\ 0.9\ 1]$$

$$y_u = [0\ \ 0.0102\ \ 0.0134\ \ 0.0170\ \ 0.0250\ \ 0.0376\ \ 0.0563\ \ 0.0812\dots$$
$$0.0962\ 0.1035\ 0.1033\ 0.0950\ 0.0802\ 0.0597\ 0.0340\ 0]$$

$$y_l = [0\ \ -0.0052\ \ -0.0064\ \ -0.0063\ \ -0.0064\ \ -0.0060\ \ -0.0045\dots$$
$$-0.0016\ 0.0010\ 0.0036\ 0.0070\ 0.0121\ 0.0170\ 0.0199\ 0.0178\ 0]$$

(x, y_u) 座標定義上曲面，(x, y_l) 座標定義下曲面。使用 MATLAB 函數 `spline` 來擬合不同的樣條至上曲面與下曲面並在同一張圖上繪出結果。

7.8 考慮下列近似

$$\prod_{p<P}\left(1+\frac{1}{p}\right) \approx C_1 + C_2 \log_e P$$

其中該乘積係得自所有小於質數 P 的質數 p。請由下列提供的質數列表寫一 MATLAB 程式來產生這些乘積，使用 MATLAB 函數 `polyfit` 擬合函數 $C_1+C_2\log_e P$ 至質數 P 及相對的乘積值所提供的點。使用 MATLAB 函數 `primes(103)` 產生質數列表。

7.9 伽瑪函數 (gamma function) 可由一五階多項式近似為

$$\Gamma(x+1) = a_0 + a_1 x + a_2 x^2 + a_3 x^3 + a_4 x^4 + a_5 x^5$$

在 $x = 0{:}0.1{:}1$，使用 MATLAB 函數 `gamma` 產生 $\Gamma(x+1)$ 的值。然後使用 MATLAB 函數 `polyfit` 擬合一五階多項式至這些數據。比較你的答案與 Abramowitz 和 Stegun (1965) 給出的伽瑪函數近似，這些伽瑪函數近似的係數為：$a_0=1$, $a_1=-0.5748666$, $a_2=0.9512363$, $a_3=-0.6998588$, $a_4=0.4245549$, 以及 $a_5=-0.1010678$。這些係數在 $0 \le x \le 1$ 的範圍內之精確度小於或等於 5×10^{-5}。

7.10 在範圍 $x = -4{:}0{:}2$ 及 $y = -4{:}0.2{:}4$ 中，由函數

$$z(x,y) = 0.5\left(x^4 - 16x^2 + 5x\right) + 0.5\left(y^4 - 16y^2 + 5y\right)$$

產生一值列表。在 $x=y=-2.9035$ 上，使用這些數據和 MATLAB 函數 `interp2` 內插一個 z 值。使用線性和立方內插並將此值直接代入函數來核對你的答案。這個點是函數的全域最小值。

7.11 平均太陽年與實際太陽年之差稱爲時間方程式，所以對於時間方程式的值 $E=$（平均太陽時間－實際太陽時間），下表給出一年中由元旦開始的 20 個等距區間上的 E 值（以分鐘爲單位）

$$E = [-3.5 \quad -10.5 \quad -14.0 \quad -14.25 \quad -9.0 \quad -4.0 \quad 1.0 \quad 3.5 \quad 3.0 \ldots$$
$$-0.25 \quad -3.5 \quad -6.25 \quad -5.5 \quad -1.75 \quad 4.0 \quad 10.5 \quad 15.0 \quad 16.25 \quad 12.75 \quad 6.5]$$

畫出一張 E 與一年時間的關係圖。然後使用函數 `interpft` 來內插 300 點並繪出週期一年的值。（使用 MATLAB 的 `help` 函數取得 `interpft` 的說明訊息）。最後使用指令 `[x,y]=ginput(4)` 由圖讀入 2 個最小值和 2 個最大值。最大與最小會在何時發生？

7.12 以下週期性數據是以間隔 0.1 秒取樣的 32 點資料，使用 MATLAB 函數 `fft` 求 DFT 的實部和虛部。檢視這些分量的波幅大小和頻率。由這些結果你能獲得什麼結論？

$$y = [2 \quad -0.404 \quad 0.2346 \quad 2.6687 \quad -1.4142 \quad -1.0973 \quad 0.8478 \quad -2.37 \quad 0 \ldots$$
$$2.37 \quad -0.8478 \quad 1.0973 \quad 1.4142 \quad -2.6687 \quad -0.2346 \quad 0.404 \quad -2 \ldots$$
$$1.8182 \quad 1.7654 \quad -1.2545 \quad 1.4142 \quad -0.3169 \quad -2.8478 \quad 0.9558 \ldots$$
$$0 \quad -0.9558 \quad 2.8478 \quad 0.3169 \quad -1.4142 \quad 1.2545 \quad -1.7654 \quad -1.8182]$$

7.13 $f = 30$ Hz 時，求 $y = 32\sin^5(2\pi ft)$ 的 DFT。使用 1 秒上 512 點的取樣值。由 DFT 虛部估測下列關係的係數 a_0, a_1, a_2。

$$32\sin^5(2\pi ft) = a_0\sin[2\pi ft] + a_1\sin[2\pi(3f)t] + a_2\sin[2\pi(5f)t]$$

對 $y = 32\sin^6(2\pi ft)$ 重覆這一過程。由 DFT 實部估測下列關係的係數 b_0, b_1, b_2, b_3。

$$32\sin^6(2\pi ft) = b_0 + b_1\cos[2\pi(2f)t] + b_2\cos[2\pi(4f)t] + b_3\cos[2\pi(6f)t]$$

7.14 $f_1 = 30$ Hz，$f_2 = 400$ Hz，由如下函數在 1 秒上取樣 512 點，求其 DFT。解釋爲何在頻譜中 112Hz 處有大的分量。

$$y = \sin(2\pi f_1 t) + 2\sin(2\pi f_2 t)$$

7.15 在 1 秒上對 $y(t) = \sin(2\pi ft)$，$(f=25$，30.27 和 35.49Hz) 取樣 256 點，求其 DFT。在同一張圖上繪出 DFT 的絕對值對此三個頻率的圖。值得注意的是，即使在每種情形被取樣之正弦函數的波幅是相等的，相對於 f 的頻率分量有不同的波幅。這是因爲，在 30.27 和 35.49Hz 波的情形，取樣並不是在 y 的整數週期上。這個現象稱爲 "洩漏" 或 "抹平"，純正弦波的一部份似乎被抹平入相鄰的頻率。這可以由對數據取窗來降低。漢寧窗 (Hanning window) 是 $w(t)=0.5\{1-\cos(2\pi t/T)\}$，$T$ 爲取樣週期。$y(t)$ 乘上 $w(t)$ 然後求所得出之數據的 DFT。在同一張圖上畫出 DFT 的絕對值對此三個 f 值之頻率的圖。可以看到相對於 f 的頻率分量的波幅變動及抹平入其它頻率等現象已被降低很多。

7.16 以下 32 點數據是在 0.0625 秒的週期上取樣

$y = $ [0 0.9094 0.4251 − 0.6030 − 0.6567 0.2247 0.6840 0.1217 …
　　　− 0.5462 − 0.3626 0.3120 0.4655 − 0.0575 − 0.4373 − 0.1537 …
　　　0.3137 0.2822 − 0.1446 − 0.3164 − 0.0204 0.2694 0.1439 − 0.1702 …
　　　− 0.2065 0.0536 0.2071 0.0496 − 0.1594 − 0.1182 0.0853 …
　　　0.1441 − 0.0078]

(a) 求 DFT 及估測出現於數據中最顯著的頻率分量。DFT 中的頻率增量是多少？

(b) 在既有的數據末尾加上額外的 480 個零，讓點數增至 512 點。這程序稱爲 ”補零 "，是用來改進 DFT 的頻率解析度。求這新數據的 DFT 且估測最顯著的頻率分量。在 DFT 內這頻率增量是多少？

7.17 生產一電子零件的成本在 4 年內的變動如下

年	0	1	2	3
成本	$30.2	$25.8	$22.2	$20.2

假設生產成本及時間之相關方程式是 (a) 一個立方 (b) 一個平方多項式，估計 6 年的生產成本。若原始數據中發現有小誤差，二年的生產成本應該是 $22.5 及三年是 $20.5。如前之計算，使用立方及平方方程式重算 6 年生產成本之預估值。由這些結果您可得出什麼結論？

7.18 由以下之伽瑪函數值列表，使用反內插求於 $x=2$ 至 $x=3$ 的範圍內令 $\Gamma(x)=1.3$ 之 x 值。使用 MATLAB 函數 `interp1` 並選用立方選項，並且使用 `aiken` 函數。

x	2	2.2	2.4	2.6	2.8	3
$\Gamma(x)$	1.0000	1.1018	1.2422	1.4296	1.6765	2.0000

7.19 下表給出下式不同 α 值的積分值 (第一類完全橢圓積分)

$$I = \int\limits_{0}^{\pi/2} \frac{d\varphi}{\sqrt{1-\sin^2\alpha\sin^2\varphi}}$$

α	0°	5°	10°	15°	20°	25°
I	1.57080	1.57379	1.58284	1.59814	1.62003	1.64900

使用多項式內插求 α =2° 時的 I 值。然後由反內插求 I=1.58 時的 α 值。

兩種情形都使用 MATLAB 函數 interp1 並選用立方選項，並且使用 aiken 函數。

7.20 需要求出一公式來計算一立方體角隅的節點數目。若 n 是立方體稜邊上等距擬合的節點數，f_n 是 3 個半面 (half-faces) 上的節點數目，包含在面之對角線上的點。下表列出給定的 n 值及 f_n 值之間的關係。

n	1	2	3	4
f_n	1	4	10	20

使用 polyfit 擬合一立方函數至這些數據，求出 f_n 及 n 之間的通式並驗證當 n=5 時，f_n=35。

7.21 需要擬合一型式為 $z=f(x,y)$ 之迴歸模型至下列數據：

x	0.5	1.0	1.0	2.0	2.5	2.0	3.0	3.5	4.0
y	2.0	4.0	5.0	2.0	4.0	5.0	2.0	4.0	5.0
z	−0.19	−0.32	−1.00	3.71	4.49	2.48	6.31	7.71	8.51

(a) 使用函數 mregg2 產生一型式為 $z=a+bx+cy$ 及 $z=a+bx+cy+dxy$ 之模型。您認為那一模型擬合至數據最好？考慮其中誤差變異量的差是很重要的。

(b) 經由殘差分析 (特別是庫克距離) 求出是否有數據點可被看成是離群值？

7.22 習題 7.21 中有一數據值被發現有誤差。相對於 x=4, y=5 的 z 值應該是 9.51 而非 8.51，一個常見的人為誤差。使用函數 mregg2 產生型式為 $z=a+bx+cy$ 及 $z=a+bx+cy+dxy$ 之模型。再次評估這些模型的品質。

7.23 使用下表資料，以底下方法求出在上游馬赫數為 4.4 下通過一震波時的壓力：

(a) 線性插補

(b) Aitken 法

(c) Spline 插補

馬赫數	1.00	2.00	3.00	4.00	5.00
p_2/p_1	1.00	4.50	10.33	18.50	29.00

7.24 Matlab 有提供測試用的數據組，包括為太陽黑子的活動所收集的數據。可用底下 Matlab 陳述句載入資料

```
load sunspot.dat
```

sunspot(:,1) 這 組 數 據 是 太 陽 黑 子 活 動 的 觀 測 年 份，sunspot(:,2) 為 Wolfer 數，指出觀測該年的太陽黑子活動等級。令 wolfer=sunspot(:,2)。會產生 Wolfer 數對年份的簡單圖形。要進一步分析的話，取變數 wolfer 的 FFT 轉換。將數據再作比例更正，有助於其解讀。這可用轉換 Power=abs(Y(1:N/2)).^2 及 freq=(1:N/2)/N；其中 N 為向量 Y 的長度。繪製 freq 對 power 的圖形。

8

最佳化法

本章的目的是將科學及工程應用中最佳化線性及非線性方程式的演算法整合在一起。我們係針對約束的線性最佳化問題及無約束非線性最佳化問題。

8.1　導論

本章研究的主要最佳化技術是：

1. 使用內點法 (interior point methods) 解線性規劃問題。

2. 單一變數非線性函數的最佳化。

3. 使用共軛梯度法解非線性最佳化問題和線性聯立方程式。

4. 使用連續無約束最小化法 (sequential unconstrained minimization technique, SUMT) 解約束的非線性最佳化問題

5. 使用基因演算法和退火模擬法解非線性最佳化問題。

我們並不是要說明這些方法的全部理論基礎，而是給出這些方法背後的想法，我們以線性規劃開始。

8.2　線性規劃問題

線性規劃通常被認為是一種作業研究方法 (operational research; OR) 但有廣泛的應用。這個問題及相關理論的詳細說明超出本書範圍，但可以從 Dantzig (1963) 與 Sultan (1993) 的著作得到參考。這問題表示成標準式為

$$最小化 f = c^T x$$

$$受制於 Ax = b \qquad (8.1)$$

$$和 x \geq 0$$

其中 x 是具有 n 個元素的行向量，也是我們想求解的值。請注意每一個 x 的元素須滿足大於零的約束。在這種類型的最佳化，這是此類型最佳化問題常見的要求，因為大多數實際的最佳化問題會要求 x 為非負值。舉例來說，如果 x 的每

個元素是某一組織所雇用一特殊技能的員工數，於此群組之員工數不能是負值此系統所給定的常數係透過一 m 個元素之行向量 $\mathbf{b}$，一 $m \times n$ 矩陣 $\mathbf{A}$、以及一 n 個元素之行向量 $\mathbf{c}$ 所提供。很清楚地，我們想要最小化的所有方程式和函數都是線性的。這是一個最佳化的問題，通常表示欲將一線性函數（稱為目標函數）最小化須服從於線性方程式系統的滿足。

　　這類問題的重要性在於事實上它對應到要滿足特定目的而將少數資源最佳化的一般目標。雖然我們給出最佳化的標準式，這問題出現的其他形式很容易的可以轉換成這標準式。例如，約束條件可能一開始就是不等式，但可以引入問題中和其它變數的加，減而轉換成等式。目標可能是要最大化而非最小化該函數。這也可以由改變 $\mathbf{c}$ 向量的正負號而輕易的轉型。

　　一些線性規劃已經應用的實例是

1. 旅館的飲食問題，滿足膳食條件下將食物成本最小化。
2. 切割圖案損失 (pattern loss) 最小化的問題。
3. 受限於特定材料之供貨性下將獲利最佳化的問題。
4. 打電話時通話線路最佳化的問題。

　　解這一問題有一重要的數值演算法稱為單體法 (simplex method)，是由 Dantzig (1963) 提出的。這方法被應用在戰時軍隊與物資的分配問題。然而我們在此考慮理論較好的新演算法。這是以 Karmarkar (1984) 的研究為基礎，此演算法在原理上與 Dantzig 大不相同。然而 Dantzig 法的複雜度與問題變數的數目成指數比例。一些 Karmarkar 演算法的版本其複雜度與問題之變數的數目的立方成比例。有報告顯示，對某些問題而言，這大大地節省了計算量。這裏我們將會說明 Barnes(1986) 演算法，這演算法保有 Karmarkar 演算法的基本原理，但是提出較簡潔的修正。

　　我們不討論這些演算法的詳細理論，但是比較 Karmarkar 及 Dantzig 演算法的特質是有用的。Dantzig 的單體法最好由下面的簡單線性規劃問題來做說明。在一生產電子零件的工廠，x_1 是電阻的批數，x_2 為電容器的批數。每批電阻的製造獲利 7 個單位，每批電容器的製造獲利 13 個單位。每個產品須要 2 階段的製程。製程 1 每週受限於 18 個工作時間單位，製程 2 需 54 個時間單位。一批電阻製程 1 需要 1 個時間單位而在製程 2 需要 5 個時間單位。一批電容器在製程 1 需要 3 個時間單位而在製程 2 需要 6 個時間單位。生產者的目標是在滿足時程約束下得到最大的獲利，這導致下列線性規劃問題。

$$\text{最大化} \quad z = 7x_1 + 13x_2 \text{（其中 } z \text{ 是獲利）}$$

受限於

$$x_1+3x_2 \leq 18 (\text{製程 1})$$

$$5x_1+6x_2 \leq 54 (\text{製程 2})$$

$$\text{和 } x_1, x_2 \geq 0$$

要了解單體法如何發揮作用,我們以圖 8.1 對單體法做一幾何解釋。此圖內,虛線以下和 x_1 及 x_2 軸之間的區域稱為可行解區域 (feasible region)。問題的所有可能答案都在此區域內。顯然地,其內將有無限多個這樣的點。幸運的是,可以證明最佳解的候選者是位於可行解區域的頂點。實際上,可用簡單的幾何原理求最佳解,圖 8.1 中目標函數是以固定斜率的虛線表示,變數的截距與目標函數的值成比例。如果平行地移動目標函數線直到它剛離開可行解區域,它會自給予目標函數最大值的頂點離開。很明顯地,超過此點,x_1 和 x_2 的值不再滿足須受限的條件。這個問題的最佳解是 $x_1=6$,$x_2=4$,所以穫利是 $z=94$ 個單位。

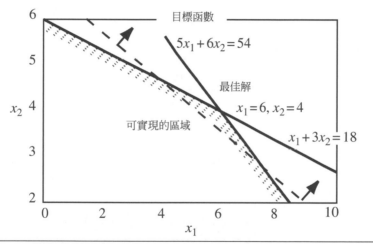

圖 8.1 虛線表示目標函數,實線表示約束條件。

雖然這求出簡單 2 變數問題的解,但線性規劃問題常包括成千上萬的變數。對實際問題,需要規定詳細的數值演算法。這是由 Dantzig 單體法所提供。我們在此不做詳細說明但其運算的一般原理是產生一序列的點數,在數學上相當於多維可行解區域域的頂點。這個演算法由一項點前進到另一頂點,每次都改進目標函數的值直到求出最佳值。這些點數都位在可行解區域的表面上,較大問題有較大數目的點數。

Karmarkar 用不同的方法解線性規劃問題。這演算法是在美國電話電報公司 AT&T 發展,用來解決太平洋盆地電話線路的超大線性規劃問題。這演算法將問題轉化成更合宜的型式,然後用好的搜索方向由可行解區域的內部朝表面搜索。因為這種演算法使用內部的點,所以通常稱為內點法 (*interior point* method)。

這種演算法的許多改良和修正已被提出，於此我們描述一個公式，雖然觀念上較複雜，但卻可得出極為簡單而優美的線性規劃演算法。這公式是由 Barnes (1986) 所提出的。

一旦線性規劃問題可以化成 (8.1) 式，Barnes 演算法都可以用來求解。然而一個重要的修正是確定這演算法是由內點 $\mathbf{x}^0>0$ 開始。這個修正可由引入額外的行，也就是新的最後一行，到矩陣 $\mathbf{A}$ 來完成，最後一行的元素是 $\mathbf{b}$ 向量減去 $\mathbf{A}$ 矩陣的行向量和。將新的一行關聯至一新的變數，為了在解當中不會有額外的變數，我們在向量 $\mathbf{c}$ 內引入額外的元素。我們讓這元素的值很大以確保達到最佳值時新的變數為零。現在我們發現 $\mathbf{x}^0=[1\ 1\ 1\cdots1]^\top$ 滿足這些約束條件且顯而易見地 $\mathbf{x}^0>\mathbf{0}$。我們現在描述 Barnes 演算法如下：

- 第 0 步：設原問題有 n 個變數，

$$\text{設 } a(i,n+1)=b(i)-\sum_j a(i,j) \quad \text{及} \quad c(n+1)=10000$$

$$\mathbf{x}^0=[1\,1\,1\,\ldots\,1], \quad k=0$$

- 第 1 步：設 $\mathbf{D}^k=\text{diag}(\mathbf{x}^k)$，使用下式求改進點

$$\mathbf{x}^{k+1}=\mathbf{x}^k-\frac{s(\mathbf{D}^k)^2(\mathbf{c}-\mathbf{A}^\top\lambda^k)}{\text{norm}(\mathbf{D}^k(\mathbf{c}-\mathbf{A}^\top\lambda^k))}$$

此處向量 λ^k

$$\lambda^k=(\mathbf{A}(\mathbf{D}^k)^2\mathbf{A}^\top)^{-1}\mathbf{A}(\mathbf{D}^k)^2\mathbf{c}$$

選擇步距 s 使得

$$s=\min\left\{\frac{\text{norm}\left(\left(\mathbf{D}^k\right)\left(\mathbf{c}-\mathbf{A}^\top\lambda^k\right)\right)}{x_j^k\left(c_j-\mathbf{A}_j^\top\lambda^k\right)}\right\}-\alpha$$

$\mathbf{A}_j$ 是矩陣 $\mathbf{A}$ 的第 j 行，α 是預設的常數值。這裏只取下式條件下的最小值，

$$\text{當}\left(c_j-\mathbf{A}_j^\top\lambda^k\right)>0\text{ 時}$$

請留意 λ^k 也提供了此問題之對偶問題的一個近似解答 (參見範例，習題 8.1 與 8.2 等)。

- 第 2 步：如果目標函數的主值與對偶值 (primal and dual values) 大約相等則搜索停止。否則設定 $k=k+1$ 然後重覆第 1 步。

注意在 Ludwig 第 2 步中使用到線性規劃的重要結果。這就是每一主要問題 (即原問題) 有一相應的對偶問題，如果解存在，則目標函數的最佳值是相等的。演算法有很多結束的法則而 Barnes 法則雖較複雜但是較可靠。

這個演算法提供迭代改進，由初始點 $\mathbf{x}^0$ 以最大步距開始，確保沿著 $(\mathbf{D}^k)^2(\mathbf{c}-\mathbf{A}^\top\lambda^k)$ 所獲得的正規化方向 (normalized direction) 上 $\mathbf{x}^k > \mathbf{0}$。這個方向就是演算法的主要重點。這個方向是目標函數係數在約束條件空間上的投影。有關這個方向簡化目標函數的同時而仍能保證滿足約束條件的證明，讀者可參考 Barnes (1986) 的文獻。

讀者應警覺到這個演算法外表看似簡單，實際上，對大問題而言，方向的計算是困難的。這是因爲這一演算法需要解非常病態的方程式系統。許多改良方法被用來搜索方向，包括本章第 8.6 節的共軛梯度法。這裡提供的 MATLAB 函數 barnes 係直接使用 MATLAB 運算元 \ 解病態方程式系統。函數 barnes 很容易修改成使用 8.6 節的共軛梯度解法。

```
function [xsol,basic,objective] = barnes(A,b,c,tol)
% Barnes' method for solving a linear programming problem
% to minimize c'x subject to Ax = b. Assumes problem is non-degenerate.
% Example call: [xsol,basic]=barnes(A,b,c,tol)
% A is the matrix of coefficients of the constraints.
% b is the right-hand side column vector and c is the row vector of
% cost coefficients. xsol is the solution vector, basic is the
% list of basic variables.
x2 = [ ];   x = [ ];
[m n] = size(A);
% Set up initial problem
aplus1 = b-sum(A(1:m,:)')';
cplus1 = 1000000;
A = [A aplus1]; c = [c cplus1]; B = [ ];
n = n+1;
x0 = ones(1,n)'; x = x0;
alpha = .0001; lambda = zeros(1,m)';
iter = 0;
% Main step
while abs(c*x-lambda'*b)>tol
    x2 = x.*x;
    D = diag(x); D2 = diag(x2); AD2 = A*D2;
    lambda = (AD2*A')\(AD2*c');
    dualres = c'-A'*lambda;
    normres = norm(D*dualres);
    for i = 1:n
        if dualres(i)>0
            ratio(i) = normres/(x(i)*(c(i)-A(:,i)'*lambda));
        else
            ratio(i)=inf;
        end
    end
```

```
R = min(ratio)-alpha;
x1 = x-R*D2*dualres/normres;
x = x1;
basiscount = 0;
B = [ ]; basic = [ ];
cb = [ ];
for k = 1:n
    if x(k)>tol
        basiscount = basiscount+1;
        basic = [basic k];
    end
end
% Only used if problem non-degenerate
if basiscount==m
    for k = basic
        B = [B A(:,k)];    cb = [cb c(k)];
    end
    primalsol = b'/B';
    xsol = primalsol;
    break
end
iter = iter+1;
end
objective = c*x;
```

現在解線性規劃問題

$$最大化 z = 2x_1 + x_2 + 4x_3$$

受限於

$$x_1 + x_2 + x_3 \leq 7$$
$$x_1 + 2x_2 + 3x_3 \leq 12$$
$$x_1, x_2, x_3 \geq 0$$

$x_1, x_2, x_3 \geq 0$ 的需求稱為非負約束條件。藉由將新的正值變數,稱為寬鬆變數 (slack variables),加至不等式的左側並改變目標函數係數的正負號的方式,這個線性規劃問題很容易轉化成 (8.1) 的標準型式,而成為一受制於下述等式約束的最小化問題了!

$$最小化 -z = -(2x_1 + x_2 + 4x_3)$$

受制於

$$x_1 + x_2 + x_3 + x_4 = 7$$
$$x_1 + 2x_2 + 3x_3 + x_5 = 12$$
$$x_1, x_2, x_3, x_4, x_5 \geq 0$$

x_4 和 x_5 稱為寬鬆變數，代表可用資源與已用資源間的差異，注意若受限條件是大於或等於 0 的不等式，則減去寬鬆變數成為等式。這些被減去的變數稱為剩餘變數 (surplus variables)。所以我們可得

$$\mathbf{c} = \begin{bmatrix} -2 & -1 & -4 & 0 & 0 \end{bmatrix}$$

使用下列程式來解這一問題

```
% e3s801.m
c = [-2 -1 -4 0 0];
A = [1 1 1 1 0;1 2 3 0 1 ]; b = [7 12]';
[xsol,ind,object] = barnes(A,b,c,0.00005);
fprintf('objective = %8.4f', object)
i = 1;
fprintf('\nSolution is:');
for j = ind
    fprintf('\nx(%1.0f) =%8.4f',j,xsol(i))
    i = i+1;
end;
fprintf('\nAll other variables are zero\n')
```

執行這一程式得到下列結果

```
objective = -19.0000
Solution is:
x(1) =  4.5000
x(3) =  2.5000
All other variables are zero
```

由於原問題是將目標函數最大化，其值是 19。這解答說明了線性規劃的一個重要定理。非零的主要變數數目最多等於獨立約束條件數目 (不包括非負約束條件)，這個問題裏，最多只有兩個主約束條件，所以只有 2 個非零變數 x_1 和 x_3。寬鬆變數 x_4 和 x_5 為零，x_2 也是零。

2.12 節所討論的函數 lsqnonneg 提供一個尋找解之元素皆為非負的方程式系統之方法。這相當於該系統的一基本可行解，但對一特定的目標函數，通常其並非最佳者。

既已檢視過了求解線性最佳化問題的過程，現在考慮一用來求解非線性最佳化問題的方法。

8.3 單變數函數之最佳化

有時我們需求單一變數函數的最大值或最小值。本節討論假設是尋求函數的最小值。如果需要最大值，則我們僅需改變原函數的正負號。

求函數最小值最顯而易見的方法是將其微分並算出令導數為零的自變數的值。然而，直接求導數有時並不實際；參閱 8.4 節及式 (8.4) 的例子。現在說明一種近似最小值至任意精確度的方法。

考慮函數 $y=f(x)$ 同時假設在此範圍 $[x_a \ x_b]$ 內有一最小值,如圖 8.2 所示。任意選定兩點,x_1 和 x_2,三等分這一區間。假設 $x_a < x_1 < x_2 < x_b$,則

若 $f(x_1) < f(x_2)$ 則最小值需落於範圍 $[x_a \ x_2]$ 內。

若 $f(x_1) > f(x_2)$ 則最小值需落於範圍 $[x_1 \ x_b]$ 內。

這兩個區間之一必須提供一更小於最小值所在之 $[x_a \ x_b]$ 的區間。這個區間逐次縮減的過程可以連續重覆,直到找出一個最小值座落之可接受的小區間。

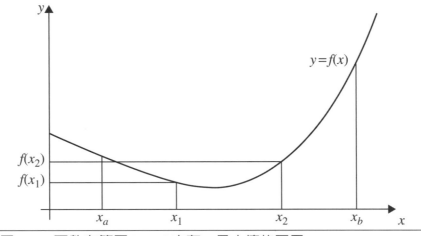

圖 8.2　函數在範圍 $[x_a \ x_b]$ 內有一最小值的圖示。

可能會假設最有效的程序是選擇 x_1 和 x_2 使得範圍 $[x_a \ x_b]$ 被等距畫分成 3 個區間。實際並非如此,一個更有效的搜索程序是令

此處

$$x_1 = x_a + r(1-g), \quad x_2 = x_a + rg$$

其中 $r = x_b - x_a$,及

$$g = \frac{1}{2}\left(-1 + \sqrt{5}\right) \approx 0.61803$$

數量 g 稱爲黃金分割比。此量有許多有趣的特點。例如,其是下列方程式的一根

$$x^2 + x + 1 = 0$$

黃金分割比與有名的 Fibonacci 級數有關,這級數是

$$1, 1, 2, 3, 5, 8, 13, \dots$$

由下式產生

$$N_{k+1} = N_k + N_{k-1}, \quad k = 2, 3, 4, \dots$$

其中 $N_1 = N_2 = 1$ 且 N_k 是級數的第 k 項，當 k 趨近無窮大時，N_k/N_{k+1} 之比趨近於黃金分割比。

以上之演算法可寫成 MATLAB 函數如下：

```
function [f,a,iter] = golden(func,p,tol)
% Golden search for finding min of one variable nonlinear function.
% Example call: [f,a] = golden(func,p,tol)
% func is the name of the user defined nonlinear function.
% p is a 2 element vector giving the search range.
% tol is the tolerance. a is the optimum value of the function.
% f is the minimum of the function. iter is the number of iterations
if p(1)<p(2)
    a = p(1);  b = p(2);
else
    a = p(2);  b = p(1);
end
g = (-1+sqrt(5))/2;
r = b-a;  iter = 0;
while r>tol
    x = [a+(1-g)*r a+g*r];
    y = feval(func,x);
    if y(1)<y(2)
        b = x(2);
    else
        a = x(1);
    end
    r = b-a; iter = iter+1;
end
f = feval(func,a);
```

我們可用函數 golden 來求二階第 2 類 Bessel 函數的最小值。函數 bessely(2,x) 是由 MATLAB 提供。以下指令顯示輸出結果：

```
>> format long
>> [f,x,iter] = golden(@(x) bessely(2,x),[4 10],0.000001)

f =
  -0.279275263440711

x =
   8.350724427010965

iter =
    33
```

注意，若我們將區間均分三等分而非使用黃金分割，則需要 39 次迭代。

此一發展的搜尋演算法是假設搜尋區間內函數僅有單一最小值。若在搜索區間內有數個最小值，則此搜索程序會找出其中一個，但此找出的一個並不一定是全域範圍內的最小值。例如二階第二類 Bessel 函數在範圍 4 至 25 內有 3 個最小值，如圖 8.3 所示。

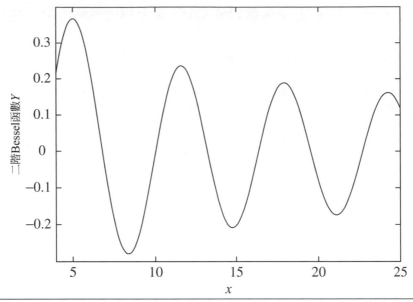

圖 8.3　第二類 Bessel 函數繪圖顯示出 3 個最小值。

　　若使用函數 golden 在範圍 4 至 24，4 至 25 及 4 至 26 內搜索，則得到表 8.1 的結果。

表 8.1　不同搜尋範圍的影響

搜索範圍	在最小點的函數$f(x)$值	在最小點x的值
4 至 24	−0.20844576503764	14.76085144779431
4 至 25	−0.17404548213116	21.09284729991696
4 至 26	−0.27927526323841	8.35068549680869

　　此表可見使用不同搜索範圍會有不同的最小值。在理想上，我們希望搜索的是全域全域最小值。獲得全域全域解是最小化過程的主要問題。

　　此一特例我們可由微積分驗證這些解的精確度，第二類 Bessel 函數的 n 階導數如下：

$$\frac{d}{dx}\{Y_n(x)\} = \frac{1}{2}\left\{Y_{n-1}(x) - Y_{n+1}(x)\right\}$$

此處 $Y_n(x)$ 是 n 階第二類 Bessel 函數 (有時候使用 $N_n(x)$ 而非 $Y_n(x)$)。

　　函數的最小值 (或最大值) 是發生在其導數為零時。所以當 $n=2$ 時，

$$Y_1(x) - Y_3(x) = 0$$

可得最小值 (或最大值)。

　　我們無法避免使用數值方法，因為求這方程式根的唯一途徑是使用數值程序諸如 Matlab 函數 fzero(見第 3 章)。因此，使用這函數求靠近 8 的根為

```
>> format long
>> fzero(@(x) bessely(1,x)-bessely(3,x),8)

ans =
    8.350724701413078
```

我們亦可用 `fzero` 求出根位於 14.76090930620768 及 21.09289450441274。
這些結果與使用函數 `golden` 求得的最小值很吻合。

8.4　共軛梯度法

我們現在將求解下列問題

$$\text{最小化} f(\mathbf{x}) \quad \text{所有} \quad \mathbf{x} \in \mathbb{R}^n$$

這裏 $f(\mathbf{x})$ 是 $\mathbf{x}$ 的非線性函數，$\mathbf{x}$ 是 n 個元素的行向量。這稱爲無約束非線性
最佳化問題。這種問題出現在很多應用場合。例如神經網路，一個重要目標是求
網路的權衡係數 (weights)，將網路的輸入與欲得的輸出之間的差異最小化。

解這問題的標準研究方法是一開始假設一個初始值 $\mathbf{x}^0$；然後由下述迭代公式
向前得到一個改進的近似值。迭代公式爲

$$\mathbf{x}^{k+1} = \mathbf{x}^k + s\mathbf{d}^k \qquad k = 0, 1, 2, \ldots \tag{8.2}$$

要使用這個公式，我們需先求出純量 s 及向量 $\mathbf{d}^k$。向量 $\mathbf{d}^k$ 表示搜索方向而
純量 s 決定在這方向上需要多大的步距。許多文獻探討有效的解決這問題之最佳
方向選擇和最佳步距大小。例如，Abdy 和 Dempster(1974)。搜索方向的一個簡
易選擇是選在點 $\mathbf{x}^k$ 的負梯度向量爲 $\mathbf{d}^k$。對足夠小的步伐值而言，這可以證明是
函數值下降的保證。這得到演算法型式爲

$$\mathbf{x}^{k+1} = \mathbf{x}^k - s\nabla f\left(\mathbf{x}^k\right) \qquad k = 0, 1, 2, \ldots \tag{8.3}$$

此 處　$f(\mathbf{x}) = (\partial f/\partial x_1, \partial f/\partial x_2, \cdots, \partial f/\partial x_n)$，$s$ 是 一 小 常 數 值。這 稱 爲 速 降 法
(steepest descent algorithm)，當梯度爲零時得到最小值，就像普通微積分
的研究一樣。同時假設在所考慮的範圍內，只有一個局部的最小值 (local
minimum)。這方法的問題是雖然可降低函數值，但步距可能很小以致於演算法
的速度很慢。另一方法是選擇的步伐可以讓函數在目前的方向上得到最大的降
低，這可以正式的說明如下

$$\text{對每個 } k \text{ 值，求 } s \text{ 值讓最小化 } f(\mathbf{x}^k - s\nabla f(\mathbf{x}^k)) \tag{8.4}$$

這個程序稱爲線性搜索。讀者將會發現這也是一個最小化的問題。然而，因
爲 $\mathbf{x}^k$ 已知，這是單一變數爲步距大小 s 的最小化問題。雖然這是一個困難的問題，

仍然可以由數值方法來求解。(8.3) 和 (8.4) 提供一個可以寫成數值演算法的程序但速度仍然太慢。性能不佳的一個原因是方向$-\nabla f(\mathbf{x}^k)$的選擇。

考慮 (8.4) 式中想要最小化的函數，很明顯的讓 $f(\mathbf{x}^k - s\nabla f(\mathbf{x}^k))$ 最小化的 s 值將使 $f(\mathbf{x}^k - s\nabla f(\mathbf{x}^k))$ 對 s 的導數值為 0。現將 $f(\mathbf{x}^k - s\nabla f(\mathbf{x}^k))$ 對 s 微分，得到

$$\frac{df\left(\mathbf{x}^k - s\nabla f\left(\mathbf{x}^k\right)\right)}{ds} = -\left(\nabla f\left(\mathbf{x}^{k+1}\right)\right)^{\top} \nabla f\left(\mathbf{x}^k\right) = 0 \tag{8.5}$$

這證明逐次的搜索方向是正交的 (orthogonal)。由原始近似到最佳值，這不是最好的方法，因為方向變化太大。

共軛梯度法取前次方向的組合得到更直接逼近最佳值的新方向。和 (8.4) 式相同的步距選擇程序，所以需求出共軛梯度法中的方向向量。令 $\mathbf{g}^{k+1} = \nabla f(\mathbf{x}^{k+1})$，共軛梯度方向的基本公式為

$$\mathbf{d}^{k+1} = -\mathbf{g}^{k+1} + \beta\mathbf{d}^k \tag{8.6}$$

所以目前的搜索方向是現在的負梯度值加上前次搜索方向乘上係數 β。主要問題是：如何求 β 值？所用的法則是逐次搜索方向應該共軛，這就是說，對某一指定的矩陣 $\mathbf{A}$ 則 $(\mathbf{d}^{k+1})^{\top}\mathbf{A}\mathbf{d}^k=0$。

這似乎不甚明確的需求選擇可以證明導致共軛梯度法較好的收斂性。特別的是具有下列特性：最多 n 步即可求出 n 變數正定二次函數 (positive definite quadratic function) 的最佳值。在二次式的例子中，$\mathbf{A}$ 是平方及交叉乘積項 (cross product terms) 的係數矩陣。可以證明共軛性的需要得出 β 值如下

$$\beta = \frac{\left(\mathbf{g}^{k+1}\right)^{\top}\mathbf{g}^{k+1}}{\left(\mathbf{g}^k\right)^{\top}\mathbf{g}^k} \tag{8.7}$$

由 (8.2)、(8.4)、(8.6) 和 (8.7) 得出 Fletcher 和 Reeves (1964) 所提出的共軛梯度演算法其形式如下：

- 第 0 步：輸入 $\mathbf{x}^0$ 的值及精確度 ε，令 $k = 0$ 計算 $\mathbf{d}^k = -\nabla f(\mathbf{x}^k)$。
- 第 1 步：計算 s_k，其為最小化 $f(\mathbf{x}^k + s\mathbf{d}^k)$ 的 ε 值。
  計算 $\mathbf{x}^{k+1}$ 其中 $\mathbf{x}^{k+1} = \mathbf{x}^k + s_k\mathbf{d}^k$ 及 $\mathbf{g}^{k+1} = \nabla f(\mathbf{x}^{k+1})$。
  若 $\text{norm}(\mathbf{g}^{k+1}) < \varepsilon$ 則終止，解為 $\mathbf{x}^{k+1}$，否則跳至第 2 步。
- 第 2 步：計算新的共軛方向 $\mathbf{d}^{k+1}$

$$\mathbf{d}^{k+1} = -\mathbf{g}^{k+1} + \beta\mathbf{d}^k \quad 及 \quad \beta = (\mathbf{g}^{k+1})^{\top}\mathbf{g}^{k+1}/\{(\mathbf{g}^k)^{\top}\mathbf{g}^k\}$$

- 第 3 步：$k=k+1$；回到第 1 步。

注意這演算法的其他形式為第 1 步、第 2 步、第 3 步重覆 n 次然後由第 0 步以速降步距重新開始。這方法的一個 MATLAB 函數如下所示。

```
function [x1,df,noiter] = mincg(f,derf,ftau,x,tol)
% Finds local min of a multivariable nonlinear function in n variables
% using conjugate gradient method.
% Example call: res = mincg(f,derf,ftau,x,tol)
% f is a user defined multi-variable function,
% derf a user defined function of n first order partial derivatives.
% ftau is the line search function.
% x is a col vector of n starting values, tol gives required accuracy.
% x1 is solution, df is the gradient,
% noiter is the number of iterations required.
% WARNING. Not guaranteed to work with all functions. For difficult
% problems the linear search accuracy may have to be adjusted.
global p1 d1
n = size(x);  noiter = 0;
% Calculate initial gradient
df = feval(derf,x);
% main loop
while norm(df)>tol
    noiter = noiter+1;
    df = feval(derf,x);
    d1 = -df;
    %Inner loop
    for inner = 1:n
        p1 = x;   tau = fminbnd(ftau,-10,10);
        % calculate new x
        x1 = x+tau*d1;
        % Save previous gradient
        dfp = df;
        % Calculate new gradient
        df = feval(derf,x1);
        % Update x and d
        d = d1; x = x1;
        % Conjugate gradient method
        beta = (df'*df)/(dfp'*dfp);
        d1 = -df+beta*d;
    end
end
```

注意，MATLAB 工具箱函數 fmin 被用在 mincg 中完成單變數最小化來求出最佳步距值。很重要的是 mincg 需要由讀者提供的 3 個輸入函數。分別是被最小化的函數，這函數的偏導數及線搜索函數。mincg 的使用例如下。

欲最小化的函數取自 Styblinski 和 Tang (1990) 的文獻，是

$$f(x_1,x_2) = \left(x_1^4 - 16x_1^2 + 5x_1\right)\big/2 + \left(x_2^4 - 16x_2^2 + 5x_2\right)\big/2$$

寫成 MATLAB 函數 f01，及其偏導數寫成 MATLAB 函數 f01d，如下所示：

```
function f = f01(x)
f = 0.5*(x(1)^4-16*x(1)^2+5*x(1)) + 0.5*(x(2)^4-16*x(2)^2+5*x(2));

function f = f01d(x)
f = [0.5*(4*x(1)^3-32*x(1)+5); 0.5*(4*x(2)^3-32*x(2)+5)];
```

MATLAB 線搜索函數 `ftau2cg` 定義如下

```
function ftauv = ftau2cg(tau);
global p1 d1
q1 = p1+tau*d1;
ftauv = feval('f01',q1);
```

測試 `mincg` 函數，使用以下簡單的 MATLAB 程式：

```
>> [sol,grad,iter] = mincg('f01','f01d','ftau2cg',[1 -1]', .000005)
```

這個程式執行結果如下：

```
sol =
   -2.9035
   -2.9035

grad =
  1.0e-006 *
    0.0156
   -0.2357

iter =
     3
```

注意到，

```
>> f = f01(sol)

f =
  -78.3323
```

這是由 `mincg` 所算出的該函數最小值。看看被最佳化的函數外形是很有趣的，這裏給出立體圖形和圍線輪廓圖 (contour)，如圖 8.4 和圖 8.5 所示。後者包括迭代次數及達到最佳解的路徑過程。畫出此圖的程式如下：

```
% e3s802.m
clf
[x,y] = meshgrid(-4.0:0.2:4.0,-4.0:0.2:4.0);
z = 0.5*(x.^4-16*x.^2+5*x)+0.5*(y.^4-16*y.^2+5*y);
figure(1)
surfl(x,y,z)
axis([-4 4 -4 4 -80 20])
xlabel('x1'), ylabel('x2'), zlabel('z')
x1=[1 2.8121 -2.8167 -2.9047 -2.9035];
y1=[0.5 -2.0304 -2.0295 -2.9080 -2.9035];
figure(2)
contour(-4.0:0.2:4.0,-4.0:0.2:4.0,z,15);
xlabel('x1'), ylabel('x2')
hold on
plot(x1,y1,x1,y1,'o')
xlabel('x1'), ylabel('x2')
hold off
```

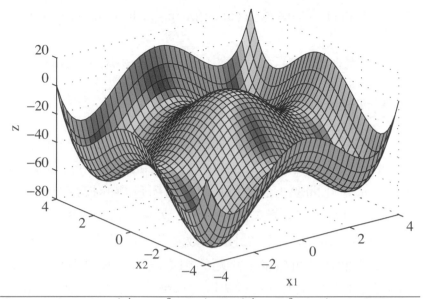

圖 8.4 $f(x_1,x_2)=(x_1^4-16x_1^2+5x_1)/2+(x_2^4-16x_2^2+5x_2)/2$之立體圖。

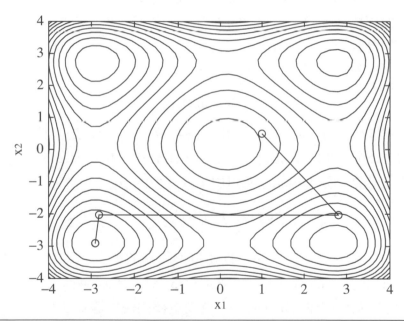

圖 8.5 函數 $f(x_1,x_2)=(x_1^4-16x_1^2+5x_1)/2+(x_2^4-16x_2^2+5x_2)/2$之輪廓圖顯示 4 個局部最小值。共軛梯度法找出左下角的一個最小值。同時顯示出該演算法的搜索路徑。

　　程式中向量 x1 和 y1 包含函數共軛梯度解的迭代 (iterates)。這些值是另外執行修改的 mincg 函數。所得到的最小值實際上是四個區域值中最小的。然而這結果是幸運的。共軛梯度法所能做的就是求四個最小值之一，即使如此也不能保證所有問題皆可。共軛梯度法因為較少儲存需要，是神經網路問題中的主要演算

法，被用做部份的後向傳播演算法 (back propagation algorithm) 但有很多其他
用途。

　　值得注意的是現在已有 MATLAB 最佳化工具箱，這提供更廣泛的最佳化程序。

8.5　莫勒比例共軛梯度法

　　1993 年，當莫勒 (Moller) 從事類神經網路的最佳化方法的時候，推出了改
良版本的 Fletcher 共軛梯度法。Fletcher 的共軛梯度法使用一個線搜索過程來求
解一個單變數的最小化問題，然後將其用於沿所選擇的搜索方向找出最佳的步
距。Fletcher 所使用的程序，是一個脆弱的、迭代、計算密集的程序。此外，這
線搜索取決於幾個必須由使用者估計的參數。莫勒的論文 (莫勒 1993) 推出了一
種方法，可以由一個估計可接受之步距的相當簡化方法來取代線搜索程序。然
而，使用一個簡單的步距估計，往往失敗並導致非平穩點。莫勒指出，一個簡單
求解這問題的方法之所以會失敗，因為它僅適用具有正定矩陣的函數。因此，莫
勒提出一個以 Levenberg–Marquardt 演算法為基礎並組合共軛梯度法的方法。
該演算法的概要描述如以下；相關的細節，讀者可參考原始的論文。

　　考慮 n 個變數的非線性函數 $f(\mathbf{x})$。莫勒引入了一個純量參數 λ_k，在考慮 δ_k 的
正負號之後，在每次迭代 k 時，調整 λ_k，其中

$$\delta_k = \mathbf{p}_k^\top \mathbf{H}_k \mathbf{p}_k$$

其中 $\mathbf{p}_k$ 對於 $k = 1，2，\ldots，n$ 是一組共軛方向且 $\mathbf{H}_k$ 是函數 $f(\mathbf{x})$ 的 Hessian
矩陣。如果 $\delta_k \geq 0$，則 $\mathbf{H}_k$ 是正定的。然而，由於在共軛梯度法的每個步驟只能知
道一階導數，莫勒建議 Hessian 乘以由下式近似的 $\mathbf{p}_k$

$$\mathbf{s}_k = \frac{f'(\mathbf{x}_k + \sigma_k \mathbf{p}_k) - f'(\mathbf{x}_k)}{\sigma_k} \qquad 0 < \sigma_k < 1$$

　　在實務上，σ_k 值應儘可能小，以便獲得一個良好的近似結果。這個表達式
在極限的情況為真正的 Hessian 矩陣乘以 $\mathbf{p}_k$。純量 λ_k 目前已經被引進以調節
Hessian 的近似值以確保它是正定的，特別是藉由使用等式

$$\mathbf{s}_k = \frac{f'(\mathbf{x}_k + \sigma_k \mathbf{p}_k) - f'(\mathbf{x}_k)}{\sigma_k} + \lambda_k \mathbf{p}_k \qquad 0 < \sigma_k < 1$$

　　因此，λ_k 的值被調整，然後我們使用前面定義過的近似 Hessian 檢查 δ_k 的值，
如果是負的，那麼 Hessian 不再是正定的而 λ_k 的值增加而 s_k 會再次被檢查。這
個動作會重複，直到目前 Hessian 的估計值是正定的。關鍵的問題是應該如何調
整 λ_k 以確保 Hessian 的估計變得正定。讓 λ_k 增加至 $\bar{\lambda}_k$，然後

$$\bar{\mathbf{s}}_k = \mathbf{s}_k + (\bar{\lambda}_k - \lambda_k)\mathbf{p}_k$$

現在在任何迭代 k，一個新的 δ_k，我們將之標示為 $\bar{\delta}_k$，可以從下式計算出

$$\bar{\delta}_k = \mathbf{p}_k^\top \bar{\mathbf{s}}_k = \mathbf{p}_k^\top (\mathbf{s}_k + (\bar{\lambda}_k - \lambda_k)\mathbf{p}_k) = \mathbf{p}_k^\top \mathbf{s}_k + (\bar{\lambda}_k - \lambda_k)\mathbf{p}_k^\top \mathbf{p}_k$$

但 $\mathbf{p}_k \mathbf{s}_k$ 是在 λ_k 被增加之前 δ_k 的原始值。因此，我們有

$$\bar{\delta}^k = \delta^k + (\bar{\lambda}_k - \lambda_k)\mathbf{p}_k^\top \mathbf{p}_k$$

顯而易見地，我們現在要求 $\bar{\delta}_k$ 的新值是正的，因此，我們需要

$$\delta_k + (\bar{\lambda}_k - \lambda_k)\mathbf{p}_k^\top \mathbf{p}_k > 0$$

這會成立，如果

$$\bar{\lambda}_k > \lambda_k - \frac{\delta_k}{\mathbf{p}_k^\top \mathbf{p}_k}$$

莫勒提議一個合理的 $\bar{\lambda}_k$ 選擇是

$$\bar{\lambda}_k = 2\left(\lambda_k - \frac{\delta^k}{\mathbf{p}_k^\top \mathbf{p}_k}\right)$$

很容易藉由將在我們的表達式中的這個 $\bar{\lambda}_k$ 值代回 $\bar{\delta}_k$

$$\bar{\delta}_k = -\delta_k + \lambda_k \mathbf{p}_k^\top \mathbf{p}_k$$

其中，因為 δ_k 是負的，λ_k 為正的，且 $\mathbf{p}_k^\top \mathbf{p}_k$ 是平方和，顯然如所要求而為正的。步距大小的估算是根據在目前步驟被最佳化之函數的二次近似，並計算自

$$\alpha_k = \frac{\mu_k}{\delta_k} = \frac{\mu_k}{\mathbf{p}_k^\top \mathbf{s}_k + \lambda_k \mathbf{p}_k^\top \mathbf{p}_k}$$

於此 μ_k 是目前的負梯度乘以目前搜索的方向 $\mathbf{p}_k$。這賦予了該演算法的基礎。然而，一個仍然有待決定的重要問題是 λ_k 的值可以如何安全地而有系統地予以改變。莫勒提供了一種依據目前二次近似良窳的程度，定義為 f_q，來近似原始函數在所考慮那一點的值。他藉由下面的定義來做：

$$\Delta_k = \frac{f(\mathbf{x}_k) - f(\mathbf{x}_k + \alpha_k \mathbf{p}_k)}{f(\mathbf{x}_k) - f_q(\alpha_k \mathbf{p}_k)}$$

藉由 $f_q(\alpha_k \mathbf{p}_k)$ 是目前迭代的二次近似的事實，這可以證明其等同於

$$\Delta_k = \frac{\delta_k^2(f(\mathbf{x}_k) - f(\mathbf{x}_k + \alpha_k \mathbf{p}_k))}{\mu_k^2}$$

現在，如果 Δ_k 接近 1，那麼二次近似 $f_q(\alpha_k \mathbf{p}_k)$ 必然逼近 $f(x_k + \alpha_k \mathbf{p}_k)$，因此是該函數的一個良好的局部近似。這導致以下步驟以進行調整 λ_k。使用自定義的 Δ_k 前面描述的作為二次近似措施；莫勒（1993）中可以找到更多細節。然後調整 λ_k 如下所示：

$$\text{或} \Delta_k > 0.75 \qquad \text{則} \qquad \lambda_k = \lambda_k/4$$

$$\text{或} \Delta_k < 0.25 \qquad \text{則} \qquad \lambda_k = \lambda_k + \frac{\delta_k(1 - \Delta_k)}{\mathbf{p}_k^\top \mathbf{p}_k}$$

這些步驟，連同任何用於產生搜索共軛梯度方向的方法，提供了一種具有簡單線搜索程序的演算法。現在概要說明莫勒演算法的主要步驟：

- 步驟 1：選擇初始近似值 $\mathbf{x}_0$ 以及 $\sigma_i < 10^{-4}$，$\lambda_i < 10^{-4}$ 和 $\overline{\lambda}_i = 0$ 的初始值。這些值是由莫勒所建議的。計算初始負梯度，並將其指定為 $\mathbf{r}_1$ 和指定 $\mathbf{r}_1$ 予搜索 $\mathbf{p}_1$ 的初始方向。設定 $k=1$。

- 步驟 2：計算二階資料。特別地，計算 σ_k，$\overline{\mathbf{s}}_k$，和 δ_k 等值。

- 步驟 3：採用下式比例調整 δ_k

$$\overline{\delta}^k = \delta^k + (\overline{\lambda}_k - \lambda_k)\mathbf{p}_k^\top \mathbf{p}_k$$

- 步驟 4：如果 $\delta_k < 0$，則使用讓 Hessian 的近似為正定

$$\overline{\delta}_k = -\delta_k + \lambda_k \mathbf{p}_k^\top \mathbf{p}_k$$

設定

$$\overline{\lambda}_k = 2\left(\lambda_k - \frac{\delta^k}{\mathbf{p}_k^\top \mathbf{p}_k}\right)$$

及

$$\overline{\lambda}_k = \lambda_k$$

- 步驟 5：計算步距

$$\alpha_k = \frac{\mu_k}{\delta_k}$$

- 步驟 6：由計算測試二次擬合 Δ_k 良好程度的因子

$$\Delta_k = \frac{\delta_k^2(f(\mathbf{x}_k) - f(\mathbf{x}_k + \alpha_k \mathbf{p}_k))}{\mu_k^2}$$

- 步驟 7：如果 $\Delta_k \geq 0$，則該函數可以朝向最小值降低，所以使用

$$\mathbf{x}_{k+1} = \mathbf{x}_k + \alpha_k \mathbf{p}_k$$

計算新的梯度

$$\mathbf{r}_{k+1} = -\nabla f(\mathbf{x}_{k+1})$$

設定 $\overline{\lambda}_k = 0$。如果 $k \bmod N = 0$，則重新啟動演算法，

$$\mathbf{p}_{k+1} = \mathbf{r}_{k+1}$$

否則計算出一個新的共軛梯度方向。

使用某些方法來計算共軛方向組；例如請參閱 Fletcher-Reeves (1964)。有許多其他可用的方法。

$$若 \Delta_k \geq 0.75 \quad 則 \quad \lambda_k = 0.25\lambda_k$$

否則

$$\bar{\lambda}_k = \lambda_k$$

- 步驟 8：如果 $\Delta_k < 0.25$，然後增加尺度參數：

$$\lambda_k = \lambda_k + (\delta_k(1 - \Delta_k)/\mathbf{p}_k^\top \mathbf{p}_k$$

- 步驟 9：如果梯度 r_k 還不夠接近零，那麼設定 $k = k+1$，並回到步驟 2，否則終止，並返回最佳的解。

下面的 MATLAB 函數實作此方法。

```
function [res, noiter] = minscg(f,derf,x,tol)
% Conjugate gradient optimization by Moller
% Finds local min of a multivariable nonlinear function in n variables
% Example call: [res, noiter] = minscg(f,derf,x,tol)
% f is a user defined multi-variable function,
% derf a user defined function of n first order partial derivatives.
% x is a col vector of n starting values, tol gives required accuracy.
% res is solution, noiter is the number of iterations required.
lambda = 1e-8; lambdabar = 0; sigmac = 1e-5; sucess = 1;
deltastep = 0; [n m] = size(x);
% Calculate initial gradient
noiter = 0;
pv = -feval(derf,x); rv = pv;
while norm(rv)>tol
    noiter = noiter+1;
    if deltastep==0
        df = feval(derf,x);
    else
        df = -rv;
    end
    deltastep = 0;
    if sucess==1
        sigma = sigmac/norm(pv);
        dfplus = feval(derf,x+sigma*pv);
        stilda = (dfplus-df)/sigma;
        delta = pv'*stilda;
    end
```

```
% Scale
delta = delta+(lambda-lambdabar)*norm(pv)^2;
if delta<=0
    lambdabar = 2*(lambda-delta/norm(pv)^2);
    delta = -delta+lambda*norm(pv)^2;
    lambda = lambdabar;
end
% Step size
mu = pv'*rv; alpha = mu/delta;
fv = feval(f,x);
fvplus = feval(f,x+alpha*pv);
delta1 = 2*delta*(fv-fvplus)/mu^2;
rvold = rv; pvold = pv;
if delta1>=0
    deltastep = 1;
    x1 = x+alpha*pv;
    rv = -feval(derf,x1);
    lambdabar = 0; sucess = 1;
    if rem(noiter,n) == 0
        pv = rv;

    else
        %Alternative conj grad direction generators may be used here
        % beta = (rv'*rv)/(rvold'*rvold);
        rdiff = rv-rvold;
        beta = (rdiff'*rv)/(rvold'*rvold);
        pv = rv+beta*pvold;
    end
    if delta1>=0.75
        lambda = 0.25*lambda;
    end
else
    lambdabar = lambda;
    sucess = 0;
    x1 = x+alpha*pv;
end
if delta1<0.25
    lambda = lambda+delta*(1-delta1)/norm(pvold)^2;
end
x = x1;
end
res = x1;
```

我們現在展示如何運用比例共軛梯度法於兩個問題：

$$最小化 f(x_1,x_2) = \left(x_1^4 - 16x_1^2 + 5x_1\right)\big/2 + \left(x_2^4 - 16x_2^2 + 5x_2\right)\big/2$$

和

$$最小化 f(x_1,x_2) = 100(x_2 - x_1^2)^2 + (1-x_1)^2 \quad （Rosenbrock 函數）$$

這兩個問題的第一個問題也使用 `mincg` 求解，和在 8.4 節使用者所定義的 `f01` 和 `f01d` 函數。因此，我們有

```
>> [x, iterns] = minscg('f01','f01d',[1 -1]',.000005)

x =
    2.7468
   -2.9035

iterns =
     8
```

這與 `mincg` 所算出的解答並不相同。它是函數的局部性的最小值，但不是全域性的最小值。其他的初始值會引領至全域性的最小值。

為了找到一個 Rosenbrock 函數的最小值，我們定義了必要的匿名函數，並求解這問題如下：

```
>> fr = @(x) 100*(x(2)-x(1).^2).^2+(1-x(1)).^2;
>> frd = @(x) [-400*x(1).*(x(2)-x(1).^2)-2*(1-x(1)); 200*(x(2)-x(1).^2)];
>> [x, iterns] = minscg(fr,frd,[-1.2 1]',.0005)

x =
    1.0000
    1.0000

iterns =
    135
```

請注意，要解出這一個困難的問題，需要大量的迭代。

8.6　共軛梯度法解線性方程式組

應用共軛梯度法解最小化正定二次函數，標準形式為

$$f(\mathbf{x}) = \left(\mathbf{x}^\top \mathbf{A}\mathbf{x}\right)/2 + \mathbf{p}^\top \mathbf{x} + q \tag{8.8}$$

$\mathbf{x}$ 和 $\mathbf{p}$ 是 n 個元素的行向量。$\mathbf{A}$ 是 $n \times n$ 的正定對稱矩陣，q 是純量。$f(\mathbf{x})$ 的最小值將使 $f(\mathbf{x})$ 的梯度為零。然而梯度可以由直接微分輕易求得。

$$\nabla f(\mathbf{x}) = \mathbf{A}\mathbf{x} + \mathbf{p} = \mathbf{0} \tag{8.9}$$

所以求最小值就等於解線性聯立方程式系統，令 $\mathbf{b} = -\mathbf{p}$，

$$\mathbf{A}\mathbf{x} = \mathbf{b} \tag{8.10}$$

因為我們可用共軛梯度法解 (8.8) 的最小值，所以用它來解 (8.10) 的等效線性方程式系統。共軛梯度法提供有效的方法求解正定對稱矩陣的線性方程式系

統，與解非線性最佳化問題的演算法非常類似。然而線搜索大大的簡化且梯度值可在演算法內計算，演算法的型式為

- 步驟 0：$k = 0$: $\mathbf{x}^k = \mathbf{0}$,　$\mathbf{g}^k = \mathbf{b}$,　$\mu^k = \mathbf{b}^\top \mathbf{b}$,　$\mathbf{d}^k = -\mathbf{g}^k$
- 步驟 1：當系統尚未滿足執行條件時

$$\mathbf{q}^k = \mathbf{A}\mathbf{d}^k, \quad r^k = (\mathbf{d}^k)^\top \mathbf{q}^k, \quad s^k = \mu^k/r^k$$

$$\mathbf{x}^{k+1} = \mathbf{x}^k + s^k \mathbf{d}^k, \quad \mathbf{g}^{k+1} = \mathbf{g}^k + s^k \mathbf{q}^k$$

$$t^k = (\mathbf{g}^{k+1})^\top \mathbf{q}^k, \quad b^k = t^k/r^k$$

$$\mathbf{d}^{k+1} = -\mathbf{g}^{k+1} + \beta^k \mathbf{d}^k, \quad \mu^{k+1} = \beta^k \mu^k$$

$$k = k+1, \quad \text{end}$$

注意梯度值 $\mathbf{g}$ 和步距是直接計算而不須 MATLAB 函數或使用者自定函數來計算。

MATLAB 函數 solvercg 完成這演算法且使用 Karmarkar 和 Ramakrishnan (1991) 的結束程序法則，可參考這篇文獻和 Golub 及 Van Loan (1989) 的矩陣計算一書。

```
function xdash = solvercg(a,b,n,tol)
% Solves linear system ax = b using conjugate gradient method.
% Example call: xdash = solvercg(a,b,n,tol)
% a is an n x n positive definite matrix, b is a vector of n
% coefficients. tol is accuracy to which system is satisfied.
% WARNING Large, ill-cond. systems will lead to reduced accuracy.
xdash = [ ];  gdash = [ ];
ddash = [ ];  qdash = [ ];
q=[ ];
mxitr = n*n;
xdash = zeros(n,1);  gdash = -b;
ddash = -gdash; muinit = b'*b;
stop_criterion1 = 1;
k = 0;
mu = muinit;
% main stage
while stop_criterion1==1
    qdash = a*ddash;
    q = qdash; r = ddash'*q;
    if r==0
        error('r=0, divide by 0!!!')
    end
    s = mu/r;
    xdash = xdash+s*ddash;
```

```
        gdash = gdash+s*q;
        t = gdash'*qdash;   beta = t/r;
        ddash = -gdash+beta*ddash;
        mu = beta*mu; k = k+1;
        val = a*xdash;
        if ((1-val'*b/(norm(val)*norm(b)))<=tol) & (mu/muinit<=tol)
            stop_criterion1 = 0;
        end
        if k>mxitr
            stop_criterion1 = 0;
        end
    end
end
```

以下的程式產生任選元素之 10 個方程式系統，這系統使用此演算法來試驗
求解。

```
% e3s803.m
n = 10; tol = 1e-8;
A = 10*rand(n); b = 10*rand(n,1);
ada = A*A';
% To ensure a symmetric positive definite matrix.
sol = solvercg(ada,b,n,tol);
disp('Solution of system is:')
disp(sol)
accuracy = norm(ada*sol-b);
fprintf('Norm of residuals =%12.9f\n',accuracy)
```

執行這一程式得到下列結果：

```
Solution of system is:
    0.2527
   -0.2642
   -0.1706
    0.4284
    0.0017
   -0.1391
   -0.0231
   -0.0109
   -0.2310
    0.2928

Norm of residuals = 0.000000008
```

可以發現殘差非常小。對於病態矩陣須要某些前置條件器或潤子
(preconditioner)，這可降低矩陣的條件數，否則使用方法會變得太慢。
Karmarkar 和 Ramakrishnan (1991) 使用前置條件共軛梯度法 (preconditioned
conjugate gradient method) 當做內點法的一部份來求解 5000 及 333000 行的線
性規劃問題。

MATLAB 5 提供許多以共軛梯度算法為主的迭代程式來解 **Ax** = **b**。這些
MATLAB 函數為 pcg，bicg 及 cgs。

8.7　基因演算法

　　本節簡介基因演算法的概念及提供一群撰寫基因演算法特徵的 MATLAB 函數。這些被用來求解一些最佳化問題。要對這一快速發展的研究領域做詳細說明是超出本書的範圍，讀者可以參考 Goldberg (1989) 的優秀教科書。

　　基因演算法是近幾年來值得注意的有趣主題，因為它似乎提供求解困難問題的穩健搜索程序。這些演算法的主要特徵是來自遺傳科學及自然淘汰的想法。這種由發展完備的某一科學領域交互灌溉另一科學領域導致很多成果豐碩及令人鼓舞的應用，特別是在電腦科學上。

　　我們現在以遺傳科學領域內的術語來描述基因演算法並解釋如何與最佳化問題相關連。基因演算法的運作以一族群 (population) 開始，相對於某一特定變數的數值。族群大小會改變，通常與考慮的問題有關。族群的成員常是一群零和壹的字串，也就是二進制位元的字串。例如，少部份初始或第一代族群如下型式：

$$1000010$$
$$1110000$$
$$1010101$$
$$1111001$$
$$1000001$$

　　實際上的族群可能遠大於此例且字串較長。這些字串可能是某一變數或欲檢驗變數群的編碼組。初始族群是任意產生的所以可用遺傳科學的術語來描述。族群中的每一字串相當於染色體 (chromosome)，字串的每一位元相當於基因，新的族群必須由初始族群發展出來，我們完成特定基本的遺傳程序類比，這些是：

1. 適者生存 (Reproduction based on fitness)；合適複製。

2. 交配。

3. 突變。

　　複製階段以自然選擇選定一組染色體。族群的成員以他們的合適性被選來做為複製，合適性以特定法則定義。依據合適值的比例，最合適者有最大的複製生產機率。

　　匹配的實際程序以最簡單的交配概念完成，這意指族群的兩個成員彼此交換基因。許多方式完成匹配程序，如單點或多點互換。這些互換基因點的位置是任選的。以下說明簡單的交配互換過程，兩基因是依合適性選擇的。這裏在第 4 位元後的交換基因點是任選的。

$$1110|000$$
$$1010|101$$

交配以後染色體變成

$$1110|101$$
$$1010|000$$

對原來族群使用相同的交配程序可得新的一代。最後一個程序是突變，任意改變一特別染色體的特定基因，所以 0 與 1 互換。基因演算法中突變過程很少發生，所以字串改變的機率維持很低。

說明基因演算法的基本原理之後，研究一簡單最佳化問題來說明如何應用，如此做可以顯示撰寫基因演算法的某些細節。一個製造商想生產一個壁型裱裝容器，包括一固定高度的圓柱上有半球鑲住。圓柱高度固定但圓柱及半球的共同半徑在 2 至 4 單位之間可變，製造商想求半徑值讓容器的體積最大，這是簡單的問題，最佳半徑是 4 單位。但是以此例說明基因演算法的應用。

將這問題表成最佳化問題，取為圓柱及半球的共同半徑，為圓柱高度，取 $h=2$ 單位得到下列公式

$$最大化 v = 2\pi r^3/3 + 2\pi^2 \tag{8.11}$$

其中 $2 \le r \le 4$。

首要問題是如何轉換問題以致基因演算法可以被應用。先產生字串的初始集合組成族群。字串位元數也就是字串長度將約束求解的精確度，所以必須小心選定。另外必須選擇初始族群大小，這也必須慎選，因為大族群會增加演算法的時間。大族群是不必要的，因為演算法在區域搜索程序的過程會自動產生族群成員。MATLAB 函數 genbin 產生初始族群，形式如下：

```
function chromosome = genbin(bitl,numchrom)
% Example call: chromosome=genbin(bitl, numchrom)
% Generates numchrom chromosomes of bitlength bitl.
% Called by optga.m.
maxchros = 2^bitl;
if numchrom>=maxchros
  numchrom = maxchros;
end
for k = 1:numchrom
    for bd = 1:bitl
        if rand>=0.5
            chromosome(k,bd) = 1;
        else
            chromosome(k,bd) = 0;
        end
    end
end
```

使用 MATLAB 函數 round 可以更簡潔的定義函數 genbin。

```
function chromosome = genbin(bitl,numchrom)
% Example call: chromosome = genbin(bitl,numchrom)
% Generates numchrom chromosomes of bitlength bitl.
% Called by optga.m
maxchros=2^bitl;
if numchrom>=maxchros
    numchrom = maxchros;
end
chromosome = round(rand(numchrom,bitl));
```

要產生 5 個染色體的初始族群，每個染色體有 6 個基因，我們以下列方式呼叫函數

```
>> chroms = genbin(6,5)

chroms =
    0    1    1    1    0    0    [Population member #1]
    1    1    1    1    0    1    [Population member #2]
    1    0    0    1    0    0    [Population member #3]
    0    0    0    0    1    1    [Population member #4]
    0    1    1    1    0    1    [Population member #5]
```

為幫助讀者在以下討論中之瞭解，我們將族群成員編號 #1 至 #5。

因為我們注意的 r 值範圍是在 2～4，所以必須將二元字串轉成 2～4 之間的實數。這是由 MATLAB 函數 binvreal 轉換二進制成實數值。

```
function rval = binvreal(chrom,a,b)
% Converts binary string chrom to real value in range a to b.
% Example call rval=binvreal(chrom,a,b)
% Normally called from optga.
[pop bitlength] = size(chrom);
maxchrom = 2^bitlength-1;
realel = chrom.*((2*ones(1,bitlength)).^fliplr([0:bitlength-1]));
tot = sum(realel);
rval = a+tot*(b-a)/maxchrom;
```

現在呼叫此一函數來轉換上面產生的族群

```
>> for i = 1:5, rval(i) = binvreal(chroms(i,:),2,4); end
>> rval

rval =
    2.8889    3.9365    3.1429    2.0952    2.9206
```

如預期一般，這些值落在 2 至 4 範圍內且提供了值的初始族群。然而這些數值並沒有告訴我們有關成員間的合適性，必須以特定法則來判別發現其合適性。此例的選擇是容易的，因為我們的目標是讓體積函數 (8.11) 最大。我們可以簡單的求取這些值的目標函數 (8.11) 值。定義成 MATLAB 函數的形式為

```
>> g = @(x) pi*(0.66667*x+2).*x.^2;
```

現在將以 rval 值代入，求其合適性

```
>> fit = g(rval)
fit =
   102.9330   225.1246   127.0806    46.8480   105.7749
```

注意此步驟全部合適性為

```
>> sum(fit)

ans =
   607.7611
```

所以可見最適合的值是 3.9365，合適值為 225.1246，這相對於字串或族群成員 #2。幸運的，這是一個很好的答案。函數 `fitness` 實作前述過程且提供如下：

```
function [fit,fitot] = fitness(criteria,chrom,a,b)
% Example call: [fit,fitot] = fitness(criteria,chrom,a,b)
% Calculates fitness of set of chromosomes chrom in range a to b,
% using the fitness criterion given by the parameter criteria.
% Called by optga.
[pop bitl] = size(chrom);
for k = 1:pop
    v(k) = binvreal(chrom(k,:),a,b);
    fit(k) = feval(criteria,v(k));
end
fitot = sum(fit);
```

因此，重複前述的計算，我們有

```
>> [fit, sum_fit] = fitness(g,chroms,2,4)

fit =
   102.9330   225.1246   127.0806    46.8480   105.7749

sum_fit =
   607.7611
```

結果如前。

下一步驟是複製生產，字串依據合適值複製。所以在匹配生產池 (mating pool) 內有較多合適的染色體有更高的機率。選擇程序較複雜且是模仿輪盤賭的使用過程。輪盤賭指到某一特殊字串的機率是直接正比於和字串的相互合適性。上面合適值向量 `fit` 百分比計算如下：

```
>> percent = 100*fit/sum_fit

percent =
   16.9364   37.0416   20.9096    7.7083   17.4040

>> sum(percent)

ans =
   100.0000
```

　　所以想像我們旋轉一輪盤，上面字串 1 到 5 的面積機率為 16.934, 37.0416, 20.9096,7.7083, 17.4040，所以這些染色體或字串就具有這些被選擇上的機率。以函數 selectga 完成程式如下：

```
function newchrom = selectga(criteria,chrom,a,b)
% Example call: newchrom = selectga(criteria,chrom,a,b)
% Selects best chromosomes from chrom for next generation
% using function criteria in range a to b.
% Called by function optga.
% Selects best chromosomes for next generation using criteria
[pop bitlength] = size(chrom);
fit = [ ];
% calculate fitness
[fit,fitot] = fitness(criteria,chrom,a,b);
for chromnum = 1:pop
    sval(chromnum) = sum(fit(1,1:chromnum));
end
% select according to fitness
parname = [ ];
for i = 1:pop
    rval = floor(fitot*rand);
    if rval<sval(1)
        parname = [parname 1];
    else
        for j = 1:pop-1
            sl = sval(j);   su = sval(j)+fit(j+1);
            if (rval>=sl) & (rval<=su)
                parname = [parname j+1];
            end
        end
    end
end
newchrom(1:pop,:) = chrom(parname,:);
```

　　現在使用它來完成選擇步驟以便複製生產，所以：

```
>> matepool = selectga(g,chroms,2,4)

matepool =
    1    1    1    1    0    1    [Population member #2]
    1    1    1    1    0    1    [Population member #2]
    0    1    1    1    0    0    [Population member #1]
    0    1    1    1    0    1    [Population member #5]
    0    1    1    1    0    0    [Population member #1]
```

　　注意族群成員 #1 和 #2 已被選上並複製。因為選擇的隨機性，成員 #3 沒有被選擇，即使它是第二最適合的成員。現在使用 fitness 函數來計算新一代族群的合適性如下：

```
>> fitness(g,matepool,2,4)

ans =
  225.1246   225.1246   102.9330   105.7749   102.9330

>> sum(ans)

ans =
  761.8902
```

注意，全部的合適性大大增加。

現在可以匹配新的族群成員，但我們只選擇部份成員完成匹配，此例為 60
％或 0.6。此例族群大小為 5，所以 0.6×5 = 3。此數被捨去成偶數 2，因為只有
偶數個族群成員才能匹配，所以任選 2 個族群成員交配。完成這樣的程序函數是
matesome 定義如下：

```
function chrom1 = matesome(chrom,matenum)
% Example call: chrom1 = matesome(chrom,matenum)
% Mates a proportion, matenum, of chromosomes, chrom.
mateind = [ ]; chrom1 = chrom;
[pop bitlength] = size(chrom);
ind = 1:pop;
u = floor(pop*matenum);
if floor(u/2)~=u/2
    u = u-1;
end
% select percentage to mate randomly
while length(mateind)~=u
    i = round(rand*pop);
    if i==0
        i = 1;
    end
    if ind(i)~=-1
        mateind = [mateind i];
        ind(i) = -1;
    end
end
% perform single point crossover
for i = 1:2:u-1
    splitpos = floor(rand*bitlength);
    if splitpos==0
        splitpos = 1;
    end
    i1 = mateind(i); i2 = mateind(i+1);
    tempgene = chrom(i1,splitpos+1:bitlength);
    chrom1(i1,splitpos+1:bitlength) = chrom(i2,splitpos+1:bitlength);
    chrom1(i2,splitpos+1:bitlength) = tempgene;
end
```

現在使用這一函數在新一代族群 matepool 中來匹配字串：

```
>> newgen = matesome(matepool,0.6)

newgen =
     1     1     1     1     0     1      [Population member #2]
     1     1     1     1     0     0      [Created from #2 and #1]
     0     1     1     1     0     1      [Created from #1 and #2]
     0     1     1     1     0     1      [Population member #5]
     0     1     1     1     0     0      [Population member #1]
```

可見原來族群的 2 個成員，#1 和 #2，已交換第 2 個位元以後的字串而產生新的 2 個成員。計算此新族群的合適性如下：

```
>> fitness(g,newgen,2,4)

ans =
  225.1246   220.4945   105.7749   105.7749   102.9330

>> sum(ans)

ans =
   760.1018
```

注意在此步驟中全部合適性並未增加，我們不能預期每次都有改進。

在重覆相同步驟週期前我們完成最後一道突變程序。這由下列函數 mutate 完成

```
function chrom = mutate(chrom,mu)
% Example call: chrom = mutate(chrom,mu)
% mutates chrom at rate given by mu
% Called by optga
[pop bitlength] = size(chrom);
for i = 1:pop
    for j = 1:bitlength
        if rand<=mu
            if chrom(i,j)==1
                chrom(i,j) = 0;
            else
                chrom(i,j) = 1;
            end
        end
    end
end
```

這個函數以最小的輸入值 mu 來呼叫，而且以目前大小的族群不可能在僅有一代之間就發生突變。函數的呼叫如下：

```
>> mutate(newgen,0.05)

ans =
     1     1     0     1     0     1
     1     1     1     1     0     0
     0     1     1     1     0     1
     0     1     1     1     0     1
     0     1     1     1     1     0
```

請注意，在這個例子中已經發生兩個突變，第三元素的第一個染色體由 1 變成 0，第五元素的最後一個染色體由 0 變成 1。有時候並無突變發生。這完成新一代的生產。現在這程序使用新的一代開始重覆且最後可以持續很多代。

函數 optga 將上述所有步驟含在單一函數內，定義如下：

```
function [xval,maxf] = optga(fun,range,bits,pop,gens,mu,matenum)
% Determines maximum of a function using the Genetic algorithm.
% Example call: [xval,maxf] = optga(fun,range,bits,pop,gens,mu,matenum)
% fun is name of a one variable user defined positive valued function.
% range is 2 element row vector giving lower and upper limits for x.
% bits is number of bits for the variable, pop is population size.
% gens is number of generations, mu is mutation rate,
% matenum is proportion mated in range 0 to 1.
% WARNING. Method is not guaranteed to find global optima.
newpop = [ ];
a = range(1); b = range(2);
newpop = genbin(bits,pop);
for i = 1:gens
    selpop = selectga(fun,newpop,a,b);
    newgen = matesome(selpop,matenum);
    newgen1 = mutate(newgen,mu);
    newpop = newgen1;
end
[fit,fitot] = fitness(fun,newpop,a,b);
[maxf,mostfit] = max(fit);
xval = binvreal(newpop(mostfit,:),a,b);
```

現在應用這一函數來解我們原來的體積問題，輸入變數的範圍是 2 到 4，染色體長度是 8 bit，初始族群是 10 個，整個過程是 20 代，突變機率 0.005，匹配的成員比例是 0.6。注意最後一個輸入變數 matenum 必須大於 0 且小於或等於 1。因此

```
>> [x f] = optga(g,[2 4],8,10,20,0.005,0.6)

x =
    3.8980

f =
    219.5219
```

因為正確解是 $x=4$，所以此解是一個合理的結果。圖 8.6 說明基因演算法的過程。應注意每回執行基因演算法皆產生不同結果，這是因為程序的隨機本質。另外在縱軸搜索空間中，不同值的數目受染色體長度的限制。此例中染色體長度是 8 位元，有 2^8 或 256 個分隔，所以搜索空間的 r 值是 2 到 4 除以 256 區間，每個區間分隔是 0.0078125。

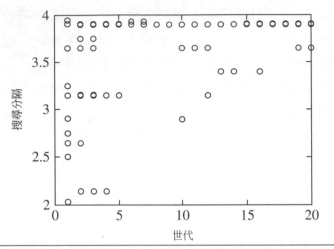

圖 8.6　族群每一成員以 "o" 表示，逐代的族群產生朝著數值 4 近似。

　　現在將討論這演算法的思路哲學和背後的理論及實際可應用基因演算法的問題。基因演算法不同於簡單的直接搜索程序，這是因為包括兩個特徵：交配互換基因和突變。所以由初始族群開始，這一演算法產生新的一代，這一代快速的細查有興趣的搜索空間。這一步對困難的最佳化問題是非常有用的，特別是一個具有許多局部區域 (local) 最大值或最小值的函數，而我們想求取的是全域 (global) 最大值或最小值。這種情形時，標準的最佳化方法，如 Fletcher 和 Reeves 的共軛梯度法只能找出局部最佳值。然而基因演算法雖不保證但是可能找出整體最佳值。這是因為基因演算法仔細探查有興趣區間的方式，避免掉入區域最小值的泥淖裏。我們並不做詳細的理論證明但僅描述主要結果。

　　首先介紹綱要略圖 (schemata) 的概念。如果研究基因演算法產生的字串結構，會出現一定的結構外形。高合適值的字串通常有共同的結構，即指特別的二進制位元組合。例如，最合適的字串可能有共同以 11 為首，0 為尾的特徵或總是中間三位為 0 等等。這種例子將字串以結構 11*****0 或 ***000** 表示，這裏的星號表示「外卡」(wild card, 美國職棒大聯盟的術語) 元素，外卡元素可以是 0 或 1。這種結構稱為綱要略圖，基本上是指出字串的共同特徵。為何特別的綱要略圖是有趣的呢？因為我們想研究具有這種特徵結構的字串傳遞及與較高的合適值結合。綱要略圖的長度是最外圍指定基因值之間的距離。schemata 的階數是位置被放入 0 或 1 的總數目。例如

字串	階數	長度
***********1	1	1
******10*1**	3	4
10******	2	2
00******101	5	11
11**00	4	6

可見綱要略圖由短長度的子字串定義是不太可能受交配互換基因的影響，所以經代代傳遞是不會改變的。

可以由綱要略圖說明基因演算法的基本原理 (Holland 提出)，低階短長度而高於平均合適值的綱要略圖，以指數性的增加數目經歷代代傳遞。低於平均合適值的就指數性的快速淘汰。這個關鍵步驟說明基因演算法的成功。

現在提供更進一步的例子，應用 MATLAB 基因演算法函數 optga 到特定的最佳化程序。

■ ■ ■

範例 8.1

求下列函數在 $x=0$ 到 $x=1$ 之間的最大值。

$$f(x) = e^x + \sin(3\pi x)$$

函數 h 定義為

```
h = @(x) exp(x)+sin(3*pi*x);
```

以這函數輸入來呼叫 optga 則

```
>> [x f] = optga(h,[0 1],8,40,50,0.005,0.6)

x =
    0.8627

f =
    3.3315
```

現在應用 MATLAB 函數 fminsearch 解此問題。注意與 fminsearch 合用，h(x) 需修改成含有負號，因為 fminsearch 是完成最小化。

```
>> h1 = @(x) -(exp(x)+sin(3*pi*x));
>> fminsearch(h1,0,1)

ans =
    0.1802

>> h1(ans)

ans =
    -2.1893
```

函數 fminsearch 已經找到該合適性的最佳值，但是它僅是局部最佳值。基因演算法 (GA) 已經找到一個良好的全域最佳值的近似值。

■ ■ ■

範例 8.2

更嚴格要求的問題是最小化下列函數

$$f(x) = 10 + \left[\frac{1}{(x-0.16)^2 + 0.1} \right] \sin(1/x)$$

以這函數來呼叫 optga 如下：

```
>> phi = @(x) 10+(1./((x-0.16).^2+0.1)).*sin(1./x);
>> [x f] = optga(phi,[0.001 0.3],8,10,40,0.005,0.6)

x =
    0.1288

f =
    19.8631
```

圖 8.7 說明了這問題的困難性，同時也顯示結果是合理的。

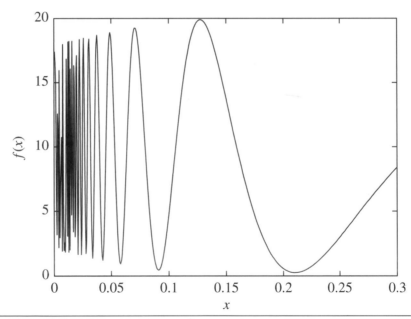

圖 8.7　繪出 $10 + [1/\{(x-0.16)^2 + 0.1\}] \sin(1/x)$ 函數，圖形顯示許多局部最佳值。

　　族群的不同變異可以圖形表示，如圖 8.8 與圖 8.9。這些圖顯示族群成員的每一位元或基因值 (0 或 1)。若相對於一特定族群成員，其特定位元的矩形方塊呈現暗色，則表示此基因值為一，如果呈現白色則表示其值為零。圖 8.8 顯示一初始任意選擇的族群，可見白色及暗色矩形方塊任意選定。圖 8.9 顯示經 50 代演化後之最後族群，可見每一族群成員具有許多相同的位元值。

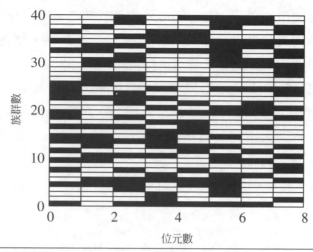

圖 8.8　初始族群及其任意分佈之位元值。

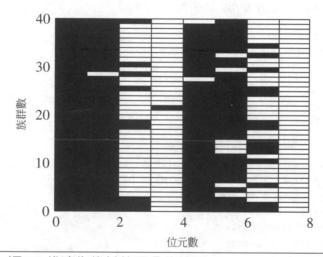

圖 8.9　經 50 代演化後其位元分佈情形。

　　基因演算法是一正在發展的研究領域，許多我們完成基因演算法的函數可能會修改。例如，輪盤賭的選擇法可用很多不同方法完成。交配可改成多點交配互換基因或是其它方法。通常基因演算法執行速度較慢但切記它可最佳應用至困難的問題，例如多點最佳值而整體最佳值才是所需的。標準演算法在這些例子常是失敗的，所以基因演算法花費較多時間是值得等待的。基因演算法還有很多我們尚未提及的應用，函數 optga 只工作於單變數正值函數，可以容易發展處理 2 變數函數，這些部份留作讀者的習題 (習題 8.8)。

我們現在考慮使用格雷碼 (Gray code) 當作標準二進制遺傳演算法的另一種策略。在這裡，我們將每個字串解讀爲格雷碼的一個數字。格雷碼是一個二進制數字系統，於此系統中兩個連續數字不同之處僅在一個位元。

這碼最初是由格雷所研發，用以讓機械性開關系統的操作更可靠。在這時候定義漢明距 (Hamming distance) 是非常有用的。漢明距爲兩個二進制向量之間不同位元的數目。因此，由此可看出兩個連續的格雷碼數字之間的漢明距通常小於兩個連續的二進碼之間者。

以下展示 3 位元格雷碼與 3 位元二進碼之間的比較

十進位	0	1	2	3	4	5	6	7
二進位	000	001	010	011	100	101	110	111
格雷碼	000	001	011	010	110	111	101	100

於遺傳演算法，我們必須從格雷碼轉換爲十進制數。要做到這一點，我們使用了兩個階段：格雷碼轉換爲二進制碼，然後轉換二進制碼爲十進制碼。要從格雷碼轉換爲二進制碼，簡單的演算法是

$$\text{For bit 1 (the most significant bit), } b(1) = g(1)$$
$$\text{For bit } i, \text{ where } i = 2,\ldots,n,$$
$$\text{if } b(i-1) = g(i) \text{ then } b(i) = 0, \text{ else } b(i) = 1$$

其中 $b(i)$ 是一個二進制數字而 $g(i)$ 是與之等效的格雷碼。此演算法係由下述函數 grayvreal 實作

```
function rval = grayvreal(gray,a,b)
% Converts gray string to real value in range a to b.
% Example call rval = grayvreal(gray,a,b)
% Normally called from optga.
[pop bitlength] = size(gray);
maxchrom = 2^bitlength-1;
% Converts gray to binary
bin(1) = gray(1);
for i = 2:bitlength
    if bin(i-1) == gray(i)
        bin(i) = 0;
    else
        bin(i) = 1;
    end
end
% Converts binary to real
realel = bin.*((2*ones(1,bitlength)).^fliplr([0:bitlength-1]));
tot = sum(realel);
rval = a+tot*(b-a)/maxchrom;
```

使用此函數，而不是 MATLAB 函數 fitness（改名為 fitness_g）的函數 binvreal，然後於 selectga（改名為 selectga_g）中使用這個函數。最後，這兩個函數都被使用於函數 optga_g。下面的例子示範如何使用函數 optga_g。

```
>> g = @(x) exp(x)+sin(3*pi*x);
>> [x f] = optga_g(g,[0 1],8,40,50,0.005,0.6)

x =
    0.8588

f =
    3.3317
```

這提供了一個與使用普通二進演算法所獲得的結果具有相似精確度。

雖然某些研究人員不覺得使用格雷碼有任何的好處，其他人如 Caruana 和 Schaffer (1988)，則聲言格雷碼 GA 有時具有明顯的價值。

遺傳演算法可以用來求解那些解係被約束為一組離散值而非某個範圍內之連續值的最佳化問題。例如，碾壓指定的尺寸的鋼型，而碾壓特殊尺寸的鋼型則不符成本效益。因此，例如，一個框架會以標準的樑尺寸和型面來建造。這原則同樣地適用於電子電路元件如電阻，這些電阻是根據一組標準值所製造的。假設我們希望將某個設計予以最佳化，於此僅有八種尺寸的元件可供採用。讓我們假設離散值的向量為 [10 15 24 36 50 75 90 120] 賦予八個可能的元件的性能值。我們可以用二進制碼 000 到 111 來代表這八個性能值的索引。依正常的方式進行 GA 最佳化；然而，要計算某個特定二進碼相應的合適性，這數字被用作性能值向量的索引以獲得相應的性能值。例如，假設我們需要相應於二進數 100（即十進制的4）的合適性。相應於這個數字的性能值是 36，這個數字被用於合適性的計算。如果可能的元件的數目，從而性能值的數目不是 2 的整數冪次時，就會面臨到難處。例如，假設我們的元件有六種尺寸，它們具有的性能值是，譬如說，[10 15 24 36 50 75]。要以二進碼來表示出此向量的六個索引，最少需要三個數字。然而，交配和突變的過程中可能會產生出 8 個二進碼中的任一個，但其中只有 6 個有相應的屬性。為了克服這個困難，有兩個性能值被複製，因此，例如，相應於 8 個 000 至 111 二進碼的屬性現在變成 [10 10 15 24 36 50 75 75]。這項調整會略為影響該過程的統計量，但它通常有令人滿意的表現。雖然在此討論中，我們假設六個或八個元件尺寸，在大多數實際的問題，元件組可能有多達 32 個或 64 個成員。

8.8　連續遺傳演算法

連續遺傳演算法 (continuous genetic algorithm) 在結構上類似於我們曾於
8.7 節描述之遺傳演算法的二進制型式，於這個方法中所關注區域內剛開始時的
染色體數量是隨機產生的，成對的染色體會從目前的數量中選出，並根據合適性
予以交配，染色體之間發生交配，而染色體的突變會以一個指定的機率發生。但
是，在連續遺傳演算法中，這些步驟的實作方式顯著的不同。根據我們對一最佳
化問題所作的描述，我們隨機產生一組染色體。剛開始的染色體數量是一組隨機
的實數，而不是二進制數字。這裡的關鍵特徵是，這些值可以是所關注之區域中
的任意一組連續值，而不是一組我們於二進制型式演算法曾使用過的離散二進制
值。

假設我們假定所要予以最佳化函數具有四個變數。然後剛開始時，每個染色
體是一個向量，這向量具有四個隨機產生的十進制數字，每個數字位於該變數的
搜索範圍內。如果我們選擇 20 個染色體，讓每一個染色體根據一合適性準則予
以評估，並選出合適性最佳者供交配過程之用。例如，從一組 20 個染色體中選
出最合適的 8 個染色體構成一交配池。從這個群體，隨機地選擇成對的染色體供
交配之用。

交配過程大致類似於 GA 的二進制型式者，交配的點係隨機選擇，由此父母
染色體僅須透過交換染色體內的實數變數值而在這個點彼此混合在一起。不過，
在這個點引入了一個關鍵性的差異，因為於這種型式的交配，僅交換了剛開始時
隨機產生的那組實數值，但是沒有在該區域中產生新的值。因此，為了有助於搜
索該區域，我們需要引進新的值。例如，假設要被最小化的函數是一個具有四個
變數，u、v、w 和 x 的函數，且兩個準備交配的染色體，r_1 和 r_2，係由下式提
供

$$r_1 = [u_1\ v_1\ w_1\ x_1],\quad r_2 = [u_2\ v_2\ w_2\ x_2]$$

當然，這兩個染色體係根據合適性於交配池內隨機地被選擇出來的。在染色
體的某個隨機點，該區域內一個新的值會藉由在這點的一對染色體元素的線性隨
機組合而被創造出來。這些新的值隨後在選定的交配點取代原來的染色體值。所
建議之用於產生新數據值的公式之型式如下

$$x_a = x_1 - \beta(x_1 - x_2),\quad x_b = x_2 + \beta(x_1 - x_2)$$

類似的方程式可以套用於變數 u，v 和 w。在每一個世代，β，交配點和適合
性最佳之四名成員的配對都將會重新被選擇。

交配點可以隨機的在點 1，2，3，或 4 發生。根據所選擇交配點，交配後的
新的染色體是

- 交配點於 1：$r_1 = [u_a\, v_2\, w_2\, x_2]$, $r_2 = [u_b\, v_1\, w_1\, x_1]$
- 交配點於 2：$r_1 = [u_1\, v_a\, w_2\, x_2]$, $r_2 = [u_2\, v_b\, w_1\, x_1]$
- 交配點於 3：$r_1 = [u_1\, v_1\, w_a\, x_2]$, $r_2 = [u_2\, v_2\, w_b\, x_1]$
- 交配點於 4：$r_1 = [u_1\, v_1\, w_1\, x_a]$, $r_2 = [u_2\, v_2\, w_2\, x_b]$

其他的交配規則也可以予以套用。需要注意的是一維問題不能使用這個特殊的交配演算法來求解。

突變的過程係以一個非常類似於二進制遺傳演算法的方式被實作。選擇好一個突變速率，然後突變的數目可以從染色體的數目以及染色體的元件數目計算出來。然後在染色體中隨機選擇位置，這些染色體的值被該區域內所隨機選出的值所取代。這是另一種幫助該演算法搜索該區域的方式，這方式增加了找出全域最小值的機會。contgaf 函數實作了連續遺傳演算法。這個特別的實作係用於找出某個函數的最小值。

```
function [x,f] = contgaf(func,nv,range,pop,gens,mu,matenum)
% function for continuous genetic algorithm
% func is the multivariable function to be optimised
% nv is the number of variables in the function (minimum = 2)
% range is row vector with 2 elements. i.e [lower bound upper bound]
% pop is the number of chromosomes, gens is the number of generations
% mu is the mutation rate in range 0 to 1.
% matenum is the proportion of the population mated in range 0 to 1.
pops = [ ];  fitv = [ ]; nc = pop;
% Generate chromosomes as uniformly distributed sets of random decimal
% numbers in the range 0 to 1
chrom = rand(nc,nv);
% Generate the initial population in the range a to b
a = range(1); b = range(2);
pops = (b-a)*chrom+a;
for MainIter = 1:gens
    % Calculate fitness values
    for i = 1:nc
        fitv(i) = feval(func, pops(i,:));
    end
    % Sort fitness values
    [sfit,indexf] = sort(fitv);
% Select only the best matnum values for mating
% ensure an even number of pairs is produced
nb = round(matenum*nc);
if nb/2~=round(nb/2)
    nb = round(matenum*nc)+1;
end
```

```
fitbest = sfit(1:nb);
% Choose mating pairs use rank weighting
prob = @(n) (nb-n+1)/sum(1:nb);
rankv = prob([1:nb]);
for i = 1:nb
    cumprob(i) = sum(rankv(1:i));
end
% Choose two sets of mating pairs
mp = round(nb/2);
randpm = rand(1,mp);  randpd = rand(1,mp);
mm = [ ];
for j = 1:mp
    if randpm(j)<cumprob(1)
        mm = [mm,1];
    else
        for i = 1:nb-1
            if (randpm(j)>cumprob(i)) && (randpm(j)<cumprob(i+1))
                mm = [mm i+1];
            end
        end
    end
end
% The remaining elements of nb = [1 2 3,...] are the other ptnrs
md = [ ];
md = setdiff([1:nb],mm);
% Mating between mm and md. Choose crossover
xp = ceil(rand*nv);
addpops = [ ];
for i = 1:mp
    % Generate new value
    pd = pops(indexf(md(i)),:);
    pm = pops(indexf(mm(i)),:);
    % Generate random beta
    beta = rand;
    popm(xp) = pm(xp)-beta*(pm(xp)-pd(xp));
    popd(xp) = pd(xp)+beta*(pm(xp)-pd(xp));
        if xp==nv
            % Swap only to left
            ch1 = [pm(1:nv-1),pd(nv)];
            ch2 = [pd(1:nv-1),pm(nv)];
        else
            ch1 = [pd(1:xp),pm(xp+1:nv)];
            ch2 = [pm(1:xp),pd(xp+1:nv)];
        end
        % New values introduced
        ch1(xp) = popm(xp);
        ch2(xp) = popd(xp);
        addpops = [addpops;ch1;ch2];
    end
```

```
    % Add these ofspring to the best to obtain a new population
    newpops = [ ];    newpops = [pops(indexf(1:nc-nb),:); addpops];
    % Calculate number of mutations, mutation rate mu
    Nmut = ceil(mu*nv*(nc-1));
    % Choose location of variables to mutate
    for k = 1:Nmut
        mui = ceil(rand*nc);    muj = ceil(rand*nv);
        if mui~=indexf(1)
            newpops(mui,muj) = (b-a)*rand+a;
        end
    end
    pops = newpops;
end
f = sfit(1);    x = pops(indexf(1),:);
```

我們可以以一個曾經在本章中討論過的例子，一個取自 Styblinski 與 Tang
（1990）之雙變數函數，來測試這個函數。這個函數是

$$f(x_1, x_2) = \left(x_1^4 - 16x_1^2 + 5x_1\right)\big/2 + \left(x_2^4 - 16x_2^2 + 5x_2\right)\big/2$$

我們可以在 MATLAB 中使用了一個匿名函數來定義這個函數如下：

```
>> tf=@(x) 0.5*(x(1).^4-16*x(1).^2+5*x(1))+0.5*(x(2).^4- ...
16*x(2).^2+5*x(2));
```

這個函數有好幾個局部最小值，但全域最佳解是在（−2.9035，−2.9035）。
在這裡我們執行三次連續遺傳演算法：

```
>> [x,f] = contgaf(tf,2,[-4 4],50,50,0.2,0.6)

x =
   -2.9036   -2.9032

f =
   -78.3323

>> [x,f] = contgaf(tf,2,[-4 4],50,50,0.2,0.6)

x =
   -2.9035   -2.9037

f =
   -78.3323

>> [x,f] = contgaf(tf,2,[-4 4],50,50,0.2,0.6)

x =
   -2.9035   -2.8996

f =
   -78.3321
```

請注意 **x** 值方面的差異。這個過程涉及一個隨機元素，而且不會每次都產生相同的結果。

請計算這函數的最小值當作一個更深入的例子，

$$f(x) = \sum_{n=1}^{4} \left[100 \left(x_{n+1} - x_n^2 \right)^2 + (1 - x_n)^2 \right]$$

顯然地，這個函數的最小值是零。因此，我們有

```
ff = @(x)(1-x(4))^2+(1-x(3))^2+(1-x(2))^2+(1-x(1))^2+ ...
    100*((x(5)-x(4)^2)^2+(x(4)-x(3)^2)^2+(x(3)-x(2)^2)^2+(x(2)-x(1)^2)^2);
>> [x,f] = contgaf(ff,5,[-5 5],20,100,0.15,0.6)

x =
    0.7617    0.6677    0.6392    0.5876    0.3435

f =
    8.1752
```

這是一個很好的結果。在 [1 1 1 1 1] 的實際最小值是零。但是，在 [−5 −5 −5 −5 −5] 的函數值是 360,144。如果我們透過計算每個維度於 −5 到 5 範圍內的函數值的方式解出最小值至最近的整數值，則該函數需要計算 161,051 次。要找出精確度達 0.1 的解，我們需要 1.051×10^{10} 次的函數計算，這並不是一個實際可行的方法。

有關連續 GA 之效率的討論，請參閱 Chelouah 和 Siarry(2000)。一些作者比較了二進制和連續遺傳演算法，並發現連續 GA 具有每次運算所得結果更一致且更準確的優點（Michalewicz，1996 年）。

8.9　退火模擬法

本節將簡介以退火模擬為基礎的最佳化概念。這一技巧應被用於求解大型及困難的問題，因此情況下其它方法較不適用，而我們需要的是全域最佳值。即使甚為簡易的問題，本法可能速度較慢。

若將金屬緩慢冷卻 (冶金學上稱為後續退火)，其冶金金屬結構能自然地求出系統的最小能量狀態。然而若將金屬急冷，例如浸入水中，則其最小能態將無法獲得。求最小能態之自冷過程的概念，可被用來求一非線性函數的全域最佳值。此法稱為退火模擬法。

這一比擬或許並不完美，但急冷過程可視爲等效的求取非線性函數相應能態的區域最小值，而緩慢冷卻相對於函數的理想能態或全域最小值。此一慢冷過程可用 Boltzman 能態之機率分佈來完成，此一分佈在熱力學扮演顯著的角色，其型式爲

$$P(E) = \exp(-E/kT)$$

此處 $P(E)$ 是一特定能態 E 的機率，k 是 Boltzman 常數，T 爲溫度。這一函數被使用於反映了能態改變的冷卻過程，雖然初始的改變可能不好，但終究導致最後全域能態的最小值。

此一概念相當於求一問題的全域最佳解時，將區間移出非線性函數的局部最小值的泥淖中。這可能需要暫時增加目標函數值，也就是爬出局部最小值的谷底，假如溫度調整足夠慢，收斂至全域最佳解仍然是可能的。這一概念導致 Kirkpatrick 等人 (1983) 發展出的最佳化演算法，其基本架構如下。

令 $f(\mathbf{x})$ 爲欲最小化的非線性函數，$\mathbf{x}$ 是一 n 個元素的向量，則

- 步驟 1：令 $k = 0, p = 0$，選一起始解 $\mathbf{x}^k$ 及一初始任意溫度 T_p。
- 步驟 2：令 $\mathbf{x}$ 的一新值 $\mathbf{x}^{k+1}$ 產生一變異量 $\Delta f(\mathbf{x}^{k+1}) - f(\mathbf{x}^k)$，
  若 $\Delta f < 0$，接受這改變的機率爲 1，且 $\mathbf{x}^{k+1}$ 取代 $\mathbf{x}^k$，$k=k+1$。
  若 $\Delta f > 0$，以機率 $\exp(-\Delta f/T_p)$ 接受這改變，且 $\mathbf{x}^{k+1}$ 取代 $\mathbf{x}^k$，$k=k+1$。
- 步驟 3：重覆第 2 步直到函數值的變異量不大。
- 步驟 4：使用適當的減化過程降低溫度，令 $T_{p+1} = g(T_p)$，設定 $p = p+1$，
  重覆第 2 步直到溫度降低過程中，函數值的變化不大爲止。

這一演算法主要的困難爲初始溫度的選擇及溫度降低的區間，這一困難引起很多研究論文探討，詳細內容在此將不討論。

MATLAB 函數 asaq 是上述演算法的改良版的實作。這是基於 Lester Ingber (1993) 提出的演算法之簡化及改進版。其使用一指數冷卻區間並具有急冷過程以加速演算法的收斂。主要參數如 qf，tinit，maxstep 及這些變數的上下界皆可調整且可能導致收斂速率的改進，主要的改變可能是使用不同的溫度調整區間及建議的許多選擇，讀者應視這些參數的變化爲實驗退火模擬法的機會。

```
function [fnew,xnew] = asaq(func,x,maxstep,qf,lb,ub,tinit)
% Determines optimum of a function using simulated annealing.
% Example call: [fnew,xnew]=asaq(func,x,maxstep,qf,lb,ub,tinit)
% func is the function to be minimized, x the initial approx.
% given as a column vector, maxstep the maximum number of main
% iterations, qf the quenching factor in range 0 to 1.
% Note: small value gives slow convergence, value close to 1 gives
% fast convergence, but may not supply global optimum.
% lb and ub are lower and upper bounds for the variables,
% tinit is the intial temperature value
% Suggested values for maxstep = 200, tinit = 100, qf = 0.9
% Initialisation
xold = x;   fold = feval(func,x);
n = length(x);   lk = n*10;
% Quenching factor q
q = qf*n;
% c values estimated
nv = log(maxstep*ones(n,1));
mv = 2*ones(n,1);
c = mv.*exp(-nv/n);
% Set values for tk
t0 = tinit*ones(n,1);   tk = t0;
% upper and lower bounds on x variables
% variables assumed to lie between -100 and 100
a = lb*ones(n,1);   b = ub*ones(n,1);
k = 1;
% Main loop
for mloop = 1:maxstep
    for tempkloop = 1:lk
        % Choose xnew as random neighbour
        fold = feval(func,xold);
        u = rand(n,1);
        y = sign(u-0.5).*tk.*((1+ones(n,1)./tk).^(abs((2*u-1))-1));
        xnew = xold+y.*(b-a);
        fnew = feval(func,xnew);
        % Test for improvement
        if fnew <= fold
            xold = xnew;
        elseif exp((fold-fnew)/norm(tk))>rand
            xold = xnew;
        end
    end
    % Update tk values
    tk = t0.*exp(-c.*k^(q/n));
    k = k+1;
end
tf = tk;
```

這一程式最佳化下述函數，這函數取材自 Styblinski 與 Tang (1990)，並使用 8.4 節的共軛梯度法來求解：

$$f(x_1, x_2) = \left(x_1^4 - 16x_1^2 + 5x_1\right)\big/2 + \left(x_2^4 - 16x_2^2 + 5x_2\right)\big/2$$

其結果如下：

```
>> fv = @(x) 0.5*(x(1)^4-16*x(1)^2+5*x(1)) +...
            0.5*(x(2)^4-16*x(2)^2+5*x(2));
>> [fnew,xnew] = asaq(fv,[0 0].',200,0.9,-10,10,100)

fnew =
  -78.3323

xnew =
    -2.9018
    -2.9038
```

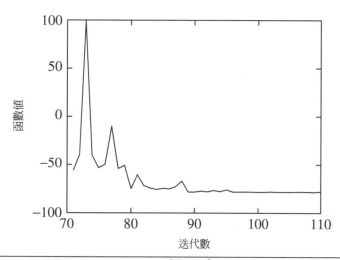

圖 8.10　圖示函數 $f(x_1, x_2) = (x_1^4 - 16x_1^2 + 5x_1)/2 + (x_2^4 - 16x_2^2 + 5x_2)/2$ 最後 40 次迭代的的值。

值得一提的是並非每次執行結果皆不相同且不保證提供全域最佳解，除非針對特定問題其參數皆能適度的調整。圖 8.10 繪出函數值在最後 40 次迭代內的變化情形。其說明演算法允許函數值增減的行為。

更進一步的說明如圖 8.11 等位線圖所示，其僅顯示迭代的最後階段。

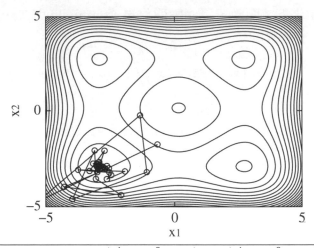

圖 8.11 函數 $f(x_1, x_2) = (x_1^4 - 16x_1^2 + 5x_1)/2 + (x_2^4 - 16x_2^2 + 5x_2)/2$ 之等位線圖。退火模擬法求出位於左下角落的最佳解,同時也顯示出演算法的搜索路徑。

8.10 含約束非線性最佳化

在本節中,我們考慮最佳化非線性函數且須滿足一個或多個非線性約束的問題。此問題於數學上可表達如下:

$$\text{最小化} f = f(\mathbf{x}) \quad \text{其中} \quad \mathbf{x}^\top = [x_1 \ x_2 \ \dots \ x_n] \tag{8.12}$$

須滿足這些約束

$$h_i(\mathbf{x}) = 0 \quad \text{其中} \quad i = 1, \dots, p \tag{8.13}$$

有時候最小化問題可能有如下形式的額外或取代的約束

$$g_j(\mathbf{x}) \geq b_j \quad \text{其中} \quad j = 1, \dots, q \tag{8.14}$$

為了求解這個問題,我們可以用拉格朗日乘數法 (Lagrange multiplier method)。這種方法是不是一個純粹的數值方法,它要求使用者運用微積分、將所得到的方程式再以數值方式求解。於大型問題,這個方法對使用者而言過於繁重,基於這個原因,它不是一個適用於求解這種類型問題的實用方法。然而,它對於其他更實用之方法的發展卻具有理論上的重要性。

如果存在 (8.14) 形式的約束,它們必須被轉換為 (8.13) 的形式如下。令 $\theta_j^2 = g_j(\mathbf{x}) - b_j$ 如果約束 $g_j(\mathbf{x}) \geq b_j$ 未被滿足,則 θ_j^2 是負的且 θ_j 為虛數。因此,我們有一個要求,即須滿足 θ_j 必須是實數的的約束。因此,(8.14) 約束方程式變為

$$\theta_j^2 - g_j(\mathbf{x}) + b_j = 0 \quad \text{其中} \quad j = 1, \dots, q \tag{8.15}$$

這個約束方程式具有如同 (8.13) 之一般形式的約束。

為了求解 (8.12)，我們以形成這表達式開始

$$L(\mathbf{x}, \boldsymbol{\theta}, \boldsymbol{\lambda}) = f(\mathbf{x}) + \sum_{i=1}^{p} \lambda_i h_i(\mathbf{x}) + \sum_{j=1}^{q} \lambda_{p+j}[\theta_j^2 - g_j(\mathbf{x}) + b_j] = 0 \qquad (8.16)$$

函數 L 稱為拉格朗日函數而純量 λ_i 被稱為拉格朗日乘數。現在，我們使用微積分來最小化這個函數，也就是說，我們得出以下的偏導數，並將它設定為 0。

$$\partial L / \partial x_k = 0, \quad k = 1, \ldots, n$$
$$\partial L / \partial \lambda_r = 0, \quad r = 1, \ldots, p+q$$
$$\partial L / \partial \theta_s = 0, \quad s = 1, \ldots, q$$

我們會發現，當我們設定相對於 λ_r 的微分值為零，促使 $h_i(\mathbf{x})$ $(i = 1, 2, \ldots, n)$ 以及 $\theta_j^2 - g_j(\mathbf{x}) + b_j$ $(j = 1, 2, \ldots, q)$ 兩者為零。即須得到滿足的約束。如果這些項都為零，則最小化 (8.12) 等同於最小化 (8.16) 且須滿足 (8.13) 和 (8.14)。如果我們面對的是一個具有線性約束的二次函數，則所得到的方程式都是線性的，因此相對的容易解出。

■ ■ ■ ──────────────────────

範例 8.3

考慮一個具有立方函數和二次約束問題的解。

$$最小化 f = 2x + 3y - x^3 - 2y^2$$

須滿足

$$x + 3y - x^2/2 \leq 5.5$$
$$5x + 2y + x^2/10 \leq 10$$
$$x \geq 0, \, y \geq 0$$

要使用拉格朗日乘數法，我們改變約束的形式為相同之約束如下：

$$最小化 f = 2x + 3y - x^3 - 2y^2$$

須滿足

$$\theta_1^2 + x + 3y - x^2/2 - 5.5 = 0$$
$$\theta_2^2 + 5x + 2y + x^2/10 - 10 = 0$$
$$x \geq 0, \, y \geq 0$$

因此，形成 L 我們有

$$L = 2x + 3y - x^3 - 2y^2 + \lambda_1(\theta_1^2 + x + 3y - x^2/2 - 5.5) + \lambda_2(\theta_2^2 + 5x + 2y + x^2/10 - 10)$$

取 L 的偏微分並將它們設定為零，得到

$$\partial L/\partial x = 2 - 3x^2 + \lambda_1(1-x) + \lambda_2(5+x/5) = 0 \tag{8.17}$$

$$\partial L/\partial y = 3 - 4y + 3\lambda_1 + 2\lambda_2 = 0 \tag{8.18}$$

$$\partial L/\partial \lambda_1 = \theta_1^2 + x + 3y - x^2/2 - 5.5 = 0 \tag{8.19}$$

$$\partial L/\partial \lambda_2 = \theta_2^2 + 5x + 2y + x^2/10 - 10 = 0 \tag{8.20}$$

$$\partial L/\partial \theta_1 = 2\lambda_1\theta_1 = 0 \tag{8.21}$$

$$\partial L/\partial \theta_2 = 2\lambda_2\theta_2 = 0 \tag{8.22}$$

如果 (8.21) 和 (8.22) 要被滿足，那麼有四種情況得考慮：

情況 1：$\theta_1^2 = \theta_2^2 = 0$。然後，(8.17) 至 (8.20)，經由某些重新安排，成為

$$2 - 3x^2 + \lambda_1(1-x) + \lambda_2(5+x/5) = 0$$
$$3 - 4y + 3\lambda_1 + 2\lambda_2 = 0$$
$$x + 3y - x^2/2 - 5.5 = 0$$
$$5x + 2y + x^2/10 - 10 = 0$$

情況 2：$\lambda_1 = \theta_2^2 = 0$。然後，(8.17) 至 (8.20)，經由某些重新安排，成為

$$2 - 3x^2 + \lambda_2(5+x/5) = 0$$
$$3 - 4y + 2\lambda_2 = 0$$
$$\theta_1^2 + x + 3y - x^2/2 - 5.5 = 0$$
$$5x + 2y + x^2/10 - 10 = 0$$

情況 3：$\theta_1^2 = \lambda_2 = 0$。 然後，(8.17) 至 (8.20)，經由某些重新安排，成為

$$2 - 3x^2 + \lambda_1(1-x) = 0$$
$$3 - 4y + 3\lambda_1 = 0$$
$$x + 3y - x^2/2 - 5.5 = 0$$
$$\theta_2^2 + 5x + 2y + x^2/10 - 10 = 0$$

情況 4：$\lambda_1 = \lambda_2 = 0$。然後，(8.17) 至 (8.20)，經由某些重新安排，成為

$$2 - 3x^2 = 0$$
$$3 - 4y = 0$$
$$\theta_1^2 + x + 3y - x^2/2 - 5.5 = 0$$
$$\theta_2^2 + 5x + 2y + x^2/10 - 10 = 0$$

這些非線性方程組的解，需要一些迭代過程。MATLAB 函數 `fminsearch` 尋找一個具有數個變數且事先給予一個初始的估計值之純量函數的最小值。以如下 MATLAB 程式示範說明這函數應用於這個問題的第 1 種情況。由於每個方程式的右側等於零，當解被找出時，該函數應等於零。

$$[2 - 3x^2 + \lambda_1(1-x) + \lambda_2(5 + x/5)]^2 + [3 - 4y + 3\lambda_1 + 2\lambda_2]^2 + \cdots$$
$$[x + 3y - x^2/2 - 5.5]^2 + [5x + 2y + x^2/10 - 10]^2$$

函數 `fminsearch` 會選擇 x、y、λ_1 和 λ_2 的值來最小化這個表達式並使之非常接近於零。這通常被稱為無約束性非線性最佳化。因此，我們已經將一個含約束的最佳化轉換為不受約束者。

```
% e3s820.m
g = @(X) sqrt((2-3*X(1).^2+X(3).*(1-X(1))+X(4).*(5+X(1)/5)).^2 ...
    +(3-4*X(2)+3*X(3)+2*X(4)).^2+(X(1)+3*X(2)-X(1).^2/2-5.5).^2 ...
    +(5*X(1)+2*X(2)+X(1).^2/10-10).^2);
X = fminsearch(g, [1 1 1 1]);
x = X(1); y = X(2); f = 2*x+3*y-x^3-2*y^2;
lambda_1 = X(3); lambda_2 = X(4);
disp('Case 1')
disp(['x = ' num2str(x) ', y = ' num2str(y) ', f = ' num2str(f)])
disp(['lambda_1 = ' num2str(lambda_1) ...
    ', lambda_2 = ' num2str(lambda_2)])
[xx,yy] = meshgrid(0:0.1:2,0:0.1:2);
ff = 2*xx+3*yy-xx.^3-2*yy.^2;
contour(xx,yy,ff,20,'k'), hold on
x1 = 0:0.1:2;
y1 = (5.5-(x1-x1.^2/2))/3;
y2 = (10-(5*x1+x1.^2/10))/2;
plot(x1,y1,'k',x1,y2,'k')
plot(xp1,yp1,'ok',xp2,yp2,'ok',xp3,yp3,'ok',xp4,yp4,'ok')
hold off
xlabel('x'), ylabel('y')
```

執行這個程式得到

```
Case 1
x = 1.2941, y = 1.6811, f = -0.18773
lambda_1 = 0.82718, lambda_2 = 0.62128
```

比較每種情況下計算所得的 f 值 (見表 8.2) ，很清楚地，情況 1 得出了最小的解。該程式還提供圖 8.12。此圖展示該函數、約束，以及四個可能的解。最佳解不一定位在約束邊界之交叉點，因為它是在一個線性系統。所有的解都是可行的，但只有情況 1 是全域性的最小值。情況 2 和 3 是位在約束邊界的局部最小而情況 4 是局部最大。應當指出的是，通常一個或多個的解是不可行的，也就是說，它們不會滿足約束條件。

表 8.2　最小化問題的可能解

情況	θ_1^2	θ_1^2	λ_1	λ_2	x	y	f
1	0	0	0.8272	0.6213	1.2941	1.6811	−0.1877
2	1.5654	0	0	0.8674	1.4826	1.1837	0.4552
3	0	2.3236	1.2270	0	0.8526	1.6703	0.5166
4	2.7669	4.3508	0	0	0.8165	0.7500	2.2137

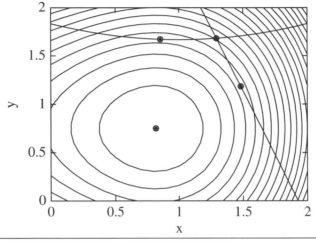

圖 8.12　函數和約束條件。也顯示出四個解。

8.11　循序無約束最小化技術

現在，我們概要的介紹含約束最佳化的標準方法。用於含約束最佳化的循序無約束最小化技術 (SUMT) 係轉換一含約束最佳化問題為一系列無約束問題的解。這個方法係由 Fiacco 和 McCormicks 及其他等人在 1960 年代所開發的。請參閱 Fiacco 和 McCormicks(1964，1990)。

考慮下述最佳化問題：

最小化函數 $f(\mathbf{x})$，受限於

$$g_i(\mathbf{x}) \geq 0 \qquad i = 1, 2, \ldots, p$$
$$h_j(\mathbf{x}) = 0 \qquad j = 1, 2, \ldots, s$$

其中 $\mathbf{x}$ 是一個分量向量。藉由使用障礙和懲罰函數的方式，對於約束的要求可以隨同要被最小化之函數而納入，讓這樣的問題轉換為無約束問題：

$$最小化 \text{Minimize } f(\mathbf{x}) - r_k \sum_{i=1}^{p} \log_e(g_i(\mathbf{x})) + \frac{1}{r_k} \sum_{j=1}^{s} h_j(\mathbf{x})^2$$

請注意加入之項所帶來的影響。第一項於不等式約束之零點處加諸了一個障礙，當 $g_i(\mathbf{x})$ 趨近於零，這函數逼近負無窮大，因此加諸了一可觀的懲罰。圖 8.13 示範說明了這一點。最後一項鼓勵滿足等式約束 $h_j(\mathbf{x}) = 0$，因為當所有的約束條件是零的時候會加入最小的量；否則，處以可觀的懲罰。這意味著，假設我們是以一個位於不等式約束之可行解區域內的初始解做為開始，這種方法鼓勵保有可行解。這些方法有時被稱為內點法。

以一個任意大的 r_0 值做為開始，並產生一序列的問題，然後使用 $r_{k+1} = r_k/c$ 其中 $c > 1$，並求解所得出的一系列無約束性最佳化問題。對於某些問題，無約束最小化步驟可能會伴生難以克服的困難。一個簡單的停止準則是檢視 $f(\mathbf{x})$ 的值與後續的無約束最佳化之間的差值。如果這差值低於所訂定的容許值，則中止這程序。

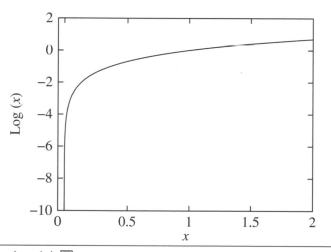

圖 8.13　$\log_e(x)$ 圖。

這個演算法也有許多替代的方法。舉例來說，可以使用一個倒數障礙函數，而非前述的對數函數。可以以一個如下形式的懲罰函數項所取代障礙項

$$\sum_{i=1}^{p} \max(0, g_i(\mathbf{x}))^2$$

如果 $g_i(\mathbf{x}) < 0$，這個項會引入可觀的懲罰；否則，不會施加任何懲罰。此方法具有的優點在於可行解是不必要的，而被稱為外點法。然而，所得到的無約束問題會對無約束最小化程序帶來額外的問題。有關這些方法的詳細說明，請參閱 Lesdon 等人 (1996)。

　　雖然專門應用此方法的軟體市面有售，不過在這裡我們提供一個有關它的操作的簡單示範說明。這程式展示了一些用於求解含約束最小化問題之方法的某些步驟；請留意，須小心地選擇初始的 r 值和它的縮減因子 (reduction factor)。為了避免涉及使用導數，MATLAB 函數 **fminsearch** 先使用內點法來求解以下的約束問題。

$$最小化 x_1^2 + 100x_2^2$$

須滿足

$$4x_1 + x_2 \geq 6 \qquad\qquad (8.23)$$

$$x_1 + x_2 = 3 \qquad\qquad (8.24)$$

$$x_1, x_2 \geq 0 \qquad\qquad (8.25)$$

```
% e3s810.m
r = 10; x0 = [5 5]
while r>0.01
    fm = @(x) x(1).^2+100*x(2).^2-r*log(-6+4*x(1)+x(2)) ...
        +1/r*(x(1)+x(2)-3).^2-r*log(x(1))-r*log(x(2));
    x1 = fminsearch(fm,x0);
    r = r/5;
    x0 = x1
end
optval = x1(1).^2+100*x1(2).^2

x0 =
    5     5

x0 =
    3.6097    0.2261

x0 =
    2.1946    0.1035

x0 =
    2.2084    0.0553

x0 =
    2.7463    0.0377

x0 =
    2.9217    0.0317

optval =
    8.6366
```

這展示收斂到最佳解 (3,0)，它滿足所有的約束。使用外點法來求解同樣的問題，我們有：

```
% e3s811.m
r = 10; x0 = [5 5]
while r>0.01
    fm = @(x) x(1).^2+100*x(2).^2+1/r*min(0,(6+4*x(1)+x(2))).^2 ...
     +1/r*(x(1)+x(2)-3).^2+1/r*min(0,x(1)).^2+1/r*min(0,x(2)).^2;
    x1 = fminsearch(fm,x0);
    r = r/5;
    x0 = x1
end
optval = x1(1).^2+100*x1(2).^2
```

這產生如下的結果：

```
x0 =
     5     5

x0 =
    0.2725    0.0027

x0 =
    0.9967    0.0100

x0 =
    2.1276    0.0213

x0 =
    2.7523    0.0275

x0 =
    2.9240    0.0292

optval =
    8.6352
```

顯然地，這些結果是非常相近的。

8.12 總結

本章介紹一些在數值分析上較高等的研究領域。基因演算法及退火模擬法仍然是活躍的研究主題，主要是用來克服困難的最佳化問題。共軛梯度法是一發展完備且廣為使用來解困難問題的方法。本章提供 MATLAB 函數讓讀者實驗並更深入的研究問題。然而必須記住的是，並無一最佳化技巧能確保解決所有最佳化問題。演算法的結構可由 MATLAB 函數的結構良好的反映出來。MathWorks Optimization 工具箱提供許多有用的選擇最佳化函數，其可被用在教育及研究領域。

本章習題

8.1　使用函數 barnes 最小化 $z = 5x_1 + 7x_2 + 10x_3$，需滿足

$x_1 + x_2 + x_3 \geq 4,\ x_1 + 2x_2 + 4x_3 \geq 5,$　及　$x_1, x_2, x_3 \geq 0$。

8.2　最 大 化 $p = 4y_1 + 5y_2$，　需 滿 足 $y_1 + y_2 \leq 5, y_1 + 2y_2 \leq 7, y_1 + 4y_2 \leq 10$　與 $y_1, y_2 \geq 0$。

透過引入寬鬆變數並從每個等式中減去一的方式，將約束寫成等式。由 barnes 求解這一問題。注意 p 的最佳值等於習題 8.1 中的最佳值。習題 8.2 稱為習題 8.1 的對偶問題 (dual problem)。這是一個重要定理的範例，即一問題之目標函數的最佳值與其對偶之最佳值是相等的。

8.3　最大化 $z = 2u_1 - 4u_2 + 4u_3$，需滿足 $u_1 + 2u_2 + u_3 \leq 30, u_1 + u_2 = 10, u_1 + u_2 + u_3 \geq 8$ 與 $u_1, u_2, u_3 \geq 0$。

提示：記得使用寬鬆變數來確保主要不等式為等式。

8.4　使用函數 mincg，容忍誤差是 0.005 來最小化 Rosenbrock 函數

$$f(x, y) = 100\left(x^2 - y^2\right) + (1 - x)^2$$

以初始近似 $x = 0.5$, $y = 0.5$ 開始，在 MATLAB 函數 fminsearch 中使用線搜索精確度 10 倍於電腦之精確度，認識函數如何改變，繪製在 $0 \leq x \leq 2$, $0 \leq y \leq 2$ 範圍內的圖形。

8.5　使用函數 mincg，容忍誤差 0.00005 來最小化 5 個變數的函數

$$z = 0.5\left(x_1^4 - 16x_1^2 + 5x_1\right) + 0.5\left(x_2^4 - 16x_2^2 + 5x_2\right) + (x_3 - 1)^2 + (x_4 - 1)^2 + (x_5 - 1)^2$$

在 mincg 中以 $x_1 = 1$, $x_2 = 2$, $x_3 = 0$, $x_4 = 2$ 以及 $x_5 = 3$ 為初值，再用其他初值試驗。

8.6　使用函數 solvercg 解 $\mathbf{Ax} = \mathbf{b}$ 的矩陣方程，其中

$$\mathbf{A} = \begin{bmatrix} 5 & 4 & 1 & 1 \\ 4 & 5 & 1 & 1 \\ 1 & 1 & 4 & 2 \\ 1 & 1 & 2 & 4 \end{bmatrix} \quad \mathbf{b} = \begin{bmatrix} 1 \\ 2 \\ 3 \\ 4 \end{bmatrix}$$

由求出 norm(b-Ax) 值來檢驗解的精確度。

8.7　使用函數 optga 在 $x = 0$ 到 2 間最大化函數 $y = 1/\{(x-1)^2 + 2\}$。使用不同的初

始族群大小，突變機率，代的數目 (numbers of generations)。注意這不是一簡單問題，因為每個條件組需要解問題數次來納入程序亂度的特性。函數最佳值是 0.5。再特定條件參數下，繪出每回執行的函數誤差在函數最佳值圖內，然後改變任一參數再重覆此程序。圖中的差異可能或不可能被分辨出來。

8.8 在 $0 \le x \le 2$，$0 \le y \le 2$ 範圍內繪出 $z = x^2 + y^2$ 函數。8.6 節之基因演算法可用來將超過 1 個變數的函數最大化。使用 MATLAB 函數 optga 求上列函數的最大值。為了求出答案，必須將 fitness 函數修改以致染色體的前半相當於 x 值而第二部分是相對於 y 值，這些染色體須對應化成 x 和 y 值。例如一個 8 位元 (8 個基因) 染色體 10010111 被分成兩部分，1001 和 0111，轉換成 x=9 及 y=7。

8.9 使用 8.3 節的函數 golden 來最小化單一變數函數：$y = e^{-x}\cos(3x)$ 範圍在 0 與 2 之間。使用容差為 0.00001。您應使用 MATLAB 函數 fminsearch 來最小化在同一範圍內的相同函數以檢驗您的結果。可以用 MATLAB 函數 fplot 繪出 0 至 4 範圍內的函數以作更進一步的確認。

8.10 使用退火模擬法 asaq(其使用相同參數值來呼叫函數，如 8.9 節所示)，最小化雙變數函數 f，此處

$$f = (x_1 - 1)^2 + 4(x_2 + 3)^2$$

將您的結果與正確值 x_1=1 及 x_2=3 相比較。此函數在考慮的區間內僅有一最小值。更嚴謹的測試使用相同的呼叫參數如上，對下列函數最小化

$$f = 0.5\left(x_1^4 - 16x_1^2 + 5x_1\right) + 0.5\left(x_2^4 - 16x_2^2 + 5x_2\right) - 10\cos\{4(x_1 + 2.9035)\}\cos\{4(x_2 + 2.9035)\}$$

這問題的全域最佳解是 $x_1 = -2.9035$ 及 $x_2 = -2.9035$，對此問題多執行幾次函數 asaq，所有執行並不全都提供全域最佳解，因此問題有許多局部最小值。

8.11 解決一個非線性方程組的方法是重新將之表達為最佳化問題。考慮方程組

$$2x - \sin((x+y)/2) = 0$$
$$2y - \cos((x-y)/2) = 0$$

這些方程式可改寫為

$$最小化 z = (2x - \sin((x+y)/2))^2 + (2y - \cos((x-y)/2))^2$$

使用 MATLAB 函數 minscg 來最小化此函數並搭配起始點 x=10 與 y=-10。

8.12 寫一個能夠為該函數提供三維圖形的 MATLAB 程式 $z=f(x, y)$ 係定義如下：

$$z = f(x,y) = (1-x)^2 e^{-p} - p e^{-p} - e^{(-(x+1)^2 - y^2)}$$

其中，p 的定義是

$$p = x^2 + y^2$$

x 和 y 的範圍為 $x = -4 : 0.1 : 4$ 與 $y = -4 : 0.1 : 4$。這程式應該使用 MATLAB `surf` 和 `contour` 函數以分別提供三維和輪廓圖。使用 MATLAB 函數 `ginput` 來選擇並指定予一群在輪廓圖上似乎是最佳者的三個點。使用前面定義過的函數 $z = f(x，y)$ 來尋找這些點的 z 值。然後使用 MATLAB 函數 `max` 和 `min` 找出這些 z 值的最大值和最小值。最後，近似該函數的全域最小值和最大值。

　　尋找最小值的另一種方法是使用 MATLAB 函數 `fminsearch`，其寫法為 `x = fminsearch(funxy,xv)`，其中 `funxy` 是一個匿名函數或由使用者提供的使用者定義函數且 `xv=[-4 4]` 是一個逼近最小值位置的初始向量。實驗不同的初始近似值來觀察你的結果是否有所不同。

8.13 使用連續遺傳演算法求解曾描述過習題 8.12 的最小化問題。使用 MATLAB 函數 `contgaf`。

8.14 寫 一 MATLAB 程 式 來 最 小 化 $f(x) = x_1^4 + x_2^2 + x_1$ 須 滿 足 $4x_1^3 + x_2 > 6$，$x_1 + x_2 = 3$ 與 $x_1, x_2 > 0$。使用循序無約束最小化技術並搭配一個對數障礙函數以及一個初始近似向量 $x = [5, 5]$。使用參數 r_0 的初始值 10，縮減參數 $c = 5$ 與 $r_{k+1} = r_k / c$。當 r_k 大於 0.0001 的時候持續迭代。

8.15 寫一個 MATLAB 程式來求解習題 8.14 中所描述的含約束最佳化問題。但是，使用形如 $[\min(0, g_i(\mathbf{x}))]^2$ 懲罰函數而非對數障礙功能，其中 $g_i(\mathbf{x})$ 大於或等於該約束。使用相同的初始起點和 r_0 以及 c 的值。比較使用這種方法所找出者與習題 8.14 所得到者。

8.16 求解 Rosenbrooks 雙變數最佳化問題：

$$最小化 f(x) = 100(x_2 - x_1^2)^2 + (1 - x_1)^2$$

使用 MATLAB 函數 `asaq` 搭配初始的近似 $[-1.2\ 1]$。以抑制係數 0.9，這些變數上限和下限已知分別為 -10 和 10、初始溫度為 100 且主迭代的最大次數等於 800。這個問題的解是 $[1\ 1]$。

9 ░░░░

符號式工具箱的應用

符號式工具箱提供廣泛的函數以供符號表示式或方程式的符號運算。符號函數的使用及其解析運算常在數值演算法內扮演重要角色。在這種演算法架構內，結合標準數值函數及符號式工具箱的能力特別有用，因其減輕使用者在算符演繹中冗長及易錯的趨勢。這使得演算法設計者能提供更方便使用及完備的函數。

本來 MATLAB 符號式工具箱係使用 Maplesoft 符號軟體來進行符號運算，再將結果傳遞給 MATLAB。然而，自 2008 年底以後，MATLAB 改為使用 Mupad 為其符號引擎。這種改變導致些許的變更與結果的呈現的方式，但結果並無二致。

9.1 符號式工具箱導論

因為是在數值分析領域內使用符號式工具箱 (Symbolic Toolbox)，所以我們以此工具箱內有益的應用例子開始。

1. 單變數非線性函數的符號式一階導數，這是在第 3 章中需要由牛頓法解單變數非線性函數所需。
2. 非線性聯立方程式的 Jacobian，參閱第 3 章。
3. 非線性函數的符號式梯度向量，這是在第 8 章中需要由共軛梯度法最小化非線性函數所需。

符號式工具箱的一個重要特點是其允許使用者作另一方面的實驗。例如，只要一問題有閉合解 (Closed form)，使用者都可用以符號的方式求解一測試問題，並將此解與數值解做比較。另外，計算精度的研究可用符號式工具箱內可變之精度算術功能加強，此一特點允許用者執行某些計算達無限制的精確度。

9.2 節至 9.14 節中，將簡介一些符號式工具箱功能的使用。但我們的本意並不是提供所有功能的詳細說明。在 9.15 節中，將說明使用符號式工具箱至特定數值演算法的應用。

9.2　符號式變數及表示法

第一個必須說明的主要特點是，符號式變數及表示式的命名原則不同於標準的 MATLAB 變數及表示式，我們必須清楚地細分它們。符號變數及符號表示式並非須有數值，而是定義符號變數間的結構關係，也就是說，一個代數式。

要定義任一變數為符號變數，sym 函數必須被使用，所以：

```
>> x = sym('x')

x =
x

>> d1 = sym('d1')

d1 =
d1
```

另外，亦可使用敘述 syms 來定義任何數目的符號變數，如

```
>> syms a b c d3
```

提供 4 個符號變數 a、b、c 及 d3。注意輸入後，控制螢幕無輸出回應。這是定義變數有用的捷徑，本書採用此種方法。要檢查那些變數被宣告為符號變數，可用標準的 whos 指令。所以，若在上述 syms 被宣告之後使用此一指令，可得

```
>> whos
  Name       Size          Bytes  Class     Attributes

  a          1x1              60  sym
  ans        1x19             38  char
  b          1x1              60  sym
  c          1x1              60  sym
  d1         1x1              60  sym
  d3         1x1              60  sym
  x          1x1              60  sym
```

一旦變數被宣告為算符之後，表示式可在 MATLAB 內直接寫入且被視為符號式運算式。例如，一旦 x 被宣告為符號變數，則下列敘述

```
>> syms x
>> 1/(1+x)
```

產生符號式表示式

```
ans =
1/(x + 1)
```

要設定符號式矩陣，首先需定義任何與該矩陣有關的符號變數。然後如同一般方法輸入敘述，用定義的符號變數來定義矩陣元素。執行此一矩陣將顯示如下：

```
>> syms x y
>> d = [x+1 x^2 x-y;1/x 3*y/x 1/(1+x);2-x x/4 3/2]

d =
[ x + 1,     x^2,      x - y]
[   1/x, (3*y)/x, 1/(x + 1)]
[ 2 - x,     x/4,        3/2]
```

注意 d 自動地被設爲符號式變數，我們可以指定各別元素或特定的行列，如：

```
>> d(2,2)

ans =
(3*y)/x

>> c = d(2,:)

c =
[ 1/x, (3*y)/x, 1/(x + 1)]
```

現在考慮符號式表示式的運算，首先設立一符號表示式如下：

```
>> e = (1+x)^4/(1+x^2)+4/(1+x^2)

e =
(x + 1)^4/(x^2 + 1) + 4/(x^2 + 1)
```

若要更清楚地看出運算表示式，可用函數 pretty 得到更一般化的函數外形，如：

```
>> pretty(e)

       4
  (x + 1)      4
  -------- + ------
    2          2
   x + 1      x + 1
```

並不是非常好看！可用函數 simplify 簡化這一數學式，

```
>> simplify(e)

ans =
x^2 + 4*x + 5
```

我們可用 expand 函數來展開數學式如下：

```
>> p = expand((1+x)^4)

p =
x^4 + 4*x^3 + 6*x^2 + 4*x + 1
```

注意此式及其它表示式的陳列可能因電腦平台而不同。p 的表示可以函數 horner 排成巢狀如下：

```
>> horner(p)

ans =
x*(x*(x*(x + 4) + 6) + 4) + 1
```

可用函數 **factor** 來分解數學式，假設 a、b 及 c 被宣告爲算符變數，則

```
>> syms a b c
>> factor(a^3+b^3+c^3-3*a*b*c)

ans =
(a + b + c)*(a^2 - a*b - a*c + b^2 - b*c + c^2)
```

　　當處理複雜的數學式時，儘可能且儘快簡化愈好。然而，在簡化過程中，並非立即明顯的知道該採用何種途徑。函數 **simple** 嘗試使用不同方法來簡化數學式並顯示不同結果告知使用者。這函數的某些方法並不能單獨地分開使用，例如 **radsimp** 及 **combine(trig)**。以下說明 **simple** 函數的使用。

```
>> syms x; y = sqrt(cos(x)+i*sin(x));
>> simple(y)

simplify:
(cos(x) + sin(x)*i)^(1/2)

radsimp:
(cos(x) + sin(x)*i)^(1/2)

simplify(100):
exp(x*i)^(1/2)

.................
.................

rewrite(exp):
exp(x*i)^(1/2)

rewrite(sincos):
(cos(x) + sin(x)*i)^(1/2)

rewrite(sinhcosh):
(cosh(x*i) + sinh(x*i))^(1/2)

rewrite(tan):
((tan(x/2)*2*i)/(tan(x/2)^2 + 1)
              - (tan(x/2)^2 - 1)/(tan(x/2)^2 + 1))^(1/2)

mwcos2sin:
(sin(x)*i - 2*sin(x/2)^2 + 1)^(1/2)

collect(x):
(cos(x) + sin(x)*i)^(1/2)

ans =
exp(x*i)^(1/2)
```

　　這例子顯示符號引擎曾嘗試不少於十五種方法來簡化原式（這裡並沒有全部顯示出來） 許多甚至無效。不過，所提供的多數方法可以讓不同的代數與超越函數的問題可以被簡化。最後的答案是最短的，我們認為這是最易被接受的。較不繁瑣的結果可以如下獲得：

```
>> [r,how] = simple(y)

r =
exp(x*i)^(1/2)

how =
simplify(100)
```

　　計算代數、三角函數及其它數學式時，以另一表示式或常數取代一個已知的變數是很重要的。例如

```
>> syms u v w
>> fmv = pi*v*w/(u+v+w)

fmv =
(pi*v*w)/(u + v + w)
```

　　這一數學式中，我們代換不同變數。以下的陳述式以符號數學式 2*v 取代變數 u：

```
>> subs(fmv,u,2*v)

ans =
(pi*v*w)/(3*v + w)
```

下一個陳述式以符號常數 1 取代先前保留在 ans 內之變數 v：

```
>> subs(ans,v,1)

ans =
(pi*w)/(w + 3)
```

最後以符號常數 1 取代 w 可得

```
>> subs(ans,w,1)

ans =
    0.7854
```

更進一步舉例說明 subs 函數的使用，考慮下列函數：

```
>> syms y
>> f = 8019+20412*y+22842*y^2+14688*y^3+5940*y^4 ...
                        +1548*y^5+254*y^6+24*y^7+y^8;
```

將以 x-3 取代 y：

```
>> subs(f,y,x-3)

ans =
20412*x + 22842*(x - 3)^2 + 14688*(x - 3)^3 + 5940*(x - 3)^4
    + 1548*(x - 3)^5 + 254*(x - 3)^6 + 24*(x - 3)^7 + (x - 3)^8 - 53217
```

使用 `collect` 函數整理 x 的同冪次的項，得到一個顯著的簡化如下：

```
>> collect(ans)

ans =
x^8 + 2*x^6
```

代數及超越函數數學式的整理化簡過程是困難的，而符號式工具箱兼具令人鼓舞及遺憾的雙重功能。鼓舞的是如同上述能化簡複雜的數學式；遺憾的是非常簡單的問題有時也會失效。

既然已經知道如何演算符號表示式，也許需要圖形的表示法。一個簡單的繪製符號函數方式是使用 MATLAB 函數 **ezplot**，但比須強調的是這函數僅適用單一變數的符號函數。以下函數提供在 −5 和 5 之間的常態曲線繪圖，如圖 9.1 所示。

```
>> syms x
>> ezplot(exp(-x*x/2),-5,5); grid
```

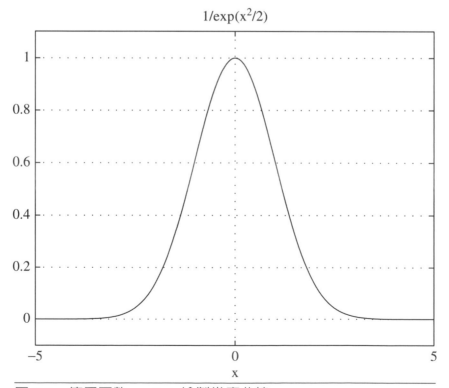

圖 9.1　使用函數 ezplot 繪製常應曲線。

另一種不同於使用 ezplot 的方式是使用 subs 函數將數值代入這符號表示式,然後使用傳統的繪圖函數。

9.3 符號式計算中的變數精確度

於涉及數值的符號式計算,函數 vpa 可用來得到任何小數位。必須強調的是使用此一函數的結果是一符號式常數,而非一個數值。所以要提供 $\sqrt{6}$ 至 100 位小數位則寫爲 vpa(sqrt(6),100)。注意此處的精確度不侷限於如同一般代數計算的 16 位精度。這一特點的良好示範提供如下,這裡我們提供一個有名的 Borweins 演算法的實作,其在每次迭代中將 π 值精確位數神奇地 4 倍化。我們納入該程式僅供說明而已。MATLAB 可給出 π 值達任何欲求的精確位數,例如可寫成 vpa(pi,100)。

```
% Script e3s901.m  Borwein iteration for pi
n = input('enter n')
y0 = sqrt(2)-1; a0 = 6-4*sqrt(2);
np = 4;
for k = 0:n
    yv = (1-y0^4)^0.25; y1 = (1-yv)/(1+yv);
    a1 = a0*(1+y1)^4-2.0^(2*k+3)*y1*(1+y1+y1^2);
    rpval = a1;  pval = vpa(1/rpval,np)
    a0 = a1; y0 = y1; np = 4*np;
end
```

給出 3 次迭代結果如下:

```
enter n 3

n =
     3

pval =
3.142

pval =
3.141592653589793

pval =
3.14159265358979323846264338327950288419716939937510582097494459 2

pval =
3.14159265358979323846264338327950288419716939937510582097494459 2
307816406286208998628034825342117067982148086513282306647093844 60
955058223172535940812848111745028410270193852110555964462294895 49
303819644288109756659334461284756482337867831652712019091456 49
```

理論上而言,函數 vpa 可用來提供結果至任何小數位的精度,Bailey (1988) 提供了一個絕佳的 π 值計算入門。

9.4　級數展開及總和

本節將考慮以級數近似函數及級數總和兩者的發展。

我們首先展示如何使用 MATLAB 函數 taylor(f,n) 以一個符號式函數作泰勒展開開始。這方法提供符號定義之函數 f 的 (n−1) 階多項式近似，若 taylor 函數僅有一輸入參數，則其提供函數的 5 階多項式近似。

考慮以下例子：

```
>> syms x
>> taylor(cos(exp(x)),4)

ans =
- (cos(1)*x^3)/2 + (- cos(1)/2 - sin(1)/2)*x^2 - sin(1)*x + cos(1)

>> s = taylor(exp(x),8)

s =
x^7/5040 + x^6/720 + x^5/120 + x^4/24 + x^3/6 + x^2/2 + x + 1
```

指數函數的級數展開也可以使用 symsum 和 $x=0.1$ 作總和運算。使用此函數時，必須知道一般項的形式。此例中，級數的定義是

$$e^{0.1} = \sum_{r=1}^{\infty} \frac{0.1^{r-1}}{(r-1)!} \quad 或 \quad \sum_{r=1}^{\infty} \frac{0.1^{r-1}}{\Gamma(r)}$$

所以，總和前 8 項得到

```
>> syms r
>> symsum((0.1)^(r-1)/gamma(r),1,8)

ans =
55700614271/50400000000
```

此處我們已總和前 8 項，然後利用函數 double 運算如下：

```
>> double(ans)

ans =
    1.1052
```

此例的另一簡單方法是使用函數 subs 將 x 在以 s 表示的符號函數中以 0.1 代入，然後用 double 來計算數值如下：

```
>> double(subs(s,x,0.1))

ans =
    1.1052
```

這得到很好的近似值，因爲我們可見到

```
>> exp(0.1)

ans =
    1.1052
```

函數 symsum 可使用不同的參數組合來完成不同的總和運算。以下例子說明此一不同情形。加總此一級數

$$S = 1 + 2^2 + 3^2 + 4^2 + \cdots + n^2 \tag{9.1}$$

使用如下程式

```
>> syms r n
>> symsum(r*r,1,n)

ans =
(n*(2*n + 1)*(n + 1))/6
```

另一例是加總此一級數

$$S = 1 + 2^3 + 3^3 + 4^3 + \cdots + n^3 \tag{9.2}$$

這裡使用

```
>> symsum(r^3,1,n)

ans =
(n^2*(n + 1)^2)/4
```

無窮大可被用來當作上限。舉個例子,考慮以下無窮級數和,則

$$S = 1 + \frac{1}{2^2} + \frac{1}{3^2} + \frac{1}{4^2} + \cdots \frac{1}{r^2} + \cdots$$

可得如下結果

```
>> symsum(1/r^2,1,inf)

ans =
pi^2/6
```

這是一個有趣的級數且是 Riemann Zeta 函數的一特例(在 MATLAB 中以 zeta(k) 完成),這函數得到下列級數的總和

$$\zeta(k) = 1 + \frac{1}{2^k} + \frac{1}{3^k} + \frac{1}{4^k} + \cdots + \frac{1}{r^k} + \cdots \tag{9.3}$$

例如:

```
>> zeta(2)

ans =
    1.6449

>> zeta(3)

ans =
    1.2021
```

另一有趣的例子是含 gamma 函數 (Γ) 的總和。 對整數 r 值，$\Gamma(r) = 1.2.3\ldots(r-2)(r-1) = (r-1)!$。這函數在 MATLAB 中以 gamma(r) 實作。例如，加總此一級數

$$S = 1 + \frac{1}{1} + \frac{1}{2!} + \frac{1}{3!} + \cdots + \frac{1}{r!} + \cdots$$

至無窮項，使用 MATLAB 陳述式

```
>> symsum(1/gamma(r),1,inf)

ans =
exp(1)

>> vpa(ans,100)

ans =
2.7182818284590452353602874713526624977572470936999595749669676 2
772407663035354759457138217852516642 7
```

注意 vpa 函數的使用導致一個有趣的 e 的演算至很大數目的小數位精確度。

更進一步的例子如下

$$S = 1 + \frac{1}{1!} + \frac{1}{(2!)^2} + \frac{1}{(3!)^2} + \frac{1}{(4!)^2} + \cdots$$

MATLAB 中此式成為

```
>> symsum(1/gamma(r)^2,1,inf)

ans =
sum(1/gamma(r)^2, r = 1..Inf)
```

這是一個 symsum 未能發揮作用的情況。

9.5 符號式矩陣的運算

一些可應用至數值矩陣之 MATLAB 函數如 eig，也能應用至符號式矩陣。然而有二個原因讓這一特點必須謹慎使用。其一是大型符號式矩陣的演算是一非常緩慢的過程，其二為由此運算所得之符號式結果可能因為代數上甚為複雜，以致很難甚至不可能獲得明瞭問題意義的洞察力。

我們先以求解一個以 2 個符號式變數表示的簡單 4×4 矩陣的特徵值開始

```
>> syms a b
>> Sm = [a b 0 0;b a b 0;0 b a b;0 0 b a]

Sm =
[ a, b, 0, 0]
[ b, a, b, 0]
[ 0, b, a, b]
[ 0, 0, b, a]
```

```
>> eig(Sm)

ans =
 a - b/2 - (5^(1/2)*b)/2
 a - b/2 + (5^(1/2)*b)/2
 a + b/2 - (5^(1/2)*b)/2
 a + b/2 + (5^(1/2)*b)/2
```

於這個問題中特徵值的數學式非常簡單。相反地，考慮另一例子，它看起來也很簡單但卻變成特徵值式子非常複雜的問題。

```
>> syms A p
>> A = [1 2 3;4 5 6;5 7 9+p]

A =
[ 1, 2,      3]
[ 4, 5,      6]
[ 5, 7, p + 9]
```

檢視此矩陣顯示若 $p=0$，則矩陣是奇異的 (singular)。演算此矩陣的行列式，可得

```
>> det(A)

ans =
-3*p
```

由此簡單結果，立即可見當 p 趨近零時，矩陣的行列式趨近於零，表示矩陣是奇異的。將矩陣反置可得

```
>> B = inv(A)

B =
[    -(5*p + 3)/(3*p),  (2*p - 3)/(3*p),  1/p]
[ (2*(2*p + 3))/(3*p),   -(p - 6)/(3*p), -2/p]
[                -1/p,             -1/p,  1/p]
```

這更困難解釋，雖然可見當 p 趨近 0 時，每個反矩陣元素趨近無窮大；即反矩陣不存在。注意反矩陣的每一元素都是 p 的函數，然而原矩陣僅有一元素是 p 的函數。最後，可以使用陳述式 v=eig(A) 計算原矩陣特徵值。這個符號物件 v 的值並沒有顯示於此，因為它太冗長且複雜。我們找出要以符號表達三個特徵值需要多少字元（包括空白）如下：

```
>>n = length(char(v))

n =
1720
```

輸出結果很難讀，更不用說理解。使用 pretty 顯示功能改善，但是每一行的輸出仍然需要 106 個字元，遠遠超出這一頁所能顯示的。

下述程式計算符號式與數值式的特徵值。在各例中，參數 p 以間距 0.1 自 0 變化至 2。不過，本例僅顯示相應於 $p=0.9$ 及 1.9 的特徵值。下述程式以符號的方式計算特徵值，然後使用 subs 將 p 值代入符號式的特徵值，然後用 double 得到數值解。

```
% e3s902.m
disp('Script 1; Symbolic - numerical solution')
c = 1; v = zeros(3,21);
tic
syms a p u w
a = [1 2 3;4 5 6;5 7 9+p];
w = eig(a);   u = [ ];
for s = 0:0.1:2
    u = [u,subs(w,p,s)];
end
v = sort(real(double(u)));
toc
v(:,[10 20])
```

執行此一程式可得

```
Script 1; Symbolic - numerical solution
Elapsed time is 2.108940 seconds.

ans =
   -0.4255   -0.4384
    0.3984    0.7854
   15.9270   16.5530
```

另一方法是經由代入數值 p 至數值矩陣來計算同一個矩陣的特徵值而求出特徵值。完成這步驟的程式如下。同樣的，僅顯示相應於 $p=0.9$ 及 1.9 的特徵值。

```
% e3s903
disp('Script 2: Numerical solution')
c = 1; v = zeros(3,21);
tic
for p = 0:.1:2
    a = [1 2 3;4 5 6;5 7 9+p];
    v(:,c) = sort(eig(a));
    c = c+1;
end
toc
v(:,[10 20])
```

執行這一程式可得

```
Script 2: Numerical solution
Elapsed time is 0.000934 seconds.

ans =
   -0.4255   -0.4384
    0.3984    0.7854
   15.9270   16.5530
```

一如預期的，此法得到相同結果且證明特徵值皆為實數。注意，符式方法其速度較慢。

我們以一個例子說明算符式方法對某些問題的優點做為本節的總結。我們希望找出一個可以由 MATLAB 函數 gallery(5) 產生之矩陣的特徵值，我們將由非符號式的方法求此矩陣的特徵值開始。

```
>> B = gallery(5)

B =
          -9           11          -21           63         -252
          70          -69          141         -421         1684
         -575          575        -1149         3451       -13801
         3891        -3891         7782       -23345        93365
         1024        -1024         2048        -6144        24572

>> format long e
>> eig(B)

ans =
    -4.052036755439267e-002
    -1.177933343414123e-002 +3.828611372186529e-002i
    -1.177933343414123e-002 -3.828611372186529e-002i
     3.203951721060507e-002 +2.281159217067240e-002i
     3.203951721060507e-002 -2.281159217067240e-002i
```

特徵值顯得很小且一個是實數而其他的都是是複數。然而，使用符號方法可得到

```
>> A = sym(gallery(5))

A =
[   -9,    11,   -21,     63,   -252]
[   70,   -69,   141,   -421,   1684]
[ -575,   575, -1149,   3451, -13801]
[ 3891, -3891,  7782, -23345,  93365]
[ 1024, -1024,  2048,  -6144,  24572]

>> eig(A)

ans =
 0
 0
 0
 0
 0
```

如何驗證這兩個解答何者正確呢？若將特徵值問題整理成 (2.38) 式的形式

$$(\mathbf{A} - \lambda \mathbf{I})\mathbf{x} = 0$$

則特徵值是 $|\mathbf{A} - \lambda \mathbf{I}| = 0$ 的根。在 MATLAB 裡，符號式的求根如下：

```
>> syms lambda
>> D = A-lambda*sym(eye(5));
>> det(D)

ans =
-lambda^5
```

已證明 $|\mathbf{A}-\lambda\mathbf{I}|=-\lambda^5$，因此特徵值 $-\lambda^5=0$ 的根，也就是 0。此例符號式工具箱顯示出正確解。

9.6　解方程式的符號式方法

MATLAB 內可用符號式求函數解的是 solve 函數。這一函數用於解多項式時非常有用，因為它顯示出所有根的表示式。要想使用 solve，我們必須先為我們所希望求解之方程式以符號變數寫出其表示式。例如

```
>> syms x
>> f = x^3-7/2*x^2-17/2*x+5

f =
x^3 - (7*x^2)/2 - (17*x)/2 + 5

>> solve(f)

ans =
   5
  -2
  1/2
```

以下例子說明如何解 2 變數的 2 個方程組。此例中我們將此兩函數置於引號內直接輸入

```
>> syms x y
>> [x y] = solve('x^2+y^2=a','x^2-y^2=b')
```

得到 4 個解

```
x =
  (2^(1/2)*(a + b)^(1/2))/2
 -(2^(1/2)*(a + b)^(1/2))/2
  (2^(1/2)*(a + b)^(1/2))/2
 -(2^(1/2)*(a + b)^(1/2))/2

y =
  (2^(1/2)*(a - b)^(1/2))/2
  (2^(1/2)*(a - b)^(1/2))/2
 -(2^(1/2)*(a - b)^(1/2))/2
 -(2^(1/2)*(a - b)^(1/2))/2
```

將答案代回原方程式簡單的驗算解答：

```
>> x.^2+y.^2, x.^2-y.^2

ans =
 a
 a
 a
 a

ans =
 b
 b
 b
 b
```

所以 4 個答案同時滿足方程式。

應注意的是若 `solve` 對一已知方程式或方程組無法獲得符號式解答時,適當的時候應嘗試使用標準數值解。實際上,鮮有可能求出一般單或多變數非線性方程式的符號式解答。

9.7　特殊函數

MATLAB 符號式工具箱提供了多達 50 個特殊函數和多項式可供使用者取用,它們可以以符號的方式使用。這些函數並非 m 檔案且不能使用 MATLAB 的標準 `help` 指令獲得與它們有關的訊息。我們可以使用 `help mfunlist` 得到這些函數的名單。函數 `mfun` 可以以數值的方式計算這些函數。

這些函數之一是 Fresnel 正弦積分。在 `mfunlist` 中,函數 `FresnelS` 定義了 x 的 Fresnel 正弦積分。要計算其在 $x=4.2$ 的值,我們輸入

```
>> x = 4.2; y = mfun('FresnelS',x)

y =
    0.5632
```

請注意,在 `FresnelS` 中的第一個和最後一個字母必須大寫。我們使用下面的程式繪製此函數(圖 9.2):

```
>> x=1:.01:3; y = mfun('FresnelS',x);
>> plot(x,y)
>> xlabel('x'), ylabel('Fresnel sine integral')
```

在 `mfunlist` 中另一個有趣的函數是對數積分 Li。例如,

```
>> y = round(mfun('Li',[1000 10000 100000]))

y =
        178        1246        9630
```

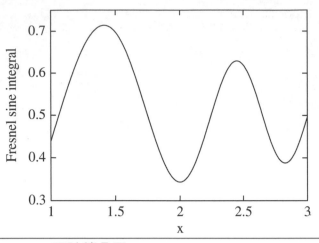

圖 9.2 Fresnel 正弦積分圖。

對數積分可以用於預測低於一個特定值之質數的數目，且這預測會隨著質數數目的增加而變得更準確。要找到低於 1000、10000、100000 質數的個數，我們有

```
>> p1 = length(primes(1000)); p2 = length(primes(10000));
>> p3 = length(primes(100000)); p = [p1 p2 p3]

p =
          168         1229         9592
```

取對數積分 y 和質數 p 的數目之間的比值，我們有

```
>> p./y

ans =
     0.9438    0.9864    0.9961
```

請注意，對數積分和低於 N 之質數數目的比值於 N 趨向於無窮大時會趨向 1。

兩 個 重 要 的 函 數 是 Dirac delta 和 Heaviside 函 數。 這 些 函 數 不 屬 於 mfunlist 的一部份，有關於它們的訊息可以以一般的方式來使用 help 指令得到。

Dirac delta 或脈衝函數 $\delta(x)$ 的定義如下：

$$\delta(x - x_0) = 0 \quad x \neq x_0 \tag{9.4}$$

$$\int_{-\infty}^{\infty} f(x)\,\delta(x - x_0)\,dx = f(x_0) \tag{9.5}$$

如果函數 $f(x) = 1$，則

$$\int_{-\infty}^{\infty} \delta(x-x_0)\,dx = 1 \tag{9.6}$$

由 (9.4)，Dirac delta 函數只存在於 $x=x_0$。此外，從 (9.6)，Dirac delta 函數下方的面積等於 1。在 MATLAB 中此函數係以 dirac(x) 實作。

Heaviside 或單位階梯函數，係定義如下：

$$u(x-x_0) = \begin{cases} 1, & x-x_0 > 0 \\ 0.5, & x-x_0 = 0 \\ 0, & x-x_0 < 0 \end{cases} \tag{9.7}$$

在 MATLAB 中此函數係以 heaviside(x) 實作。從而

```
heaviside(2)

ans =
    1
```

在 9.8、9.10 和 9.14 節，我們示範說明這些函數的性質。

9.8　符號式微分

本質上任一函數皆可符號式微分，但此過程並非永遠簡易。例如，下列由 Swift (1977) 給定的函數就是微分甚為複雜煩瑣。

$$f(x) = \sin^{-1}\left(\frac{e^x \tan x}{\sqrt{x^2+4}}\right)$$

使用 MATLAB 函數 diff 微分可得

```
>> syms x
>> diff(asin(exp(x)*tan(x)/sqrt(x^2+4)))

ans =
((exp(x)*(tan(x)^2 + 1))/(x^2 + 4)^(1/2) +
(exp(x)*tan(x))/(x^2 + 4)^(1/2) -
(x*exp(x)*tan(x))/(x^2 + 4)^(3/2))/
(1 - (exp(2*x)*tan(x)^2)/(x^2 + 4))^(1/2)

>> pretty(ans)
                2
  exp(x) (tan(x)  + 1)   exp(x) tan(x)   x exp(x) tan(x)
  -------------------- + ------------- - ---------------
      2    1/2               2    1/2        2    3/2
    (x  + 4)              (x  + 4)        (x  + 4)
  -----------------------------------------------------
              /                   2 \1/2
              |     exp(2 x) tan(x)  |
              | 1 - --------------- |
              |            2         |
              \        x  + 4        /
```

　　　現在特別地說明這個式子是如何完成的。微分是針對一指定函數對一特定變數完成的。需使用符號式工具箱時，數學式的變數必須定義成符號式。一旦完成這件事，此數學式將被視為符號式表示，其微分可被完成。考慮下列例子

```
>> syms z k
>> f = k*cos(z^4);
>> diff(f,z)

ans =
-4*k*z^3*sin(z^4)
```

注意，微分是針對 z 完成的，z 指示在第二個變數。微分也可針對 k 完成如下：

```
>> diff(f,k)

ans =
cos(z^4)
```

若欲微分之變數沒有指定，MATLAB 會選出依變數名稱的字母順序下最靠近 x 者。

高階微分亦可經由包括一額外指定微分次數的整數參數完成：

```
>> syms n
>> diff(k*z^n,4)

ans =
k*n*z^(n - 4)*(n - 1)*(n - 2)*(n - 3)
```

以下例子說明如何由符號式微分獲得標準的數值解

```
>> syms x
>> f = x^2*cos(x);
>> df = diff(f)

df =
2*x*cos(x) - x^2*sin(x)
```

現在代入 x 數值：

```
>> subs(df,x,0.5)

ans =
    0.7577
```

最後，考慮 Heaviside 函數（或單位階梯函數）的符號式微分：

```
 diff(heaviside(x))

ans =
dirac(x)
```

這個結果一如預期，因為 Heaviside 函數，除了於 $x=0$，對所有 x 之微分為零。

9.9　符號式偏微分

　　任何多變數函數的偏導數可藉由逐一微分每個變數而求出。以下我們設立一個三變數的符號式函數 fmv 為例：

```
>> syms u v w
>> fmv =u*v*w/(u+v+w)

fmv =
(u*v*w)/(u + v + w)

>> pretty(fmv)
   u v w
 ---------
 u + v + w
```

現在針對 u、v 及 w 逐一微分

```
>> d = [diff(fmv,u) diff(fmv,v) diff(fmv,w)]

d =
[ (v*w)/(u + v + w) - (u*v*w)/(u + v + w)^2,
      (u*w)/(u + v + w) - (u*v*w)/(u + v + w)^2,
                (u*v)/(u + v + w) - (u*v*w)/(u + v + w)^2]
```

將第一次微分後的結果對第二變數微分，得到混合偏導數，例如，

```
>> diff(d(3),u)

ans =
v/(u + v + w) - (u*v)/(u + v + w)^2
                  - (v*w)/(u + v + w)^2 + (2*u*v*w)/(u + v + w)^3
```

使用函數 pretty 美化上式數符結構如下：

```
>> pretty(ans)
      v            u v            v w            2 u v w
 --------- - ------------ - ------------ + ------------
 u + v + w         2              2               3
            (u + v + w)    (u + v + w)    (u + v + w)
```

此式得到對 w 然後對 u 的混合二次偏導數。

9.10　符號式積分

　　積分過程比微分更困難，因為並非所有函數皆可積分成閉合型式解 (closed form)。即使函數可積分成閉合式，其演算也常常需要很多的技巧及經驗。

　　使用符號式工具箱時，先定義符號式數學式 f。函數 int(f,a,b) 完成符號式積分，此處 a 和 b 分別是積分下限和上限。這結果是一符號式常數。若上下限省略，則結果是不定積分的數學公式。不管那種情形，若積分無法演算，這是時常遇到的情形，則原函數被退回。必須強調的是許多積分僅能以數值方式求解。

思考以下不定積分

$$I = \int u^2 \cos u \, du$$

其 MATLAB 表示成

```
>> syms u
>> f = u^2*cos(u); int(f)

ans =
sin(u)*(u^2 - 2) + 2*u*cos(u)
```

一如預期的，我們發現結果是一公式而非數值。然而，若指定上下限，則得到一符號式常數。例如，

$$y = \int\limits_{0}^{2\pi} e^{-x/2} \cos(100x) \, dx$$

可得

```
>> syms x, res = int(exp(-x/2)*cos(100*x),0,2*pi)

res =
2/40001 - 2/(40001*exp(pi))
```

我們可以使用 vpa 函數得到這個結果如下：

```
>> vpa(res)

ans =
0.000047838108134108034810408852920091
```

此結果與 4.11 節之數值結果吻合。

以下例子需要無限的積分限。此類限制可容易由符號 inf 及 -inf 完成。考慮以下例子

$$\int\limits_{0}^{\infty} e^{-x} \log_e(x) \, dx \quad \text{及} \quad \int\limits_{0}^{\infty} \frac{\sin^4(mx)}{x^2} \, dx$$

這些積分可演算如下：

```
>> syms x, int(log(1+exp(-x)),0,inf)

ans =
pi^2/12

>> syms x, f = 1/(1+x^2)^2;
>> int(f,-inf,inf)

ans =
pi/2
```

這些結果分別與 4.8 節之數值積分結果吻合。

當積分無法以符號式方法演算時，我們看看會發生何種情形。此時我們須訴諸數值程式以求得適當的積分值。

```
>> p = sin(x^3);
>> int(p)
Warning: Explicit integral could not be found.

ans =
int(sin(x^3), x)
```

注意到此一積分無法以符號式運算。若此積分加入上下限可得

```
>> int(p,0,1)

ans =
hypergeom([2/3], [3/2, 5/3], -1/4)/4
```

這是超幾何函數；請參閱 Abramowitz 與 Stegun (1965) 或是 Olver 等人 (2010)。這函數在某些情況下可以予以計算；請參閱 MATLAB 的 help hypergeom。

顯然地，這結果並沒有被簡化為一個數值，但是在這個例子，我們現在可以使用一個數值方法來解出它如下：

```
>> fv = @(x) sin(x.^3);

>> quad(fv,0,1)

ans =
    0.2338
```

考慮以下兩個有趣的例子，在符號式處理中，它會產生新的問題。

$$\int_0^\infty e^{-x} \log_e(x)\, dx \quad \text{及} \quad \int_0^\infty \frac{\sin^4(mx)}{x^2}\, dx$$

第一個積分式演算如下：

```
>> syms x; int(exp(-x)*log(x),0,inf)

ans =
-eulergamma

y = vpa('-eulergamma',10)

y =
-0.5772156649
```

於 MATLAB 中，eulergamma 是一個尤拉常數且其定義為

$$C = \lim_{p \to \infty} \left[-\log_e p + \frac{1}{2} + \frac{1}{3} + \cdots + \frac{1}{p} \right] = 0.577215\ldots$$

因此 MATLAB 展示了尤拉常數如何出現並可以讓我們計算它至任何指定的有效數字位數。

現在考慮第二積分式，

```
>> syms m, int(sin(m*x)^4/x^2,0,inf)
Warning: Explicit integral could not be found.

ans =
piecewise([0 < m, (pi*m)/4], [m in R_, (pi*abs(m))/4],
          [not m in R_, int(sin(x*m)^4/x^2, x = 0..Inf)])
```

這個複雜的 MATLAB 結果試圖儘可能的提供於不同 m 範圍計算該積分。最後，我們自 $-\infty$ 至 ∞ 積分 Dirac delta 函數：

```
>> int(dirac(x),-inf, inf)

ans =
1
```

這個結果符合 Dirac delta 函數的定義。我們現在考慮 Heaviside 函數自 -5 至 3：

```
>> int(heaviside(x),-5,3)

ans =
3
```

這個結果符合預期。

經由重覆應用 int 函數，可演算 2 變數之函數符號式積分。考慮 (4.48) 式定義的積分，爲了方便起見在此重覆如下：

$$\int_{x^2}^{x^4} dy \int_{1}^{2} x^2 y \, dx$$

其符號式演算如下：

```
>> syms x y; f = x^2*y;
>> int(int(f,y,x^2,x^4),x,1,2)

ans =
6466/77
```

此與 4.14.2 節之數值結果吻合。

9.11 常微分方程的符號式解法

MATLAB 符號式工具箱可用來以符號的方式求解具有任何初值條件的一階微分方程，一階微分方程組或高階微分方程。微分方程的符號求解在 MATLAB 中是以函數 dsolve 完成，其使用一些問題解說之。

值得注意的是，若解答存在，則此一方法僅提供符號式解答。若解不存在，則用者需使用 MATLAB 提供的數值技巧如 ode45。

呼叫函數 dsolve 解微分方程的一般形式如下：

```
sol = dsolve('de1, de2, de3, ... , den, in1, in2, in3, ... , inn');
```

除非給定 dsolve 的最後選擇參數，否則假設自變數是 t。參數 de1、de2、de3 至 den 代表各別的微分方程，這些必須用符號式變數，標準的 MATLAB 運算元，及代表一階、二階、三階及高階的微分算子 D、D2、D3 等等寫成符號式數學式。若需要初值條件，參數 in1、in2、in3 及 in4 等代表微分方程的初值條件。設應變數為 y，如何寫初值條件的例子是

```
y(0) = 1,  Dy(0) = 0,  D2y(0) = 9.1
```

這表示 y 值為 1，$dy/dt=0$，且 $t=0$ 時 $d^2y/dt^2=9.1$。很重要的是要注意 dsolve 最多接受 12 個輸入參數。在需初值條件，則這是一個很大的侷限。

解答以 MATLAB 結構傳回 sol 且隨後之應變數名稱用以指定各別分量。例如，若 g 和 y 是微分程的 2 個應變數，sol.y 給出應變數 y 的解，sol.g 給出應變數 g 的解。

考慮一些例子說明此種情形。一個一階微分方程如下

$$\left(1+t^2\right)\frac{dy}{dt}+2ty=\cos t$$

解此例無需初值條件，使用 dsolve 如下：

```
>> s = dsolve('(1+t^2)*Dy+2*t*y=cos(t)')

s =
-(C3 - sin(t))/(t^2 + 1)
```

注意此解含任意常數 C3。若使用初值條件解相同方程式，解法如下：

```
>> s = dsolve('(1+t^2)*Dy+2*t*y=cos(t),y(0)=0')

s =
sin(t)/(t^2 + 1)
```

注意此時並不含常數。

現在解一 2 階系統

$$\frac{d^2y}{dx^2} + y = \cos 2x$$

具有初值條件 $y=0$ 及在 $x=0$ 時 $dy/dx=1$。dsolve 解此微分方程的型式為

```
>> dsolve('D2y+y=cos(2*x), Dy(0)=1, y(0)=0','x')

ans =
(2*cos(x))/3 + sin(x) + sin(x)*(sin(3*x)/6 + sin(x)/2) -
  (2*cos(x)*(6*tan(x/2)^2 - 3*tan(x/2)^4 + 1))/(3*(tan(x/2)^2 + 1)^3)

>> simplify(ans)

ans =
sin(x) + (2*sin(x)^2)/3 - (2*sin(x/2)^2)/3
```

注意，因為自變數是 x，在 dsolve 中是由參數列的最後一個輸入參數 x 指示出來。

現在解一個四階微分方程：

$$\frac{d^4y}{dt^4} = y$$

初值條件是

$$y=1, \ dy/dt=0, \ d^2y/dt^2=-1, \ d^3y/dt^3=0 \qquad 當 \qquad t=\pi/2$$

再次使用 dsolve。此例中 D4 代表對於 t 的四次微分算子。

```
>> dsolve('D4y=y, y(pi/2)=1, Dy(pi/2)=0, D2y(pi/2)=-1, D3y(pi/2)=0')

ans =
sin(t)
```

然而，若欲解下列明顯簡單的問題

$$\frac{dy}{dx} = \frac{e^{-x}}{x}$$

當 $x=1$ 時，初值條件 $y=1$，困難由此而生。應用 dsolve 可得

```
>> dsolve('Dy=exp(-x)/x, y(1)=1', 'x')

ans =
1 - Ei(1, x) - Ei(-1)
```

請注意 Ei(-1)=-Ei(1,1)。很清楚地，結果並非簡易明顯的解答，函數 Ei(1,x) 是指數積分且可以於 mfunlist 中找到。有關此函數的詳細說明請參閱 Abramowitz 及 Stegun(1965) 及 Olver 等人 (2010)。我們可以使用 mfun 函數計算 Ei 函數之任何參數。舉例來說，

```
>> y = mfun('Ei',1,1)

y =
    0.2194
```

如果我們希望於解答中有更多的數字，可得

```
vpa('Ei(1,1)',20)

ans =
0.21938393439552027368
```

現在嘗試解下列似乎簡單的微分方程：

$$\frac{dy}{dx} = \cos(\sin x)$$

應用 dsolve 可得

```
>> dsolve('Dy=cos(sin(x))','x')

ans =
C17 + int(cos(sin(x)), x, IgnoreAnalyticConstraints)
```

此種情形時，dsolve 無法解出這個方程式。

　　微分方程也可含符號常數。例如，若欲解方程式為

$$\frac{d^2x}{dt^2} + \frac{a}{b}\sin t = 0$$

當 $t=0$ 時，初值條件為 $x=1$ 及 $dx/dt=0$，我們輸入

```
>> syms x t a b
>> x = dsolve('D2x+(a/b)*sin(t)=0,x(0)=1,Dx(0)=0')

x =
(a*sin(t))/b - (a*t)/b + 1
```

注意，如同預期的，變數 a 及 b 出現在解答中。

　　當做一個解兩聯立微分方程的例子，我們注意到上例可改寫為

$$\frac{du}{dt} = -\frac{a}{b}\sin t$$

$$\frac{dx}{dt} = u$$

使用相同的初值條件，dsolve 可被用來解這方程組，寫成

```
>> syms u
>> [u x] = dsolve('Du+(a/b)*sin(t)=0,Dx=u,x(0)=1,u(0)=0')

u =
(a*cos(t))/b - a/b

x =
(a*sin(t))/b - (a*t)/b + 1
```

由此獲得與 dsolve 直接解二階微分方程相同的答案。

　　以下例子提供符號式方法與數值方法的一個有趣比較。其包含一程式及從此程式的輸出。這程式比較使用 dsolve 求微分方程符號式解答與使用 ode45 求相同微分方程的數值解。注意，符號式求解可由 2 個方法；其一是由直接解二階方程，其二爲將其分開爲 2 個一階聯立方程式。兩種方法得到相同解。

```
% e3s904.m  Simultaneous first order differential equations
% dx/dt = y, Dy = 3*t-4*x.
% Using dsolve this becomes
syms y t x
x = dsolve('D2x+4*x=3*t','x(0)=0', 'Dx(0)=1')
tt = 0:0.1:5; p = subs(x,t,tt); pp = double(p);
% Plot the symbolic solution to the differential equ'n
plot(tt,pp,'r')
hold on
xlabel('t'), ylabel('x')
sol = dsolve('Dx=y','Dy=3*t-4*x', 'x(0)=0', 'y(0)=1');
sol_x = sol.x, sol_y = sol.y
fv = @(t,x) [x(2); 3*t-4*x(1)];
options = odeset('reltol', 1e-5,'abstol',1e-5);
tspan = [0 5]; initx = [0 1];
[t,x] = ode45(fv,tspan,initx,options);
plot(t,x(:,1),'k+');
axis([0 5 0 4])
```

執行此一程式可得

```
x =
 (3*t)/4 + sin(2*t)/8

sol_x =
(3*t)/4 + sin(2*t)/8

sol_y =
cos(2*t)/4 + 3/4
```

　　此程式同時提供符號式解答與數值解的圖（圖 9.3），注意，數值解是多麼接近符號式解答。

9.12　拉氏轉換

　　符號式工具箱允許符號式求解很多函數的拉氏轉換 (Laplace transform)。拉氏轉換將線性微分方程轉換成代數方程以便簡化求解的過程。也可用來將微分方程組轉換成代數方程組。拉氏轉換將時域 t 的連續函數 $f(t)$ 映至 s 域內的 $F(s)$ 函數，其中 $s=\sigma+j\omega$；也就是 s 爲複數。令 $f(t)$ 具有一個有限原點，可假設位於 $t=0$，此時可寫爲

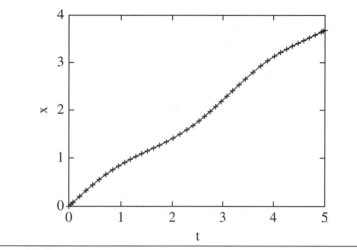

圖 9.3 符號解與數值解（以 + 表示）的比較。

$$F(s) = \int\limits_{0}^{\infty} f(t)e^{-st}dt \qquad (9.8)$$

其中 $f(t)$ 是一定義於所有正值 t 的已知函數且 $F(s)$ 是 $f(t)$ 的拉氏轉換。此一轉換稱為單邊拉氏轉換。參數 s 是有限制的以確保積分收斂，同時需注意有許多函數其拉氏轉換並不存在。逆轉換如下

$$f(t) = \frac{1}{j2\pi} \int\limits_{\sigma_0 - j\infty}^{\sigma_0 + j\infty} F(s)e^{st}ds \qquad (9.9)$$

其中 $j = \sqrt{-1}$，σ_0 是實數且使得圍線 $\sigma_0 - j\omega$ $(-\infty < \omega < \infty)$ 位於 $F(s)$ 的收斂區間。實際上 (9.9) 式並不被用來計算逆轉換。$f(t)$ 的拉氏轉換以算符 $\mathcal{L}$ 表示，所以

$$F(s) = \mathcal{L}[f(t)] \quad 及 \quad f(t) = \mathcal{L}^{-1}[F(s)]$$

現在我們給一些用符號式工具箱求某些函數的拉氏轉換之範例。

```
>> syms t
>> laplace(t^4)

ans =
24/s^5
```

可使用不是 t 的變數當成自變數如下：

```
>> syms x; laplace(heaviside(x))

ans =
1/s
```

此一簡單的拉氏轉換介紹，我們將不討論其性質但僅說明如下結果：

$$\mathcal{L}\left[\frac{df}{dt}\right] = sF(s) - f(0)$$

$$\mathcal{L}\left[\frac{d^2f}{dt^2}\right] = s^2F(s) - sf(0) - f^{(1)}(0)$$

其中 $f(0)$ 及 $f^{(1)}(0)$ 是 $f(t)$ 及其一次導數在 $t=0$ 時的值。這種型式一直延續到高階導數。

假設欲解下列微分方程：

$$\ddot{y} - 3\dot{y} + 2y = 4t + e^{3t}, \quad y(0) = 1, \quad \dot{y}(0) = -1 \tag{9.10}$$

此處點符號表示對時間的微分。取 (9.10) 之拉氏轉換可得

$$s^2Y(s) - sy(0) - y^{(1)}(0) - 3\{sY(s) - y(0)\} + 2Y(s) = \mathcal{L}\left[4t + e^{3t}\right] \tag{9.11}$$

由拉氏轉換的定義或查表可求 $\mathcal{L}[4t+e^{3t}]$。這裡使用 MATLAB 符號式工具箱求需要的轉換如下：

```
>> syms s t
>> laplace(4*t+exp(3*t))

ans =
1/(s - 3) + 4/s^2
```

將結果代回 (9.11) 式並整理可得

$$(s^2 - 3s + 2)Y(s) = \frac{4}{s^2} + \frac{1}{s-3} - 3y(0) + sy(0) + y^{(1)}(0)$$

應用初值條件並進一步整理可得

$$Y(s) = \left(\frac{1}{s^2 - 3s + 2}\right)\left(\frac{4}{s^2} + \frac{1}{s-3} - 4 + s\right)$$

若要求出解答 $y(t)$，必須求此方程式的逆轉換。之前已經說明 (9.9) 式實際上並不用來求逆轉換。一般的程序是將拉氏轉換重新整理成由拉氏轉換表上可查的型式，這步驟的典型方法是分項分式 (partial fractions)。然而 MATLAB 符號式工具箱允許我們避開此一步驟，直接使用 `ilaplace` 敘述求逆轉換：

```
>> ilaplace((4/s^2+1/(s-3)-4+s)/(s^2-3*s+2))

ans =
2*t - 2*exp(2*t) + exp(3*t)/2 - exp(t)/2 + 3
```

所以，解答為 $y(t) = 2t + 3 + 0.5(e^{3t} - e^t) - 2e^{2t}$。

9.13　Z 轉換

Z 轉換解代表離散時間系統的差分方程中的角色類似於拉氏轉換解連續時間系統的微分方程式。Z 轉換定義為

$$F(z) = \sum_{n=0}^{\infty} f_n z^{-n} \tag{9.12}$$

其中 f_n 是一從 f_0 開始的資料序列。函數 $F(z)$ 稱為 f_n 的單邊 Z 轉換，以 $\mathcal{Z}[f_n]$ 表示。

$$F(z) = \mathcal{Z}[f_n]$$

逆轉換表示為 $\mathcal{Z}^{-1}[F(z)]$，所以

$$f_n = \mathcal{Z}^{-1}[F(z)]$$

如同拉氏轉換一樣，Z 轉換有許多重要性質。在此並不討論這些性質，但僅提供下列重要結果：

$$\mathcal{Z}[f_{n+k}] = z^k F(z) - \sum_{m=0}^{k-1} z^{k-m} f_m \tag{9.13}$$

$$\mathcal{Z}[f_{n-k}] = z^{-k} F(z) + \sum_{m=1}^{k} z^{-(k-m)} f_{(-m)} \tag{9.14}$$

分別表示左移及右移性質。

我們可用 Z 轉換解差分方程，其過程酷似拉氏轉換解微分方程。例如，思考以下差分方程

$$6y_n - 5y_{n-1} + y_{n-2} = \frac{1}{4^n}, \quad n \geq 0 \tag{9.15}$$

其中 y_n 是從 y_0 開始的資料串。然而，當 (9.15) 式中 $n=0$，需要指定 y_{-1} 及 y_{-2} 的值。這是「初值條件」，類似於一微分方程初值條件的角色。令 y_{-1} 且 $y_{-2}=0$。取 (9.14) 中的 $k=1$，可得

$$\mathcal{Z}[y_{n-1}] = z^{-1} Y(z) + y_{-1}$$

取 (9.14) 中的 $k=1$，可得

$$\mathcal{Z}[y_{n-2}] = z^{-2} Y(z) + z^{-1} y_{-1} + y_{-2}$$

取 (9.15) 式之 Z 轉換並代入已轉換的 y_{-1} 及 y_{-2}，可得

$$6Y(z) - 5\{z^{-1}Y(z) + y_{-1}\} + \{z^{-2}Y(z) + z^{-1}y_{-1} + y_{-2}\} = \mathcal{Z}\left[\frac{1}{4^n}\right] \tag{9.16}$$

我們可用 Z 轉換的基本定義，或 Z 轉換表求出方程式右側。然而 MATLAB 符號式工具箱給出函數的 Z 轉換如下：

```
>> syms z n
>> ztrans(1/4^n)

ans =
z/(z - 1/4)
```

將此代回 (9.16) 可得

$$(6 - 5z^{-1} + z^{-2})Y(z) = \frac{4z}{4z - 1} - z^{-1}y_{-1} - y_{-2} + 5y_{-1}$$

代入 y_{-1} 及 y_{-2} 得

$$Y(z) = \left(\frac{1}{6 - 5z^{-1} + z^{-2}} \right) \left(\frac{4z}{z - 1} - z^{-1} + 5 \right)$$

取逆 Z 轉換求出 y_n，可用 MATLAB 函數 `iztrans` 求出

```
>> iztrans((4*z/(4*z-1)-z^(-1)+5)/(6-5*z^(-1)+z^(-2)))

ans =
(5*(1/2)^n)/2 - 2*(1/3)^n + (1/4)^n/2
```

所以

$$y_n = \frac{5}{2} \left(\frac{1}{2} \right)^n - 2 \left(\frac{1}{3} \right)^n + \frac{1}{2} \left(\frac{1}{4} \right)^n$$

在 $n=-2$ 及 -1 演算此式，證明了其滿足初值條件。

9.14　傅氏轉換法

傅氏分析將數據或函數自時間或空間領域轉換至頻率領域。本節中我們將轉換由 x 域至 ω 域，因為 MATLAB 於實作傅氏轉換 (Fourier transform) 及反傅氏轉換 (inverse Fourier transform) 中係使用 x 及 w（對應 ω）為內設參數。

傅氏級數轉換 x 域內的一週期函數至頻率領域內的對應離散數值，這就是傅氏係數。相反的，傅氏轉換取 x 領域內的一非週期性連續函數，轉換至頻域內一無限且連續的函數。

函數 $f(x)$ 的傅氏轉換定義為

$$F(s) = \mathcal{F}[f(x)] = \int_{-\infty}^{\infty} f(x)e^{-sx}dx \tag{9.17}$$

其中 $s=j\omega$；也就是 s 為虛數。所以可寫成

$$F(\omega) = \mathcal{F}[f(x)] = \int_{-\infty}^{\infty} f(x)e^{-j\omega x}dx \qquad (9.18)$$

$F(\omega)$ 是複數,稱 $f(x)$ 的頻譜。反傅氏轉換定義爲

$$f(x) = \mathcal{F}^{-1}[F(\omega)] = \frac{1}{2\pi} \int_{-\infty}^{\infty} F(\omega)e^{j\omega x}d\omega \qquad (9.19)$$

這裡分別用 $\mathcal{F}$ 及 $\mathcal{F}^{-1}$ 表示傅氏轉換及反傅氏轉換。並非所有函數皆有傅氏轉換,若轉換存在則需合特定條件(參閱 Bracewell,1978)。傅氏轉換重要的特性將被適時的提出。

以 MATLAB 符號函數 fourier 求 cos(3x) 的傅氏轉換開始。

```
>> syms x, y = fourier(cos(3*x))

y =
pi*(dirac(w - 3) + dirac(w + 3))
```

傅氏轉換對用圖示解說於圖 9.4 中,傅氏轉換告訴我們餘弦函數的頻譜包含 2 個無限窄小的分量,其一在 ω=3,另一個在 ω=−3(Dirac delta 函數的說明請參閱 9.7 節)。MATLAB 函數 ifourier 完成符號式反傅氏轉換如下

```
>> z = ifourier(y)

z =
1/(2*exp(x*3*i)) + exp(x*3*i)/2

>> simplify(z)

ans =
cos(3*x)
```

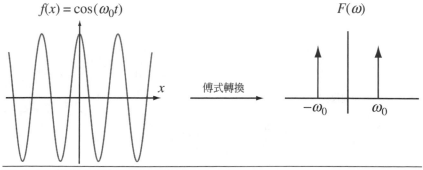

圖 9.4　餘弦函數的傅氏轉換。

傅氏轉換的第 2 個例子,考慮圖 9.5 的轉換,其在−2 < x < 2 範圍內有單位值,在其餘範圍則爲 0。注意此例如何由 2 個 Heaviside 函數建構而成(Heaviside 函數說明請參閱 9.7 節)。

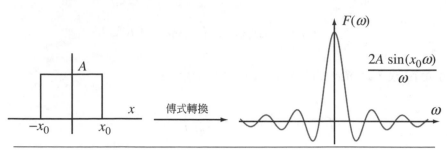

圖 9.5 「高禮帽」函數的傅氏轉換。

```
>> syms x
>> fourier(heaviside(x+2) - heaviside(x-2))

ans =
(cos(2*w)*i + sin(2*w))/w - (cos(2*w)*i - sin(2*w))/w
```

此一數學式可被化簡如下：

```
simplify(ans)

ans =
(2*sin(2*w))/w
```

請注意原函數在 x 域內僅侷限於 $-2<x<2$ 的範圍內，其頻率在無限範圍內連續，即 $-\infty<\omega<\infty$。如圖 9.5 所示。

現在說明使用傅氏轉換解偏微分方程。考慮一方程式

$$\frac{\partial u}{\partial t} = \frac{\partial^2 u}{\partial x^2} \quad (-\infty < x < \infty,\ t > 0) \tag{9.20}$$

受制於初值條件

$$u(x,0) = \exp(-a^2 x^2) \quad \text{其中} \quad a = 0.1$$

可以證明

$$\mathcal{F}\left[\frac{\partial^2 u}{\partial x^2}\right] = -\omega^2 \mathcal{F}[u] \quad \text{及} \quad \mathcal{F}\left[\frac{\partial u}{\partial t}\right] = \frac{\partial}{\partial t}\{\mathcal{F}[u]\}$$

取 (9.20) 的傅氏轉換可得

$$\frac{\partial}{\partial t}\{\mathcal{F}[u]\} + \omega^2 \mathcal{F}[u] = 0$$

解此一階微分方程，求出 $\mathcal{F}[u]$

$$\mathcal{F}[u] = A\exp(-\omega^2 t) \tag{9.21}$$

求出常數 A 需利用初值條件。使用 MATLAB 求初值條件的傅氏轉換開始。

```
>> syms x y z w
>> z = fourier(exp(-x^2/100))

z =
(10*pi^(1/2))/exp(25*w^2)
```

所以

$$\mathcal{F}[u(x,0)] = \sqrt{100\pi}\exp(-25\omega^2)$$

$t=0$ 時，將此式與 (9.21) 比較，可見

$$A = \sqrt{100\pi}\exp(-25\omega^2)$$

將所得結果代回 (9.21) 可得

$$\mathcal{F}[u] = \sqrt{100\pi}\exp(-25\omega^2)\exp(-\omega^2 t)$$

取其反轉換得到

$$u(x,t) = \mathcal{F}^{-1}\left[\sqrt{100\pi}\exp(-25\omega^2)\exp(-\omega^2 t)\right]$$

假設我們需要 $t=4$ 時的解，使用 MATLAB 反傅氏轉換可得

```
>> y = z*exp(-4*w^2)

y =
(10*pi^(1/2))/exp(29*w^2)

>> ifourier(y)

ans =
(5*29^(1/2))/(29*exp(x^2/116))
```

所以當 $t=4$ 時，(9.20) 的解為

$$u(x,4) = \frac{5\sqrt{29}}{29}\exp(-x^2/116)$$

現在考慮 Heaviside 或單位階梯函數傅氏轉換。

```
>> syms x
>> fourier(heaviside(x))

ans =
pi*dirac(w) - i/w
```

於是 Heaviside 函數之傅氏轉換的實數部分等於 π 乘上在 $\omega=0$ 時的 Dirac delta 函數，虛數部份等於 $1/\omega$，當 $\omega=0$ 時這個值趨近於正負無限大。單位階梯函數有許多方面的應用。舉例來說，如過果我們需要下述函數的傅氏轉換

$$f(x) = \begin{cases} e^{-2x} & x \geq 0 \\ 0 & x < 0 \end{cases}$$

使用 Heaviside 或單位階梯函數，我們可以將之改寫為

$$f(x) = u(x)e^{-2x} \quad \text{對於所有} \ x$$

其中 $u(x)$ 為 Heaviside 函數。MATLAB 實作為

```
>> syms x
>> fourier(heaviside(x)*exp(-2*x))

ans =
1/(w*i + 2)
```

9.15　符號式方法及數值方法的連貫

符號式代數可減輕使用者在數值解過程的負擔。為了說明此點，我們列出符號式工具箱如何用來求非線性微分方程的牛頓法之符號式版，此版僅需用者輸入函數本身即可。此演算法的一般性實作（參閱 3.7 節）需要使用者提供函數的 1 階導數及函數本身。修正的演算法於 MATLAB 中有下述的型式：

```
function [res, it] = fnewtsym(func,x0,tol)
% Finds a root of f(x) = 0 using Newton's method
% using the symbolic toolbox.
% Example call: [res, it] = fnewtsym(func,x,tol)
% The user defined function func is the function f(x) which must
% be defined as a symbolic function.
% x is an initial starting value, tol is required accuracy.
it = 1; syms dfunc x
% Now perform the symbolic differentiation:
dfunc = diff(sym(func));
d = double(subs(func,x,x0)/subs(dfunc,x,x0));
while abs(d)>tol
    x1 = x0-d; x0 = x1;
    d = double(subs(func,x,x0)/subs(dfunc,x,x0));
    it = it+1;
end
res = x0;
```

注意，因使用 subs 及 double 函數，所以傳回的是數值解。為示範說明 fnewtsym 的使用，我們將求解 $\cos x - x^3 = 0$，求出最靠近 1 的根且其精確度至 4 位數。

```
>> [r,iter] = fnewtsym('cos(x)-x^3',1,0.00005)

r =
    0.8655

iter =
    4
```

這結果與使用 3.7 節之函數 fnewton 所得的結果一樣，但不需要使用者提供函數的導數。

以下例子更進一步說明符號式工具箱如何幫使用數值方法函數的使用者來完成一些例行性的，煩瑣的，甚至困難的任務。我們已經看到單變數牛頓法如何經由使用符號式微分來修改，現在將推廣此方法來得符號式多變數牛頓法以解決方程組，其使用符號式函數提供使用者更省事。此例待解的方程式是

$$x_1 x_2 = 2$$
$$x_1^2 + x_2^2 = 4$$

MATLAB 函數形式為

```
function [x1,fr,it] = newtmvsym(x,f,n,tol)
% Newton's method for solving a system of n nonlinear equations
% in n variables. This version is restricted to two variables.
% Example call: [xv,it] = newtmvsym(x,f,n,tol)
% Requires an initial approximation column vector x. tol is
% required accuracy.
% User must define functions f, the system equations.
% xv is the solution vector, parameter it is number of iteration
syms a b
xv = sym([a b]); it = 0;
fr = double(subs(f,xv,x));
while norm(fr)>tol
    Jr = double(subs(jacobian(f,xv),xv,x));
    x1 = x-(Jr\fr')'; x = x1;
    fr = double(subs(f,xv,x1));
    it = it+1;
end
```

注意此函數在程式敘述中如何使用符號式 Jacobian 函數，

```
Jr = double(subs(jacobian(f,xv),xv,x));
```

這確保此例中，使用者不須提供四次偏導數。執行下列程式來使用這一函數

```
% e3s905.m.  Script for running newtonmvsym.m
syms a b
x = sym([a b]);
format long
f = [x(1)*x(2)-2,x(1)^2+x(2)^2-4];
[x1,fr,it] = newtmvsym([1 0],f,2,.000000005)
```

執行程式得到下列結果

```
x1 =
  1.414244079950892    1.414183044795298

fr =
  1.0e-008 *
  -0.093132257461548    0.186264514923096

it =
    14
```

我們注意到對給定的兩變數問題,這結果提供一精確解。

有趣的是可使用相同方法撰寫一程式給共軛梯度法,其可避免使用者須提供欲最小化函數的一階偏導數。這程式使用如下的陳述式

```
for i = 1:n, dfsymb(i) = diff(sym(f),xv(i)); end
df = double(subs(dfsymb,xv(1:n),x(1:n)'));
```

以求得所需函數的梯度。欲執行這一修正的函數,必須撰寫一類似稍早用於多變數牛頓法的程式。這程式定義欲最佳化的非線性函數及定義一符號式向量 x。

9.16   總結

我們已介紹廣泛的符號式函數並說明其如何應用至一般的數學運算,諸如積分、微分、展開及化簡。同時也說明符號式方法有時也能直接有效的連貫數值方法。對於可同時使用 MATLAB 及符號式工具箱的用者,必須謹慎選擇適合問題的適當數值方法或符號式算法。

本章習題

9.1 使用適當的 MATLAB 符號式函數，重新整理下式及爲 x 的多項式：

$$\left(x-\frac{1}{a}-\frac{1}{b}\right)\left(x-\frac{1}{b}-\frac{1}{c}\right)\left(x-\frac{1}{c}-\frac{1}{a}\right)$$

9.2 使用適當的 MATLAB 符號式函數，將以下多項式相乘並化簡數學式，然後將解答整理成巢狀式 (nested form)。

$$f(x)=x^4+4x^3-17x^2+27x-19 \quad 及 \quad g(x)=x^2+12x-13$$

9.3 使用適當的 MATLAB 符號式函數，展開以下函數
(a) $\tan(4x)$ 展開成 $\tan(x)$ 的冪次。
(b) $\cos(x+y)$ 以 $\cos(x)$、$\cos(y)$、$\sin(x)$、$\sin(y)$ 展開。
(c) $\cos(3x)$ 展開成 $\cos(x)$ 的冪次。
(d) $\cos(6x)$ 展開成 $\cos(x)$ 的冪次。

9.4 使用適當的 MATLAB 符號式函數，將 $\cos(x+y+z)$ 展開成以 $\cos(x)$、$\cos(y)$、$\cos(z)$、$\sin(x)$、$\sin(y)$、$\sin(z)$ 表示。

9.5 使用適當的 MATLAB 符號式函數，展開以下函數成 x 的上升次冪至 x^7：
(a) $\sin^{-1}(x)$
(b) $\cos^{-1}(x)$
(c) $\tan^{-1}(x)$

9.6 使用適當的 MATLAB 符號式函數，展開 $y=\log_e(\cos(x))$ 成 x 的升次冪至 x^{12}。

9.7 某級數的前三項是

$$\frac{4}{1\cdot2\cdot3}\left(\frac{1}{3}\right)+\frac{5}{2\cdot3\cdot4}\left(\frac{1}{9}\right)+\frac{6}{3\cdot4\cdot5}\left(\frac{1}{27}\right)+\cdots$$

使用 MATLAB 函數 `symsum` 及 `simple` 來加總此級數至 n 項。

9.8 使用適當的 MATLAB 符號式函數，加總某級數的前一百項，此級數的第 k 項是 k^{10}。

9.9 使用適當的 MATLAB 符號式函數，證明

$$\sum_{k=1}^{\infty}k^{-4}=\frac{\pi^4}{90}$$

9.10 對於矩陣

$$\mathbf{A} = \begin{bmatrix} 1 & a & a^2 \\ 1 & b & b^2 \\ 1 & c & c^2 \end{bmatrix}$$

使用 MATLAB 函數 inv 以符號式的方法求 $\mathbf{A}^{-1}$ 並使用函數 factor 將之表示成以下型式

$$\begin{bmatrix} \dfrac{cb}{(a-c)(a-b)} & \dfrac{-ac}{(b-c)(a-b)} & \dfrac{ab}{(b-c)(a-c)} \\ \dfrac{-(b+c)}{(a-c)(a-b)} & \dfrac{(a+c)}{(b-c)(a-b)} & \dfrac{-(a+b)}{(b-c)(a-c)} \\ \dfrac{1}{(a-c)(a-b)} & \dfrac{-1}{(b-c)(a-b)} & \dfrac{1}{(b-c)(a-c)} \end{bmatrix}$$

9.11 使用適當的 MATLAB 符號式函數，證明以下矩陣的特徵方程式

$$\mathbf{A} = \begin{bmatrix} a_1 & a_2 & a_3 & a_4 \\ 1 & 0 & 0 & 0 \\ 0 & 1 & 0 & 0 \\ 0 & 0 & 1 & 0 \end{bmatrix}$$

是

$$\lambda^4 - a_1\lambda^3 - a_2\lambda^2 - a_3\lambda - a_4 = 0$$

9.12 旋轉矩陣 $\mathbf{R}$ 給定如下。以符號式定義它並使用 MATLAB 求其 2 次及 4 次冪。

$$\mathbf{R} = \begin{bmatrix} \cos\theta & \sin\theta \\ -\sin\theta & \cos\theta \end{bmatrix}$$

9.13 符號式的求解一般三次方程式，形式如 $x^3+3hx+g=0$。提示：使用 MATLAB 函數 subexpr 化簡您的結果。

9.14 使用適當的 MATLAB 符號式函數，解三次方程式 $x^3-9x+28=0$。

9.15 使用適當的 MATLAB 符號式函數，求 $z^6 = 4\sqrt{2}(1+j)$ 的根並在複數平面上繪出這些根。提示：使用 double 轉換答案。

9.16 使用適當的 MATLAB 符號式函數，對 x 微分下列函數

$$y = \log_e\left\{\frac{(1-x)(1+x^3)}{1+x^2}\right\}$$

9.17 拉普拉斯函數給定如下

$$\frac{\partial^2 z}{\partial x^2} + \frac{\partial^2 z}{\partial y^2} = 0$$

使用適當的 MATLAB 符號式函數驗證下列函數滿足此方程式：

(a) $z = \log_e(x^2 + y^2)$

(b) $z = e^{-2y}\cos(2x)$

9.18 使用適當的 MATLAB 符號式函數，驗證 $z = x^3$ 滿足以下條件：

$$\frac{\partial^2 z}{\partial x \partial y} = \frac{\partial^2 z}{\partial y \partial x} \quad \text{及} \quad \frac{\partial^{10} z}{\partial x^4 \partial y^6} = \frac{\partial^{10} z}{\partial y^6 \partial x^4} = 0$$

9.19 使用適當的 MATLAB 符號式函數，求下列函數的積分，然後將結果微分回復原來的函數：

$$\text{(a)} \quad \frac{1}{(a+fx)(c+gx)} \quad \text{(b)} \quad \frac{1-x^2}{1+x^2}$$

9.20 使用適當的 MATLAB 符號式函數，求下列不定積分：

$$\text{(a)} \quad \int \frac{1}{1+\cos x + \sin x}\,dx \quad \text{(b)} \quad \int \frac{1}{a^4 + x^4}\,dx$$

9.21 使用適當的 MATLAB 符號式函數，證明下列結果：

$$\int_0^{\infty} \frac{x^3}{e^x - 1}\,dx = \frac{\pi^4}{15}$$

9.22 使用適當的 MATLAB 符號式函數，計算以下積分：

$$\text{(a)} \quad \int_0^{\infty} \frac{1}{1+x^6}\,dx \quad \text{(b)} \quad \int_0^{\infty} \frac{1}{1+x^{10}}\,dx$$

9.23 使用適當的 MATLAB 符號式函數，演算下列積分：

$$\int_0^1 \exp(-x^2)\,dx$$

將 $\exp(-x^2)$ 展開成 x 的升次冪，然後逐項積分得到近似解。展開此級數至 x^6 及 x^{14} 並得到 2 個積分的近似值。比較結果的精確度。解至 10 位精確度是 0.7468241328。

9.24 使用適當的 MATLAB 符號式函數，驗證下列結果：

$$\int_0^\infty \frac{\sin(x^2)}{x}\,dx = \frac{\pi}{4}$$

9.25 使用適當的 MATLAB 符號式函數，計算下列積分：

$$\int_0^1 \log_e(1+\cos x)\,dx$$

將 $\log_e(1+\cos(x))$ 展開成 x 的升次冪，然後逐項積分得到近似解。展開此數至 x^4。比較結果的精確度。解至 10 位精確度是 0.6076250333。

9.26 使用適當的 MATLAB 符號式函數，計算下列積分：

$$\int_0^1 dy \int_0^1 \frac{1}{1-xy}\,dx$$

9.27 使用適當的 MATLAB 符號式函數，解以下研究消費者行為的微分方程：

$$\frac{d^2y}{dt^2} + (bp+aq)\frac{dy}{dt} + ab(pq-1)y = cA$$

並求當 $p=1$、$q=2$、$a=2$、$b=1$、$c=1$ 及 $A=20$ 時的解。

提示：使用 MATLAB 函數 subs。

9.28 使用適當的 MATLAB 符號式函數，解下列聯立微分方程組：

$$2\frac{dx}{dt} + 4\frac{dy}{dt} = \cos t$$

$$4\frac{dx}{dt} - 3\frac{dy}{dt} = \sin t$$

9.29 使用適當的 MATLAB 符號式函數，解下列微分方程：

$$(1-x^2)\frac{d^2y}{dx^2} - 2x\frac{dy}{dx} + 2y = 0$$

9.30 使用適當的 MATLAB 符號式函數，以拉氏轉換解下列微分方程：

(a) $\dfrac{d^2y}{dt^2} + 2y = \cos(2t)$, $y = -2$ 及 $\dfrac{dy}{dt} = 0$ 當 $t = 0$

(b) $\dfrac{dy}{dt} - 2y = t$, $y = 0$ when $t = 0$

(c) $\dfrac{d^2y}{dt^2} - 3\dfrac{dy}{dt} + y = \exp(-2t),\ y = -3$　　及　　$\dfrac{dy}{dt} = 0$　　當　　$t = 0$

(d) $\dfrac{dq}{dt} + \dfrac{q}{c} = 0,\ \ q = V$　　當　　$t = 0$

9.31 使用 Z 轉換，符號式的求解下列差分方程：

(a) $y_n + 2y_{n-1} = 0,\ \ y_{-1} = 4$

(b) $y_n + y_{n-1} = n,\ \ y_{-1} = 10$

(c) $y_n - 2y_{n-1} = 3,\ \ y_{-1} = 1$

(d) $y_n - 3y_{n-1} + 2y_{n-2} = 3(4^n),\ \ y_{-1} = -3,\ \ y_{-2} = 5$

A

矩陣代數

本附錄的目的是給矩陣代數一精簡的複習，這複習涵蓋了本書主文所曾提及之問題。附錄內包含矩陣性質，矩陣運算元及種類的簡介。

A.1　導論

因為許多 MATLAB 的函數及運算子運算於矩陣及陣列，所以 MATLAB 的使用者應該熟悉矩陣表示法及矩陣代數。對於驗證及學習矩陣代數，MATLAB 提供一理想的環境，當遇到任何 MATLAB 無法提供完整公式證明的關係式時，MATLAB 可讓使用者在短時間內熟悉矩陣運算及驗證其結果。在此附錄中只提供定義及結果，至於證明及進一步的說明建議讀者查閱 Golub 及 Van Loan (1989) 的著作。

A.2　矩陣及向量

矩陣是由一些不能被單獨運算的元素所組成的長方形陣列。矩陣中的元素可以是實數、複數、代數表示式或另一矩陣，經常矩陣是以括號、中括號或大括號將其元素框住，在此書中是採用中括號。一完整的矩陣是以粗體字表示，例如：

$$\mathbf{A} = \begin{bmatrix} 3 & -2 \\ -2 & 4 \end{bmatrix}, \quad \mathbf{B} = \begin{bmatrix} \mathbf{A} & \mathbf{A} & 2\mathbf{A} \\ \mathbf{A} & -\mathbf{A} & \mathbf{A} \end{bmatrix}$$

$$\mathbf{x} = \begin{bmatrix} 11 \\ -3 \\ 7 \end{bmatrix}, \quad \mathbf{e} = \begin{bmatrix} (2+3i) & \left(p^2+q\right) & (-4+7i) & (3-4i) \end{bmatrix}$$

所以

$$\mathbf{B} = \begin{bmatrix} 3 & -2 & 3 & -2 & 6 & -4 \\ -2 & 4 & -2 & 4 & -4 & 8 \\ 3 & -2 & -3 & 2 & 3 & -2 \\ -2 & 4 & 2 & -4 & -2 & 4 \end{bmatrix}$$

此處 $i = \sqrt{-1}$。在先前的例子中 **A** 是一個具有兩行及兩列實係數的 2×2 方陣，而且是一對稱的方陣（參考 A.7），矩陣 **B** 是由矩陣 **A** 所建構而成，所以 **B** 矩陣是一 4×6 的實數矩陣，**x** 是一 3×1 的矩陣且經常稱之為行向量，**e** 是一 1×4 的複數矩陣且經常稱之為列向量。請注意 **e** 的第二元素是一代數表示式；p^2+q，在此向量中每一元素均用括號框住以便能清楚的表示其結構，但這並非必要的。

若我們想要指出矩陣中某一特定元素時是採用下標的方式：第一個下標代表元素所在的列而第二個下標代表元素所在的行，而對於行（列）向量的情況傳統上是以單一下標表示，因此在先前的例子中，

$$a_{21} = -2, \; b_{25} = -4, \; x_2 = -3, \; e_4 = 3-4i$$

請注意，雖然 **A** 及 **B** 都是大寫，但傳統上是以小寫子母表示其元素，一般而言，**A** 矩陣的第 i 列第 j 行的元素是以 a_{ij} 表示。

A.3　一些特殊矩陣

單位矩陣　單位矩陣被表示為 **I**，其主對角線上的元素為 1 其餘元素為 0，而主對角線是由矩陣的左上方至右下方的元素所組成，例如：

$$\mathbf{I}_2 = \begin{bmatrix} 1 & 0 \\ 0 & 1 \end{bmatrix}, \; \mathbf{I}_3 = \begin{bmatrix} 1 & 0 & 0 \\ 0 & 1 & 0 \\ 0 & 0 & 1 \end{bmatrix}$$

表示矩陣大小的下標經常被省略，單位矩陣的特性與純量 1 相似，特別地若將一矩陣左乘或右乘以單位矩陣其結果不變。

對角矩陣　這種矩陣是一方陣且除了主對角線以外其餘的元素均為 0，因此，例如：

$$\mathbf{A} = \begin{bmatrix} 4 & 0 & 0 & 0 \\ 0 & -2 & 0 & 0 \\ 0 & 0 & 0 & 0 \\ 0 & 0 & 0 & 9 \end{bmatrix}, \; \mathbf{B} = \begin{bmatrix} 12 & 0 & 0 \\ 0 & -2 & 0 \\ 0 & 0 & -6 \end{bmatrix}$$

三對角線矩陣　這種方陣除了主對角線與主對角線以上及以下的次對角線元素外，其餘元素由 0 組成，因此我們使用「x」表示這些非零元素：

$$\mathbf{A} = \begin{bmatrix} x & x & 0 & 0 & 0 \\ x & x & x & 0 & 0 \\ 0 & x & x & x & 0 \\ 0 & 0 & x & x & x \\ 0 & 0 & 0 & x & x \end{bmatrix}$$

三角矩陣及 Hessenberg 矩陣　下三角矩陣在主對角線（含主對角線）以下具有非零的元素，而上三角矩陣在主對角線（含主對角線）以上具有非零的元素，一 Hessenberg 矩陣除了鄰近主對角線的次對角線亦具有非零元素外與三角矩陣相似。

$$
\begin{bmatrix} x & x & x & x & x \\ 0 & x & x & x & x \\ 0 & 0 & x & x & x \\ 0 & 0 & 0 & x & x \\ 0 & 0 & 0 & 0 & x \end{bmatrix}, \quad
\begin{bmatrix} x & 0 & 0 & 0 & 0 \\ x & x & 0 & 0 & 0 \\ x & x & x & 0 & 0 \\ x & x & x & x & 0 \\ x & x & x & x & x \end{bmatrix}, \quad
\begin{bmatrix} x & x & x & x & x \\ x & x & x & x & x \\ 0 & x & x & x & x \\ 0 & 0 & x & x & x \\ 0 & 0 & 0 & x & x \end{bmatrix}
$$

第一個矩陣為上三角矩陣，第二個矩陣為一下三角矩陣而第三個矩陣為一上 Hessenberg 矩陣。

A.4　行列式值

$\mathbf{A}$ 的行列式值以 $|\mathbf{A}|$ 或 $\det(\mathbf{A})$ 表示，對於一 2×2 的陣列我們定義其行列式值為

$$
若 \mathbf{A} = \begin{bmatrix} a_{11} & a_{12} \\ a_{21} & a_{22} \end{bmatrix} \quad 則 \quad \det(\mathbf{A}) = \begin{vmatrix} a_{11} & a_{12} \\ a_{21} & a_{22} \end{vmatrix} = a_{11}a_{22} - a_{21}a_{12} \tag{A.1}
$$

一般而言，對一 $n \times n$ 陣列 $\mathbf{A}$ 而言，可定義一餘因子 $C_{ij} = (-1)^{i+j}\Delta_{ij}$。在此定義中，$\Delta_{ij}$ 是將 $\mathbf{A}$ 中的第 i 列及第 j 行去除後所餘下陣列的行列式值，其中 Δ_{ij} 稱為 $\mathbf{A}$ 之子行列式，因此

$$
\det(\mathbf{A}) = \sum_{k=1}^{n} a_{ik}C_{ik} \quad 任意 \quad i = 1, 2, \ldots, n \tag{A.2}
$$

這是我們所知的沿第 i 列展開的行列式值。通常是使用第一列展開。此方程式以計算 n 個 $(n-1) \times (n-1)$ 陣列的行列式值取代計算一個 $n \times n$ 陣列之行列式值，此步驟可不斷重複下去直到餘因子被縮減為 2×2 之行列式值為止。因此將會用到式 (A.1)。這是陣列 $\mathbf{A}$ 之行列式值的正式定義，但並不是一種有效的計算方式。

A.5　矩陣運算

矩陣的轉置　這種運算是將一矩陣的行與列互換，一矩陣 $\mathbf{A}$ 的轉置矩陣以 $\mathbf{A}^\top$ 表示，例如：

$$
\mathbf{A} = \begin{bmatrix} 1 & -2 & 4 \\ 2 & 1 & 7 \end{bmatrix}, \quad \mathbf{A}^\top = \begin{bmatrix} 1 & 2 \\ -1 & 1 \\ 4 & 7 \end{bmatrix}, \quad \mathbf{x} = \begin{bmatrix} 1 \\ 2 \\ 3 \end{bmatrix}, \quad \mathbf{x}^\top = \begin{bmatrix} 1 & 2 & 3 \end{bmatrix}
$$

注意，一方陣經轉置後仍爲方陣而一行向量經轉置後爲一列向量，反之亦然。

矩陣相加及相減 　此運算將兩矩陣中相對應的元素相加或相減，因此

$$\begin{bmatrix} 1 & 3 \\ -4 & 5 \end{bmatrix} + \begin{bmatrix} 5 & -4 \\ 6 & 6 \end{bmatrix} = \begin{bmatrix} 6 & -1 \\ 2 & 11 \end{bmatrix}, \quad \begin{bmatrix} -4 \\ 6 \\ 11 \end{bmatrix} - \begin{bmatrix} 3 \\ -3 \\ 2 \end{bmatrix} = \begin{bmatrix} -7 \\ 9 \\ 9 \end{bmatrix}$$

明顯地只有具有相同列數目及行數目的兩矩陣才能相加減，一般而言若 $\mathbf{A}=\mathbf{B}+\mathbf{C}$，則 $a_{ij}=b_{ij}+c_{ij}$。

純量相乘 　此運算將一純量與矩陣中的每一元素相乘，因此若 $\mathbf{A}=s\mathbf{B}$（s 爲一純量），則 $a_{ij}=sb_{ij}$。

矩陣相乘 　若矩陣 $\mathbf{B}$ 的行數與矩陣 $\mathbf{C}$ 的列數相同，則可將 $\mathbf{B}$ 與 $\mathbf{C}$ 相乘，這組矩陣稱爲可相乘的 (conformable)。若 $\mathbf{B}$ 爲一 $p{\times}q$ 矩陣且 $\mathbf{C}$ 爲一 $q{\times}r$ 矩陣，則可計算乘積 $\mathbf{A}=\mathbf{BC}$ 及其結果將爲一 $p{\times}r$ 矩陣。因爲兩矩陣相乘的次序是相當重要的，因此上述的運算稱爲 $\mathbf{B}$ 左乘 $\mathbf{C}$ 或 $\mathbf{C}$ 右乘 $\mathbf{B}$。若矩陣 $\mathbf{A}=\mathbf{BC}$，$\mathbf{A}$ 的元素可由下面的關係式決定：

$$a_{ij} = \sum_{k=1}^{q} b_{ik}c_{kj} \qquad i=1,2,\ldots,p; \quad j=1,2,\ldots,r$$

例如：

$$\begin{bmatrix} 2 & -3 & 1 \\ -5 & 4 & 3 \end{bmatrix} \begin{bmatrix} -6 & 4 & 1 \\ -4 & 2 & 3 \\ 3 & -7 & -1 \end{bmatrix}$$

$$= \begin{bmatrix} 2(-6)+(-3)(-4)+1(3) & 2(4)+(-3)2+1(-7) & 2(1)+(-3)3+1(-1) \\ (-5)(-6)+4(-4)+3(3) & (-5)4+4(2)+3(-7) & (-5)1+4(3)+3(-1) \end{bmatrix}$$

$$= \begin{bmatrix} 3 & -5 & -8 \\ 23 & -33 & 4 \end{bmatrix}$$

請注意一 $2{\times}3$ 矩陣乘以一 $3{\times}3$ 矩陣爲一 $2{\times}3$ 矩陣。進一步考慮以下四個矩陣相乘例子：

$$\begin{bmatrix} 1 & 2 \\ 3 & 4 \end{bmatrix}\begin{bmatrix} 5 & 6 \\ 3 & 2 \end{bmatrix} = \begin{bmatrix} 11 & 10 \\ 27 & 26 \end{bmatrix}, \quad \begin{bmatrix} 5 & 6 \\ 3 & 2 \end{bmatrix}\begin{bmatrix} 1 & 2 \\ 3 & 4 \end{bmatrix} = \begin{bmatrix} 23 & 34 \\ 9 & 14 \end{bmatrix}$$

$$\begin{bmatrix} 1 & 2 & 3 \end{bmatrix}\begin{bmatrix} -4 \\ 3 \\ 3 \end{bmatrix} = 11, \quad \begin{bmatrix} -4 \\ 3 \\ 3 \end{bmatrix}\begin{bmatrix} 1 & 2 & 3 \end{bmatrix} = \begin{bmatrix} -4 & -8 & -12 \\ 3 & 6 & 9 \\ 3 & 6 & 9 \end{bmatrix}$$

在上面的例子中請注意雖然兩個 $2{\times}2$ 矩陣交換次序仍可相乘，但結果並不相同，這是一重要的觀察且一般而言 $\mathbf{BC} \neq \mathbf{CB}$。另外需注意的是一列向量乘以一行向量結果爲一純量，而一行向量乘以一列向量結果爲一矩陣。

反矩陣　矩陣 $\mathbf{A}$ 的反矩陣以 $\mathbf{A}^{-1}$ 表示而其定義為

$$\mathbf{A}\mathbf{A}^{-1} = \mathbf{A}^{-1}\mathbf{A} = \mathbf{I}$$

反矩陣 $\mathbf{A}^{-1}$ 的正式定義為

$$\mathbf{A}^{-1} = \mathrm{adj}(\mathbf{A})\,/\det(\mathbf{A}) \tag{A.3}$$

其中 $\mathrm{adj}(\mathbf{A})$ 是 $\mathbf{A}$ 的伴隨矩陣，可由下式得到

$$\mathrm{adj}(\mathbf{A}) = \mathbf{C}^{\top}$$

其中 $\mathbf{C}$ 是一個由 $\mathbf{A}$ 的餘因子所組成的矩陣。而式 (A.3) 並不是求反矩陣的有效率方法。

A.6　複數矩陣

矩陣中的元素可以是複數，且這種矩陣可以用兩個實數矩陣來表示。因此

$$\mathbf{A} = \mathbf{B} + i\mathbf{C} \quad \text{其中} \quad i = \sqrt{(-1)}$$

其中 $\mathbf{A}$ 是一複數矩陣而 $\mathbf{B}$ 及 $\mathbf{C}$ 為實數矩陣。$\mathbf{A}$ 的共軛矩陣一般以 $\mathbf{A}^*$ 表示，其定義為

$$\mathbf{A}^* = \mathbf{B} - i\mathbf{C}$$

將矩陣 $\mathbf{A}$ 進行**轉置**運算可得

$$\mathbf{A}^{\top} = \mathbf{B}^{\top} + i\mathbf{C}^{\top}$$

矩陣 $\mathbf{A}$ 可同時進行轉置及共軛運算其結果以 $\mathbf{A}^{\mathrm{H}}$ 表示，因此

$$\mathbf{A}^{\mathrm{H}} = \mathbf{B}^{\top} - i\mathbf{C}^{\top}$$

例如：

$$\mathbf{A} = \begin{bmatrix} 1-i & -2-3i & 4i \\ 2 & 1+2i & 7+5i \end{bmatrix}, \quad \mathbf{A}^* = \begin{bmatrix} 1+i & -2+3i & -4i \\ 2 & 1-2i & 7-5i \end{bmatrix}$$

$$\mathbf{A}^{\top} = \begin{bmatrix} 1-i & 2 \\ -2-3i & 1+2i \\ 4i & 7+5i \end{bmatrix}, \quad \mathbf{A}^{\mathrm{H}} = \begin{bmatrix} 1+i & 2 \\ -2+3i & 1-2i \\ -4i & 7-5i \end{bmatrix}$$

在此必須特別強調，於 MATLAB 中，當對象為一複數矩陣時，表示式 `A'` 是矩陣 `A` 的共軛及轉置；亦即，此結果與 $\mathbf{A}^{\mathrm{H}}$ 相等，然而 `A.'` 只進行一般的轉置運算，其結果相當於 $\mathbf{A}^{\top}$。

A.7　矩陣的特性

一實數方陣 $\mathbf{A}$ 是

$$對稱方陣，若 \mathbf{A}^{\mathrm{T}}=\mathbf{A}$$

$$斜對稱方陣，若 \mathbf{A}^{\mathrm{T}}=-\mathbf{A}$$

$$正交方陣，若 \mathbf{A}^{\mathrm{T}}=\mathbf{A}^{-1}$$

$$冪零 (nilpotent)，若 \mathbf{A}^{\mathrm{p}}=\mathbf{0}，其中 p 是正整數，\mathbf{0} 爲零矩陣$$

$$等冪 (idempotent)，若 \mathbf{A}^{2}=\mathbf{A}$$

一複數方陣 $\mathbf{A}=\mathbf{B}+i\mathbf{C}$ 是

$$Hermitian 方陣，若 \mathbf{A}^{\mathrm{H}}=\mathbf{A}$$

$$單範或單式 (unitary) 方陣，若 \mathbf{A}^{\mathrm{H}}=\mathbf{A}^{-1}$$

A.8　一些矩陣關係式

若 $\mathbf{P}$、$\mathbf{Q}$ 及 $\mathbf{R}$ 均爲矩陣且

$$\mathbf{W}=\mathbf{P}\mathbf{Q}\mathbf{R}$$

則

$$\mathbf{W}^{\mathrm{T}}=\mathbf{R}^{\mathrm{T}}\mathbf{Q}^{\mathrm{T}}\mathbf{P}^{\mathrm{T}} \tag{A.4}$$

及

$$\mathbf{W}^{-1}=\mathbf{R}^{-1}\mathbf{Q}^{-1}\mathbf{P}^{-1} \tag{A.5}$$

若 $\mathbf{P}$、$\mathbf{Q}$ 及 $\mathbf{R}$ 爲複數矩陣則 (A.5) 仍然成立但 (A.4) 則變成爲

$$\mathbf{W}^{\mathrm{H}}=\mathbf{R}^{\mathrm{H}}\mathbf{Q}^{\mathrm{H}}\mathbf{P}^{\mathrm{H}} \tag{A.6}$$

A.9　特徵值

考慮以下的特徵值問題

$$\mathbf{A}\mathbf{x}=\lambda\mathbf{x}$$

若 $\mathbf{A}$ 爲一 $n \times n$ 的對稱矩陣，則有 n 個實數特徵值 λ_i 及 n 個特徵向量 $\mathbf{x}_i$ 滿足此方程式。若 $\mathbf{A}$ 爲一 $n \times n$ 的 Hermitian 矩陣，則有 n 個實數特徵值 λ_i 及 n 個複數特徵向量 $\mathbf{x}_i$ 滿足此特徵值問題。由 $\det(\mathbf{A}-\lambda\mathbf{I})=0$ 所得到的 λ 多項式稱爲特徵方程式。此多項式的根爲 $\mathbf{A}$ 之特徵值，所有 $\mathbf{A}$ 特徵值的總和等於 trace($\mathbf{A}$)，此處 trace($\mathbf{A}$) 被定義爲 $\mathbf{A}$ 主對角線之元素的總和。而所有 $\mathbf{A}$ 特徵值的乘積等於 $\det(\mathbf{A})$。

注意以下的有趣狀況，若將矩陣 **C** 定義爲

$$\mathbf{C} = \begin{bmatrix} -p_1/p_0 & -p_2/p_0 & \cdots & -p_{n-1}/p_0 & -p_n/p_0 \\ 1 & 0 & \cdots & 0 & 0 \\ 0 & 1 & \cdots & 0 & 0 \\ \vdots & \vdots & & \vdots & \vdots \\ 0 & 0 & \cdots & 1 & 0 \end{bmatrix}$$

則矩陣 **C** 的特徵值就是以下多項式的根

$$p_0 x^n + p_1 x^{n-1} + \cdots + p_{n-1} x + p_n = 0$$

這種矩陣 **C** 被稱之爲伴隨矩陣。

A.10　範數的定義

對於向量 **v** 的 p-norm 定義爲

$$\|\mathbf{v}\|_p = \left(|v_1|^p + |v_2|^p + \cdots + |v_n|^p \right)^{1/p} \tag{A.7}$$

參數 p 可爲任意值，但只有三種值是最常用的。若在 (A.7) 中 $p=1$，則 1-norm 或 $\|\mathbf{v}\|_1$ 爲：

$$\|\mathbf{v}\|_1 = |v_1| + |v_2| + \cdots + |v_n| \tag{A.8}$$

若在 (A.7) 中 $p=2$，則得到向量 **v** 的 2-norm 或歐基里得範數，以 $\|\mathbf{v}\|$ 或 $\|\mathbf{v}\|_2$ 表示，其定義爲：

$$\|\mathbf{v}\|_2 = \sqrt{v_1^2 + v_2^2 + \cdots + v_n^2} \tag{A.9}$$

請注意在此情況我們不必對向量中的元素取其模數 (modulus)，因爲每一元素都已被平方。歐基里得範數 (Euclidean norm) 又被稱爲向量的長度。這是因爲在二維或三維歐氏空間中，一具有二或三個分量之向量經常被用以表示空間中的特定位置，而原點與此特定位置間的距離相當於此向量的歐基里得範數。

若在 (A.7) 中 p 趨近於無限大，則我們有 $\|\mathbf{v}\|_\infty = \max(|v_1|, |v_2|, ..., |v_n|)$，稱爲無限範數。乍看之下此定義似乎與 (A.7) 不相符，然而當 p 趨近於無限大時，每一元素的模數將會以指數的方式迅速增加，且總和將由最大的元素支配。

MATLAB 亦提供這些函數運算；norm(v,1)、norm(v,2)（或 norm(v)），及 norm(v,inf) 分別傳回向量 v 的 1、2 及無限大的範數值。

A.11　梯式簡化列

梯式簡化列 (Reduced Row Echelon Form，RREF) 在線性代數定理的理解上亦扮演一重要的角色，當符合下列的條件時一矩陣已被轉換成 RREF：

1. 所有零元素的列，若有，均位於矩陣的最下方。
2. 每一非零列的第一個非零元素為 1。
3. 對每一非零列，其第一個非零元素位於前一非零列之第一非零元素的右邊。
4. 對任一出現行之第一個非零元素的列，其餘的元素均為零。

RREF 是由有限次的基本列運算得出，它是一標準形式而且是矩陣經由基本列運算所能得到的最基本形式。

對於 **Ax=b** 的方程組，可定義其擴展矩陣 [**A b**]，若此矩陣被轉換成它的 RREF，則可得到下列的結論：

1. 若 [**A** **b**] 是由一矛盾方程組（無解）所導出，則 RREF 具有一形如 [0 ... 0 1] 的列。
2. 若 [**A b**] 是由一具有無限多解的相容方程組導出，則該係數矩陣的行數比其 RREF 之非零列數多，否則此方程組有唯一解，且出現在擴展矩陣經 RREF 運算後的最後一行。
3. 一於 RREF 下的全為零的列表示原來的方程組中有多餘的方程式，也就是說此方程式所提供的訊息可由方程組中其餘的方程式獲得。

計算 RREF 時會遇到一些數值上的問題，而這些問題是一些使用基本列運算為運算步驟的程序常遇見的，參考 2.6 節。

A.12　矩陣微分

矩陣微分的規則基本上與純量相同，但需注意必須保持矩陣運算的次序。由以下例子說明此一過程：針對 **x** 中的各個元素微分即 $f(\mathbf{x})=\mathbf{x}^{\mathsf{T}}\mathbf{A}\mathbf{x}$，其中 **x** 是一具有 n 個分量的行向量 $(x_1, x_2, x_3, ..., x_n)^{\mathsf{T}}$，**A** 的元素是 a_{ij}，對於 $i,j=1, 2, ..., n$。首先需注意任何二次式 (quadratic form) 形式結合的矩陣必是對稱的，故矩陣 **A** 是對稱的。我們需要 $f(\mathbf{x})$ 的梯度（即 $\nabla f(\mathbf{x})$）。梯度包含 $f(\mathbf{x})$ 對 **x** 所有分量的一次偏導數，現在將 $f(\mathbf{x})$ 乘開，$f(\mathbf{x})$ 表示成分量如下：

$$f(\mathbf{x}) = \sum_{i=1}^{n} a_{ii}x_i^2 + \sum_{i=1}^{n}\sum_{\substack{j=1, \\ j\neq i}}^{n} a_{ij}x_i x_j$$

然而，因為 $\mathbf{A}$ 是對稱的，即 $a_{ij}=a_{ji}$，故 $a_{ij}x_ix_j+a_{ji}x_ix_j$ 項可寫成 $2a_{ij}x_ix_j$。所以

$$\frac{\partial f(\mathbf{x})}{\partial x_k} = 2a_{kk}x_k + 2\sum_{\substack{j=1,\\j\neq i}}^{n} a_{kj}x_j \qquad k=1,2,\ldots,n$$

這當然等效於矩陣型式

$$\nabla f(\mathbf{x}) = 2\mathbf{A}\mathbf{x}$$

這是標準的矩陣結果。此處 $\mathbf{x}$ 是一行向量。

A.13　矩陣的平方根

為了具有平方根，矩陣必須是方陣。如果 $\mathbf{A}$ 是一個方陣且 $\mathbf{BB}=\mathbf{A}$，則 $\mathbf{B}$ 是 $\mathbf{A}$ 的平方根。如果 $\mathbf{A}$ 是奇異的，則它沒有平方根。

方陣 $\mathbf{A}$ 可被分解得 $\mathbf{A}=\mathbf{XDX}^{-1}$，其中 $\mathbf{D}$ 是一個對角矩陣，其由 n 個 $\mathbf{A}$ 的特徵值所組成，且 $\mathbf{X}$ 是一個 $\mathbf{A}$ 的特徵向量的 $n\times n$ 陣列。我們可以擴展這個 $\mathbf{A}$ 之表達式得到

$$\mathbf{A} = (\mathbf{XD}^{1/2}\mathbf{X}^{-1})(\mathbf{XD}^{1/2}\mathbf{X}^{-1})$$

因為

$$\mathbf{A} = \mathbf{BB}$$

則

$$\mathbf{B} = \mathbf{XD}^{1/2}\mathbf{X}^{-1}$$

特徵值之對角矩陣的平方根 $\mathbf{D}$ 是經由計算每個對角元素（即每個特徵值）的平方根而得。任何數字，實數或複數，會有一個正的和一個負的平方根。因此，要計算 $\mathbf{D}$ 的平方根（從而 $\mathbf{A}$），我們必須考慮每一個特徵值的正和負平方根的組合。這有 2^n 個可能的組合，因而有 2^n 個 $\mathbf{D}^{1/2}$ 之表達式。這會得到 2^n 個不同的平方根矩陣，$\mathbf{B}$。如果 $\mathbf{D}^{1/2}$ 是由所有的正根所組成，則所得到的平方根矩陣稱為主平方根。該矩陣是唯一的。

考慮下面例子。如果

$$\mathbf{A} = \begin{bmatrix} 31 & 37 & 34 \\ 55 & 67 & 64 \\ 91 & 115 & 118 \end{bmatrix}$$

則，取 $2^3=8$ 的平方根的組合，我們得到了以下 $\mathbf{A}$ 的平方根。需要注意的是 $\mathbf{B}_0$ 是主平方根。

$$\mathbf{B}_0 = \begin{bmatrix} 2.9798 & 2.9296 & 1.8721 \\ 4.3357 & 5.0865 & 3.9804 \\ 5.0313 & 7.1413 & 8.9530 \end{bmatrix} \quad \mathbf{B}_1 = \begin{bmatrix} 1.0000 & 2.0000 & 3.0000 \\ 3.0000 & 4.0000 & 5.0000 \\ 8.0000 & 9.0000 & 7.0000 \end{bmatrix}$$

$$\mathbf{B}_2 = \begin{bmatrix} 2.8115 & 3.0713 & 1.8437 \\ 4.5426 & 4.9123 & 4.0153 \\ 4.9594 & 7.2019 & 8.9408 \end{bmatrix} \quad \mathbf{B}_3 = \begin{bmatrix} 1.1683 & 1.8583 & 3.0284 \\ 2.7931 & 4.1742 & 4.9651 \\ 8.0719 & 8.9395 & 7.0121 \end{bmatrix}$$

這些矩陣的負值進一步又提供四個 $\mathbf{A}$ 的平方根。這些矩陣的任一個乘以其本身會得到原矩陣 $\mathbf{A}$。

B $\blacksquare$

誤差分析

所有數值程序均容易產生誤差，誤差可能是以下幾種：

1. 數值演算法天生的截取誤差 (truncation error)。
2. 得到有限有效數所需的捨入誤差 (rounding error)。
3. 不精確的資料輸入造成的誤差。
4. 程式撰寫中，不應發生但卻發生的純粹人為誤差。

第 (1) 項誤差之例可在本書發現，例如，第 3、4、5 章。這裡只考慮上述 (2)、(3) 類誤差的涵義。第 (4) 類誤差不在本書範圍內。

B.1 導論

誤差分析估計計算誤差，其起因於一些先前的過程。先前的過程可能是一些實驗、觀測或計算上的捨入誤差。一般而言，當所有情況都變成最壞時，我們須預估誤差上限。現在以一些特例說明。設 $a=4\pm0.02$（意指 $\pm0.5\%$ 之誤差）及 $b=2\pm0.03$（意指 $\pm1.5\%$ 之誤差）；則當 4.02 除以 1.97 得 a/b 最大值（即 2.041），及 3.98 除以 2.03 得 a/b 最小值（即 1.960）。與實際值 $a/b(=2)$ 相比，可見極端情形高出實際值 2.05% 及低於實際值 2.0%。

誤差分析的一特定要項是決定一特別參數誤差對計算的敏感度。所以我們有意的變動參數值來求出最後答案對參數變化的敏感度。例如，考慮以下方程式：

$$a = 100\frac{\sin\theta}{x^3}$$

若 $\theta=70°$ 且 $x=3$，則 $a=3.4803$。如果 θ 增加 10%，則 $a=3.6088$，增加了 3.69%。如果 θ 減少 10%，則 $a=3.3$，減少了 5.18%。同樣的，如果獨立把 x 增加 10%，則 $a=2.6148$，減少 24.8%。如果 x 減少 10%，則 $a=4.7741$，增加了 37.17%，可見 a 值對 x 微小變動的敏感度遠大於對 θ 微小變動的敏感度。

B.2 算術運算中之誤差

通常更普遍的是每一自變數都有一特定誤差，而我們要的是計算中整體的誤差。現在思考我們如何由標準的算術運算中估測誤差。令 x_a、y_a 及 z_a 分別代表正確值 x、y、z 的近似值。x、y、z 中的誤差分別是 x_ε、y_ε 和 z_ε。也就是

$$x_\varepsilon = x - x_a,\ y_\varepsilon = y - y_a,\ z_\varepsilon = z - z_a$$

所以

$$x = x_\varepsilon + x_a,\ y = y_\varepsilon + y_a,\ z = z_\varepsilon + z_a$$

若 $z = x \pm y$，則

$$z = (x_a + x_\varepsilon) \pm (y_a + y_\varepsilon) = (x_a \pm y_a) + (x_\varepsilon \pm y_\varepsilon)$$

現在 $z_a = x_a \pm y_a$，由上述定義可得 $z_\varepsilon = x_\varepsilon \pm y_\varepsilon$。一般我們是考慮最大可能誤差，又因為 x_ε 及 y_ε 可正可負，所以

$$\max(|z_\varepsilon|) = |x_\varepsilon| + |y_\varepsilon|$$

現在考慮乘法，若 $z = xy$，則

$$z = (x_a + x_\varepsilon)(y_a + y_\varepsilon) = x_a y_a + x_\varepsilon y_a + y_\varepsilon x_a + x_\varepsilon y_\varepsilon \tag{B.1}$$

假設誤差很小，上列方程誤差乘積可以忽略。將其表為相對誤差項的函數較方便，其中 x 的相對誤差 x_ε^R 為

$$x_\varepsilon^R = x_\varepsilon / x \approx x_\varepsilon / x_a$$

所以，將 (B.1) 除以 $z_a = x_a y_a$ 可得

$$\frac{(z_a + z_\varepsilon)}{z_a} = 1 + \frac{x_\varepsilon}{x_a} + \frac{y_\varepsilon}{y_a}$$

或

$$\frac{z_\varepsilon}{z_a} = \frac{x_\varepsilon}{x_a} + \frac{y_\varepsilon}{y_a} \tag{B.2}$$

(B.2) 可寫成

$$z_\varepsilon^R = x_\varepsilon^R + y_\varepsilon^R$$

同樣的，我們再一次預估 z 中最壞情況的誤差，因 x 及 y 的誤差可正可負，所以

$$\max\left(\left|z_\varepsilon^R\right|\right) = \left|x_\varepsilon^R\right| + \left|y_\varepsilon^R\right| \tag{B.3}$$

可以容易的證明若 $z=x/y$，z 的最大相對誤差是 (B.3) 式，這證明留給讀者當作練習。

誤差分析更普遍的研究方法是使用泰勒級數。若 $y=f(x)$ 且 $y_a=f(x_a)$，則可寫成

$$y = f(x) = f(x_a + x_\varepsilon) = f(x_a) + x_\varepsilon f'(x_a) + \cdots$$

現在

$$y_\varepsilon = y - y_a = f(x) - f(x_a)$$

所以

$$y_\varepsilon \approx x_\varepsilon f'(x_a)$$

例如，考慮 $y=\sin\theta$，其中 $\theta=\pi/3\pm0.08$，所以 $\theta_\varepsilon=\pm0.08$，則

$$y_\varepsilon \approx \theta_\varepsilon \frac{d}{d\theta}\{\sin(\theta)\} = \theta_\varepsilon \cos(\pi/3) = 0.08 \times 0.5 = 0.04$$

B.3　線性方程式系統解的誤差

現在思考預測線性方程組 $\mathbf{Ax=b}$ 的誤差問題。針對這一分析，我們必須引入矩陣 norm 的概念。

矩陣 p-norm 的正式定義是

$$\|\mathbf{A}\|_p = \max \frac{\|\mathbf{Ax}\|_p}{\|\mathbf{x}\|_p} \quad 若 \quad x \neq 0$$

其中 $\|\mathbf{x}\|_p$ 是定義於 A.10 中的向量 norm。實際上，矩陣範數並不直接經由此定義計算。例如，1-norm、2-norm 及 ∞-norm 計算如下：

$\|\mathbf{A}\|_1 = \mathbf{A}$ 的絕對值行和之最大值

$\|\mathbf{A}\|_2 = \mathbf{A}$ 的最大奇異值 (singular value)

$\|\mathbf{A}\|_\infty = \mathbf{A}$ 的絕對值列和之最大值

定義了矩陣的範數之後，現在考慮方程組的解。

$$\mathbf{Ax = b}$$

令系統的正確解是 $\mathbf{x}$，計算解是 $\mathbf{x}_c$，則定義誤差為

$$\mathbf{x}_e = \mathbf{x} - \mathbf{x}_c$$

同時定義殘差 $\mathbf{r}$ 為

$$\mathbf{r = b - Ax}_c$$

必須注意大的殘差表示不精確的指標，但小的殘差並不保證精確度。例如，考慮下列情況

$$\mathbf{A} = \begin{bmatrix} 2 & 1 \\ 2+\varepsilon & 1 \end{bmatrix}, \quad \mathbf{b} = \begin{bmatrix} 3 \\ 3+\varepsilon \end{bmatrix}$$

$\mathbf{Ax=b}$（殘差 $\mathbf{r=0}$）的正確解是

$$\mathbf{x} = \begin{bmatrix} 1 \\ 1 \end{bmatrix}$$

然而，若是非常差的近似

$$\mathbf{x}_c = \begin{bmatrix} 1.5 \\ 0 \end{bmatrix}$$

則殘差是

$$\mathbf{b} - \mathbf{Ax}_c = \begin{bmatrix} 0 \\ -0.5\varepsilon \end{bmatrix}$$

若 $\varepsilon = 0.00001$，即使解答非常不準，殘差卻是非常小。

欲得到計算值 $\mathbf{x}_c$ 相對誤差的界限公式，我們如下推論：

$$\mathbf{r} = \mathbf{b} - \mathbf{Ax}_c = \mathbf{Ax} - \mathbf{Ax}_c = \mathbf{Ax}_\varepsilon \tag{B.4}$$

由 (B.4) 知

$$\mathbf{x}_\varepsilon = \mathbf{A}^{-1}\mathbf{r}$$

取此方程式的範數，可得

$$\|\mathbf{x}_\varepsilon\| = \left\| \mathbf{A}^{-1}\mathbf{r} \right\| \tag{B.5}$$

可選用任何 p-norm，隨後的分析將省略下標 p。範數的一個性質是 $\|\mathbf{AB}\| \le \|\mathbf{A}\|\,\|\mathbf{B}\|$，由 (B.5) 可得

$$\|\mathbf{x}_\varepsilon\| \le \left\| \mathbf{A}^{-1} \right\| \|\mathbf{r}\| \tag{B.6}$$

但是 $\mathbf{r=Ax}_\varepsilon$，所以

$$\|\mathbf{r}\| \le \|\mathbf{A}\|\,\|\mathbf{x}_\varepsilon\|$$

故

$$\frac{\|\mathbf{r}\|}{\|\mathbf{A}\|} \le \|\mathbf{x}_\varepsilon\|$$

將此式結合 (B.6) 可得

$$\frac{\|\mathbf{r}\|}{\|\mathbf{A}\|} \leq \|\mathbf{x}_\varepsilon\| \leq \left\|\mathbf{A}^{-1}\right\| \|\mathbf{r}\| \tag{B.7}$$

因為 $\mathbf{x}=\mathbf{A}^{-1}\mathbf{b}$，同樣可得

$$\frac{\|\mathbf{b}\|}{\|\mathbf{A}\|} \leq \|\mathbf{x}\| \leq \left\|\mathbf{A}^{-1}\right\| \|\mathbf{b}\| \tag{B.8}$$

若上式無任何一項為零，取倒數可得

$$\frac{1}{\|\mathbf{A}^{-1}\| \|\mathbf{b}\|} \leq \frac{1}{\|\mathbf{x}\|} \leq \frac{\|\mathbf{A}\|}{\|\mathbf{b}\|} \tag{B.9}$$

將 (B.7) 及 (B.9) 的項數分別相乘可得

$$\frac{1}{\|\mathbf{A}\| \|\mathbf{A}^{-1}\|} \frac{\|\mathbf{r}\|}{\|\mathbf{b}\|} \leq \frac{\|\mathbf{x}_\varepsilon\|}{\|\mathbf{x}\|} \leq \|\mathbf{A}\| \left\|\mathbf{A}^{-1}\right\| \frac{\|\mathbf{r}\|}{\|\mathbf{b}\|} \tag{B.10}$$

此式給出計算的相對誤差界限。$\mathbf{A}$ 的條件數是 $\text{cond}(\mathbf{A},p)=\|\mathbf{A}\|_p\|\mathbf{A}^{-1}\|_p$。故 (B.10) 式可改寫成條件數 $\text{cond}(\mathbf{A},p)$ 的項數和。當 $p=2$ 時，$\text{cond}(\mathbf{A})$ 等於 $\mathbf{A}$ 的最大奇異值與最小奇異值之比。

現在說明 (B.10) 可用來估計解 $\mathbf{Ax}=\mathbf{b}$ 的相對誤差，其中 $\mathbf{A}$ 是 Hilbert 矩陣。選擇 Hilbert 矩陣是因為其條件數很大且其反矩陣已知，故可算出計算 $\mathbf{x}$ 所產生的實際誤差。以下 MATLAB 程式對一特定 2-norm 之 Hilbert 矩陣計算 (B.10) 式。

```
n = 6, format long
a = hilb(n); b = ones(n,1);
xc = a\b;
x = invhilb(n)*b;
exact_x = x';
err = abs((xc-x)./x);
nrm_err = norm(xc-x)/norm(x)
r = b-a*xc;
L_Lim = (1/cond(a))*norm(r)/norm(b)
U_Lim = cond(a)*norm(r)/norm(b)
```

執行程式可得

```
n =
     6

nrm_err =
3.316798106133016e-11

L_Lim =
3.351828310510846e-21

U_Lim =
7.492481073232495e-07
```

可看出實際相對誤差 3.316×10^{-11} 位於界限 3.35×10^{-21} 與 7.49×10^{-7} 之間。

部分習題解答

Chapter 1

1.1. **(a)** Since some x are negative, the corresponding square roots are imaginary and $i = \sqrt{-1}$ is used.

(b) In executing x./y, the divide by zero produces the symbol ∞ and a warning.

1.2. **(b)** Note that t2 is identical to c but t1 is not since the sqrt function gives the square root of the individual elements of c.

1.4. $x = 2.4545$, $y = 1.4545$, $z = -0.2727$. Note that when using the / operator the solution is given by x=b'/a'.

1.8. The plot does not truly represent the function $\cos(x^3)$ because there are insufficient plotting points.

1.9. The function fplot automatically adjusts to provide a smoother plot. However, changing x to -2:0.01:2 gives a similar quality graph using the function plot.

1.12. $x = 1.6180$.

1.14. Using $x_1 = 1, x_2 = 2, \ldots, x_6 = 6$, a suitable script is

```
n = 6; x = 1:n;
for j = 1:n,
    p(j) = 1;
    for i = 1:n
        if i~=j
            p(j) = p(j)*x(i);
        end
    end
end
p
```

1.15. A suitable script is

```
x = 0.82; tol = 0.005; s = x; i = 2; term = x;
while abs(term)>tol
    term = -term*x; s = s+term/i; i = i+1;
end
s, log(1+x)
```

Note: The scripts may have been compressed to save space.

1.17. The form of the function is

```
function [x1,x2] = funct1(a,b,c)
d = b*b-4*a*c;
if d==0
    x1 = -b/(2*a); x2 = x1;
else
    x1 = (-b+sqrt(d))/(2*a); x2 = (-b-sqrt(d))/(2*a);
end
```

1.18. A possible script is

```
function [x1,x2] = funct2(a,b,c)
if a~= 0
    %as in problem 1.17
else
    disp('warning only one root'); x1 = -c/b; x2 = x1;
end
```

1.19. The graph provides an initial approximation of 1.5. Use the function call fzero('funct3',1.5) to obtain the root as 1.2512.

1.20. A possible script is

```
x=[ ]; x(1) = 1873;
c = 1; xc = x(1);
while xc>1
    if (x(c)/2)==floor(x(c)/2)
        x(c+1) = (x(c))/2;
    else
        x(c+1) = 3*x(c)+1;
    end
    xc = x(c+1); c = c+1;
    if c>1000
        break
    end
end
plot(x)
```

Try different values for x(1). For example, 1173, 1409, and so on.

1.21. A possible script is

```
x = -4:0.1:4; y = -4:0.1:4;
[x,y] = meshgrid(-4:0.1:4,-4:0.1:4);
p = x.^2+y.^2;
z = (1-x.^2).*exp(-p)-p.*exp(-p)-exp(-(x+1).^2-y.^2);
```

```
subplot(3,1,1)
mesh(x,y,z)
xlabel('x'), ylabel('y'), zlabel('z')
title('mesh')
subplot(3,1,2)
surf(x,y,z)
xlabel('x'), ylabel('y'), zlabel('z')
title('surf')
subplot(3,1,3)
mesh(x,y,z)
xlabel('x'), ylabel('y'), zlabel('z')
title('contour')
```

1.22. A possible script is

```
clf
a = 11; b= 6;
t = -20:0.1:20;
% Cycloid
x = a*(t-sin(t));y=a*(1-cos(t));
subplot(3,1,1), plot(x,y)
xlabel('x-xis'), ylabel('y-xis'), title('Cycloid')
% witch of agnesi
x1 = 2*a*t;y1=2*a./(1+t.^2);
subplot(3,1,2), plot(x1,y1)
xlabel('x-xis'), ylabel('y-xis')
title('witch of agnesi')
% Complex structure
x2 = a*cos(t)-b*cos(a/b*t);
y2 = a*sin(t)-b*sin(a/b*t);
subplot(3,1,3), plot(x2,y2)
xlabel('x-xis'), ylabel('y-xis')
title('Complex structure')
```

1.23. A possible function is

```
function r = zetainf(s,acc)
sum = 0; n = 1; term = 1+acc;
while abs(term)>acc
    term = 1/n.^s;
    sum = sum +term;
    n = n+1;
end
r = sum;
```

1.24. A possible function is

```
function res = sumfac(n)
sum = 0;
for i = 1:n
    sum = sum+i^2/factorial(i);
end
res = sum;
```

1.26. A possible script is

```
rho1 = [zeros(2), eye(2); eye(2), zeros(2)]
rho2 = [zeros(2), i*eye(2); -i*eye(2), zeros(2)]
rho3 = [eye(2), zeros(2); zeros(2), -eye(2)]
q1 = [zeros(4)  rho1;-rho1  zeros(4)]
q1 = [zeros(4)  rho2;-rho2  zeros(4)]
q1 = [zeros(4)  rho3;-rho3  zeros(4)]
```

1.27. A possible script is

```
x = -4:0.001:4;
y = 1./(((x+2.5).^2).*((x-3.5).^2));
plot(x,y)
ylim([0,20])
xlim([-3,-2])
```

1.28. A possible script is

```
y = @(x)x.^2.*cos(1+x.^2);
y1 = @(x) (1+exp(x))./(cos(x)+sin(x));
x = 0:0.1:2;
subplot(1,2,1), plot(x,y(x))
xlabel('x'), ylabel('y')
subplot(1,2,2), plot(x,y1(x))
xlabel('x'), ylabel('y')
```

Chapter 2

2.1.

n	norm(p-r)	norm(q-r)
3	0.0000	0.0000
4	0.0849	0.0000
5	84.1182	0.1473
6	4.7405e10	6.7767e3

Note the large error in the inverse of the square of the Hilbert matrix when $n = 6$.

2.2. For $n = 3, 4, 5$, and 6, the answers are 2.7464×10^5, 2.4068×10^8, 2.2715×10^{11}, and 2.2341×10^{14}, respectively. The large errors in Problem 2.1 arise from the fact that the Hilbert matrix is very ill-conditioned, as shown by these results.

2.3. For example, taking $n = 5$, $a = 0.2$, and $b = 0.1$, $a + 2b < 1$ and maximum error in the matrix coefficients is 1.0412×10^5. Taking $n = 5$, $a = 0.3$, $b = 0.5$, $a + 2b > 1$ and after 10 terms, maximum error in the matrix coefficients is 10.8770. After 20 terms, maximum error is 50.5327, clearly diverging.

2.4. The eigenvalues are 5, $2 + 2i$, and $2 - 2i$. Thus taking $\lambda = 5$ in the matrix $(\mathbf{A} - \lambda\mathbf{I})$ and finding the RREF gives

$$\mathbf{p} = \begin{bmatrix} 1 & 0 & -1.3529 \\ 0 & 1 & 0.6471 \\ 0 & 0 & 0 \end{bmatrix}$$

Hence $\mathbf{px} = \mathbf{0}$. Solving this gives $x_1 = 1.3529x_3$, $x_2 = -0.6471x_3$, and x_3 is arbitrary.

2.6. $\mathbf{x}^\top = [0.9500\,0.9811\,0.9727]$. All methods give the identical solution. Note that if `[q,r] = qr(a)` and `y = q'*b;`, then `x = r(1:3,1:3)\y(1:3)`.

2.7. The solution is $[0\ 0\ 0\ 0 \dots n+1]$.

2.10. For $n = 20$ the condition number is 178.0643; the theoretical condition number is 162.1139. For $n = 50$ the condition number is 1053.5; the theoretical condition number is 1013.2.

2.11. The right vectors are

$$\begin{bmatrix} 0.0484 + 0.4447i \\ -0.3962 + 0.4930i \\ 0.4930 + 0.3962i \end{bmatrix} \quad \begin{bmatrix} 0.0484 - 0.4447i \\ -0.3962 - 0.4930i \\ 0.4930 - 0.3962i \end{bmatrix} \quad \begin{bmatrix} 0.4082 \\ 0.8165 \\ 0.4082 \end{bmatrix}$$

The corresponding eigenvalues are $2 + 4i$, $2 - 4i$, and 1. The left vectors are obtained by using the function `eig` on the transposed matrix.

2.12. **(a)** The largest eigenvalue is 242.9773.
(b) The eigenvalue nearest 100 is 112.1542.
(c) The smallest eigenvalue is 77.6972.

2.14. For $n = 5$, the largest eigenvalue is 12.3435 and the smallest eigenvalue is 0.2716. For $n = 50$, the largest eigenvalue is 1.0337×10^3 and the smallest eigenvalue is 0.2502.

2.15. Using the function `roots` we compute the eigenvalues 22.9714, -11.9714, $1.0206 \pm 0.0086i$, $1.0083 \pm 0.0206i$, $0.9914 \pm 0.0202i$, and $0.9798 \pm 0.0083i$. Using the function `eig` we have 22.9714, -11.9714, 1, 1, 1, 1, 1, 1, 1, and 1. This is a more accurate solution.

2.16. Both `eig` and `roots` give results that only differ by less than 1×10^{-10}. The eigenvalues are 242.9773, 77.6972, 112.1542, 167.4849, and 134.6865.

2.17. The sum of eigenvalues is 55; the product of eigenvalues is 1.

2.18. $c = 0.641 n^{1.8863}$.

2.19. A suitable function is

```
function appinv = invapprox(A,k)
ev = eig(A);
evm = max(ev);
if abs(evm)>1
    disp('Method fails')
    appinv = eye(size(A));
else
    appinv = eye(size(A));
    for i = 1:k
        appinv = appinv+A^i;
    end
end
```

2.20. The MATLAB operator gives a much better result. A suitable function is

```
function [res1,res2, nv1,nv2] = udsys(A,b)
newA = A'*A; newb = A'*b;
x1 = inv(newA)*newb;
nv1 = norm(A*x1-b);
x2 = A\b;
nv2 = norm(A*x2-b);
res1 = x1; res2 = x2;
```

2.22. The exact solution is

$$\mathbf{x} = [-12.5 \ -24 \ -34 \ -42 \ -47.5 \ -50 \ -49 \ -44 \ -34.5 \ -20]^\top.$$

The Gauss–Seidel method requires 149 iterations and the Jacobi method requires 283 iterations to give the result to the required accuracy.

Chapter 3

3.2. The solution is 27.8235.

3.3. The solutions are -2 and 1.6344.

3.4. For $c = 5$, with the initial approximation 1.3 or 1.4, the root 1.3735 is obtained after two or three iterations. When $c = 10$, with the initial approximation 1.4, the root 1.4711 is obtained after five iterations. With initial approximation 1.3, convergence is to 193.1083 after 41 iterations. This is a root, but the discontinuity in the function has degraded the performance of the Newton algorithm.

3.5. Schroder's method provides the solution $x = 1.0285$ in 62 iterations, but Newton's method gives $x = 1.0624$ and requires 161 iterations. The solution obtained by Schroder's method is more accurate.

3.6. The equation can be rearranged into the form $x = \exp(x/10)$. Iteration gives $x = 1.1183$. There may be other successful rearrangements.

3.7. The solution is $E = 0.1280$.

3.8. The answers are -3.019×10^{-6} and -6.707×10^{-6} for initial values 1 and -1.5, respectively. The exact solution is clearly 0, but this is a difficult problem.

3.9. The three answers are 1.4299, 1.4468, and 1.4458, which are obtained for four, five, and six terms, respectively. These answers are converging to the correct answer.

3.10. Both approaches give identical results, $x = 8.2183$, $y = 2.2747$. The single variable function is $x/5 - \cos x = 2$. Alternatively, the following call can be used:

```
newtonmv([1 1]','p310','p310d',2,1e-4)
```

It requires the functions and derivatives to be defined as follows:

```
function v = p310(x)
v = zeros(2,1);
v(1) = exp(x(1)/10)-x(2);
v(2) = 2*log(x(2))-cos(x(1))-2;

function vd = p310d(x)
vd = zeros(2,2);
vd(1,:) = [exp(x(1)/10)/10 -1];
vd(2,:) = [sin(x(1)) 2/x(2)];
```

3.11. The solution given by broyden is $x = 0.1605$, $y = 0.4931$.

3.12. A solution is $x = 0.9397$, $y = 0.3420$. The MATLAB function newtonmv requires 7 iterations; broyden requires 33.

3.14. The five roots are $1, -i, i, -\sqrt{2}, \sqrt{2}$.

3.15. The solution is $x = -0.1737, -0.9848i, 0.9397 + 0.3420i, \ \text{及} \ -0.7660 + 0.6428i$. This is identical to the exact answer.

3.16. The MATLAB function required is

```
function v = jarrett(f,x1,x2,tol)
gamma = 0.5; d = 1;
while abs(d)>to
    f2 = feval(f,x2);f1=feval(f,x1);
    df = (f2-f1)/(x2-x1); x3 = x2-f2/df; d = x2-x3;
    if f1*f2>0
        x2 = x1; f2 = gamma*f1;
    end
    x2 = x3
end
```

3.17. The third-order method provides the required accuracy after seven iterations. The second-order method requires ten iterations.

3.18. The graphs show that for $c = 2.8$ there is convergence to a single solution, for $c = 3.25$ the iteration oscillates between two values, for $c = 3.5$ the iteration oscillates between four values, and for $c = 3.8$ there is chaotic oscillation between many values.

3.20. Here is an example with p and q chosen to give real roots:

```
>> p=2.5; q = -1; if p^3/q^2>27/4, r = roots([1 0 -p -q]), end

r =
   -1.7523
    1.3200
    0.4323
```

3.21. The commands to solve this problem are

```
>> y1 = roots([1 0 6 -60 36])

y1 =
   -1.8721 + 3.8101i
   -1.8721 - 3.8101i
    3.0999
    0.6444

>> y = y1(3:4)'

y =
    3.0999    0.6444
```

```
>> x = 6./y

x =
    1.9356    9.3110

>> z = 10-x-y

z =
    4.9646    0.0446
```

3.22. A script to solve this problem is

```
c1=(sinh(x)+sin(x))./(2*x);
c3=(sinh(x)-sin(x))./(2*x.^3);
fzero(@ (x) c1^2-x.^4*c3.^2,5)
fzero(@ (x) c1^2-x.^4*c3.^2,30)
```

Chapter 4

4.1. The first derivative is 0.2391, the second derivative is -2.8256. The function diffgen gives accurate answers using either $h = 0.1$ or 0.01. The function changes slowly over this range of values.

4.2. When $x = 1$, the computed and exact derivative is -5.0488; when $x = 2$, the computed derivative is -176.6375 (exact $= -176.6450$), and when $x = 3$, the computed derivative is -194.4680 (exact $= -218.6079$).

4.3. Using the new formula for Problem 4.1, the first derivative estimate is 0.2267 and 0.2390 for $h = 0.1$ and 0.01, respectively. The second derivative is -2.8249 and -2.8256 for $h = 0.1$ and 0.01, respectively. In Problem 4.2 for $x = 1$, 2, and 3 the first derivative estimates are -5.0489, -175.5798, and -150.1775, respectively. Note that these are less accurate than using diffgen.

4.4. The approximate derivatives are -1367.2, -979.4472, -1287.7, and -194.4680. If h is decreased to 0.0001, then the values are the same as the exact derivatives to the given number of decimal places.

4.5. The exact partial derivatives with respect to x and y are 593.652 and 445.2395, respectively. The corresponding approximate values are 593.7071 and 445.2933.

4.6. The integral method estimates 6.3470 primes in the range 1 to 10, 9.633 primes in the range 1 to 17, and 15.1851 primes in the range 1 to 30. The actual numbers are 7, 10, and 15.

4.7. The exact values are 1.5708, 0.5236, and 0.1428 for $r = 0$, 1, and 2, respectively. Approximations provided by integral are 1.5338, 0.5820, and 0.2700.

4.8. The exact values are -0.0811 for $a = 1$ and 0.3052 for $a = 2$. Using `simp1` with 512 points gives agreement to 12 decimal places.

4.9. The exact answer is -0.915965591, and the answer given by `fgauss` is -0.9136. Function `simp1` cannot be used because of the singularity at $x = 0$.

4.10. The exact answer is 0.915965591; `fgauss` gives 0.9159655938. Note that the integrals of Problems 4.9 and 4.10 have the same value apart from the sign.

4.11. **(a)** Using (4.32) with 10 points gives 3.97746326050642; 16-point Gauss gives 3.8145.
(b) Using (4.33) gives 1.77549968921218; 16-point Gauss gives 1.7758.

4.13. The function `filon` gives

$$2.00000000000098, \ -0.13333333344440, \ \text{and} \ -2.000199980281494 \times 10^{-4}$$

4.14. Using Romberg's method with nine divisions gives $-2.000222004003794 \times 10^{-4}$. Using Simpson's rule with 1024 intervals gives $-1.999899106566088 \times 10^{-4}$.

4.18. The solution for (a) is 48.96321182552904 and for (b) is 9.726564917628732^3. These compare well with the exact solution, which can be computed from the formula $4\pi^{(n+1)}/(n+1)^2$ where n is the power of x and y.

4.19. **(a)** To fix limits, substitute $y = \sqrt{(x/3)} - 1z + 1$. Answer: -1.71962748468952.
(b) To fix limits, substitute $y = (2 - x)z$. Answer: 0.22222388780205.

4.20. The answers are **(a)** -1.71821293254848 and **(b)** 0.22222222200993.

4.21. Values of the integral are given in the following table:

z	正確值	16點高斯值
0.5	0.493107418	0.49310741784618
1.0	0.946083070	0.94608306999140
2.0	1.605412977	1.60541297617644

4.22. Use gauss2v and define the following function:

```
z = @(x,y) 1./(1-x.*y);
```

4.23. The folowing will provide the solution of this problem:

```
% Probability of engine failure
p = [ ];
a = 3.5; b = 8200;
i = 1;
```

```
for T = 200:100:4000
P(i) = quad(@(x) a*b^a./((x+b).^(a+1)),0.001,T);
i = i+1;
end
figure(1)
plot(200:100:4000,P)
xlabel('Time in hours'), ylabel('Probability of failure')
title('plot of probaility of failure against time')
grid
```

4.24. The folowing will provide the solution of this problem; the value of the integral is −0.15415 correct to 5 places.

```
p = 3; q = 4; r = 2;
f = @(x) (x.^p-x.^q).*x.^r ./log(x);
val = quad(f,0,1);
fprintf('\n value of integral = %6.5f\n',val)
check = log((p+r+1)/(q+r+1))
fprintf('\n value of integral = %6.5f\n',check)
```

4.25. The three integrals are approximately equal to 0.91597.

4.26. The integral equals zero to five decimal places.

4.27. A fairly low accuracy result is obtained.

4.28. Accuracy to two decimal places is obtained.

4.29. There is good agreement between values. The script is

```
f = @(x) -log(x).^3 .* exp(-x)
val = quadgk(f,0,Inf);
fprintf('\n value of integral = %6.5f\n',val)
gam = 0.57722;
S3 = gam^3+0.5*gam*pi^2+2*zeta(3)
fprintf('\n Approximate sum of series = %6.5f\n',S3)
```

4.30. The best result is given by dblquad and is 2.01131. The script is

```
R = dblquad(@(x,y) (1-cos(50*x).*cos(100*y))./(2-cos(x)-cos(y)))...
,0.0001,pi,0.0001,pi);R=R/pi^2;
fprintf('\nValue of integral using dblquad = %6.5f\n',R)
R1 = simp2v(@(x,y) (1-cos(50*x).*cos(100*y))./(2-cos(x)-cos(y)))...
,.00001,pi,0.00001,pi,64);R1=R1/pi^2;
```

```
gamma = -psi(1);
R = (gamma+3*log(2)/2+log(50^2+100^2)/2)/pi;
fprintf('\nValue of integral using simp2v = %6.5f\n',R1)
fprintf('\n Approximate value check = %6.5f\n',R)
```

4.31. Value of integral $= 0.46306$.

Chapter 5

5.1. When $t = 10$, the exact value is 30.326533. `feuler`: 29.9368, 30.2885, 30.3227 with $h = 1, 0.1$, and 0.01, respectively. `eulertp`: 30.3281, 30.3266 with $h = 1$ and 0.1, respectively. `rkgen`: 30.3265 with $h = 1$.

5.2. The classical method gives 108.9077, the Butcher method gives 109.1924, and the Merson method gives 109.0706. The exact answer is $2\exp(x^2) = 109.1963$.

5.3. The Adams–Bashforth–Moulton method gives 4.1042, and Hamming's method gives 4.1043. The exact answer is 4.1042499.

5.4. Using `ode23` gives 0.0456; using `ode45` gives 0.0588.

5.5. The solution of Problem 5.1 with $h = 1$ is 30.3265. The solution of Problem 5.2 with $h = 0.2$ is 108.8906. The solution of Problem 5.2 with $h = 0.02$ is 109.1963.

5.6. (a) 7998.6, exact $= 8000$. (b) 109.1963.

5.9. The method is stable for $h = 0.1$ and 0.2, and unstable for $h = 0.4$.

5.11. Define the right sides using the following function:

```
function = p511(t,x)
v = ones(2,1);
v(1) = x(1)*(1-0.001*x(1)-1.8*x(2));
v(2) = x(2)*(.3-.5*x(2)/x(1));
```

5.12. Define the right sides using the following function:

```
function v = p512(t,x)
v = ones(2,1);
v(1) = -20*x(1); v(2) = x(1);
```

5.13. Define the right sides using the following function:

```
function v = p513(t,x)
v = ones(2,1);
v(1) = -30*x(2);
v(2) = -.01*x(1)*x(2);
```

5.14. Define the right sides using the following function:

```
function v = p514(t,x)
global c
k = 4; m = 1; F = 1;
v = ones(2,1);
v(1) = (F-c*x(1)-k*x(2))/m;
v(2) = x(1);
```

The script to solve this equation is

```
global c
i = 0;
for c = [0,2,1]
    i = i+1;
    c
    [t,x] = ode45('q514',[0 10],[0 0]');
    figure(i)
    plot(t,x(:,2))
end
```

5.16. The function to solve this problem is

```
function prhs = planetrhs(t,x)
% global x0
% NB global is used if initial values x0
% are used to calculate impact probabilities
% rather than x the variable values
for i=1:3
    for j=1:3
        A(i,j)=x(i).*x(j)./(x(i)+x(j))/1000;
    end
end
prhs = zeros(3,1);
prhs(1) = -x(1).*(A(1,2).*x(2)+A(1,3).*x(3));
prhs(2) = 0.5*A(1,1)*x(1).*x(1)-x(2).*(A(2,2).*x(2)+A(2,3).*x(3));
prhs(3) = 0.5*A(1,2)*x(1).*x(2);
```

The script is as follows:

```
% Solution of planetary growth
% The coagulation equation three size model
% Let x(1), x(2) and x(3) represent the
% number of planetesimals of the three sizes
global x0
% Initially
```

```
x0 = [200,25,1];
tspan = [0,2];
[t,x] = ode45('planetrhs', tspan,x0);
fprintf('\n number of smallest planets= %3.0f',x(end,1))
fprintf('\n number of intermediate planets=%3.0f',x(end,2))
fprintf('\nlargest planets=%3.0f\n',x(end,3))
figure(1)
plot(t,x)
xlabel('time'), ylabel('planet numbers')
grid
```

5.17. The script to solve this equation is

```
% Solution of Daisy world problem
span = 10;
[x,t] = ode45('daisyf',span,[0.2, 0.3]);
plot(x,t)
xlabel('Time'), ylabel('black and white daisy areas')
title('daisy world')
grid
```

and the function is

```
function daisyrhs = daisyf(t,x)
daisyrhs = zeros(2,1);
gamma = 0.3;
Tb = 295; Tw = 285;
betab = 1-0.003265*(295.5-Tb)^2;
betaw = 1-0.003265*(295.5-Tw)^2;
barbit = 1-x(1)-x(2);
daisyrhs(1) = x(1).*(barbit.*betab-gamma);
daisyrhs(2) = x(2).*(barbit.*betaw-gamma);
```

Chapter 6

6.1. **(a)** hyperbolic; **(b)** parabolic; **(c)** $f(x,y) > 0$, hyperbolic; $f(x,y) < 0$, elliptic.

6.2. Initial slope $= -1.6714$. The shooting and FD methods give good results.

6.3. This is an example of a stiff equation. (a) The actual slope when $x = 0$ is 1.0158×10^{-24}. Because we cannot determine this slope accurately, the shooting method gives a very inaccurate solution. (b) In this case the shooting method provides a good result because the initial slope is -120. In both cases the FD method requires a large number of divisions to give an accurate result.

6.5. The finite difference method gives $\lambda_1 = 2.4623$. Exact $\lambda_1 = (\pi/L)^2 = 2.4674$.

6.6. At $t = 0.5$ the variation of z is almost linear between the boundaries at 0 and 10.

6.7. The exact and FD approximations are very similar.

6.8. The exact and FD approximations are similar with a maximum error of 0.0479.

6.9. $\lambda = 5.8870, 14.0418, 19.6215, 27.8876, 29.8780$.

6.10. $[0.7703\ 1.0813\ 1.5548\ 1.583\ 1.1943\ 1.5548\ 1.583\ 1.194\ 1.0813\ 0.7703]$.

Chapter 7

7.1. Using the `aitken` function, $E(2°) = 1.5703$, $E(13°) = 1.5507$, and $E(27°) = 1.4864$. These are accurate to the places given.

7.2. The root is 27.8235.

7.3. (a) $p(x) = 0.9814x^2 + 0.1529$, and $p(x) = -1.2083x^4 + 2.1897x^2 + 0.0137$. The fourth-degree polynomial gives a good fit.

7.4. Interpolation gives 0.9284 (linear), 0.9463 (spline), and 0.9429 (cubic polynomial). The MATLAB function `aitken` gives 0.9455. This is the exact value to four decimal places.

7.5. $p(x) = -0.3238x^5 + 3.2x^4 - 6.9905x^3 - 12.8x^2 + 31.1429x$. Note that the polynomial oscillates between data points. The spline does not exhibit this characteristic, suggesting that it better represents any underlying function from which the data might have been taken.

7.6. (a) $f(x) = 3.1276 + 1.9811e^x + e^{2x}$.
(b) $f(x) = 685.1 - 2072.2/(1+x) + 1443.8/(1+x)^2$.
(c) $f(x) = 47.3747x^3 - 128.3479x^2 + 103.4153x - 5.2803$. Plotting these functions shows that the best fit is given by (a). The polynomial fit is a reasonable one.

7.7. The plot should diplay an airfoil section.

7.8. The product of primes less than P is given by $0.3679 + 1.0182\log_e P$ approximately.

7.9. $a_0 = 1$, $a_1 = -0.5740$, $a_2 = 0.9456$, $a_3 = -0.6865$, $a_4 = 0.4115$, $a_5 = -0.0966$.

7.10. Exact: -78.3323. Interpolation gives -78.3340 (cubic) or -77.9876 (linear).

7.11. The minimum values of E are approximately -14.95 and -6.45 at points 40 and 170. The maximum values of E are 3.68 and 16.47 at points 110 and 252.

7.12. The data is sampled from $y = \sin(2\pi f_1 t) + 2\cos(2\pi f_2 t)$ where $f_1 = 1.25$ Hz and $f_2 = 3.4375$ Hz. At 1.25 Hz, DFT $= -15.9999i$ and at 3.4375 Hz, DFT $= 32.0001$. The negative complex coefficient is related to the positive size of the coefficient of the sine function, and the positive real component is related to the cosine function. To relate the size of the DFT components to the frequency components in the data we divide the DFT by the number of samples (32) and multiply by 2.

7.13. Algebraically,

$$32\sin^5(30t) = 20\sin(30t) - 10\sin(90t) + 2\sin(150t)$$

and

$$32\sin^6(30t) = 10 - 15\cos(60t) + 6\cos(120t) - \cos(180t)$$

To verify these results from the DFT it is necessary to divide it by n and multiply by 2. The real components are the values of the cosine coefficients. The imaginary components in the DFT are the negative of the values of the sine coefficients. Note also that the coefficient at zero frequency is 20, not 10. This is a consequence of the definition of the DFT; see Section 7.4.

7.14. Components in the spectrum at 30 Hz and 112 Hz. The reason for the large component at 112 Hz is that the component in the data at 400 Hz is above the Nyquist frequency and is folded back to give a spurious component—that is, 400 Hz is 144 Hz above the Nyquist frequency of 256 Hz; 112 Hz is 144 Hz below it.

7.16. With 32 points the frequency increment is 16 Hz and the significant components are at 96 Hz and 112 Hz (the largest amplitude). With 512 points the frequency increment is reduced to 1 Hz and the significant components are at 106, 107, and 108 Hz with the largest amplitude at 107 Hz. With 1024 points the frequency increment is reduced to 0.5 Hz and the component with the largest amplitude is at 107.5 Hz. The original data had a frequency component of 107.5 Hz.

7.17. The estimated production cost in year 6 is $31.80 using cubic extrapolation and $20.88 using quadratic extrapolation. Using the revised data the estimated costs are $24.30 and $21.57, respectively. These widely varying results, some of which are barely credible, show the dangers of trying to estimate future costs from insufficient data.

7.18. $x = 0.5304$.

7.19. $I = 1.5713$, $\alpha = 9.0038$.

7.20. $f_n = \frac{n}{6}\left(n^2 + 3n + 2\right)$.

7.23. The values are 22.70, 22.42, and 22.42.

7.24. The script for this problem is

```
load sunspot.dat
year = sunspot(:,1);
sunact = sunspot(:,2);
figure(1)
plot(year,sunact)
xlabel('Year'), ylabel('Sunspots')
title('Sunspot activity by year')
Y = fft(sunact);
N = length(Y);
Power = abs(Y(1:N/2)).^2;
freq = (1:N/2)/(N/2)*0.5;
figure(2)
plot(freq,Power)
xlabel('freq'), ylabel('Power')
```

Chapter 8

8.1. The objective is 21.6667. The solution is $x_1 = 3.6667$, $x_3 = 0.3333$; the other variables are zero.

8.2. The objective is -21.6667. The solution is $x_1 = 3.3333$, $x_2 = 1.6667$, $x_4 = 0.3333$; the other variables are zero. Thus this problem and the previous one have objective functions of equal magnitude.

8.3. The objective is -100. The solution is $x_1 = 10$, $x_3 = 20$, $x_5 = 22$; the other variables are zero.

8.4. This is a difficult function for the conjugate gradient method and this is why the accuracy of the line search for the built-in MATLAB function fminsearch was changed to produce more accurate results. The solution is [1.0007 1.0014] with gradient $[0.33860.5226] \times 10^{-3}$.

8.5. The exact and computed solutions are both $[-2.9035 - 2.9035111]$.

8.6. The solution is $[-0.46000.54000.32000.8200]^\top$. norm(**b-Ax**)$= 1.3131 \times 10^{-14}$.

8.7. [xval,maxf] = optga('p807',[0 2],8,12,20,.005,.6) where p807 is a MATLAB function defining the problem. A test run gave the following answers:

```
xval = 0.9098, maxf = 0.4980.
```

8.8. The major modification is to the `fitness` function as follows:

```
function [fit,fitot] = fitness2d(criteria,chrom,a,b)
% calculate fitness of a set of chromosomes for a two variable
% function assuming each variable is defined in the range
% a to b using a two variable function given by criteria
[pop bitl] = size(chrom); vlength = floor(bitl/2);
for k = 1:pop
    v = [ ]; v1 = [ ]; v2 = [ ]; partchrom1 = chrom(k,1:vlength);
    partchrom2 = chrom(k,vlength+1:2*vlength);
    v1 = binvreal(partchrom1,a,b); v2 = binvreal(partchrom2,a,b);
    v = [v1 v2]; fit(k) = feval(criteria,v);
end
fitot = sum(fit);
```

A call of the modified algorithm is `optga2d('f808',[1 2],24,40,100,.005,.6)`, for example, where `f808` defines $z = x^2 + y^2$. This gives the sample results `maxf=7.9795` and `xval=[1.9956 1.9993]`.

8.11. The obtained values are 0.1605 and 0.4931.

8.12. The script to solve this question is

```
clf
[x,y] = meshgrid(-4:0.1:4,-4:0.1:4);
p = x.^2+y.^2;
z = (1-x).^2.*exp(-p)- p.*exp(-p) - exp(-(x+1).^2 - y.^2);
figure(1)
surf(x,y,z)
xlabel('x-axis'), ylabel('y-axis'), zlabel('z-axis')
title('mexhat plot')
figure(2)
contour(x,y,z,20)
xlabel('x-axis'), ylabel('y-axis')
title('contour plot')
optp = ginput(3);
x = optp(:,1); y = optp(:,2);
p = x.^2+y.^2;
z = (1-x).^2.*exp(-p)- p.*exp(-p) - exp(-(x+1).^2 - y.^2)
fprintf('maximum value= %6.2f\n',max(z))
fprintf('minimum value= %6.2f\n',min(z))
x
y
```

```
    P=x(1).^2+x(2).^2;
    fopt=@ (x)(1-x(1)).^2 .*exp(-(x(1).^2+x(2).^2))...
        - (x(1).^2+x(2).^2).*exp(-(x(1).^2+x(2).^2))...
        - exp(-(x(1)+1).^2 - x(2).^2) ;
    [x,fval] = fminsearch(fopt,[-4;4])
    fprintf('\nNon global solution= %8.6f\n',fval)
```

8.13. Note that continuous GA gives good agreement with Problem 8.12. Optimum $= -0.3877$

8.14. The minimum is achieved at 63.8157.

8.15. The minimum is achieved at 63.8160, a very similar result to Problem 8.14.

Chapter 9

9.1. Use
```
>>collect((x-1/a-1/b)*(x-1/b-1/c)*(x-1/c-1/a))
```

9.2. Use
```
>>y = x^4+4*x^3-17*x^2+27*x-19; z = x^2+12*x-13;
>>horner(collect(z*y))
```

9.3. Use
```
>>expand(tan(4*x))
>>expand(cos(x+y))
>>expand(cos(3*x))
>>expand(cos(6*x))
```

9.4. Use
```
expand(cos(x+y+z))
```

9.5. Use
```
>>taylor(asin(x),8)
>>taylor(acos(x),8)
>>taylor(atan(x),8)
```

9.6. Use
```
taylor(log(cos(x)),13)
```

9.7. Use
```
>>[solution, how] = simple(symsum((r+3)/(r*(r+1)*(r+2))*(1/3)^r,1,n))
```

9.8. Use
```
symsum(k^10,1,100)
```

9.9. Use
```
symsum(k^(-4),1,inf)
```

9.10. Use
```
a = [1 a a^2;1 b b^2;1 c c^2]; factor(inv(a))
```

9.11. Set
```
a = [a1 a2 a3 a4;1 0 0 0;0 1 0 0;0 0 1 0]
```
and use
```
ev = a-lam*eye(4)
```
and
```
det(ev)
```

9.12. Set
```
trans = [cos(a1) sin(a1);-sin(a1) cos(a1)];
```
and use
```
>>[solution,how] = simple(trans^2)
>>[solution,how] = simple(trans^4)
```

9.13. Set
```
r = solve('x^3+3*h*x+g=0')
```
and use
```
[solution,s] = subexpr(r,'s')
```

9.14. Use
```
>>solve('x^3-9*x+28 = 0')
```

9.15. Use
```
>>p = solve('z^6 = 4*sqrt(2)+i*4*sqrt(2)');
>>res = double(p)
```

9.16. Use
```
>>f5 = log((1-x)*(1+x^3)/(1+x^2)); p = diff(f5);
>>factor(p)
```
Then use `pretty(ans)` to help interpret this result.

9.17. Use
```
>>f = log(x^2+y^2);
>>d2x = diff(f,x,2)
>>d2y = diff(f,y,2)
>>factor(d2x+d2y)
>>f1 = exp(-2*y)*cos(2*x);
>>r = diff(f1,'x',2)+diff(f1,'y',2)
```

9.18. Use
```
>>z = x^3*sin(y);
>>dyx = diff(diff(z,'y'),'x')
```

```
>>dxy = diff(diff(z,'x'),'y')
>>dxy = diff(diff(z,'x',4),'y',6)
>>dxy = diff(diff(z,'y',6),'x',4)
```

9.19. **(a)** Use
```
>>p = int(1/((a+f*x)*(c+g*x)));
>>[solution,how] = simple(p)
>>[solution,how] = simple(diff(solution))
```
(b) Use
```
>>solution = int((1-x^2)/(1+x^2))
>>p = diff(solution); factor(p)
```

9.20. Use
```
>>int(1/(1+cos(x)+sin(x)))
```
and
```
>>int(1/(a^4+x^4))
```

9.21. Use
```
>>int(x^3/(exp(x)-1),0,inf)
```

9.22. Use
```
>>int(1/(1+x^6),0,inf)
```
and
```
>>int(1/(1+x^10),0,inf)
```

9.23. Use
```
>>taylor(exp(-x*x),7)
>>p = int(ans,0,1); vpa(p,10)
>>taylor(exp(-x*x),15)
>>p = int(ans,0,1); vpa(p,10)
```

9.24. Use
```
>>int(sin(x^2)/x,0,inf)
```

9.25. Use
```
>>taylor(log(1+cos(x)),5)
>>int(ans,0,1)
```

9.26. Use
```
>>dint = 1/(1-x*y)
>>int(int(dint,x,0,1),y,0,1)
```

9.27. Use
```
>>[solution,s] = subexpr(dsolve('D2y+(b*p+a*q)*Dy+a*b*(p*q-1)*...
y = c*A ', 'y(0)=0', 'Dy(0)=0','t'),'s')
```
Using the subs function
```
>>subs(solution,{p,q,a,b,c,A},{1,2,2,1,1,20})
```

we obtain the solution for the given values as
```
ans =
10-5*s(2)/s(1)^(1/2)*exp(-1/2*s(3)*t)+5*s(3)/s(1)^(1/2)*exp(-1/2*s(2)*t)
```

In addition, since we also require the values of s(1), s(2), and s(3), we again use subs as follows:
```
>>s = subs(s,{p,q,a,b,c},{1,2,2,1,1})

s =
[            17]
[ 5+17^(1/2)]
[ 5-17^(1/2)]
```

9.28. Use
```
>>sol = dsolve('2*Dx+4*Dy = cos(t),4*Dx-3*Dy = sin(t)','t')
```

This gives the solution in the form
```
sol =
    x: [1x1 sym]
    y: [1x1 sym]
```

To see the specific elements of the solution, use
```
>>sol.x

ans =
C1+3/22*sin(t)-2/11*cos(t)
```

and
```
>>sol.y

ans =
C2+2/11*sin(t)+1/11*cos(t)
```

9.29. Use
```
>>dsolve('(1-x^2)*D2y-2*x*Dy+2*y = 0','x')
```

9.30. **(a)** Use
```
>>laplace(cos(2*t))
```

and then
```
>>p = solve('s^2*Y+2*s+2*Y = s/(s^2+4)','Y');
>>ilaplace(p)
```

(b) Use
```
>>laplace(t)
```

and then
```
>>p = solve('s*Y-2*Y = 1/s^2','Y');
>>ilaplace(p)
```

(c) Use
```
>>laplace(exp(-2*t))
```

and then
```
>>p = solve('s^2*Y+3*s-3*(s*Y+3)+Y = 1/(s+2)','Y');]
>>ilaplace(p)
```

(d) The Laplace transform of zero is zero. Thus take the Laplace transform of the equation and then use
```
>>p = solve('(s*Y-V)+Y/c=0','Y');
>>ilaplace(p)
```

9.31. **(a)** The Z-transform of zero is zero. Thus take the Z-transform of the equation and then use
```
>>p = solve('Y=-2*(Y/z+4)','Y');
>>iztrans(p)
```

(b) Use
```
>>ztrans(n)
```

and then use
```
>>p = solve('Y+(Y/z+10) = z/(z-1)^2','Y');
>>iztrans(p)
```

(c) Use
```
>>ztrans(3*heaviside(n))
```

and then use
```
>>p = solve('Y-2*(Y/z+1)=3*z/(z-1)','Y');
>>iztrans(p)
```

(d) Use
```
>>ztrans(3*4^n)
```

and then use
```
>>p = solve('Y-3*(Y/z-3)+2*(Y/z^2+5-3/z) = 3*z/(z-4)','Y');
>>iztrans(p)
```

參考文獻

Abramowitz, M., and Stegun, I.A. (1965). *Handbook of Mathematical Functions*, 9th ed. Dover, New York.

Adby, P.R., and Dempster, M.A.H. (1974). *Introduction to Optimisation Methods*. Chapman and Hall, London.

Anderson, D.R., Sweeney, D.J., and Williams, T.A. (1993). *Statistics for Business and Economics*. West Publishing Co., Minneapolis.

Armstrong, R., and Kulesza, B.L.J. (1981). "An approximate solution to the equation $x = \exp(-x/c)$." *Bulletin of the Institute of Mathematics and Its Applications*, **17**(2-3), 56.

Bailey, D.H. (1988). "The computation of π to 29,360,000 decimal digits using Borweins' quadratically convergent algorithm." *Mathematics of Computation*, **50**, 283–296.

Barnes, E.R. (1986). "Affine transform method." *Mathematical Programming*, **36**, 174–182.

Beltrami, E.J. (1987). *Mathematics for Dynamic Modelling*. Academic Press, Boston.

Bracewell, R.N. (1978). *The Fourier Transform and Its Applications*. McGraw-Hill, New York.

Brent, R.P. (1971). "An algorithm with guaranteed convergence for finding the zero of a function." *Computer Journal*, **14**, 422–425.

Brigham, E.O. (1974). *The Fast Fourier Transform*. Prentice Hall, Englewood Cliffs, NJ.

Butcher, J.C. (1964). "On Runge Kutta processes of high order." *Journal of the Australian Mathematical Society*, **4**, 179–194.

Caruana, R.A., and Schaffer, J.D. (1988). "Representation and hidden bias: Grey vs. binary coding for genetic algorithms." *Proceedings of the 5th International Conference on Machine Learning*, Los Altos, CA, pp. 153–161.

Chelouah, R., and Siarry, P. (2000). "A continuous genetic algorithm design for the global optimisation of multimodal functions." *Journal of Heuristics*, **6**(2), 191–213

Cooley, P.M., and Tukey, J.W. (1965). "An algorithm for the machine calculation of complex Fourier series." *Mathematics of Computation*, **19**, 297–301.

Dantzig, G.B. (1963). *Linear Programming and Extensions*. Princeton University Press, Princeton, NJ.

Dekker, T.J. (1969). "Finding a zero by means of successive linear interpolation" in Dejon, B. and Henrici, P. (eds.). *Constructive Aspects of the Fundamental Theorem of Algebra*. Wiley-Interscience, New York.

Dongarra, J.J., Bunch, J., Moler, C.B., and Stewart, G. (1979). *LINPACK User's Guide*. SIAM, Philadelphia.

Dowell, M., and Jarrett, P. (1971). "A modified *regula falsi* method for computing the root of an equation." *BIT*, **11**, 168–174.

Draper, N.R., and Smith H. (1998). *Applied Regression Analysis*, 3rd ed. Wiley, New York.

Fiacco, A.V., and McCormick, G. (1968). *Nonlinear Programming: Sequential Unconstrained Minimization Techniques*. Wiley, New York.

Fiacco A.V. and McCormick, G. (1990). *Nonlinear Programming: Sequential Unconstrained Minimization Techniques*. SIAM Classics in Mathematics, SIAM, Philadelphia (reissue).

Fletcher, R., and Reeves, C.M. (1964). "Function minimisation by conjugate gradients." *Computer Journal*, **7**, 149–154.

Fox, L., and Mayers, D.F. (1968). *Computing Methods for Scientists and Engineers*. Oxford University Press, Oxford, UK.

Froberg, C.-E. (1969). *Introduction to Numerical Analysis*, 2nd ed. Addison-Wesley, Reading, MA.

Garbow, B.S., Boyle, J.M., Dongarra, J.J., and Moler, C.B. (1977). *Matrix Eigensystem Routines: EISPACK Guide Extension*. Lecture Notes in Computer Science, **51**. Springer-Verlag, Berlin.

Gear, C.W. (1971). *Numerical Initial Value Problems in Ordinary Differential Equations*. Prentice Hall, Englewood Cliffs, NJ.

Gilbert, J.R., Moler, C.B., and Schreiber, R. (1992). "Sparse matrices in MATLAB: Design and implementation." *SIAM Journal of Matrix Analysis and Application*, **13**(1), 333–356.

Gill, S. (1951). "Process for the step by step integration of differential equations in an automatic digital computing machine." *Proceedings of the Cambridge Philosophical Society*, **47**, 96–108.

Goldberg, D.E. (1989). *Genetic Algorithms in Search, Optimization and Machine Learning*. Addison-Wesley, Reading, MA.

Golub, G.H., and Van Loan, C.F. (1989). *Matrix Computations*, 2nd ed. John Hopkins University Press, Baltimore.

Gragg, W.B. (1965). "On extrapolation algorithms for ordinary initial value problems." *SIAM Journal of Numerical Analysis*, **2**, 384–403.

Guyan, R.J. (1965). "Reduction of stiffness and mass matrices." *AIAA Journal*, **3**(2), 380.

Hamming, R.W. (1959). "Stable predictor–corrector methods for ordinary differential equations." *Journal of the ACM*, **6**, 37–47.

Higham, D.J., and Higham, N.J. (2005). MATLAB *Guide*, 2nd ed. SIAM, Philadelphia.

Hopfield, J.J., and Tank, D.W. (1985). "Neural computation of decisions in optimisation problems." *Biological Cybernetics*, **52**(3), 141–152.

Hopfield, J.J., and Tank, D.W. (1986). "Computing with neural circuits: A model." *Science*, **233**, 625–633.

Ingber, L. (1993). "Very fast simulated annealing." *Journal of Mathematical Computer Modelling*, **18**, 29–57.

Jeffrey, A. (1979). *Mathematics for Engineers and Scientists*. Nelson, Sunburyon-Thames, UK.

Karmarkar, N.K. (1984). "A new polynomial time algorithm for linear programming." AT&T Bell Laboratories, Murray Hill, NJ.

Karmarkar, N.K., and Ramakrishnan, K.G. (1991). "Computational results of an interior point algorithm for large scale linear programming." *Mathematical Programming*, **52**(3), 555–586.

Kirkpatrick, S., Gellat, C.D., and Vecchi, M.P. (1983). "Optimisation by simulated annealing." *Science*, **220**, 206–212.

Kronrod, A.S. (1965). *Nodes and Weights of Quadrature Formulas: Sixteen Place Tables*. Consultants' Bureau, New York.

Lambert, J.D. (1973). *Computational Methods in Ordinary Differential Equations*. John Wiley & Sons, London.

Lasdon, L., Plummer, J., and Warren, A. (1996). "Nonlinear programming" in Avriel, M. and Golany, B. (eds.). *Mathematical Programming for Industrial Engineers*, Chapter 6, 385–485, Marcel Dekker, New York.

Lindfield, G.R., and Penny, J.E.T. (1989). *Microcomputers in Numerical Analysis*. Ellis Horwood, Chichester, UK.

MATLAB *User's Guide*. (1989). The MathWorks, Inc., Natick, MA. [This describes an earlier version of MATLAB.]

Merson, R.H. (1957). "An operational method for the study of integration processes." *Proceedings of the Conference on Data Processing and Automatic Computing Machines*. Weapons Research Establishment. Salisbury, South Australia.

Michalewicz, Z. (1996). *Genetic Algorithms + Data Structures = Evolution Programs*, 3rd Edition. Springer-Verlag, Berlin.

Moller M.F. (1993). "A scaled conjugate gradient algorithm for fast supervised learning." *Neural Networks*, **6**(4), 525–533.

Olver, F.W.J., Lozier, D.W., Boisvert. R.F., and Clark, C.W. (2010). *NIST Handbook of Mathematical Functions*. National Institute of Standards and Cambridge University Press, New York. See also *NIST Digital Library of Mathematical Functions*. http://dlmf.nist.gov/.

Percy, D.F. (2011). "Prior elicitation: A compromise between idealism and pragmatism," *Mathematics Today*, **47**(3), 142–147.

Press, W.H., Flannery, B.P., Teukolsky, S.A., and Vetterling, W.T. (1990). *Numerical Recipes: The Art of Scientific Computing in Pascal*. Cambridge University Press, Cambridge, UK.

Ralston, A. (1962). "Runge Kutta methods with minimum error bounds." *Mathematics of Computation*, **16**, 431–437.

Ralston, A., and Rabinowitz, P. (1978). *A First Course in Numerical Analysis*. McGraw-Hill, New York.

Ramirez, R.W. (1985). *The FFT, Fundamentals and Concepts*. Prentice Hall, Englewood Cliffs, NJ.

Salvadori, M.G., and Baron, M.L. (1961). *Numerical Methods in Engineering*. Prentice Hall, London.

Stakhov, A., and Rozin, B. (2005). "The golden shofar." *Chaos, Solitons and Fractals*, **26**, 677–684.

Stakhov, A., and Rozin, B. (2007). "The golden hyperbolic models of the universe." *Chaos, Solitons and Fractals*, **34**, 159–171.

Sultan, A. (1993). *Linear Programming—An Introduction with Applications*. Academic Press, San Diego.

Short, L. (1992). "Simple iteration behaving chaotically." *Bulletin of the Institute of Mathematics and its Applications*, **28**(6-8), 118–119.

Simmons, G.F. (1972). *Differential Equations with Applications and Historical Notes*. McGraw-Hill, New York.

Smith, B.T., Boyle, J.M., Dongarra, J.J., Garbow, B.S., Ikebe, Y., Kleme, V.C., and Moler, C. (1976). *Matrix Eigensystem Routines: EISPACK Guide*. Lecture Notes in Computer Science, **6**, 2nd Ed. Springer-Verlag, Berlin.

Styblinski, M.A., and Tang, T.-S. (1990). "Experiments in nonconvex optimisation: Stochastic approximation with function smoothing and simulated annealing." *Neural Networks*, **3**(4), 467–483.

Swift, A. (1977). *Course Notes*, Mathematics Department, Massey University, Wellington, New Zealand.

Thompson, I. (2010). "From Simpson to Kronrod: An elementary approach to quadrature formulae." *Mathematics Today*, **46**(6), 308–313.

Walpole, R.E., and Myers, R.H. (1993). *Probability and Statistics for Engineers and Scientists*. Macmillan, New York.

人生的成功，
不專在聰明和機會，
乃在乎專心和恆心。

CHWA

人生的成功，
不專在聰明和機會，
乃在乎專心和恆心。

CHWA